Steven Rose
Darwins gefährliche Erben

Steven Rose

Darwins gefährliche Erben

Biologie jenseits der egoistischen Gene

*Aus dem Englischen
von Susanne Kuhlmann-Krieg*

Verlag C. H. Beck München

Mit 46 Abbildungen und einer Tabelle

Titel der Originalausgabe: Lifelines. Biology Beyond Determinism
Copyright © 1997 by Steven Rose
Zuerst erschienen 1998 bei Oxford University Press, Inc.,
New York/Oxford

> Die Deutsche Bibliothek – CIP Einheitsaufnahme
>
> *Rose, Steven:*
> Darwins gefährliche Erben : Biologie jenseits der egoistischen Gene /
> Steven Rose. Aus dem Engl. von Susanne Kuhlmann-Krieg. –
> München : Beck, 2000
>   Einheitssacht.: Lifelines <dt.>
>   ISBN 3 406 45907 2

ISBN 3 406 45907 2

Für die deutsche Ausgabe:
© C.H. Beck'sche Verlagsbuchhandlung (Oscar Beck), München 2000
Satz: Fotosatz Otto Gutfreund, Darmstadt
Druck und Bindung: Ebner, Ulm
Gedruckt auf säurefreiem, alterungsbeständigem Papier
(hergestellt aus chlorfrei gebleichtem Zellstoff)
Printed in Germany

Inhalt

Vorwort
Seite 7

1 Biologie, Freiheit und Determinismus
Seite 15

2 Beobachtung und Manipulation
Seite 36

3 Wie wir wissen, was wir wissen
Seite 60

4 Der Triumph des Reduktionismus?
Seite 89

5 Gene und Organismen
Seite 114

6 Lebensläufe
Seite 152

7 Gibt es einen universalen Darwinismus?
Seite 191

8 Jenseits des Ultra-Darwinismus
Seite 226

9 Schöpfungsmythen
Seite 266

10 Über die Unzulänglichkeit des Reduktionismus
Seite 288

Nachwort: Biologie als Ganzes
Seite 319

ANHANG

Anmerkungen
Seite 329

Bibliographie
Seite 342

Abbildungsnachweis
Seite 351

Register
Seite 353

Vorwort

Die Entstehung der gegenwärtigen Vorliebe für eine biologisch deterministische Bewertung menschlicher Verhaltensweisen läßt sich bis in die späten sechziger Jahre zurückverfolgen. Sie ist weder an einem besonderen Meilenstein biologischer Forschung festzumachen noch an einer umfassenden Theorie von weitreichender Gültigkeit, sondern geht vielmehr zurück auf eine frühere Tradition eugenischer Denkungsart, die, insbesondere in den Vereinigten Staaten, in den dreißiger Jahren ihre Blütezeit erlebt hatte und erst in den Nachwehen des Krieges gegen das nationalsozialistische Deutschland und dessen rassistisch motivierten Holocaust an Glanz verlor und in politischen und intellektuellen Mißkredit geriet. Unter dem Patronat der UNESCO gaben Genetiker, Anthropologen und Sozialwissenschaftler nach dem Ende des Krieges eine Reihe von Erklärungen ab, die deutlich aussprachen, was sich für das kommende Vierteljahrhundert als allgemein akzeptierter Konsens halten sollte: die Überzeugung, daß sich die Wurzeln menschlicher Ungleichheit nicht so sehr der Einzigartigkeit unserer Gene verdanken als vielmehr der ungleichen Verteilung von Reichtum und Macht zwischen den verschiedenen Nationen, Rassen und Klassen (Fragen nach der ungleichen Behandlung der Geschlechter wurden von diesen einmütigen Gruppen nie aufgeworfen).

Die sechziger Jahre, jene Dekade der Hoffnung auf Humanität, erlebten weltweite Kämpfe für soziale Gerechtigkeit, vor allem in den Industrienationen große, von Studenten initiierte, nationale Befreiungsbewegungen, den Kampf um die Gleichberechtigung der Frau und die Gleichstellung von Menschen verschiedener Hautfarbe. Gleichsam als Reaktion auf diese Bewegungen erfolgte die erneute Hinwendung zu alten, lange unterdrückten Standpunkten, die da besagten, daß die Intelligenz von Schwarzen und Angehörigen der Arbeiterklasse der von Weißen und den Angehörigen der Mittelklasse im Durchschnitt genetisch unterlegen und die patriarchalische Form der Machtausübung die unausweichliche Konsequenz genetischer und hormoneller Unterschiede zwischen Männern und Frauen sei. Anfänglich beriefen sich die Vertreter solcher Behauptungen auf keine neueren Forschungsergebnisse, sondern wärmten sich an alten

Traditionen biologischer und psychologischer Denkart. Erst etwa Mitte der siebziger Jahre wurde der biologische Determinismus unter dem Eindruck eines neuen und schillernden Theoriengebäudes – fortan als Soziobiologie bezeichnet – theoretisch kohärent. Sein Standpunkt läßt sich zusammenfassen in der griffigen Phrase vom „egoistischen Gen", dem eine ideologische Betrachtungsweise zugrunde liegt, die ich im weiteren Verlauf dieses Buches als „Ultra-Darwinismus" beschreiben werde.

Viele Biologen traten Aussagen dieser Art energisch entgegen, insbesondere diejenigen unter uns, die sich selbst einer Bewegung zugehörig fühlten, die man in jenen optimistischeren Tagen als „Radical Science Movement" bezeichnete. Die Gründe für unsere Opposition waren zu gleichen Teilen wissenschaftlicher und politischer Natur. Der Ultra-Darwinismus und die soziobiologische Theorie fußen auf wenig überzeugenden empirischen Beweisen, fehlerhaften Voraussetzungen und unüberprüften ideologischen Voreingenommenheiten bezüglich der sogenannten universellen Aspekte der „menschlichen Natur". Hinzu kommt, daß eine solche deterministische Argumentation in Amerika, Großbritannien und Kontinentaleuropa unverzüglich von neofaschistischen Gruppierungen und der neuen politischen Rechten vereinnahmt wurde. In diesem Zusammenhang gaben die Soziologin Hilary Rose und ich Mitte der siebziger bis Anfang der achtziger Jahre eine Reihe von Büchern heraus (Mitte der siebziger Jahre: *The Political Economy of Science* und *The Radicalisation of Science* und zu Beginn der achtziger Jahre: *Against Biological Determinism* und *Towards a Liberatory Biology*), Mitte der achtziger Jahre schrieb ich zusammen mit dem Genetiker Dick Lewontin und dem Psychologen Leon Kamin *Die Gene sind es nicht*[1] als den Versuch, Ideologie und wissenschaftliche Behauptungen des biologischen Determinismus umfassend zu analysieren und anzufechten.

Freilich waren dies bei weitem nicht die einzigen Entgegnungen in einer Kontroverse, die sich zu so etwas wie einer veritablen Bücherschlacht auswachsen sollte. Insbesondere vor dem Hintergrund dramatischer Fortschritte auf den Gebieten Genetik und Hirnforschung ist aus dem Rinnsal ultradarwinistischer und biologistischer Behauptungen im Laufe des vergangenen Jahrzehnts ein reißender Strom geworden. Das *Human Genome Project*, jenes große internationale Unterfangen zur Kartierung und Sequenzierung sämtlicher menschlichen Gene, und, an zweiter Stelle, die *Decade of the Brain* (die in den Vereinigten Staaten zum gegenwärtigen Zeitpunkt ihren Zenit bereits überschritten, in Europa jedoch gerade erst begonnen hat) verheißen nicht nur die Möglichkeit, unser Wissen über die verschiedensten Aspekte der menschlichen Biologie ungemein zu erweitern, sondern auch eine ständig wachsende technologische Potenz im Hinblick auf die Manipulation von Genen und Gehirnen – sowohl im Interesse der individuellen Gesundheit als auch im Hinblick auf einen verbesserten sozialen Frieden. Manipulationsmethoden, die noch vor zehn Jahren kaum vorstellbar oder höchstens wie Stoff einer Sciencefiction-Erzählung erschienen wären, lassen heute Börsenkurse erbeben und machen aus Akademikern und Forschern Unternehmer und Millionäre.

Wenn man den Schlagzeilen der Tageszeitungen und den Titeln wissenschaftlicher Artikel in den bedeutenderen Wissenschaftszeitschriften glauben darf, hat sich die Thematik in den letzten zehn Jahren wieder beruhigt. Schnöde Soziobiologie ist offenbar aus der Mode gekommen, doch das, was ich als neurogenetischen Determinismus bezeichnen möchte, ist in unserem Denken inzwischen fest verwurzelt. Für jeden Aspekt unseres täglichen Lebens, vom persönlichen Erfolg bis hin zu existentieller Verzweiflung, sind „verantwortliche" Gene zur Hand: Gene für Krankheit und Gesundheit, Gene für Kriminalität, Gewaltbereitschaft und „abnormes" Sexualverhalten – sogar Gene für „Konsumzwang". Und, wie gehabt, liefern Gene auch die Rechtfertigung für sämtliche sozialen Ungleichheiten, die unser Leben „entlang gewisser Linien" nach Klassen, Rassen, ethnischer Zugehörigkeit und Geschlecht aufspalten. Und wo es Gene gibt, verheißen genetische und pharmakologische Technologien die rettende Hoffnung auf Heilung, eine Hoffnung, die Sozialwissenschaften und Politik längst aufgegeben haben.

Uns Gegnern jenes biologischen Determinismus ist vorzuwerfen, daß wir zwar in unserer Kritik an dessen reduktionistischem Ansatz recht effizient waren, es aber nicht fertiggebracht haben, gleichzeitig ein schlüssiges alternatives Rahmenwerk zu schaffen, innerhalb dessen sich Lebensvorgänge interpretieren lassen. Wir mögen mit einem gewissen Recht argumentieren, daß wir viel zu beschäftigt waren mit dem Versuch, die Deterministen in ihre Schranken zu weisen, aber früher oder später wird es sich für uns als notwendig erweisen, daß wir der Theorie des biologischen Determinismus Ebenbürtiges entgegensetzen und versuchen, unseren entgegengesetzten biologischen Standpunkt umfassend darzulegen. *Darwins gefährliche Erben* entstand als der Versuch, eben dieses zu tun. Kurz nach dem Erscheinen meines letzten Buches – *The Making of Memory* – hatte mein damaliger Lektor bei Penguin, Ravi Mirchandani, die Überzeugung geäußert, daß die Zeit reif sei für ein Buch zur Philosophie der Biologie, und zwar für ein Werk, das nicht aus der Sicht eines professionellen Philosophen Stellung bezieht, sondern vom Standpunkt einer Person aus, die, wie ich selbst, gleichermaßen als Experimentalbiologe mit laufenden Laborverpflichtungen an die Sache herangeht wie auch als jemand, dem Theorie und sozialer Rahmen seiner Wissenschaft am Herzen liegen. John Brockman, mein Agent – und übrigens auch der Agent derjenigen, deren Position ich im Verlauf dieses Buches scharf kritisieren werde (aber John trägt als Impresario nur allzu willig zur wissenschaftlichen Debatte bei) –, half mir, meine ersten Strukturvorstellungen und Ideen für dieses Buch Gestalt annehmen zu lassen.

Ich habe mir eine Reihe von Dingen zum Ziel gesetzt: Zunächst möchte ich vermitteln, was es heißt, die Eigenschaften von Lebensprozessen als ein Biologe zu betrachten; zweitens möchte ich die Stärken und Schwächen der reduktionistischen Tradition analysieren, die bis heute einen Großteil der Biologie dominiert, und drittens eine biologische Perspektive anbieten, die über den genetischen Reduktionismus hinausgeht und nicht das Gen, sondern den Organismus in den Mittelpunkt des Lebens stellt – das Funktionsprinzip, das sich aus dieser Perspektive ergibt, möchte ich als *homöodynamisch* bezeichnen. Um diese Ziele erreichen zu können, muß ich zunächst versuchen, die historischen Wurzeln gegenwärtiger biologischer Denkweisen zu verstehen und mich jenen machtvollen alternativen Traditionen der Biologie zu nähern, die sich von den ultradarwinistischen Strömungen nicht haben forttragen lassen und niemals akzeptiert haben, daß Lebensvorgänge sich auf reine Anhäufungen von Molekülen reduzieren lassen sollten, die durch den egoistischen Impuls von Genen dazu veranlaßt werden, Kopien ihrer selbst anzufertigen. Diese Traditionen plädieren statt dessen für die Notwendigkeit einer ganzheitlichen, integrativen Biologie, die Komplexität versteht, sich ihrer erfreut und sich der Notwendigkeit erkenntnistheoretischer Vielfalt bei unserer Erforschung der Natur und der Bedeutung von Leben nicht verschließt. Ihre Stimmen kann auch das lauteste ultradarwinistische Getöse nicht übertönen.

Überdies habe ich, um die von mir beabsichtigte positive Aussage zu betonen, diese hier und da der entgegengesetzten Ansicht in ihrer rhetorisch unerbittlichsten Form entgegensetzen müssen. Zu diesem Zweck mußte ich geeignete Gegner finden. Die beiden Autoren, die mir in dieser Hinsicht am meisten entgegenkamen, waren der Soziobiologe Richard Dawkins, dessen diverse Bücher allesamt dieselbe ultradarwinistische Sprache sprechen, und der Philosoph Daniel Dennett, dessen Werk *Darwins gefährliches Erbe* den Ultra-Darwinismus wohl am weitesten treibt. Unter praktizierenden Biologen – also unter Leuten, die einen Großteil eines jeden Arbeitstages damit zubringen, über biologische Experimente nachzudenken und neue zu entwerfen, beziehungsweise damit, irgendwelche Forschungsinstanzen dazu zu überreden, ihnen Mittel zur Verfügung zu stellen, damit sie diese Experimente schließlich im Labor durchführen können – herrscht deutlich vernehmbarer Unmut darüber, daß „wir" den Ausführungen eines Dawkins oder Dennett überhaupt ernsthafte Beachtung schenken. Schließlich handelt es sich um Leute, die entweder keine Forschung mehr betreiben oder dies noch nie getan haben. Sie sind kein Bestandteil „unseres" permanenten Austauschs über sorgfältig durchgeführte Experimente und die ihnen zugrundeliegenden theoretischen Forderungen und Überlegungen.

Doch dieser professionelle Einwand – obschon oft erhoben von Kollegen, die ich zutiefst respektiere – geht am eigentlichen Problem vorbei. Dawkins, Dennett und ihre Anhänger formen als Bestsellerautoren die öffentliche Debatte entscheidend mit. Wir können ihren Einfluß an den Autoren und Lesern von Sonntagszeitungen ebenso ablesen wie an Politikern und Romanciers. Sie sind kulturell viel zu einflußreich, als daß Biologen es sich leisten könnten, sie zu ignorieren. Ich werde im folgenden viele ihrer Argumente heftigst kritisieren, wobei das, was mich bedrückt, die Argumente im Zusammenhang mit den hinter ihnen stehenden metaphysischen Voraussetzungen und deren Implikationen auf Biologie und Kultur sind und weit weniger die Personen, die sie vertreten. Es steht eine Menge auf dem Spiel, denn es geht um nichts Geringeres als um die Beantwortung der Frage: Wie verstehen wir – nicht nur wir als Biologen, sondern wir als Zeitgenossen unseres ausgehenden Jahrhunderts – in unserem kulturellen Umfeld Natur?

Noch ein weiterer Punkt bedarf der Klärung: Obwohl ich mit dem Ultra-Darwinismus hart ins Gericht gehe, möchte ich dennoch absolut klarstellen, daß ich in keiner Weise die Absicht habe, die Position einer materialistischen Sichtweise des Lebendigen zu verlassen oder gar irgendwelchen antidarwinistischen Fundamentalisten, Kreationisten oder New-Age-Mystikern – welcher Couleur auch immer – den Boden zu bereiten. Ich betrachte die Welt aus einer strikt materialistischen Perspektive – wenn auch aus einer, die zu gleichen Teilen Wert auf ontologische Einheit und auf erkenntnistheoretische Vielfalt legt –, von einem Standpunkt, den darzulegen ich mich in *The Making of Memory* bemüht habe. *Darwins gefährliche Erben* liefert, soweit möglich, ähnlich wie das Gedächtnis-Buch, im Gegensatz jedoch zu *Die Gene sind es nicht*, eine biologieinterne Diskussion. Das heißt, ich werde mich großenteils einer Diskussion über die Ideologie und die sozialen Hintergründe und Konsequenzen von Ultra-Darwinismus und Reduktionismus enthalten. Es wäre allerdings weder möglich noch angemessen gewesen, diese Themen ganz unangesprochen zu lassen, und so habe ich sie hier im vorletzten Kapitel *Über die Unzulänglichkeit des Reduktionismus* zusammengefaßt. Dieses Kapitel rankt sich um eine Analyse, die ich unter dem Titel *The rise of neurogenic determinism* erstmals 1995 als Kommentar in der Zeitschrift *Nature* veröffentlicht hatte und die in erweiterter Form später im selben Jahr im zweiten Heft der neuen Zeitschrift *Soundings* erschien.

Beim Schreiben dieses Buches habe ich mir jede Menge intellektueller Anleihen zuschulden kommen lassen. Dick Levins und Dick Lewontin und, in jüngerer Zeit, Levins in Zusammenarbeit mit Yrjo Haila trugen mit der Aufsatzsammlung *The Dialectical Biologist* beziehungsweise mit *Nature and Humanity* zu dem theoretischen Rahmen bei, der meinen Text umgibt. Dasselbe gilt für die beiden ganz anderen Blickwinkel, die Brian Goodwin mit *Der Leopard, der seine Flecken verlor* und Mae-Wan Ho mit *Das Geschäft mit den Genen* bieten. Aus all diesen Büchern und von ihren Autoren habe ich viel gelernt, nicht minder von Stuart Kauffmans chaostheoretischem Ansatz zur Biologie in *Der Öltropfen im Wasser* und Hilary Roses *Love, Power and Knowledge*. Brian Goodwin stellte mir freundlicherweise das noch nicht veröffentlichte Manuskript von *Form and Transformation* zur Verfügung, das er zusammen mit Gerry Webster verfaßt hat, allerdings wird er, wie ich weiß, mit meiner ablehnenden Haltung zu den „natürlichen Arten" in Kapitel 2 nicht allzu glücklich sein.

Außer in jenem *Nature*-Artikel habe ich während des Schreibens einen Teil der Themen und Ideen dieses Buches in Seminaren und Diskussionsgruppen vorgestellt, insbesondere auf einem Symposium der Nobelstiftung am Stockholmer Karolinska Institut im Januar 1996, auf dem Spoleto Scienza und dem Edinburgh International Science Festival des Jahres 1996 sowie in den Sommerkursen der Open University. Die Leitung über den Kurs „Prozesse des Lebendigen" der Open University, die ich während der Reifung dieses Projektes zwischen 1993 und 1995 innehatte, trug nicht unwesentlich dazu bei, meinen Gedanken und Argumenten Schärfe und Schliff zu verleihen. Dankbar bin ich auch für die Gastfreundschaft, die mir Aant Elzingers Institut für Wissenschaftstheorie an der Universität Göteborg im Oktober und November 1995 erwies; in dieser Zeit konnte ich einen Teil der Kapitel im Rohentwurf anlegen. Auch gilt mein Dank allen Kollegen, Gästen und Studenten der *Brain and Behaviour Research Group* und der biologischen Abteilung der Open University, die mir stets mit großer Nachsicht begegneten, wenn ich in den vergangenen Jahren mit meinen Gedanken nicht immer bei den jeweils gerade zu lösenden experimentellen Aufgaben war, sondern immer wieder zu den hier behandelten allgemeineren Themen abschweifte.

Diskussionen über zwei Kontinente und viele Jahre hinweg mit Kollegen wie Enrico Alleva, Kostya Anokhin, Giorgio Bignami, Ruth Hubbard, Dick Levins, Dick Lewontin, Radmila (Buca) Mileusnic, Luciano Terrenato und Ethel Tobach finden in vielen der nachfolgenden Argumente ihren Niederschlag. Etliche Leute haben frühere Entwürfe dieses Buchs oder einzelner Kapitel daraus gelesen und kommentiert, besonders dankbar bin ich in diesem Zusammenhang Rusiko Burchuladze, Brian Goodwin, Ruth Hubbard, Charles Jencks, Hilary Rose, Jonathan Silvertown, Miroslaw Simic, Lars Terenius und Pat Wall sowie etlichen anonymen Rezensenten, die Fehler behoben, Argumente geglättet und mich wieder auf den rechten Weg gebracht haben, wenn ich mich verzettelt hatte. Der große Biochemiker und Gelehrte N. W. (Bill) Pirie las das gesamte Manuskript und bedachte es von Anfang bis Ende mit detaillierten Kommentaren – vielleicht sein letztes großes intellektuelles Unterfangen vor seinem Tod. Er starb 89jährig, noch immer aktiv, buchstäblich bis zu seinem Tode im Labor arbeitend, im März 1997. Ich werde seine knorrige Weisheit und seinen Rat schmerzlich vermissen. John Woodruff leistete als hingebungsvoller Mitherausgeber weit mehr als seinen Pflichtanteil bei der Beseitigung von Unklarheiten in meinem Text – und damit auch in meinem Denken. Besonderer Dank gilt auch Renate Prince, die mir in architektonischen und historischen Fragen mit Rat und Tat und Quellenmaterialien zur Seite stand; nur so war es mir möglich, die Dennettsche Argumentation zu Gewölbezwickeln und adaptionistischen Abläufen im Kapitel 8 zu handhaben. Wie die ganzen vergangenen 35 Jahre hindurch ist die tiefe Schuld, in der ich bei Hilary Rose für ihre fortgesetzte Diskussionsbereitschaft (von Liebe gar nicht zu reden) stehe, weder mit Zahlen noch mit Worten zu ermessen.

Von keiner der oben genannten Personen sollte angenommen werden, daß sie zwangsläufig mit jedem der hier präsentierten Argumente konform geht – und natürlich bin ich allein verantwortlich für jeden noch verbliebenen Fehler.

London, im Februar 1997

1
Biologie, Freiheit und Determinismus

Wenn der Mensch, so wie ihn der Existentialist begreift, nicht definierbar ist, so darum, weil er anfangs überhaupt nichts ist. Er wird erst in der weiteren Folge sein, und er wird so sein, wie er sich geschaffen haben wird. Also gibt es keine menschliche Natur... Der Mensch ist lediglich so, wie er sich konzipiert – ja, nicht allein so, sondern wie er sich will...; der Mensch ist nichts anderes, als wozu er sich macht... Geht tatsächlich die Existenz der Essenz voraus, so kann man nie durch Bezugnahme auf eine gegebene und feststehende menschliche Natur Erklärungen geben; anders gesagt, es gibt keine Vorausbestimmung mehr, der Mensch ist frei, der Mensch ist Freiheit. Jean-Paul Sartre,
Ist der Existentialismus ein Humanismus?[1]

Wir sind Überlebensmaschinen – Roboter, blind programmiert zur Erhaltung der selbstsüchtigen Moleküle, die Gene genannt werden. Richard Dawkins,
Das egoistische Gen

Leben

Ein Neugeborenes starrt unverwandt das Gesicht seiner Mutter an – plötzlich huscht ein unverkennbares Lächeln über sein Gesicht.

Frühling – langsam entfalten sich die klebrigen gelbgrünen Kastanienknospen. Balzende Vögel schwirren zwischen den Bäumen umher.

Sommer – Wolken schwarzer Kriebelmücken umtanzen uns auf unserem Weg durch das Moor.

Herbst – zwischen buntem Herbstlaub entsprießt dem Waldboden ein Miniaturwald aus Pilzen.

Eine afrikanische Savanne: Termitenhügel, bevölkert von Hunderttausenden emsig Umhereilenden, erheben sich himmelwärts.

Ein Korallenriff: Myriaden leuchtend bunt gemusterter und gestreifter Fische tauchen pfeilschnell in und aus Spalten und Ritzen; große Schwärme ziehen glitzernd ihre Bahn, jedes Individuum nimmermüder Bestandteil einer Choreographie der Einheit des großen Ganzen.

Ein Tropfen Tümpelwasser: einzellige, nahezu durchsichtige Wesen; gelegentlich trifft eines davon auf ein anderes und verschlingt es.

Sie alle leben. Sie alle gehen ihre individuellen oder kollektiven Wege in unserer Welt, sie kooperieren und konkurrieren, meiden einander, leben miteinander und voneinander, sind eines vom anderen abhängig. Sie alle gehören zu den gegenwärtig vorhandenen Produkten aus gut vier Milliarden Jahren Evolution, der fortgesetzten Durchführung jener großen Experimente der Natur, die die physikalischen und chemischen Bedingungen des Planeten Erde möglich, vielleicht sogar unausweichlich gemacht haben. Jedem Organismus ein eigener Lebensweg – eine unverwechselbare Reise durch Raum und Zeit, von der Geburt bis zu seinem Tode.

Die bloße Menge, Vielfalt und der Umfang irdischen Lebens übersteigen jedwede Vorstellungskraft. Betrachten Sie einen Quadratmeter europäischen oder amerikanischen Waldbodens: Entfernt man die obersten fünfzehn Zentimeter Erdreich, so wird man darin neben zahllosen anderen Lebensformen allein sechs Millionen winziger Fadenwürmer – Nematoden – entdecken, die bis zu 200 verschiedenen Arten angehören können. Möglicherweise finden sich in einem Gramm dieses Erdreichs überdies 10 000 Arten von Bakterien, wobei gegenwärtig erst um die 3000 Arten von Mikrobiologen identifiziert und benannt worden sind. Vorsichtige Schätzungen setzen die Zahl der verschiedenen Arten auf der Erde bei 14 Millionen an; niemand vermag dies genau zu sagen, und es gibt Leute, die behaupten, es gäbe mindestens 30 Millionen. Nur wenige Prozent von diesen – maximal zwei Millionen – sind bislang untersucht, eingeordnet und benannt worden. Ja, fast die gesamte biologische Forschung gründet sich auf höchstens einige wenige hundert verschiedene Lebensformen. Der kleinste unabhängig lebende Organismus mißt nicht mehr als 0,2 Mikrometer im Durchmesser – das entspricht einem Fünftel von einem millionstel Meter; das größte lebende Tier, der Blauwal, kann über 30 Meter lang werden und 200 Tonnen wiegen – damit ist er schwerer als jeder derzeit bekannte Vertreter der ausgestorbenen Dinosaurier. Die Lebensdauer eines Bakteriums beträgt um die zwanzig Minuten, dann teilt es sich; in der Nähe meines Wohnorts gibt es eine alte Eiche, die bereits vor fast tausend Jahren im Domesday Book Wilhelm des Eroberers erwähnt wird. Und manche der kalifornischen Mammutbäume übertreffen Wale und Eichen um einiges und erreichen Höhen von hundert Metern sowie ein Alter von mindestens 2500 Jahren.

Was für eine Welt, darin zu leben, zu staunen und sie in all ihrer Mannigfaltigkeit zu genießen. „O schöne neue Welt, die solchen Geschöpfen Wohnung gibt", frei nach Miranda, der Tochter des alten Zauberers Prospero, aus *Der Sturm*. Und ihre Worte spiegeln die Empfindungen von Dichtern, Malern und Schriftstellern der gesamten geschriebenen Historie wider.

Doch sie studieren, interpretieren, erklären, verstehen und Vorhersagen über sie treffen? Das sind Aufgaben, wie sie Mythenschreibern, Zauberern und heutzutage vor allem Wissenschaftlern, und hier besonders den Biologen, zufallen. Zu der letzten Kategorie gehöre ich. Wir sind bestrebt, die Visionen, die uns die Künstler und Schriftsteller vermitteln, nicht zu verlieren, sondern ihnen vielmehr neue hinzuzufügen, Visionen, die sich aus dem Wissensschatz ergeben, den die Biologie, die Wissenschaft vom Leben, offenlegt. Dieser Wissensschatz vermag auch die Schönheit unter der Oberfläche der Dinge zu offenbaren: in der rasterelektronenmikroskopischen Darstellung eines Schmeißfliegenauges ebenso wie in einer Kamelienblüte; in den biochemischen Mechanismen, die in den winzigen wurstförmigen Mitochondrien in jeder unserer Körperzellen verwertbare Energie entstehen lassen ebenso wie im Muskelspiel des Athleten, der sich diese Mechanismen zunutze macht.

Wie sollen wir diese Vielzahl von Organismen, diese Größenordnungen der räumlichen und zeitlichen Vielfalt dessen erfassen, was unter die allgemeine Definition „Lebensform" fällt? Menschen gleichen jeder anderen Art der Erde – und auch wieder nicht. Wir haben lernen müssen, uns einem erklecklichen Teil der anderen Geschöpfe anzupassen, mit denen wir unseren Planeten teilen, sie zu zähmen und zu unterwerfen, uns vor ihnen zu schützen und mit ihnen in Frieden zu leben. Und dabei haben wir auch gelernt, Theorien über sie zu entwickeln. Jede bisher von Anthropologen untersuchte Kultur hat ihre eigenen Theorien und Legenden, mit deren Hilfe sie das Leben und ihre Stellung darin einordnet und die großen Umbrüche erklärt, die unsere Existenz unabdingbar begleiten: die Entstehung von neuem Leben mit der Geburt und sein Ende durch den Tod. In den Schöpfungsmythen der meisten Kulturen gibt es eine Gottheit, die der orientierungslosen Masse strauchelnden Lebens Ordnung auferlegt. Und obwohl unsere Kultur hier keine Ausnahme macht, benennen wir die Dinge heutzutage anders, geben wir vor, die Mythen überwunden und durch Wissen ersetzt zu haben. Westliche Zivilisationen haben die vergangenen drei Jahrhunderte hindurch an ihren Schöpfungsmythen gearbeitet, sie umgeformt und ausgeweitet. Das alles mit Hilfe der *scientia*, der organisierten Erforschung des Universums, die erst möglich wurde durch die Regeln und Experimentalmethoden der Naturwissenschaften und durch leistungsstarke Instrumente, deren einziger Zweck darin bestand, die menschlichen Sinne – Fühlen, Riechen, Schmecken, Sehen und Hören – zu erweitern.

Die Macht der Biologie

Macht und Einfluß westlicher Wissenschaft, wie sie sich in den vergangenen drei Jahrhunderten entwickelt hat, basierten in erster Linie zunächst auf ihrer Fähigkeit, Aspekte der leblosen Welt mit Hilfe von Physik und Chemie zu erklären und später auch zu kontrollieren. Erst danach wurden die durch den Erfolg dieser beiden älteren Wissenschaften geformten Methoden und Theorien auch auf das Studium von Lebensprozessen angewandt. Die verschiedenen Wissenschaftsgebiete der heutigen Biologie befinden sich kaum sechs Generationen in der Entwicklung und haben sich allein im Laufe meines eigenen Lebens maßlos gewandelt. Trotz unseres Unwissens hinsichtlich der überwiegenden Mehrzahl von Lebensformen, die die heutige Erde bevölkern – genaugenommen verdanken wir die meisten biochemischen und genetischen Verallgemeinerungen nur drei Organismen: der Ratte, der Taufliege und dem allgemein verbreiteten Darmbakterium *Escherichia coli* –, und unserer Unfähigkeit, über die Vorgänge, die diese im Laufe der vergangenen vier Milliarden Jahre haben entstehen lassen, mehr zu liefern als gelehrte Spekulationen, fangen wir Biologen dennoch an, einen Status des universellen Wissens für uns zu beanspruchen; glauben wir alles darüber zu wissen, was Leben im einzelnen ist, wie es entstand und funktioniert. Bei allen Lebensformen, bei allen Lebensprozessen, so unser Argument, gelten gewisse allgemeingültige Prinzipien; bestimmte Mechanismen, bestimmte Formen der Chemie existieren gemeinsam. Manche gehen sogar noch weiter und behaupten, daß das, was sie im Hinblick auf irdisches Leben als wahr und richtig erkannt haben, nichts weiter sei als der Sonderfall eines Phänomens von solcher Universalität, daß es sich auf sämtliche Lebensformen des Universums anwenden lassen müsse.

Die Erfolge der Naturwissenschaften gründen sich weniger auf Beobachtungen und Überlegungen als vielmehr auf aktive Eingriffe in die Phänomene, für die man Erklärungen sucht. Solange davon nur rein chemische oder physikalische Vorgänge betroffen sind, repräsentieren solche Eingriffe nur selten ein ethisches Problem, steht das Recht des Forschers zu einem solchen Eingriff kaum in Frage. Doch es kann keinen Zweifel darüber bestehen, daß Eingriffe in Lebensvorgänge uns alle – nicht nur die Forscher, sondern auch die Gesellschaft, die sich von deren Ergebnissen abhängig gemacht hat – vor moralische Probleme stellen. Wir können unsere Augen nicht vor der Tatsache verschließen, daß die intervenierende Biologie, und hier vor allem die Physiologie, eine Wissenschaft ist, die auf gewaltsames Vorgehen gründet, „mordet, um zu erkennen", und daß es bislang keine alternativen Möglichkeiten gibt, die innersten molekularen und zellulären Ereignisse zu ergründen, die – zumindest auf einer bestimmten Beschreibungsebene – das Leben ausmachen. Die reduktionistische Philosophie, die sich für Biologen als so verführerisch, in ihren Konsequenzen jedoch als so gefährlich erwiesen hat, scheint ein nahezu zwangsläufiges Produkt dieser intervenierenden und notwendigerweise gewaltsamen Methodik.

Mehr als die meisten anderen Wissenschaften unserer Tage greift die Biologie in unser Leben ein. Sie verändert mit den ihr eigenen Technologien, nicht anders als Chemie und Physik mit den ihren, unsere persönliche, soziale und natürliche Umgebung vermittels Pharmakologie, Gentechnologie, Agrarchemie und Agrarbiologie. Darüber hinaus nimmt die Biologie für sich in Anspruch zu wissen, wer wir sind, welche Kräfte die innersten Züge unserer Persönlichkeit formen und sogar, welchen Sinn unsere Existenz hier auf der Erde hat. Die Aussagen der Wissenschaft sind so einflußreich geworden, daß sie keinerlei Raum mehr für Diskussionen zu lassen scheinen: Sie sind zum allgemein akzeptierten Blickwinkel auf die lebende Welt avanciert. Ja, wir verwenden heute sogar die Bezeichnung *Biologie*, mit der man einst die Wissenschaft belegt hatte, um deren Studienobjekt – das Leben und die Prozesse, die es erhalten – zu benennen. Die Wissenschaft hat sich ihres Objektes bemächtigt. Damit wird „biologisch" zum Gegenstück von „sozial" statt zum Antonym für „soziologisch".[2]

Freiheit und Determinismus

Und nun zu den einleitenden Zitaten ganz zu Anfang dieses Kapitels. Jene beiden einander diametral entgegengesetzten Sichtweisen der menschlichen Natur, der Beziehungen zwischen unserem Denken und

Handeln einerseits und unserer chemischen Beschaffenheit andererseits, als Vehikel der DNA zur Herstellung neuer DNA, bilden die beiden Extreme, zwischen denen ich mit meinen Ausführungen zu manövrieren versuche. Das erste, ein stürmisches rhetorisches Loblied auf die Würde des allmächtigen Menschen (bei dem, wie ich annehme, das Geschlecht eine nicht unbedeutende Rolle spielt), geschrieben von dem existentialistischen Philosophen Jean-Paul Sartre kurz nach der Befreiung des von den Nationalsozialisten besetzten Frankreichs. Das zweite, mit der ganzen ungestümen Keckheit eines frechen Heranwachsenden, der alles, was seine Altvorderen für lieb und wert erachten, mit gnadenlosem Naserümpfen bedenkt, stammt von Richard Dawkins, dem Johannes der Täufer der Soziobiologie, und entstand Mitte der siebziger Jahre in der Geborgenheit eines Oxford-Colleges. Jedes war zu seiner Zeit recht in Mode, aber es dürfte kein Zweifel daran bestehen, welches davon den Geist der vergangenen zwanzig Jahre treffender widerspiegelt.

Natürlich sind beide eher eine Übung im Prägen politischer Schlagworte denn eine solide philosophische Grundhaltung. Wie verträgt sich Sartres Freiheit mit der Unausweichlichkeit menschlicher Abbau- und Alterungsprozesse, den verheerenden Folgen von Krebs, der zerstörerischen Kraft der Alzheimerschen Erkrankung? Und wie beurteilt Dawkins genzentrierter Blick die Schrecken nationalsozialistischer Konzentrationslager oder die Heldinnen und Helden der französischen Résistance? Natürlich floß keine der beiden Ansichten fix und fertig formuliert aus der Feder eines Autors; jede von ihnen reicht in ihren Ursprüngen weit zurück in die religiöse, philosophische und wissenschaftliche Debatte. Und ich bin nicht so naiv anzunehmen, daß meine Argumente bezüglich beider Standpunkte das letzte Wort zum Thema sein werden. Dennoch will ich meine These von Anfang an klarstellen: Wir Menschen sind keine leeren Organismen, keine freien Geister, die einzig und allein eingeschränkt werden durch die Grenzen unserer Vorstellungskraft oder, etwas prosaischer, durch die sozialen und ökonomischen Gegebenheiten, unter denen wir leben, denken und handeln. Andererseits sind wir aber auch nicht reduzierbar auf „nichts als" Maschinen zur Replikation unserer DNA. Vielmehr sind wir das Produkt der konstanten Dialektik zwischen dem „Biologischen" und dem „Sozialen", in deren Spannungsfeld die menschliche Evolution sich abgespielt hat, Geschichte gemacht wurde und wir uns als Individuen entwickelt haben (und beachten Sie bitte hier schon, daß ich bereits in diesem Satz die Wissenschaft Biologie mit dem Gegenstand ihrer Untersuchungen, in diesem Falle menschlichem Leben, gleichgesetzt habe).

Anders zu argumentieren würde bedeuten, das Wesen von Lebensprozessen, deren Charakterisierung und Deutung Aufgabe der biologischen Wissenschaft ist, fundamental mißzuverstehen. Hinzu kommt, daß sich unsere Schwierigkeiten, über solche Antithesen – oft fälschlicherweise dargestellt als Dichotomie von Angeborenem und Erworbenem – hinaus zu denken, aus demselben sozialen, philosophischen und religiösen Rahmen herleiten, in dem sich auch die moderne Wissenschaft seit ihren Ursprüngen entwickelt hat – aus dem Nordwesten Europas im siebzehnten Jahrhundert, zeitgleich mit der Geburt des Kapitalismus. Doch nicht als Philosoph oder Wissenschaftshistoriker, sondern in meiner Eigenschaft als Biologe werde ich den Standpunkt vertreten, daß naiver – ja vulgärer – Reduktionismus und Determinismus, die sich beide oft als rechtmäßige Vertreter dessen geben, wie die Biologie die Welt sieht, fehlgehen. Es trifft auch nicht zu, daß wir die isolierten, autonomen Einheiten aus der Vorstellungswelt Sartres sind, sondern unsere Freiheit ist eingebettet in die Lebensvorgänge, die uns ausmachen.

Die Wissenschaft, die wir betreiben, die Theorien, die wir bevorzugen, und die Technologien, die wir als integralen Bestandteil unserer Wissenschaft entwickeln und einsetzen, lassen sich nie aus dem sozialen Kontext herauslösen, in dem sie geschaffen wurden, noch lassen sie sich von den Motiven derer trennen, die Wissenschaft finanziell fördern, oder von den Weltanschauungen, innerhalb derer wir die passenden Antworten auf die großen *Was-*, *Wie-* und *Warum-*Fragen suchen und finden, von denen unsere Suche nach dem Sinn des Lebens geleitet wird. Mit Sicherheit trifft dies auf die moderne Biologie zu, deren breites Spektrum an Antworten auf diese Fragen von sozialen und politischen Inhalten aufs tiefste durchdrungen ist. Die vorherrschende Mode, viele, wenn nicht gar alle Aspekte der sozialen Situation von Menschen auf genetischer Ebene erklären zu wollen – das fängt an bei sozialen Ungerechtigkeiten aufgrund der Rassen-, Klassen- oder Geschlechtszugehörigkeit und geht bis hin zu ganz persönlichen Merkmalen und Tendenzen wie der sexuellen Neigung, der Abhängigkeit von Alkohol oder Drogen oder der Unfähigkeit obdachloser und psychisch labiler Mitmenschen, in der modernen Gesellschaft ein erfolgreiches Leben zu führen –, kommt einer Ideologie des *biologischen Determinismus* gleich, dessen Paradebeispiel jene überspitzen Auslegungen der Evolutionsbiologie sind, die den Großteil der sogenannten *Soziobiologie* ausmachen.[3] (Mit diesem

Begriff umschreibt man ein Gebäude aus Theorien und Hypothesen über Mensch, Kultur und Gesellschaft, dessen Fundament in der Überzeugung besteht, daß die Evolutionstheorie treffender als alles andere, besser als Soziologie, Ökonomie und Psychologie beschreibt, wie und warum wir so und nicht anders leben.) Es ist unmöglich, ein Buch wie das vorliegende zu schreiben, ohne auf diese Standpunkte und die zugehörige Politik einzugehen, und ganz bestimmt werde ich ihre Legitimation in Frage stellen. Doch das ist nicht mein Hauptanliegen. Dieses besteht vielmehr darin, eine alternative Betrachtungsweise lebender Systeme anzubieten, eine Sichtweise, die die Macht und Rolle der Gene anerkennt, ohne dem genetischen Determinismus zu verfallen, und die sich wieder auf das Verständnis lebender Organismen und ihrer Reise durch Zeit und Raum als zentrales Anliegen der Biologie besinnt. Diese Reise ist das, was ich als den *Lebensweg* eines Organismus bezeichne. Das Wesen lebender Systeme ist weit davon entfernt, in unumstößlicher Weise vorherbestimmt zu sein, noch ist es nötig, irgendein immaterielles Konzept wie den freien Willen zu bemühen, das es uns ermöglicht, der Determinismusfalle zu entgehen. Es liegt vielmehr in der Natur des Lebendigen, von radikaler Unbestimmtheit und gänzlich indeterminiert zu sein, kontinuierlich an der eigenen – unserer – Zukunft zu modellieren, wenn auch unter Umständen, die wir nicht selbst ausgesucht haben.

Komplexität der Biologie

Wissenschaft soll, so wird gefordert, erklären und Prognosen liefern. Gewöhnlich wird von einer Hierarchie der Wissenschaften ausgegangen, die von der Physik über Chemie und Biologie zu den Humanwissenschaften führt. In diesem Schema gilt Physik als die fundamentale unter den Disziplinen. Dafür gibt es mehrere Gründe. Zum Teil wird davon ausgegangen, daß die Physik sich mit den allgemeinsten Prinzipien beschäftigt, nach denen Natur organisiert ist. Sie liefert die Erklärung für Naturphänomene und vermag deren Resultate vorherzusagen – das gilt für den Fall eines Apfels ebenso wie für die Umlaufbahn des Mondes. Außerdem gelten die „Gesetze" der Physik auch in der Biologie, umgekehrt aber gelten die – möglicherweise vorhandenen – „Gesetze" der Biologie nicht notwendigerweise auch für nichtlebende Systeme. Physik ist also eine „harte" Wissenschaft, deren Prinzipien sich mathematisch ausdrücken lassen, und damit hält man sie für das Modell, dem alle anderen Wissen-

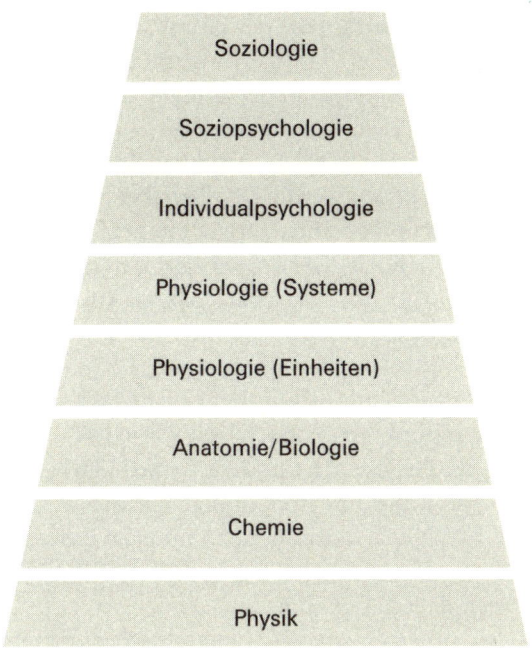

Abbildung 1.1: Die traditionelle Hierarchie der Wissenschaften

schaften nachzueifern haben. Sozial- und Humanwissenschaften hingegen gelten als die „weichsten" Disziplinen, denn sie sind am wenigsten zu einer präzisen mathematischen Aussage in der Lage, außerdem erfüllen sie nicht zwanglos die Definition dessen, was dem ersten Satz dieses Abschnitts zufolge „Wissenschaft" zu leisten bestrebt sein sollte. Ja, man könnte sogar argumentieren, daß das Etikett „vorhersagbar" vielleicht nur deshalb dort vorhanden ist, damit einfache Wissenschaften wie Physik und Chemie, die sich als erste der modernen Wissenschaften entwickelt haben, privilegiert werden gegenüber jenen, die wie die Sozialwissenschaften und viele Bereiche der Biologie multipel determiniert sind (wie im folgenden klarer werden wird) und gar nicht erst den Versuch einer Prognose unternehmen (Abbildung 1.1).

Vielen Leuten – Wissenschaftlern ebenso wie Laien – scheint diese hierarchische Konvention trotz alledem logisch und natürlich. Zu Beginn des zwanzigsten Jahrhunderts gab es eine gemeinsame Bewegung von Physikern und Philosophen, deren erklärtes Ziel eine Einheit der Wissenschaften war, bei der im richtigen Augenblick die Physik triumphieren sollte. Die orthodoxe Philosophie ist noch immer in der Hauptsache eine Philosophie der Physik, die auf dem reduktionistischen Standpunkt steht, daß die Aufgabe der Wissenschaft darin bestehe, letztlich alle Biologie in der Chemie und alle Chemie in der Physik aufgehen zu lassen, woraus sich eine begrenzte Anzahl an universell gültigen Gesetzen ergäbe, mit deren Hilfe sich das gesamte Universum erklären lassen werde. Der Physiker Steven Weinberg diskutiert diesen reduktionistischen Ansatz mit großer Eleganz und Leidenschaft in seinem Buch *Der Traum von der Einheit des Universums*.[4] Er gibt darin wohl ausdrücklich zu bedenken, daß viele Biologen einem solchen Reduktionismus nicht werden zustimmen können, und verweist detailliert auf seine eigenen Meinungsverschiedenheiten mit dem Evolutionsbiologen Ernst Mayr.[5] Aber Weinbergs prinzipieller Standpunkt ist dennoch weit verbreitet. „Es gibt nur eine Wissenschaft, die Physik: alles andere ist Sozialarbeit", wie es der Molekularbiologe James Watson einmal mit der ihm eigenen typischen Unbarmherzigkeit formulierte.[6] Und viele Biologen, die durch eigene Projekte und Experimente eigentlich eines Beßren belehrt sein sollten, stimmen dem bereitwillig zu.[7]

Dennoch ist an einer solchen hierarchischen Sichtweise nichts Unumstößliches. Sie ist nichts weiter als eine historisch beeinflußte Konvention, in der sich die besonderen Umstände und Traditionen widerspiegeln, unter denen sich die westliche Wissenschaft seit ihren Ursprüngen im siebzehnten Jahrhundert entwickelt hat. Die Physik befaßt sich mit relativ einfachen, reproduzierbaren Phänomenen, die sich mit ausgezeichneter Präzision messen lassen, bei der Auseinandersetzung mit Komplexität aber stößt sie auf Schwierigkeiten. Biologenfragen über die Welt lassen sich nicht ohne weiteres in der mathematischen Sprache der Physik beantworten, und so wird ihnen nachgesagt, sie litten unter dem Gefühl der Minderwertigkeit und unter einem gewissen „Physikneid" (was womöglich der Grund dafür ist, daß sich heutzutage viele Molekularbiologen gebärden, als seien sie in der Tat Physiker!). Doch wir sollten keine Bedenken haben, uns von der reduktionistischen Behauptung zu lösen, es gäbe nur eine einzige Erkenntnistheorie, nur eine Art, die Welt zu erforschen und zu verstehen, nur eine Wissenschaft, deren Name Physik laute. Nicht alles läßt sich in mathematische Formeln fassen. Manche Eigenschaften lebender Systeme sind nicht quantifizierbar, und Versuche, ihnen Zahlen zuzuordnen, bringen nichts als Verwirrung hervor (so zum Beispiel die Versuche, Intelligenz oder Aggression zu messen oder zu errechnen, wieviel Bits an Information – Erinnerung – das Gehirn speichern kann). Die Biologie muß imstande sein, sich von fehlgeleiteten Versuchen zu ihrer Mathematisierung freizumachen. Eine Fabel soll diesen Punkt verdeutlichen:

Fünf Arten, einen Frosch zu sehen

Vor langer Zeit saßen einmal fünf Biologen an einem Teich beim Picknick. Auf einmal sahen sie, wie ein Frosch, der bislang friedlich an dessen Rand gesessen hatte, mit einem großen Satz ins Wasser sprang (Abbildung 1.2). Alsbald entspann sich zwischen ihnen eine lebhafte Diskussion um die Frage: Warum ist der Frosch ins Wasser gesprungen?

Sagt der erste Biologe, ein Physiologe: „Das ist nun wirklich ganz eindeutig. Der Frosch springt, *weil* die Muskeln in seinen Beinen kontrahieren. Das wiederum tun sie, weil ihnen die motorischen Nervenfasern Impulse aus dem Froschhirn zusenden. Diese Impulse sind im Gehirn entstanden, weil andere, frühere Impulse das Froschhirn erreicht und die Anwesenheit einer Schlange gemeldet haben."

Wir haben es mit einer einfachen Kausalkette innerhalb ein und derselben Ebene zu tun: *erst* das Bild der Schlange auf der Retina, *dann* Signale ans Gehirn, *dann* die Impulse aus dem Gehirn über die Nervenbahnen, *dann* die Muskelkontraktion – ein Ereignis folgt auf

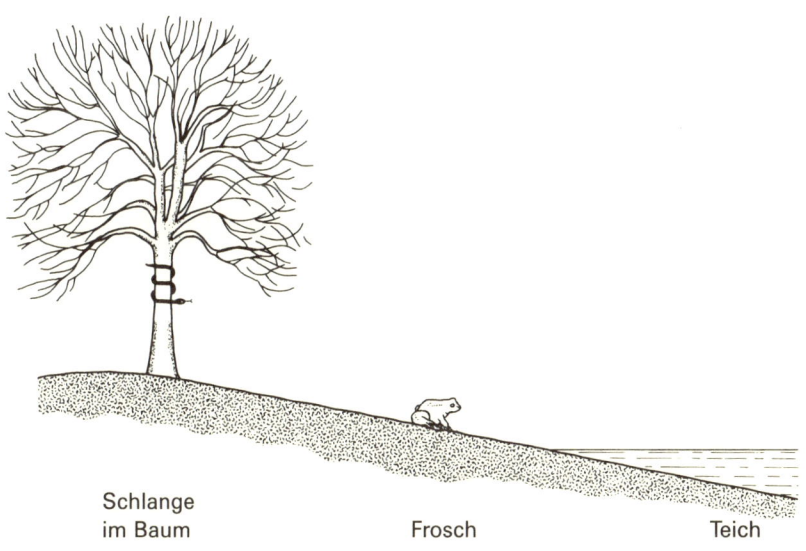

Abbildung 1.2: Frosch, Teich und Schlange

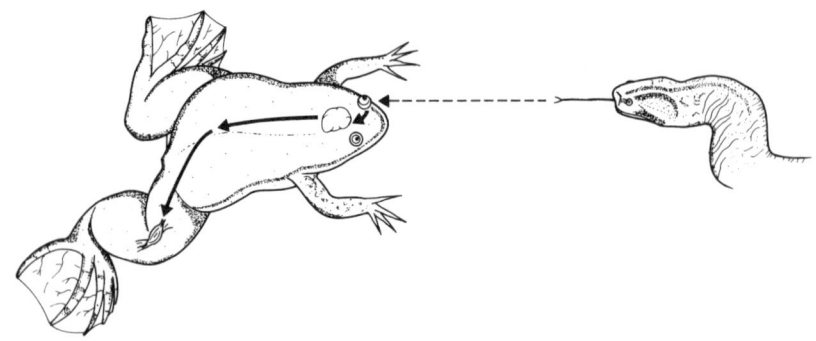

Abbildung 1.3: Was veranlaßt den Frosch zum Springen?

das andere, all das in wenigen Tausendsteln einer Sekunde (Abbildung 1.3). Die Einzelheiten solcher Kausalketten zu ermitteln ist die Aufgabe der Physiologie.

„Aber das ist eine sehr dürftige Erklärung", entgegnet der zweite, ein Verhaltensforscher. „Der Physiologe hat am Thema vorbeigeredet. Er hat uns erzählt, *wie* der Frosch gesprungen ist, aber nicht *warum* er gesprungen ist. Er hat es getan, *weil* er die Schlange gesehen hat und ihr entfliehen *will*. Die Kontraktion seiner Muskeln ist nichts weiter als ein Aspekt eines komplexen Vorgangs und nur zu verstehen im Zusammenhang mit dem Ziel dieses Vorgangs – in diesem Falle, dem Gefressenwerden zu entgehen. Das Endziel – in diesem Falle das Ziel, der Schlange zu entkommen – ist für das Verstehen der Aktion unabdingbar."

Derart zielgerichtete Erklärungen, auch als *teleonomische* Erklärungen bezeichnet, haben den Philosophen mehr Kopfzerbrechen bereitet als alles andere in der Biologie. Auch wenn sie manchmal als unglückselig erachtet werden, ergeben sie dennoch im täglichen Leben mehr Sinn als die meisten anderen Erklärungen.[8] Denn sie beharren darauf, daß ein Organismus, ein Verhaltensmuster oder ein physiologischer Vorgang nur innerhalb des ökologischen Zusammenhangs verstanden werden können, wozu sowohl die physikalische Umgebung gehört als auch andere lebende, sozial interagierende Nachbarorganismen. (Wenn der Organismus dann auch noch ein Mitglied jener überaus sonderbaren Art *Homo sapiens* ist, kommen weitere komplexe Faktoren ins Spiel, die mit dessen persönlicher und kollektiver Historie zu tun haben.) Diese Art von Erklärung ist eine „Von oben nach unten"-Erklärung (man bezeichnet sie manchmal auch als *holistisch*, das aber ist ein Begriff von gefährlicher Doppeldeutigkeit, den ich vermeiden will). Aber beachten Sie bitte, daß diese

Erklärung im Gegensatz zu der des Physiologen nicht in dem Sinne kausal ist, daß sie eine zeitliche Verkettung von Ereignissen beschreibt, bei der erst eine Sache – die Übermittlung von Signalen über Nervenfasern – und dann eine andere – die Muskelkontraktion – Schritt für Schritt nacheinander stattfinden. Der Sprung ist für das Erreichen des angestrebten Ziels unabdingbar. Wenn also Verhaltensforscher – Ethologen – von Ursachen sprechen, dann bedeutet das etwas ganz anderes, als wenn Physiologen das tun. Zurück zur Geschichte:

„Weder die Erklärung des Physiologen noch die des Ethologen trifft die Sache", stellt der dritte Biologe fest, er befaßt sich mit Fragen der Entwicklung. „Für den Entwicklungsbiologen gibt es nur einen Grund dafür, daß der Frosch überhaupt springen kann: Er kann es nur, *weil* seine Nerven, sein Gehirn und seine Muskeln im Laufe seiner Entwicklung von einer einzelnen befruchteten Eizelle über die Kaulquappe zum ausgewachsenen Tier so ‚verkabelt' worden sind, daß solche Aktionssequenzen unausweichlich – oder zumindest bei einer beliebigen Kombination von Ausgangsbedingungen die wahrscheinlichsten – geworden sind."

Der Vorgang der Verkabelung ist ein Aspekt der *Ontogenese*, der Entwicklung des Organismus von der Empfängnis bis ins Erwachsenenalter, und mit ihr beschäftigen sich Genetik und Entwicklungsbiologie. Im Unterschied zu den ersten beiden Erklärungen bringt der ontogenetische Ansatz ein historisches Element ins Spiel: Die individuelle Geschichte des Frosches wird zum Schlüssel für das Verständnis seines gegenwärtigen Verhaltens. Die Ontogenese wird oft als Dialog – sogar als Dichotomie – zwischen Angeborenem (Genetik) und Erworbenem (Ökologie) betrachtet. Es hat sogar Versuche gegeben, diese Trennung mathematisch zu erfassen und zu fragen, wieviel von jedem Merkmal genetisch bedingt ist und wieviel sich auf Umweltfaktoren zurückführen läßt. Wie in den späteren Kapiteln deutlich werden wird, ist diese Dichotomie keine echte, und ich werde mich bemühen, sie aus der Welt zu schaffen.

„Keine dieser drei Erklärungen ist übermäßig zufriedenstellend", wendet der vierte Biologe ein, der Evolutionsforscher ist. „Der Frosch springt, *weil* es sich im Laufe seiner evolutionären Vergangenheit für seine Vorfahren als adaptives Verhalten erwiesen hat, solches beim Anblick einer Schlange zu tun: Diejenigen, die sich nicht so verhielten, wurden gefressen, und damit konnten ihre Nachkommen nicht selektioniert werden."

Diese Art von Erklärung wirft das Problem auf, daß man zunächst einmal definieren muß, was mit Begriffen wie „adaptiv" und „selektionieren" gemeint ist, ein Problem, das die polemische Debatte über die Soziobiologie, die ich in späteren Kapiteln recht kritisch beleuchten werde, sehr zugespitzt hat. Man könnte den Entwicklungsbiologen und den Evolutionsbiologen einander gegenüberstellen, indem man ersteren als jemanden betrachtet, der wie der Physiologe nach dem *Wie* fragt, und letzteren als jemanden, der wie der Ethologe *Warum*-Fragen stellt. Die evolutionäre Erklärung kombiniert das Historische – diesmal allerdings in bezug auf die ganze Art statt mit Blick auf das Individuum – mit dem Zielgerichteten. Vielleicht ist das der Grund dafür, daß manche Soziobiologen argumentieren, das Warum sei *die* fundamentale Kausalfrage und alle anderen Kausalerklärungen seien nichts weiter als „funktional".

Der fünfte Biologe, ein Molekularbiologe, lächelt milde. „Ihr zielt alle am Wesentlichen vorbei. Der Frosch springt, *weil* die biochemischen Eigenschaften seiner Muskeln dies so wollen. Muskeln bestehen zum großen Teil aus zwei miteinander verflochtenen, fadenförmigen Proteinen namens Aktin und Myosin, und ihre Kontraktion kommt dadurch zustande, daß diese Proteine aneinander vorbeigleiten. Dieses Verhalten der beiden Proteine liegt in deren Aminosäuresequenz begründet, das heißt in ihren chemischen und damit auch in ihren physikalischen Eigenschaften." Das ist ein *reduktionistischer* Ansatz, und es ist die Art und Weise, wie Biochemiker die Phänomene des Lebens zu beschreiben suchen.

Beachten Sie wiederum, daß es sich auch hier nicht um eine Kausalverknüpfung in dem Sinne handelt, wie der Physiologe diesen Begriff verstehen würde. Auch hier geschieht nicht *erst* das eine (Aktin- und Myosinmoleküle gleiten aneinander vorbei) und *dann* das andere (es kommt zur Kontraktion). Wenn der Begriff „Ursache und Wirkung" hier überhaupt Anwendung findet, dann muß er hier deutlich anders gebraucht werden als in der Physiologie. Die Verwirrung über die verschiedenen Möglichkeiten, den Begriff „Ursache" zu verwenden, treibt das wissenschaftliche Denken schon seit den Tagen des Aristoteles um. Vielleicht vermöchten wir die Dinge klarer zu sehen, wenn wir uns darauf beschränkten, dieses Wort nur in eindeutigem Zusammenhang mit zeitlichen Abläufen zu verwenden, bei denen ein Ereignis auf das andere folgt. Jedes dieser Ereignisse – das Bild auf der Retina des Froschauges, seine Verarbeitung im Gehirn, die Übermittlung von Signalen über motorische Nerven und die Muskelkontraktion selbst – läßt sich in die Sprache der Biochemie *übersetzen*. Und natürlich ist es auch möglich, diese biochemische

Sequenz in temporale Dimensionen zu fassen, bei denen eine Kombination von biochemischen Vorgängen (die molekularen Abläufe im Nerv) eine andere (das Gleiten von Aktin- und Myosinfilamenten) nach sich zieht (siehe Seite 108). Damit ergäbe sich dann die Frage nach der Beziehung der beiden temporalen Sequenzen zueinander – sprich nach dem Verhältnis zwischen Physiologen und Biochemiker. In späteren Kapiteln werde ich erläutern, weshalb ich den Begriff der „Übersetzung" gebraucht habe, um zu beschreiben, wie die Darstellung des Phänomens der Muskelkontraktion sich aus der Sprache der Physiologie durch eine Reihe von vermeintlich identischen Aussagen in die Sprachen von Biochemie, Chemie und so weiter umsetzen läßt.

Es kommt immer darauf an ...

Biologen brauchen jede dieser fünf Erklärungen – und vermutlich noch andere dazu. Es gibt keine allein richtige, es kommt immer darauf an, mit welcher Absicht wir uns die Frage nach dem hüpfenden Frosch überhaupt gestellt haben. Ja, es wird sich erweisen, daß „es kommt darauf an" ein Hauptattribut sowohl von Lebensvorgängen selbst als auch aller Versuche der Biologen zu deren Interpretation ist. Die Absicht, mit der eine Frage gestellt wird, bedingt die nützlichste Antwort. Es liegt in der Natur biologischen Denkens, daß jede Art von Antwort Teil des Prozesses ist – oder sein sollte –, über den wir die Welt zu verstehen suchen. Die Biologie braucht einen solchen erkenntnistheoretischen Pluralismus – um unserer kursorischen Art zu denken einmal die Würde eines etwas formaleren philosophischen Terminus angedeihen zu lassen. Sich auf eine beliebige der gebotenen Erklärungen allein zu versteifen hieße, nur einen Teil der Geschichte zu erfassen; wollen wir versuchen, auch nur die einfachsten Lebensprozesse vollständig zu verstehen, so ist es unerläßlich, daß wir mit allen fünf Antwortarten zur gleichen Zeit arbeiten. Dessenungeachtet haben sich die biologischen Wissenschaftsgebiete so entwickelt, daß überdurchschnittlich viel Wert auf reduktionistische Formen der Erklärung gelegt wird, so, als seien sie irgendwie die fundamentaleren, die „richtig wissenschaftlichen", oder als machten sie eines schönen Tages die anderen gar überflüssig. Biochemiker und Molekularbiologen und auch diejenigen, die unsere Forschung finanziell fördern – Regierungen, Stiftungen und die Industrie –, sind daran gewöhnt, auf diese Art zu denken und zu argumentieren. Es ist uns nicht mehr nur „zur zweiten Natur geworden", es ist unsere erste.[9]

Biologie in Zeit und Raum

1. Zeit

Der Begriff der Zeit und die Vorstellung von einem „Zeitpfeil" sind für die Biologie von entscheidender Bedeutung. Für viele, wenn nicht gar für alle der in der Physik untersuchten Phänomene ist der „Zeitpfeil" umkehrbar: Diese Vorgänge können sowohl vorwärts- als auch rückwärtsgerichtet ablaufen. Im Hinblick auf die Eigenschaften von Materie und die „Gesetze", die deren Wechselwirkungen definieren, wird allgemein angenommen, daß diese von Raum und Zeit unabhängig, das heißt einheitlich sind, wobei unser menschliches Verständnis von diesen Gesetzmäßigkeiten jedoch durchaus historisch bedingt ist. Für Physik und Chemie wird Zeit, Geschichte, erst bedeutsam im Zusammenhang mit der Kosmologie. Für einen Großteil der Biologie gilt eine solch einfache Beziehung nicht. Obwohl die Eigenschaften lebender Systeme mit den Prinzipien von Physik und Chemie selbstverständlich vollkommen im Einklang stehen, geht ein volles Verständnis ihrer Eigenheiten über die Gesetzmäßigkeiten hinaus, die die Studienobjekte dieser beiden Wissenschaften charakterisieren. Lebensvorgänge sind komplex und häufig nicht reproduzierbar, da sie dem historischen Zufall unterworfen und somit praktisch unumkehrbar sind. Der Zeitpfeil weist nur in eine Richtung, und das ist diejenige, die in unserer Froschfabel von den Entwicklungs- und Evolutionsbiologen untersucht wird.

Für Biologen sind Menschen nicht das Produkt eines besonderen Schöpfungsakts seitens einer allwissenden und allmächtigen Gottheit, sondern das mehr oder weniger zufällige Ergebnis evolutionärer Kräfte, die über im Grunde unvorstellbare Zeiträume hinweg gewirkt haben. Aufgabe der Evolutionsbiologie ist es, eine Geschichte des Lebens zu schreiben, die gut vier Milliarden Jahre zurückreicht. Die meisten von uns (das gilt für Wissenschaftler ebenso wie für unser tägliches Leben weit weg von Labor und Computer) empfinden es als problematisch, in ihren Gedanken mehr als einige wenige Generationen zu umfassen: unsere, die unserer Eltern, die Lebenszeit unserer Kinder, ein Jahrhundert vielleicht, das ist alles, was wir handhaben können. Die Zeitskala, die wir uns im Zusammenhang mit Leben zu vergegenwärtigen haben, wird nur noch von der übertroffen, in der sich die Kosmologen ergehen, in deren Universum Zeit und Entfernungen in Milliarden Jahren und Millionen Lichtjahren gemessen werden – Licht reist, um daran zu erinnern, mit 300 000 Kilometern *pro Sekunde*.

Die Evolution ist ein zentrales biologisches Thema; die Vergangenheit ist der Schlüssel zur Gegenwart. Leben, wie wir es kennen, ist entstanden durch Zufall und Notwendigkeit evolutionärer Prozesse. Notwendigkeit, gegeben durch die physikalischen und chemischen Eigenschaften des Universums, und Zufall, Kontingenz, durch die radikale Unbestimmtheit von Lebensprozessen, die zu untersuchen eines der Anliegen dieses Buches ist. Diese Ungewißheit ist übrigens keine bloße Frage des Unwissens oder mangelnder Technologie, sondern liegt in der Natur des Lebens. Der große Populationsgenetiker Theodosius Dobzhansky stellte fest: „Nichts in der Biologie ergibt einen Sinn, außer im Lichte der Evolution." Ich möchte allerdings noch ein paar Schritte weitergehen. Nichts in der Biologie ergibt einen Sinn, so man es nicht im Lichte der *Geschichte* betrachtet, womit ich die Geschichte des Lebens auf der Erde – die Evolution, Dobzhanskys Anliegen – ebenso meine wie die Geschichte des einzelnen Organismus – seine Entwicklung von der Empfängnis bis zu seinem Tod. Doch ich muß noch einen dritten Schritt tun. Wir werden nicht verstehen können, warum Biologen am Ende des zwanzigsten Jahrhunderts – warum wir – so und nicht anders über Leben und das Wesen von Lebensprozessen denken, wenn wir nicht die Geschichte unseres Fachs, der Biologie, verstehen. Auch für uns ist die Vergangenheit der Schlüssel zur Gegenwart.

2. *Raum*

Das zweite umfassende Thema, mit dem Biologen sich befassen, ist das Problem der Struktur. Anders gesagt: Zur Dimension der Zeit kommen die drei Dimensionen des Raumes hinzu. Organismen verfügen über Form und Gestalt, die sich im Laufe ihres Lebens verändern, andererseits aber auch hartnäckig halten, obwohl jedes Molekül ihres Körpers während ihrer Lebenszeit viele tausend Mal ersetzt wird. Wie wird Form erreicht und erhalten? Woraus bestehen lebende Organismen? Wie interagieren ihre Teile miteinander? Dies sind, wie die Fabel vom Frosch zeigt, vor allem Fragen der heutigen Biochemie und Molekularbiologie. Vielleicht ist die Tatsache, daß diese beiden Zweige der Biologie sich im historischen Kontext nach Physik und Chemie entwickelt haben, dafür verantwortlich, daß die reduktiven Analysemethoden und Erklärungsmuster, die Biochemie und Molekularbiologie charakterisieren und mit denen wir uns am wohlsten fühlen, sich von diesen beiden älteren Wissenschaften herleiten und ihrem Geist am nächsten stehen. Physik und Chemie haben als prinzipiell analytische Wissenschaften zum Ziel, das Universum in seine Bestandteile aufzuschlüsseln, deren Zusammensetzung zu ergründen und die „Gesetze" zu erforschen (und vorzugsweise mathematisch zu beschreiben), die deren Wechselwirkungen diktieren. Das hat dazu geführt, daß ein Großteil der Biologie – auf ihren Spuren wandelnd – bis zum heutigen Tag ebenfalls prinzipiell analytisch vorgegangen ist. Sie war am glücklichsten, wenn sie Dinge auseinandernehmen, sie auf ihre einzelnen Komponenten reduzieren und die Funktionsweise des Ganzen aus dem Wirken der Fragmente herleiten konnte. Aber Zellen und Organismen sind mehr als nur eine einfache Liste von Chemikalien. Ihre dreidimensionalen Strukturen lassen sich nicht ohne weiteres von einem eindimensionalen DNA-Strang ablesen, ihr Lebensweg noch viel weniger. Heutzutage besteht die Aufgabe einer Biologie der Struktur darin zu verstehen, wie sich die einzelnen Bestandteile zusammenfinden, und darin, sowohl die Form des Ganzen und ihren Erhalt als auch ihre Veränderung im Laufe der Zeit zu erklären.

Homöodynamik

Eines der beherrschenden Prinzipien biologischer Überlegungen wurde um die Mitte des vergangenen Jahrhunderts von dem Pariser Physiologen Claude Bernard etabliert. Bernard, dem neben vielen anderen Entdeckungen auch einige der ersten systematischen Studien zu jenen Molekülen zu verdanken sind, die später als Hormone und Enzyme bekannt werden sollten, war der Ansicht, daß lebende Systeme sich weder durch die Theorie des „Vitalismus" (die Vorstellung, daß es jenseits der Reichweite von Chemie und Physik eine besondere „Lebenskraft" geben müsse) noch rein mechanistisch erklären lassen. Er betrachtete Stabilität als hauptsächliches Organisationsprinzip und betonte die Unveränderbarkeit dessen, was er als *milieu interieur* – als „innere Umgebung" – vielzelliger Organismen bezeichnete: die Tendenz zur Regulation dieser Umgebung im Hinblick auf Temperatur, Säuregehalt, Ionenzusammensetzung und so weiter. In seinen Augen schuf diese Fähigkeit ein stabiles Umfeld, in dem die einzelnen Zellen eines Körpers mit einem Minimum an Störungen funktionieren konnten.

Siebzig Jahre später verallgemeinerte der amerikanische Physiologe

Walter Cannon Bernards Konzept in dem Begriff der *Homöostase*[10] – gemeint ist das Bestreben eines regulierten Systems, sich, ähnlich wie die Temperatur eines thermostatkontrollierten, zentralbeheizten Raums, stets in unmittelbarer Nähe eines bestimmten Sollwerts zu halten. Keine moderne Lehrbuchabhandlung über physiologische oder psychologische Mechanismen verzichtet auf diese homöostatische Metapher. Doch das Bild von der Homöostase engt unsere Sicht lebender Systeme ein. Lebenswege verlaufen nicht rein homöostatisch: Sie haben einen Anfang mit der Empfängnis und ein Ende im Tod. Organismen und auch Ökosysteme entwickeln sich, reifen und altern. Die Sollwerte der homöostatischen Theorie selbst sind im Laufe dieser Reise nicht konstant, sondern verändern sich mit der Zeit. Der Organismus stellt seinen Thermostaten selbst ein. Organismen sind aktive Darsteller im Hinblick auf ihr Geschick, kein Spielball der Götter, der Natur oder des obligaten Wirkens replikatorgetriebener natürlicher Selektion. Um Lebensläufe verstehen zu können, müssen wir den Begriff der Homöostase durch ein weiter gefaßtes Konzept ersetzen: durch das Prinzip der *Homöodynamik*.

Autopoiese

Um das bisher Gesagte zusammenzufassen: Den Organismus und seinen Lebensweg wieder ins Zentrum der Biologie zu rücken und der genozentrischen Sichtweise der Welt zu begegnen, die in den vergangenen zwei Jahrzehnten einen so großen Teil der populärwissenschaftlichen und sogar der wissenschaftstheoretischen Darstellungen innerhalb der Biologie beherrscht hat, bedeutet, die statische, reduktionistische, DNA-zentrierte Sicht lebender Systeme, die das biologische Denken derzeit durchdringt, durch eine stärkere Betonung der Dynamik von Lebensprozessen zu ersetzen. Wir müssen uns mit Vorgängen befassen, mit dem Paradoxon aller Entwicklung: der Tatsache, daß jeder Organismus gleichzeitig *ist* und *wird* – wie ein Neugeborenes, das in der Lage sein muß, an der Brust zu trinken, während es gleichzeitig die Fähigkeit entwickelt, feste Nahrung zu kauen und zu verdauen, oder wie ein Organismus, der in einem kontinuierlichen Austausch mit seiner Umgebung steht. Solche Entwicklungsprozesse gehen über grobe Dichotomien – Natur und Kultur, Gen und Umwelt, Determinismus und Freiheit – hinaus. Statt ihrer müssen wir im Hinblick auf Entwicklungsprozesse von einer Dialektik zwischen Spezifität und Plastizität sprechen, einer Dialektik, durch die der lebende Organismus sich selbst formt.[11] Die zentrale Eigenschaft allen Lebens ist die Fähigkeit und die Notwendigkeit, sich selbst zu organisieren, zu unterhalten und zu bewahren. Ein Phänomen, das man gemeinhin als *Autopoiese* kennt.[12] Sie ist der Grund dafür, daß es in der Natur des Lebens und der Lebensprozesse selbst liegt, daß wir als lebende Wesen, und insbesondere als Menschen, frei handeln können. Nicht frei im Sinne des einleitenden Sartre-Zitats, sondern frei im älteren, marxistischen Sinne einer Freiheit von äußerem Zwang. Mehr als alle anderen Lebensformen auf der Erde schaffen wir Menschen unsere eigene Geschichte.

Biologie als historischer Prozeß

Die Art und Weise, wie Biologen die Welt interpretieren, ist nicht ganz unproblematisch – trotz aller Betonung, die ich, nicht anders als viele von denen, die ich eher kritisch beurteile, auf meine Gewißheit lege, beurteilen zu können, „wie die Dinge liegen". Die biologische Chronik, die ich hier erzähle – und ihre Kritik an anderen Darstellungen –, ist keinesfalls eine zeitlose, universell gültige. Sie wird wie alle Geschichten von einem bestimmten Standpunkt aus erzählt, aus einer Perspektive, geformt durch meinen eigenen Hintergrund als eine spezielle Art von Biologe, das heißt als Biochemiker, dessen Hauptinteresse der Frage gilt, wie das Gehirn funktioniert. Und sie entsteht zu einem besonderen Zeitpunkt der Entwicklung der biologischen Wissenschaften, einer Zeit umwälzender und rascher Veränderungen auf den Gebieten der Technik und der Anhäufung von ungeheuren Mengen an Daten und Beobachtungen über alle Ebenen der lebenden Welt – vom Molekularen bis zum Globalen.

So wie Individuen und Arten die Last der Geschichte auf ihren Schultern tragen, geht es auch den Wissenschaften. Die Biologie – nicht die Phänomene des Lebens, sondern deren wissenschaftliche Untersuchung – befindet sich in einem historischen Wandel. Die Tatsache, daß sie sich im Schatten der Physik, unter dem Eindruck des physikeigenen Strebens nach mathematischer Gültigkeit und dem Ideal der Vorhersagbarkeit von Ereignissen entwickelte, hat das biologische Denken unserer Tage zutiefst beeinflußt. Eine Folge davon ist der massive Einfluß technisch beeinflußter Metaphern in der Biologie, in der lebende Systeme mit Maschinen gleichgesetzt werden (Herzen als Pumpen, Darm und Blase als Abwassersysteme, Gehirne als Computer und Immunsysteme als militärische Organisationen verdeutlicht werden) – all dies in Umkehr einer sehr viel älteren Tradition vieler Kulturen, die auch der physikalischen Welt Eigenschaften des Lebens zuschreiben. Es ist ein unterhaltsames Gedankenexperiment, sich vorzustellen, was vielleicht geschehen wäre, wenn sich diese Tradition fortgesetzt und die Biologie sich noch vor der Physik als moderne Wissenschaft etabliert hätte. Ob wir probiert hätten, Maschinen auf der Grundlage biologischer Prinzipien zu konstruieren, und hätten wir vielleicht versucht, deren Eigenschaften mit Berufung auf biologische Analogien zu beschreiben? Hätten wir unsere Transportsysteme dann womöglich mit Gliedmaßen und Gelenken statt mit Rädern bestückt, so wie die alten Flugmaschinen die Funktion eines Vogelflügels nachzuahmen versuchten?

Derartige Versuche schlugen fehl, und das aus gutem Grund. Technologien auf der Basis biologischer Prinzipien haben erst in den letzten paar Jahren Erfolge zu verzeichnen, erst seit der Einführung von Parallelprozessoren, die Computer in direkter Analogie zur Organisation des Gehirns arbeiten lassen.[13] Solche historischen Betrachtungen sollten uns helfen, eine vereinfachte Sicht der Biologie als einer reinen Erfolgsgeschichte, die in direkter Linie zum Triumph führt und die dunkle, fehlerbeladene Vergangenheit im gleißenden Licht der Wahrheit hinter sich läßt, zu vermeiden.

Ich werde also mit der Frage beginnen, wodurch wir eigentlich wissen, was wir wissen: Was sind die politischen und sozialen Fundamente, auf die sich die Wissenschaft – und insbesondere die Biologie – bei ihren „Wahrheiten" über die von ihr untersuchte Welt stützen kann? Wie viele der heutzutage bevorzugten biologischen Erklärungen sind vom jeweils herrschenden sozialen und ideologischen Klima abhängig, und wie viele von der Verfügbarkeit besonderer technischer Hilfsmittel (Mikroskope, Ultrazentrifugen, Radioisotope)? Alle Wissenschaft basiert auf der Wechselwirkung zwischen Beobachtung, Experiment und Theorie. Wie beobachten wir in der Biologie? Was macht ein Experiment aus? Inwieweit sind unsere Beobachtungen und Experimente durch unseren theoretischen Hintergrund befangen? Können wir außerhalb unseres eigenen historischen Rahmens, beziehungsweise über ihn hinaus, denken und den Schritt zu einer integrativeren Biologie tun? Und, wichtiger als alles andere, was wird ein solches Verständnis bedeuten für unsere Sicht unserer selbst als Menschen und für unsere Beziehungen zu den Myriaden anderer Lebensformen, mit denen wir unseren Planeten teilen?

2

Beobachtung und Manipulation

Life following life through creatures you dissect,
You lose it in the moment you detect.
Alexander Pope, *Moral Essays*, Epistel I

Wie man Wissenschaft betreibt

Wissenschaft zu betreiben, herauszufinden, wie die Welt funktioniert, scheint ein lösbares, nicht allzu problematisches Unterfangen. Wir beobachten, sammeln Tatsachen, greifen ein, experimentieren, stellen Hypothesen auf, testen diese, entwerfen leistungsfähige Werkzeuge, die uns als eine Art „Dosenöffner" auch jene Teile der Welt zugänglich machen, die sich unserer direkten Manipulation entziehen. Wir veröffentlichen unsere Entdeckungen, und andere bedienen sich ihrer, um darauf wissenschaftliche Erkenntnisse zu stützen oder um Technologien zu entwerfen, die unser aller Leben tiefgreifend verändern werden. All das mag vielleicht schwierig sein, harte Arbeit, die zu tun es heroischer Anstrengungen, motivierter Genies oder der Zusammenarbeit multidisziplinärer Arbeitsgruppen bedarf. Aber die Methoden und die Ergebnisse, die sich mit ihrer Hilfe produzieren lassen, sind in jedem Falle unstrittig. In unseren technokratisch-wissenschaftlichen Zeiten nimmt jeder – einige besorgte Soziologen, Philosophen, Fundamentalisten und ein paar romantische New-Age-Träumer ausgenommen – sie als selbstverständlich hin. Diese Neinsager mögen versuchen, von draußen in das große Menschheitszelt hineinzupinkeln, aber wir haben es aus gutem wasserdichtem Stoff von Menschenhand gebaut, und drinnen ist es warm und trocken. Oder ist diese Haltung nicht doch ein bißchen eingebildet?

Die meisten „praktizierenden Wissenschaftler", wie wir uns selbst gerne nennen (obwohl wir, wenn wir einmal so alt geworden sind, wie ich es jetzt bin, in erster Linie Manager der Labortätigkeit anderer sind, Mittel beantragen, Artikel schreiben und Tagungen besuchen, statt uns mit den vertrackten Problemen herumzuschlagen, die es mit sich bringt, ein Experiment „zum Laufen" zu bekommen[1]), berührt all das philosophische Gerede von Meta-Theorien wenig – sie nehmen es oft nicht einmal zur Kenntnis. Unsere Aufgabe besteht darin, unser Tagwerk in Physik, Chemie, Biologie oder weiß der Himmel was voranzubringen und zu erklären, wie die Dinge wirklich sind – „die Wahrheit" über die Welt herauszufinden. Ich möchte deshalb in diesem Kapitel fragen, wie es kommt, daß wir wissen, was wir über die Welt – oder etwas bescheidener: über die Welt lebender Organismen und über Lebensvorgänge – zu wissen glauben.

Beobachten

Ganz am Anfang steht die Beobachtung – die Betrachtung der Welt um uns herum. Beobachten ist einfach, klar. Oder nicht? Nun, das kommt darauf an. Angenommen, ich befinde mich auf einer Party und versuche in einem überfüllten Raum Auge in Auge mit jemandem, den man mir soeben vorgestellt hat, eine Unterhaltung zu führen. Ich ignoriere das babylonische Stimmengewirr um uns herum und bemühe mich angestrengt zu verstehen, was mein neuer Bekannter zu sagen hat. Plötzlich höre ich vom entgegengesetzten Ende des Raumes, inmitten all der Klänge und Geräusche, die ich soeben aktiv ausgeblendet hatte, meinen Namen nennen. Ich fahre herum und versuche auszumachen, woher die Stimme gekommen ist. Psychologen bezeichnen das als *Cocktailpartyeffekt*. Wir werden unablässig mit sensorischen Reizen aus unserer Umgebung bombardiert: Klänge, Anblicke, Gefühle, Gerüche. Der größte Teil dieses Bombardements dringt die meiste Zeit über nicht durch unsere Wahrnehmungsfilter hindurch. Und selbst von dem geringen Anteil, der durchgelassen wird, ignorieren wir das meiste. Die Tatsache aber, daß jemand auf den Klang des eigenen Namens reagieren kann, wenn dieser in einem Gewirr von Stimmen unerwartet fällt, bedeutet, daß in unserem Gehirn permanent ein sorgsamer Überwachungsvorgang ablaufen muß, der unterhalb unserer Bewußtseinsschwelle eintreffende Informationen registriert und bewertet.

Es ist Oktober, und ich spaziere mit einem russischen Freund durch den Buchenwald. Müßig betrachte ich das Goldgelb und Rot der Blätter auf dem Waldboden. Auch mein Freund Kostrya hat das Herbstlaub im Auge, aber weniger müßig. Blitzschnell bückt er sich und pflückt aus dem braunbunten Farbgewirr einen nicht minder braunbunten Pilz, der für mich bis zu diesem Augenblick unsichtbar geblieben war – ein vollkommenes Exemplar eines Röhrenpilzes. Bevor ich Kostrya kennengelernt hatte, hätte ich nicht einmal gewußt, daß er eßbar war, ja nicht einmal, wonach ich zu suchen hätte. Die Suche nach eßbaren Pilzen, für Russen ein leidenschaftlich betriebener Zeitvertreib, ist in England ein relativ seltenes Hobby. Nachdem er mir jedoch den Pilz gezeigt hatte, tat ich es ihm nach kurzer Zeit als Sammler gleich und erspähte reiche Beute, wo ich zuvor nichts gesehen hatte als Myriaden gefallener Blätter.

Niemand, nicht einmal ein neugeborenes Baby, beobachtet die Welt da draußen unvoreingenommen, unberührt von vorgefaßten Vorstellungen. Ein Baby sucht und findet die Brustwarze seiner Mutter, und diese Erfahrung läßt es die primitive Suchbewegung, die in seinem Nervensystem bereits bei der Geburt als Reflex fest verkabelt ist, rasch optimieren. Ein erwachsener Partybesucher hört seinen Namen vor dem Hintergrund einer Mauer aus Lärm, ein Pilzsammler erspäht den Pilz, der von dem Hintergrund der Blätter beinahe ununterscheidbar ist. Unser ganzes Leben hindurch lernen wir unaufhörlich weiter, wie wir zu beobachten und zu selektieren, was wir als Objekt oder Vordergrund und was als Umgebung oder Hintergrund zu definieren haben.

Viele Jahre hindurch war dieses Wechselspiel aus Beobachtung und Erfahrung Jagdgrund der Wahrnehmungspsychologen. Lange haben sie mit Bildern gespielt, bei denen Vorder- und Hintergrund schwer zu unterscheiden sind, mit mehrdeutigen Zeichnungen, die den Betrachter zwischen verschiedenen Interpretationen schwanken lassen, und mit scheinbar schlüssigen Objekten, die sich bei näherer Betrachtung als unmöglich erweisen (Abbildung 2.1). Die Faszination, die unsere Wahrnehmung in der Auseinandersetzung mit derartig paradoxen Figuren auf Psychologen ausübt, liegt in den Schlußfolgerungen, die uns diese Wahrnehmungen darüber vermitteln, in welchem Ausmaß die von uns beobachtete Welt durch die Architektur unseres Gehirns (Verstandes) eingeschränkt – manche würden sagen: konstruiert – ist. Autopoiese – Selbsterhalt und -organisation – ist das Hauptprinzip lebender Systeme. Die Frage Konstruktion oder Beobachtung bildet den Kern des Paradoxons der Wissenschaft: Sie behauptet, uns etwas bieten zu können, was einer „wahren" Aussage über die materielle Welt nahekommt, kann dieses aber nur bewerkstelligen, indem sie die Welt durch Linsen beäugt, die durch die Erfahrungen und Erwartungen des Beobachters geschliffen wurden. Dieses Paradoxon liefert Wissenschaftstheoretikern und -soziologen in jüngster Zeit ein weites Betätigungsfeld, ich werde mich weiter unten in

(a) (b)

Abbildung 2.1: Mehrdeutige Bilder:
(a) Zufälliges Fleckenmuster oder gefleckter Hund? (b) Gesichter oder Vase?

diesem Kapitel ausführlicher mit den Arbeiten einiger Vertreter dieser Disziplinen beschäftigen. Für den Augenblick möchte ich das Thema „Beobachten" noch ein bißchen weiterverfolgen.

Wissenschaft beginnt mit systematischen Beobachtungen, dem Versuch, in der Welt um uns herum Gesetzmäßigkeiten auszumachen und auf der Basis vergangener Erfahrungen Vorhersagen über künftige Ereignisse zu treffen. Angenommen, ich interessiere mich für das Verhalten von Tieren und dafür, wie sich ihr Verhalten im Laufe der Entwicklung vom Babyalter zum erwachsenen Tier verändert. Vielleicht beobachte ich eine Sippe von Krallenäffchen, ein Rudel Löwen oder ein Nest mit frisch geschlüpften Blaumeisen und deren Eltern. Ich möchte festhalten, was jedes dieser Tiere im Laufe eines Tages, einer Woche, eines Monats, eines Jahres tut. Nun kann ich sie nicht den gesamten Zeitraum hindurch beobachten, nicht einmal, wenn ich Videokameras installierte und jede ihrer Aktivitäten festhielte – es wären einfach zu viele Daten, die ich dann zu analysieren hätte. Der große argentinische Schriftsteller Jorge Luis Borges hat dieses Problem sehr gut erfaßt. Eine seiner Kurzgeschichten dreht sich um einen Mann namens Funes, der über ein lückenloses Gedächtnis für seine eigene Vergangenheit verfügt. Sein Problem ist, daß er nicht vergessen kann, womit die Erinnerung an die Ereignisse eines jeden Tages den ganzen folgenden Tag in Anspruch nimmt. Borges ergeht sich, wie es seine Art ist, genüßlich in dem logischen Paradoxon, das sich daraus ergibt.[2]

Meine erste Entscheidung besteht also darin, daß ich Verhaltensepisoden auswählen, *Stichproben* machen muß. Aber wie lang sollen die sein? Fünf Minuten pro Stunde, eine Stunde pro Tag, ein Tag pro Woche? Soll ich alle Tiere in der von mir untersuchten Gruppe beobachten oder mich auf eines beschränken? Meine Entscheidung wird zum einen davon abhängen, welche Fragen zum Verhalten ich stellen will, und zum anderen von den mir zur Verfügung stehenden Ressourcen – Zeit, Leistungsfähigkeit meines Aufzeichnungsgeräts, meines Computers oder was auch immer. Vielleicht beschließe ich, ein Videoband über das Verhalten neugeborener Zwillinge einer Krallenäffchenfamilie und deren Eltern aufzuzeichnen. Ich nehme mir vor, während der ersten paar Wochen nach der Geburt dreimal täglich zehn Minuten lang ihr Verhalten zu beobachten. Die Zwillinge interagieren miteinander und mit ihren Eltern, trinken bei der Mutter, klammern anfangs und beginnen schließlich, immer längere Zeiträume ohne ihre Eltern zu verbringen. Mein Videoband zeigt mir eine kontinuierliche Veränderung von Aktivitätsmustern. Um jedoch einen Sinn in alledem sehen zu können, muß ich die verschiedenen Arten der von mir beobachteten Aktivitäten unterscheiden. Wieviel Zeit pro Zehnminuteneinheit verbringt jedes der beiden Babys damit zu trinken, zu schlafen, seine Umgebung zu erkunden, sich mit seinem Geschwister am Boden zu wälzen, bei den Eltern, ohne die Eltern...?

Eine solche Klassifizierung von Verhaltensweisen und ihrer Verteilung bezeichnet man als *Ethogramm*, und seine Erstellung verlangt vom Beobachtenden eine Menge Arbeit. Es ist notwendig zu entscheiden, wo die wichtigen Unterschiede liegen, die zwischen den verschiedenen Aspekten einer kontinuierlichen Verhaltensaufzeichnung zu treffen sind. Ist Kratzen wichtig, oder ist es nur interessant, wenn ein Tier ein anderes kratzt oder Fellpflege betreibt? Welche der verschiedenen Interaktionen zwischen den Zwillingen gilt als Spiel – oder ist das überhaupt keine sinnvolle Kategorie? Wenn die Aufzeichnungen ergeben sollten, daß die spielend verbrachten Zeitspannen im Laufe der ersten Lebenswochen immer länger werden, habe ich es dann mit einer „echten" Veränderung zu tun, oder handelt es sich um ein Artefakt, das dadurch zustande kommt, daß die Jungtiere immer weniger schlafen und die anderen Aktivitäten einfach die entstandenen Zeiträume ausfüllen? Das Problem, Gegenstände von ihrem Hintergrund zu unterscheiden, festzulegen, was die „richtige" Deutung eines mehrdeutigen Bildes ist, beschränkt sich nicht auf die abstrakten Schlußfolgerungen von Psychologen, sondern ist das tägliche Brot der Wissenschaft.

Was Objekt und was Hintergrund ist, hängt vor allem anderen davon ab, welche Frage man stellt. Ethologen berufen sich oft auf das, was sie ihre vier „Warums" nennen: Fragen, die ursprünglich von Niko Tinbergen, einem der Gründer ihrer Disziplin, stammen. Nehmen Sie einmal die Frage „Warum sitzen Vögel auf Eiern?" Welche Antwort Sie auf diese Frage hören wollen, hängt davon ab, wie Sie die Frage betonen:

> Warum sitzen Vögel auf *Eiern*? – will sagen, wie erkennen sie den Unterschied zwischen Eiern und Steinen?
> Warum *sitzen* Vögel auf Eiern? – das heißt, warum reagieren sie so und nicht anders auf ein Ei?
> Warum sitzen *Vögel* auf Eiern? – Vögel im Unterschied zu, sagen wir, Säugetieren.
> Und schließlich: *Warum* sitzen Vögel auf Eiern? – fragt: Welche Funktion hat dieses spezielle Verhalten für den Vogel?

Solange man nicht sicher ist, welche der vier möglichen Fragen man stellt, ist jede sinnvolle Beobachtung und jeder wissenschaftliche Schluß daraus unmöglich. Hinter jeder Beobachtung, die wir an der Welt machen, so trivial sie auch sein mag – ein Wort, das wir hören, eine bräunliche Masse, die wir am Boden erblicken –, stehen demnach die Fragen, die wir beantwortet haben wollen (War das mein Name, was ich soeben gehört habe? Ist das ein eßbarer Pilz?). Und hinter diesen Fragen stehen zwangsläufig andere Fragen – *Meta-Fragen*. Warum wollen wir die Antwort kennen? Was sind die Kriterien, nach denen wir beurteilen, ob die Antwort angemessen ist? Und welche Art von Antwort würde uns zufriedenstellen? Die Tatsache, daß wir diese Meta-Fragen innerhalb des theoretischen Rahmens, der unsere Beobachtung oder unser Experiment umgibt, für selbstverständlich halten, bedeutet nicht, daß sie sich von selbst ergeben oder daß sie nicht ein recht tiefgreifendes Problem darstellen können. Dennoch unterliegen sie allem, was wir tun. Die meisten von uns verbringen ihre Tage – privat und dienstlich – in Gebäuden, über deren Fundamente wir uns in unserer Zufriedenheit keinerlei Gedanken machen, obgleich diese von buchstäblich fundamentaler Bedeutung sind. Ein unsachgemäß errichtetes Gebäude stürzt ein.

Manipulieren

Bis hierher habe ich nur das Problem der reinen Beobachtung von Ereignissen und Vorgängen in unserer Welt berührt, von Intervention war bislang nicht die Rede. In den meisten modernen Naturwissenschaften – mit Ausnahme der Kosmologie vielleicht – geht es jedoch um mehr als um die rein passive Beobachtung und Protokollierung von Zuständen. Sie versuchen, die Welt zu verstehen, indem sie aktiv in sie eingreifen, versuchen zunächst, sie zu kontrollieren, und schließlich, an ihr zu experimentieren. Dafür gibt es verschiedene Gründe. Allein die dynamische Komplexität der Welt erschwert das Verstehen ungemein. Alles bewegt sich, ist konstant im Fluß, und immer wieder stören unvorhersehbare Ereignisse das regelmäßige Muster unserer Beobachtungen. Vielleicht verläßt die Krallenäffchensippe die Reichweite des Videorecorders, oder sie reagiert ausgerechnet in dem Augenblick, als wir anfangen wollen, ihren Familienalltag zu filmen, heftigst auf den ungewohnten Anblick einer Schlange. Unser säuberliches Ethogramm gerät durcheinander. Um ihm eine Bedeutung abzugewinnen, müssen wir vereinfachen, versuchen, die Familie im Bild und die Schlange fern zu halten. Das könnte unter Umständen bedeuten, die Gruppe in einem Gehege unterzubringen, Temperatur und Tageslänge zu regeln, regelmäßige Fütterungen einzuführen und so weiter.

Hinzu kommt, daß es, sobald wir anfangen, auf der Basis unserer Beobachtungen Vorhersagen zu treffen, nötig wird, diese zu überprüfen. Wir können warten, bis irgendein spontanes Ereignis zum „natürlichen" Test wird, das heißt, ob die Schlange von selbst auftaucht. Oder wir können eingreifen und sie zu einem von uns gewählten Zeitpunkt in der von uns gewählten Art und Weise ins Gehege setzen. Damit ist aus der Beobachtung ein Experiment geworden. Welchen Anteil haben die Interaktionen zwischen den beiden Zwillingen an der Entwicklung ihres Verhaltens? Das läßt sich überprüfen, indem man die beiden trennt und von Hand großzieht. Welche Bedeutung hat das Geschlecht der Jungtiere? Spielen zwei Männchen anders miteinander als zwei Weibchen oder ein Pärchen von zweierlei Geschlecht? Dies läßt sich durch Partnertausch überprüfen. Wie sehr hängt die Zuwendung der Mutter zum Jungtier von irgendeinem charakteristischen Geruch – der Absonderung eines chemischen Pheromons – ab? Auch das läßt sich untersuchen, und zwar, indem man die Luft mit einem ganz anderen Duft – Kampfer beispielsweise – erfüllt oder den Tieren die Nasenlöcher vorübergehend mit Wachs blockiert.

Experimentieren setzt voraus, daß wir die Phänomene, die wir verstehen wollen, zunächst vereinfachen und kontrollieren lernen müssen, dann können wir anfangen, sie zu beeinflussen, indem wir die einzelnen Variablen systematisch verändern und alle anderen Dinge konstant halten. Das Erfolgsgeheimnis moderner Wissenschaften liegt in der Entwicklung einer solchen intervenierenden, experimentellen Methodik. Nach landläufiger Ansicht wurde dieses Vorgehen im siebzehnten Jahrhundert erfunden, seine theoretische Begründung verdankt es den Schriften von Francis Bacon.[3]

Die Baconsche Strategie ist durch und durch interventionistisch. Ja, man sagt sogar, daß ihre übertriebene Anwendung Bacon selbst den Tod gebracht haben soll: Er starb an einer Erkältung, die er sich zuzog, als er mitten im tiefsten Winter seine Kutsche verließ, um ein Experiment mit Schnee als Konservierungsmittel für Fleisch durchzuführen. Sie ist überdies durch und durch reduktionistisch, denn sie trachtet danach, aus dem alltäglichen Fluß der Dinge nur einen einzigen Aspekt – das Phänomen, das man zu untersuchen wünscht – herauszunehmen und dann, eine nach der anderen, alle Bedingungen zu verändern, von denen wir annehmen, daß sie dieses beeinflussen. Variieren wir zwei oder mehr Faktoren zur selben Zeit, können wir nie sicher sein, welcher davon primär für die von uns in der Folge beobachtete Wirkung verantwortlich ist. Es ist daher notwendig zu entscheiden, welche Parameter des Versuchs wir variieren und welche wir konstant halten wollen. Falls wir zum Beispiel annehmen, daß die Gehegegröße bei unseren Krallenäffchenbeobachtungen eine Rolle spielt, werden wir diese variieren müssen; falls nein, so gehört sie zu dem konstanten Rahmen, innerhalb dessen wir andere Parameter variieren können.

Natürlich verändern sich außerhalb der Laborwände, in der wirklichen Welt, stets viele Dinge zur selben Zeit. Variable und Parameter sind nur schwer auseinanderzuhalten. Aussagekräftige Experimente verlangen künstliche Kontrollen, wie sie sich durch die reduktionistische Vorgehensweise des Experimentierenden ergeben, aber wir dürfen dabei nicht vergessen, daß sich uns daraus allenfalls ein sehr vereinfachtes, möglicherweise sogar falsches Modell von dem bietet, was sich in der blühenden, summenden, interaktiven Betriebsamkeit des Lebens im Großen abspielt, wo die Dinge nur selten eines nach dem anderen geschehen und Schlangen zur Unzeit auf der Bildfläche erscheinen.

Das Paradebeispiel hierfür entstammt genau der Art von kontrolliertem Experiment, die ich ein paar Absätze zuvor beschrieben habe: Eine Affenkolonie wird aus der Wildnis in ein Gehege verbracht, damit sich ihre Interaktionen besser beobachten lassen. Ende der zwanziger Jahre berichtete der Anatom Solly Zuckerman über strenge Dominanzhierarchien und ein hohes Maß an „Aggressionen" und Kämpfen innerhalb der großen Kolonie von Mantelpavianen im Londoner Zoo und gründete auf diese Beobachtungen eine einflußreiche Theorie des Sozialverhaltens. Jeder Pavian, so schrieb er, „scheint in permanenter Furcht davor zu leben, daß ein anderes Tier, welches stärker ist als er selbst, ihn in seinen Aktivitäten behindern könnte". Gewalt war an der Tagesordnung, verbreitetes Gezänk häufig, und jede größere Störung des delikaten Gleichgewichts ließ die Sozialordnung kollabieren, die Kolonie wurde zu einem „anarchistischen Mob, fähig, einem orgiastischen Blutrausch zu verfallen".[4] Nachfolgende Wissenschaftler, die Paviankolonien in sehr viel größeren Gehegen oder in freier Wildbahn beobachteten, vermochten kein solches Ausmaß an Kämpfen festzustellen. Die Gruppen wirkten vielmehr relativ friedlich und stabil. Es wurde deutlich – und rückblickend betrachtet überrascht dies kaum –, daß das Verhalten von Zuckermans Paviankolonie durch die Enge, in der ihre Mitglieder miteinander zu existieren hatten, dramatisch verändert worden war.

Die Einschränkungen des reduktionistischen Zuckermanschen Ansatzes haben die Situation, die er beobachten wollte, völlig verändert und ihn grundlegend in die Irre geführt, obwohl seine Beobachtungen innerhalb dieser eingeschränkten Situation vermutlich absolut korrekt waren. Eine reduktionistische Vorgehensweise hat sich in den einfacheren Wissenschaften Physik und Chemie über dreihundert Jahre hinweg außerordentlich gut bewährt, und auch für die meisten experimentellen Arbeiten, die ein Biologe – mich selbst eingeschlossen – durchführt, liefert sie die Methode der Wahl. Doch bei unseren Versuchen zur Lösung der komplexeren Probleme, mit denen die lebende Welt die biologischen Wissenschaften nunmehr konfrontiert, könnte sie uns möglicherweise fehlleiten.

Nehmen wir meine eigene Forschung als Beispiel für eine funktionierende reduktionistische, interventionistische Strategie. Ich interessiere mich für das Gedächtnis – oder zumindest für das, was im Gehirn geschieht, wenn Erinnerungen entstehen. Mein experimentelles „Modell" ist das Hühnchen. Ich setze Küken zu zweit in kleine Aluminiumkäfige mit einer Grundfläche von 20 mal 25 Zentimetern und biete ihnen kleine, buntgefärbte Kügelchen zum Picken an. In der Regel picken sie binnen weniger Sekunden nach den Perlen. Manche picken nur einmal, andere häufiger. Manche packen die Kügelchen mit dem Schnabel und lassen sie nur widerstrebend los. Andere picken kurz und heftig, scheinbar ärgerlich. Das eine oder andere wendet sich mit schrillem, kummervollem Gegacker ab. Ein paar sind womöglich anderweitig beschäftigt – dösen sachte vor sich hin, picken nach den Augen ihres Kompagnons oder an den Käfigwänden oder putzen ihr Gefieder – und lassen sich nicht ablenken. Aus dieser Vielfalt von Verhaltensweisen gehe ich nur einem einzigen Muster nach: Ob das Hühnchen, sobald es die bunte Perle in einer Entfernung von wenigen Zentimetern gesehen und wahrgenommen hat, innerhalb einer ihm von mir zugestandenen Zeitspanne von zwanzig Sekunden danach pickt. Dieser stark reduzierte Bereich eines Ethogramms bildet den Startpunkt meiner Untersuchungen.

Solche „Pickreaktionen" gehören für denjenigen, der sich für das Verhalten von Tieren interessiert, zu den grundlegendsten aller möglichen „Beobachtungen". Beachten Sie jedoch, was ich getan habe, um diese scheinbar so geradlinige Beobachtung zu machen: Erstens habe ich mein Untersuchungsgebiet reduziert, indem ich das Umfeld absichtlich stark eingeschränkt habe: Ich habe das Hühnchen in eine mehr oder minder leere Umgebung gesperrt, der jeder einigermaßen deutliche Außenreiz fehlt, welcher es vielleicht interessieren oder ablenken könnte. Dann habe ich diese Umgebung mit einer speziellen Art von Komplexität versehen, indem ich dem ersten Hühnchen ein zweites zugesellt habe. Ich mache das deshalb, weil Hühnchen lieber zu zweit sind: Sie zeigen weniger Streßsymptome und werden daher den Kügelchen eher Aufmerksamkeit schenken, als wenn man sie isoliert hält. Ich habe also, um das eine Problem in meiner Versuchsanordnung zu umgehen, einen anderen möglichen Störfaktor eingeführt. Ich habe die beiden Partner nicht nur zufällig ausgewählt, sondern ich habe mich darüber hinaus auch entschlossen, sämtliche sich ergebenden Interaktionen zwischen den beiden zu ignorieren, denn mich interessiert nur eine Sache: Ob das Hühnchen, das ich untersuche, innerhalb der gegebenen Zeitspanne nach dem Kügelchen pickt oder nicht. Diese eingeschränkte, höchst künstliche Situation bildet die Grundlage für jede folgende experimentelle Intervention, die ich unternehmen werde – und ich befinde mich damit in unmittelbarer Gefahr, in die Zuckerman-Falle zu geraten. Wenn ich das vermeiden will, muß ich mir sehr genau darüber im klaren sein, was für Daten ich aus meinem Experiment gewinnen will.

Doch ich stecke schon mitten in einem ganz anderen Problem. Denken Sie einen Augenblick über die Worte nach, mit denen ich auf den vorhergehenden Seiten die verschiedenen Verhaltensweisen beschrieben habe, die das Hühnchen beim Anblick der Perlen zeigt: „widerstrebend", „ärgerlich", „kummervoll". Alle diese Worte scheinen von prägnanter Aussagekraft, wenn wir damit unser eigenes Verhalten beschreiben. Mit welchem Recht aber lassen sie sich auf das Verhalten eines Huhns anwenden? Das Hühnchen kann mir nicht sagen, ob es „wirklich" solches empfindet; all die vielen Jahre hindurch, in denen ich nun schon Hühnchen beobachte, maße ich mir das Recht an, ihr Verhalten in dieser Form zu kategorisieren, das heißt genaugenommen zu vermenschlichen. Doch welches Wort ich auch verwende, um zu beschreiben, wie das Hühnchen auf die Perle einpickt, bei meinen Beobachtungen über die Einzelheiten des Verhaltens, das mich interessiert, ignoriere ich alles außer dem einen Maß: Pickt das Hühnchen oder nicht? Da ich die verschiedenen *Arten* des Pickens weder quantitativ bewerten noch „objektiv" messen kann, ist das einzige, was mir übrigbleibt, die Beantwortung der einfachen Ja/Nein-Frage, ob das Huhn innerhalb der gegebenen Zeitspanne gepickt hat.

Meine Beobachtung mag damit objektiv in dem Sinne sein, daß jeder andere, der das Hühnchen zur selben Zeit beobachtet wie ich, dasselbe Ereignis verzeichnen wird, und in der Tat ließe es sich ganz ohne menschliche Beteiligung mit einem automatischen Aufzeichnungsgerät ebensogut registrieren – ich müßte nur jede Perle mit einem kleinen Sensor versehen, der auf den Druck des Pickens reagiert. Doch auch dann bleiben meine Beobachtung und mein Meßvorgang immer noch subjektiv, denn sie setzen eine gewisse Fertigkeit meinerseits voraus. So merkwürdig es scheinen mag, es hat sich gezeigt, daß nicht jeder imstande ist, Hühner dazu zu bringen, diese einfache Aufgabe durchzuführen. Gelegentlich hatte ich Studenten im Labor, bei denen die Vögel einfach nicht gut abschnitten – irgend etwas an der Art und Weise, wie die Studenten sich ihnen näherten, schien sie zu stören. Und auch in einem grundlegenderen Sinne haben wir es mit Subjektivität zu tun. Bei der Anlage meines Experiments habe *ich* beschlossen, etwas zu beobachten und zu dokumentieren, das *mir* im Zusammenhang mit meinem eigentlichen Interesse – dem Gedächtnis – wichtig erscheint.

Warum? Wenden wir uns dem zweiten Teil des Experiments zu. Dieses Mal lege ich den Hühnchen statt einer trockenen bunten Perle ein Kügelchen vor, das ich zuvor in eine bittere Flüssigkeit getunkt habe. Das Hühnchen wird einmal daran picken, heftig den Kopf schütteln, seinen Schnabel im Gefieder putzen – und noch Tage später nicht mehr an ähnlichen Perlen picken, und seien sie auch noch so trocken. Das ist meine entscheidende experimentelle Intervention im Leben und Handeln des Hühnchens, und es ist die Basis für alles folgende, denn die Tatsache, daß das Huhn sich fortan weigert, an Perlen zu picken, schreibe ich dem Umstand zu, daß es eine „Erinnerung" an den bitteren Geschmack von Perlen dieser besonderen Größe, Form und Farbe hat – das heißt, ich *definiere* mit diesem Wort seine Weigerung.[5]

Metaphern, Analogien und Homologien

Dadurch, daß ich eine Beobachtung über eine Aktivität seitens eines Tieres als besonderes Beispiel für ein allgemeines Phänomen wie das „Erinnern" (in diesem Falle eine bittere Erinnerung!) definiere, verschaffe ich mir einen Hebel, mit dem ich wenigstens einen Teil der Welt zu bewegen vermag. Von hier aus kann ich weitergehen und beispielsweise fragen, was im Gehirn des Huhns geschieht, wenn es „lernt", daß die Perlen bitter schmecken, oder wenn es sich, sobald ihm zu einem späteren Zeitpunkt ein ähnliches Kügelchen angeboten wird, an den Geschmack „erinnert". Und indem ich diese ganz speziellen Ausschnitte aus dem Verhalten des Hühnchens in allgemeine Kategorien wie Lernen, Erinnern und Gedächtnis fasse, impliziere ich, daß die von mir untersuchten Abläufe mit jenen verknüpft sind, die wir bei Fröschen, Schlangen, Ratten und Schnecken – oder Menschen – auch als Lernen, Erinnern und Gedächtnis bezeichnen.

Man beachte überdies, daß solche Methoden, die inneren Vorgänge im Hühnchengehirn zu untersuchen, nicht nur durch und durch interventionistisch sind, sondern daß diese Einmischung darüber hinaus auch noch gewaltsam verläuft. Um sehen zu können, welche Veränderungen sich im Gehirn des Hühnchens ergeben haben, muß ich das Tier töten. Mein Studienobjekt ist gleichzeitig das Objekt meiner (terminalen) Intervention. Natürlich ist dies eines der Paradoxa reduktionistischer Methodologie in der Biologie. Ein Paradoxon, das wir zwar beklagen mögen, aber nicht umgehen können, wenn wir dem Glauben anhängen, daß uns die Informationen, die wir auf diese Weise gewinnen, und die Theorien, die wir darauf bauen, irgend etwas von Wert über unsere Welt mitteilen können. Und wie wir in diesem Zusammenhang „Wert" definieren, das unterscheidet den interventionistischen Ansatz dieser Art von Biologie von der Grausamkeit des Köderangelns und der nichtsnutzigen Neugier dessen, der Fliegen die Flügel ausreißt. Es setzt ein moralisches Urteilsvermögen voraus – beim Forscher ebenso wie auf seiten der Gesellschaft, die diese Forschung billigt. In meinem Falle wird sich, wenn ich recht behalte, das, was ich über die zellulären Abläufe im Rahmen der Erinnerungsbildung bei *Gallus domesticus* herausfinde, auch auf *Homo sapiens* anwenden lassen, und es wird nicht nur zu unserem Wissen beitragen, sondern verheißt überdies Aussichten auf mögliche therapeutische Eingriffe bei Menschen, die wie Alzheimer-Patienten und viele andere an Gedächtnisverlust leiden. Auf der Basis der folgenden logischen Schlußfolgerungen werde ich in der Lage sein, eine allgemeine Aussage über das Gedächtnis zu treffen:

1. Hühnchen, die bestimmte bunte Kügelchen meiden, nachdem sie sie einmal als bitter erfahren haben, dokumentieren damit ein Gedächtnis für den Zusammenhang zwischen dem Aussehen der Kugel und ihrem Geschmack.
2. Dieses Verhalten drückt sich notwendigerweise in bestimmten Veränderungen im Hühnerhirn aus, und diese Veränderungen kann ich untersuchen.
3. Das menschliche Gehirn ähnelt dem Hühnchenhirn in gewissen grundlegenden Aspekten.
4. Deshalb sollten bei der Gedächtnisbildung im menschlichen Gehirn ähnliche Veränderungen vor sich gehen.
5. Und deshalb läßt sich das, was ich durch meine Interventionen in die Vorgänge der Gedächtnisbildung beim Hühnchen lerne, auch auf das menschliche Gedächtnis anwenden.

Die Gültigkeit dieses Syllogismus hängt in entscheidender Weise von Punkt drei dieser Auflistung ab.[6] Es gibt drei verschiedene Möglichkeiten der „Ähnlichkeit", und alles dreht sich darum, welche von den dreien in diesem Falle zur Anwendung kommt. Ist der Vorgang, den ich beim Hühnchen untersuche, am ehesten als Metapher für das menschliche Gedächtnis zu sehen, ist er ihm analog, oder ist er ihm homolog? In der Biologie werden alle drei Begriffe verwendet, aber sie unterscheiden sich sehr im Hinblick auf ihren Gehalt und ihre Bedeutung.

Mit einer *Metapher* vergleichen wir einen Prozeß oder ein Phänomen, den oder das wir in einem bestimmten Bereich beobachtet haben, mit einem offensichtlich gleich gelagerten Vorgang oder Phänomen aus einem ganz anderen Gebiet. So wurde in den dreißiger Jahren beispielsweise ein nahezu allgegenwärtiger biochemischer

Prozeß entdeckt, durch den die bei der Oxidation von Glucose und anderen Nährstoffen freiwerdende Energie in kleinen Portionen eingefangen und in verfügbarer Form im Zellinneren vorrätig gehalten wird, indem die Zelle diese Energie in die Bildung eines Moleküls namens ATP (Adenosintriphosphat) investiert. ATP wurde hinfort als „Energiewährung" der Zelle beschrieben, und Fluß und Speicherung der Energie vermittels ATP wurde von einem seiner Entdecker, Albert Lehninger, mit den Abläufen in einer Bank verglichen. ATP bildet das laufende Konto der Zelle, andere Moleküle (Kreatinphosphat beispielsweise) die „Rücklagen". Einkommen in Form von Glucose wird auf das Konto eingezahlt, von der Zelle durchgeführte Arbeiten wie die Synthese von Proteinen, die Kontraktion von Muskeln und ähnliches machen es nötig, daß ATP vom Konto abgehoben wird. Der Einfluß des sozialen Ballasts, die eine solche Metapher mit sich trägt, ist nicht zu unterschätzen, sie schlägt sich in der Art und Weise nieder, wie Experimente und Hypothesen angelegt werden. Die Vielfalt an Metaphern für die DNA und ihre genetischen Funktionen sprengt derzeit jeden Rahmen – man hat sie einen Code genannt, als Blaupause, Rezept und Telephonbuch bezeichnet, um nur vier der prosaischeren Vergleiche zu zitieren (die großartigeren Verweise auf das menschliche Genom als das „Buch des Lebens" oder den „Heiligen Gral" hebe ich mir für spätere Kapitel auf). Bei einer Metapher wird keine Identität der beiden Prozesse oder Funktionen vorausgesetzt, sondern sie soll vielmehr dazu dienen, das Phänomen, das man gerade untersucht, in ein neues Licht zu rücken, ihm eine unerwartete Perspektive zu verleihen. Trotzdem ist, wie ich in Kapitel 6 zeigen werde, ihr verführerischer Charme hoch gefährlich.

Wie die meisten solcher Ausdrücke haben auch die beiden Begriffe Analogie und Homologie mehrere Bedeutungen. In dem Zusammenhang, in dem ich sie hier verwende, beinhaltet die *Analogie* eine gewisse oberflächliche Ähnlichkeit zwischen den beiden Phänomenen, beispielsweise im Hinblick auf die Funktion einer bestimmten Struktur. In mancher Hinsicht kann es zum Beispiel sinnvoll sein, die Blutzirkulation bei Tieren ihrer Funktion nach als dem Pflanzensaft analog zu sehen oder, in einer mechanischer orientierten Analogie, das Herz als Pumpe zu betrachten. Solche Analogien können recht präzise sein. Schließlich können Herzen tatsächlich durch künstliche Pumpen ersetzt werden, und die mathematische Beschreibung der Herzaktivität, die Blut durch ein Kreislaufsystem pumpt, ist dieselbe wie die mathematische Beschreibung der Funktion einer Wasserpumpe zu einem Automotor. Analogien können aber auch in die Irre führen – ist es eine Hilfe oder ein Hemmschuh, wenn ich mir das RAM meines Computers als analog zum Gedächtnis eines Huhns oder Menschen vorstelle, oder ist das vielleicht nur eine Metapher? Auch diese Frage wird uns in späteren Kapiteln erneut beschäftigen.

Homologie beinhaltet im Gegensatz dazu eine tiefergehende Gemeinsamkeit, läßt sie sich doch auf einen angenommenen gemeinsamen evolutionären Ursprung zurückführen. Diese Mutmaßung einer gemeinsamen historischen Vergangenheit impliziert gemeinsame Mechanismen. In diesem Sinne lassen sich beispielsweise die Knochen in den Vorderläufen eines Pferds als homolog zu denen einer Menschenhand ansehen und, so möchte ich behaupten, das Hühnchengedächtnis als homolog zum menschlichen Gedächtnis.

Ist es gerechtfertigt, eine Homologie zu sehen zwischen dem, was passiert, wenn ein Hühnchen eine bittere Perle aufpickt, und dem, was passiert, wenn Sie und ich versuchen, uns an eine Telefonnummer zu erinnern? Oder anders gefragt: Bilden jene Aspekte, die ich aus den kontinuierlichen Prozessen, über die das Hühnchen mit seiner Umgebung wechselwirkt, ausgesondert habe, in der Tat ein universales Attribut der materiellen Welt, ein Merkmal, das sich von allen anderen grundlegend unterscheiden läßt? Ich behaupte, daß dem so ist, aber das Recht dazu ergibt sich nicht von selbst. Diese Frage geht über die selbstverständliche Tatsache hinaus, daß ich überzeugend dafür plädieren können muß, daß diese beiden oberflächlich höchst unterschiedlichen Aktivitäten Ausdruck eines allgemeineren Phänomens sind. Hierbei geht es um ein fundamentales Problem.

Kann ich aus den kontinuierlichen Vorgängen, über die das Hühnchen und ich unsere Umwelt erfahren und mit ihr interagieren, eine eigene Größe namens „Gedächtnis" ableiten? Das wirft eine Frage auf, die nicht nur an den Kern der wissenschaftlichen Methode rührt, sondern philosophische Traditionen betrifft, die etliche Jahrtausende zurückreichen. Grundsätzlich gibt es zwei Möglichkeiten, das zu betrachten, was in der Welt um uns her geschieht. Der uns vertrauteren Sichtweise zufolge, die sich aus dem kulturellen Erbe jüdischchristlicher und griechisch-römischer Traditionen herleitet und in deren Tradition moderne Wissenschaft steht, besteht die Welt aus isolierbaren Untereinheiten – Elektronen, Atomen, Molekülen, Organismen oder auch Tischen und Stühlen –, die jeweils über spezielle Eigenschaften, beispielsweise über ein Gedächtnis, verfügen und miteinander auf der Grundlage definierbarer Gesetze wechselwirken.

Der zweiten, uns weniger vertrauten Sichtweise zufolge bildet die Welt einen einzigen kontinuierlichen Prozeß, aus dem heraus gelegentlich einzelne Strukturen vorübergehend Gestalt annehmen. Wiederum haben wir es mit der Unterscheidung zwischen Gegenstand und Umgebung, Vordergrund und Hintergrund zu tun. Diese zuletzt genannte Art, die Welt zu sehen, steht vielleicht eher in der Tradition nichtwestlicher Philosophien wie denen Indiens und Chinas. Den größten Teil des vergangenen Jahrhunderts hindurch aber ist es Theoretikern nicht erspart geblieben, sich mit einer solchen Weltsicht auseinanderzusetzen – beispielsweise wenn sie zwischen zwei Betrachtungsweisen wechselten und Licht als Partikelstrom einerseits, andererseits aber als Welle sahen oder wenn ihr mathematischer Symbolismus sie von Magnet- oder Schwerkraft*feldern* sprechen läßt. Wie ich im folgenden zeigen möchte, lassen sich viele Probleme der biologischen Wissenschaften auf die kulturbedingten Schwierigkeiten zurückführen, die es uns bereitet, wenn wir uns statt einer Welt der Gegenstände und Eigenschaften eine Welt der Felder und Prozesse vorstellen sollen.

Natürliche Arten

Der objektzentrierten Betrachtungsweise der Welt wurde von den Griechen philosophische Form verliehen. Für Aristoteles besteht die Welt aus beobachtbaren Phänomenen und Dingen, denen sich ein spezielles Sortiment an essentiellen Eigenschaften zuschreiben läßt, das diese als „natürliche Arten" klassifiziert. Oberflächlich betrachtet, sieht diese Sicht der Welt (die Aristoteles von seinem Vorgänger Platon übernommen hat) nicht viel anders aus als die jedes anderen. Sie ist voller Gegenstände: Tische und Stühle, Katzen und Hunde. Jeder dieser Gegenstände bildet eine eigene Kategorie, in der es viele verschiedene Formen von ihm geben kann. Tische können groß oder klein sein, aus Plastik, Holz oder Metall bestehen, auf einem zentralen Fuß stehen oder rundherum mehrere Beine haben. Ein Hund kann ein Bernhardiner, ein Pudel oder ein Dackel sein. Unter dieser oberflächlichen Realität aber gibt es in der platonischen Welt eine weitere Wirklichkeit: In jedem Tisch ist die Idee des idealen Tisches vorhanden, hinter jedem Hund steht die Idee des vollkommenen Hundes. Die Aufgabe von Philosophie und Wissenschaft besteht damit darin, das „Eigentlich-Seiende" hinter der äußeren Realität ausfindig zu machen und zu definieren, das heißt, die Welt der Dinge und Prozesse in ihre „natürlichen" Untereinheiten aufzuteilen, ein Vorgehen, das Platon und Aristoteles als „Zergliederung" der Natur bezeichneten.

Innerhalb der Welt menschlicher Artefakte mag es nicht unvernünftig sein, der Idee eines Tisches oder Stuhles nachzuspüren. Wir könnten sie beispielsweise über ihren Zweck definieren: Ein Stuhl ist zum Sitzen, auf dem Tisch lassen sich Gegenstände ablegen, an die wir heranreichen wollen, wenn wir auf dem Stuhl sitzen. Die Anzahl der Beine, Farbe und, in gewissen Grenzen, sogar Form und Größe können variiert werden, ohne daß diese essentiellen Funktionen beeinträchtigt werden. Eine solche Sicht der Welt wäre sogar möglich, wenn man sich mit Phänomenen der unbelebten Natur, mit Kometen, Elektronen und chemischen Elementen, beschäftigte. Doch hierüber will ich mich auf keine Diskussion einlassen: Astronomen, Physiker und Chemiker müssen bei solchen Dingen für sich selbst sprechen. Mein Thema sind lebende Systeme.[7]

Gibt es „natürliche Arten" und klar definierte Schnittstellen, an denen man die Natur innerhalb der belebten Welt „zergliedern" könnte? Auf den ersten Blick scheint die Antwort auf diese Frage auf der Hand zu liegen. Jeder Leser dieser Worte ist ein Individuum, eine Person, Angehöriger der Spezies Mensch. Gibt es also eine Essenz der Menschlichkeit, die uns in die Lage versetzt, klar zu definieren, was ein menschliches Wesen ausmacht? Die meisten von uns haben keinerlei Probleme, Erwachsene oder auch Babys als Mitmenschen einzustufen. Es hat also den Anschein, als laute die Antwort, daß es eine solche Essenz, ja sogar etwas, das wir als „universale menschliche Natur" definieren können, geben muß – so verschüttet diese durch die Voreingenommenheit mancher Biologen (siehe Kapitel 7), die viel lieber Unterschiede als Gemeinsamkeiten sehen, auch sein mag.

Bedenken Sie jedoch die Schwierigkeiten, die Moralphilosophen, Katholiken und Embryologen haben, wenn sie sich mit dem Problem herumschlagen, an welchem Punkt menschliches Leben beginnt und zu welchem Zeitpunkt dem befruchteten Ei oder dem Embryo dieselben unveräußerlichen „Rechte" zugestanden werden müssen, die für alle Menschen gelten (oder zumindest gelten sollten). Oder wann sie einem Menschen, der maschinell am Leben erhalten wird, den Tod bescheinigen sollen. Oder sich darauf zu einigen, welcher der vielen fossilen menschlichen Vorfahren, die man im Laufe des vergangenen Jahrhunderts entdeckt hat, im Rahmen der Diskussion über die Evolution des Menschen zu Recht als menschlich zu gelten hat. Tatsache ist, daß die heutige Biologie anders als in prädarwinistischer Zeit, in der Spezies als unveränderliche natürliche Arten galten, deren jede Produkt eines göttlichen Schöpfungsakts und auf immer von allen anderen zu unterscheiden war, bei der modernen Definition von

Arten und ihren Grenzen in Raum und Zeit auf große Schwierigkeiten stößt. Auch die schlichteste Definition einer Art als einer Gruppe von Organismen, die sich untereinander erfolgreich fortpflanzen können, gerät durch die Fortschritte moderner Gentechnologie, die bizarre Kreuzungen wie die Schiege (eine gentechnisch hergestellte Kreuzung von Schaf und Ziege) möglich macht, ins Wanken.

Wenn wir also Spezies nicht mehr als „natürliche Arten" betrachten können, wie steht es dann mit den Unterabteilungen innerhalb der Kategorie? Ein Großteil der zweihundertjährigen Geschichte westlicher Anthropologie war von dem Versuch beherrscht, eine „wissenschaftlich" gültige Unterteilung der menschlichen Population vorzunehmen, Unterabteilungen zu schaffen, die sich als „Rassen" definieren lassen. In vorwissenschaftlicher Zeit scheint es mit diesem Begriff kaum Probleme gegeben zu haben; die englische Literatur, die sozialen und politischen Schriften jener Zeit wimmeln von Verweisen auf die schottische, irische oder walisische Rasse, wobei der Begriff „Rasse" in diesem Zusammenhang als ein bestimmtes kulturelles und historisches Erbe gesehen wurde, durch das Psychologie und Persönlichkeit eines Menschen geformt werden. In dieser typologisierenden Betrachtungsweise erscheinen Rassen als natürliche Arten. Evolutionstheorie und Anthropologie des neunzehnten Jahrhunderts hingegen tendierten dazu, eine solche Auftrennung eher aufgrund biologischer Kriterien vorzunehmen. Nun wurden Rassen auf der Basis von Hautfarben, Schädelform und Körperbau unterschieden und sogar in eine hierarchische Ordnung von in der Evolution „höher" und „weiter unten" angesiedelten Rassen eingeteilt.[8]

Die traurige Vergangenheit dieses wissenschaftlich verbrämten Rassismus, eine Historie, die nur möglich wurde durch die passionierte Mitarbeit zahlloser Psychologen, Genetiker und Anthropologen, ist viele Male erzählt worden, und es besteht keine Notwendigkeit, sie an dieser Stelle ein weiteres Mal aufzurollen.[9] Wie aus den späteren Kapiteln hervorgehen wird, läßt die moderne Populationsgenetik den Begriff „Rasse" im Zusammenhang mit der menschlichen Art bedeutungslos werden, wenngleich er dadurch an sozialer Explosivität nichts einbüßt.[10] Die Definition von Rasse ist ihrem Wesen nach eine soziale Definition – beispielsweise im Hinblick auf Farbige und Juden. Zwischen den einzelnen Bevölkerungsgruppen bestehen zwar Unterschiede bezüglich gewisser Genhäufigkeiten (das heißt im Hinblick darauf, in welcher Verteilung bestimmte genetische Varianten vorkommen), aber diese decken sich nicht mit den sozialen Kriterien, die zur Definition von Rasse herangezogen werden.[11]

Polnische Juden beispielsweise ähneln in genetischer Hinsicht ihren nichtjüdischen polnischen Mitbürgern stärker als spanischen Juden. Die Genhäufigkeiten bei Afroamerikanern unterscheiden sich von denen schwarzer Südafrikaner. Und, wenn wir schon dabei sind, auch bei Nord- und Südwalisern unterscheiden sich die Genhäufigkeiten, dennoch käme niemand auf die Idee, diese beiden Populationen verschiedenen Rassen zuzuordnen. Diese typologisierende Denkweise ist keineswegs in Vergessenheit geraten: Sie durchdringt wie selbstverständlich die vergiftende Propaganda rassistisch eingestellter politischer Gruppierungen und ist auch aus der populärwissenschaftlichen Literatur noch nicht ganz verschwunden.[12]

Wenn Arten und Rassen im besten Falle verschwommene Grenzen haben und im schlimmsten Falle leere Kategorien sind, wie steht es dann mit einzelnen Organismen? Bin nicht ich, der ich dies schreibe, und sind nicht Sie, der oder die Sie dies lesen, eine Struktur mit klaren Grenzen? Wir können unsere Nägel und Haare schneiden, ohne daß wir dabei das Gefühl haben, uns als Individuen kämen dadurch Teile unserer selbst abhanden. Wir können uns vorstellen, daß uns eines unserer Gliedmaßen amputiert würde oder daß wir unser Sehvermögen, unser Gehör oder unsere Sprache verlören. Jede dieser Katastrophen mag uns als Individuen mehr oder minder drastisch einschränken, aber das Gefühl, in unserer Integrität unangetastet, in unserer Gesamtheit trotzdem vorhanden zu sein, wird uns in jedem Falle erhalten bleiben – das amputierte Glied gehört nicht mehr zu uns. (Oliver Sacks hat in faszinierender Weise über die erschütternden und bizarren Auswirkungen bestimmter Arten von Hirnschäden geschrieben, in deren Folge es bei den Betroffenen dazu kommt, daß Teile des eigenen Körpers nicht mehr als „Selbst" erkannt, sondern zu fremden Gegenständen werden.[13]) Auch ist es für uns bereits selbstverständlich, Teile der Außenwelt eingepflanzt zu bekommen: Keramikzähne, Titanhüften, batteriebetriebene Herzen oder Schweinenieren – manchmal sogar „Ersatzteile" von anderen Menschen. Wir gehen davon aus, daß solche Fremdbestandteile in gewisser Weise ein Teil von uns werden, sie werden unserem Gefühl für unsere eigene Gesamtheit und Integrität einverleibt. Natürlich liegen die Dinge nicht ganz unproblematisch: Denken Sie an das moralische Unbehagen, das der Einsatz gentechnologischer Methoden heraufbeschwört, durch die Mäusen oder Bakterien menschliche Gene inseriert werden, um diese entweder zu „Modellen" für menschliche Erkrankungen oder zu „Fabriken" für die Produktion kommerziell oder klinisch wünschenswerter Produkte zu machen.

Doch selbst wenn man von derartigen Eingriffen oder Deletionen einmal absieht, die Grenze zwischen dem Organismus und seiner Umgebung – die Definition dessen, was Sie oder mich als Einheit ausmacht – ist trotzdem keine triviale Angelegenheit. Die meisten von uns werden das eine oder andere Mal den intensiven Genuß verspürt haben, den es bedeutet, wenn einem beim Sex das Gefühl für die eigene Begrenzung komplett verlorengeht. Und für eine Schwangere ist die Abgrenzung zwischen der eigenen Person und dem Fetus in ihr – beziehungsweise deren Fehlen – ein langwieriger und komplexer Prozeß. Doch lassen wir auch diese Beispiele einmal beiseite, und betrachten wir den menschlichen Körper ein wenig genauer: Wir bestehen aus Geweben, die zu Organen zusammengeschlossen sind – jedes Gewebe eine Masse aus einzelnen Zellen, jede Zelle ein Zusammenschluß aus Molekülen. Wir haben eine Lebenserwartung von vielleicht siebzig, achtzig, neunzig oder auch noch mehr Jahren. Im Laufe dieses Zeitraumes wird jede Zelle unseres Körpers viele hundert- oder gar einige tausendmal ersetzt worden sein (mit Ausnahme der Nervenzellen – der Neurone – in unserem Gehirn). Und jedes einzelne der riesigen Makromoleküle – der Proteine, Nukleinsäuren und Lipide –, aus denen eine Zelle (auch ein Neuron) besteht, wird in mühsamer Kleinarbeit synthetisiert worden sein, ein paar Stunden, Tage oder Monate existiert haben, wieder abgebaut und schließlich durch ein Nachfolgermolekül – eine mehr oder minder exakte Kopie seiner selbst – ersetzt worden sein. Unser Körper ist permanent im Fluß. Nichts an uns als Organismus ist von Dauer. Wodurch auch immer unser Gefühl für unsere eigene Ganzheit und Unverwechselbarkeit in Raum und Zeit zustande kommt, es kann sich nicht auf das dauerhafte Fortbestehen der Moleküle und Zellen gründen, aus denen unser Körper besteht. Unser Empfinden für das eigene Selbst entwickelt sich für jeden von uns durch den individuellen Gang seines ureigenen Lebenswegs. Es leitet sich nicht aus dem Fortbestehen von Molekülen, Zellen oder gar Körperstrukturen her – diese sind allesamt vergänglich –, sondern aus unseren Lebensprozessen, die unsere gesamte Existenz mit permanenter Dynamik durchziehen. Damit haben wir es statt mit einer Objektidentität mit einer Prozeßidentität zu tun.[14] Und, um es nochmals zu wiederholen, deshalb sind wir als Individuen mindestens ebensosehr durch unsere Vergangenheit definiert wie durch unsere molekularen Bestandteile.

Auch sind unsere äußeren Begrenzungen nicht undurchdringlich. Unsere Eingeweide beherbergen viele hundert Millionen Mikroorganismen (vor allem das allgegenwärtige Bakterium *Escherichia coli*), die in symbiotischer oder parasitischer Weise mit uns zusammenleben. Zahllose weitere winzige lebendige Geschöpfe bewohnen unsere Körperoberfläche, hausen in und auf Haut und Haaren. Von manchen wissen wir – manchmal zu unserem Unmut –, von anderen nicht. Normalerweise betrachten wir sie nicht als unerläßlichen Beitrag zu unserem Empfinden für unsere eigene Individualität, doch nähme man uns all die anderen Lebensformen, die unsere Privatsphäre mit uns teilen, so wären wir kaum in der Lage zu überleben. Was also auf einer bestimmten Vergrößerungsstufe und die meiste Zeit hindurch als eindeutige Trennung erscheint zwischen jedem Individuum und der Außenwelt, die seine direkte Umgebung bildet, hört bei näherer Betrachtung auf zu existieren. Menschen sind kohärenter als eine Korallenkolonie, aber die Definition dessen, wo wir anfangen und wo wir enden, ist sowohl räumlich als auch zeitlich verschwommen und keineswegs scharf.

Wo also, wenn nicht auf der Ebene von Spezies, Rassen oder Organismen, können wir bei lebenden Systemen „natürliche Arten" finden? Wie wär's mit der Ebene der Moleküle? Ich habe weiter oben bereits die Makromoleküle erwähnt, aus denen unser Körper zusammengesetzt ist. Nehmen wir beispielsweise die Proteine: Moleküle aus gelegentlich mehreren, miteinander verbundenen Ketten kleinerer Untereinheiten, sogenannte Aminosäuren, von denen es etwas über zwanzig verschiedene Varianten gibt. Jedes Protein besteht aus einer einzigartigen Sequenz von einigen hundert Aminosäuren. Diese Sequenz bezeichnet man als die *Primärstruktur* des Proteins. Die Aminosäurekette aber ist schraubenförmig gewunden und gefaltet, in sich zusammengeknäuelt zu einer Konfiguration, die durch ein komplexes Zusammenspiel von elektrochemischen Wechselwirkungen in Form gehalten wird (diese Muster und Anordnungen nennt man *Sekundär*- und *Tertiärstruktur*). Eingebettet in diese globuläre, kompakte Masse sind andere, kleinere Moleküle und Ionen: Wasserstoffionen, Metalle wie Calcium, Magnesium und Eisen (Abbildung 2.2). Nimmt man der Aminosäurekette diese kleineren Ionen und Moleküle oder verschiebt man den Säure- oder Basengehalt der Lösung, in der sie sich befindet, zu sehr aus dem neutralen Bereich, so kollabiert die globuläre Struktur, und oft ist dieser Vorgang unumkehrbar – so etwas geschieht beispielsweise, wenn Milch sauer wird. Hinzu kommt, daß Proteine in lebenden Zellen nicht isoliert vorliegen. Sie sind mit anderen Proteinen zu übergeordneten (*Quartär*-) Strukturen angeordnet, in Lipidmembranen eingebettet oder fest an RNA oder DNA gebunden. Wie definieren wir also ein Protein?

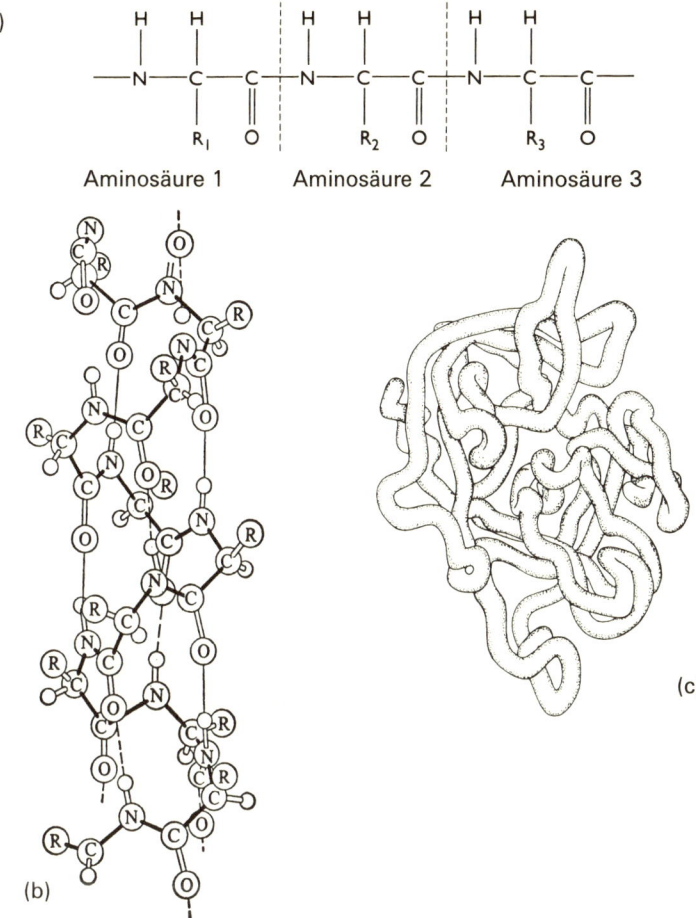

Abbildung 2.2: Die Struktur eines Proteins. a) Primärstruktur, b) Sekundärstruktur, c) Tertiärstruktur.
R steht jeweils für den Rest des Aminosäuremoleküls.

Durch seine Primärsequenz oder durch seine Tertiärstruktur im Raum? Schließen wir alle Ionen und Moleküle mit ein, die es an seiner Oberfläche und in seinem Inneren versammelt? Worin besteht die platonische Idee eines Proteins – oder ist es unmöglich, diese Frage in sinnvoller Weise zu stellen?

Vielleicht können wir ein Protein leichter durch seine Funktion definieren als durch seine Struktur. Doch eine solche funktionsbezogene Definition hat mit anderen Problemen zu kämpfen, beispielsweise damit, daß Organismen häufig verschiedene Varianten (*Isofor-*

men) der Primärstruktur eines Proteins besitzen, die allesamt gleich arbeiten. Auch hat es den Anschein, als seien nicht alle Aminosäuren innerhalb der Proteinkette funktionell unentbehrlich, denn oft ist es möglich, der Kette Aminosäuren hinzuzufügen oder welche wegzulassen, ohne damit die Rolle zu stören, die das Protein innerhalb der zellulären Ökonomie zu spielen hat. Einige Bereiche des Proteins sind allerdings von essentieller Bedeutung für seine Funktion, und sie zu verändern ist riskant. Ersetzt man zum Beispiel nur eine der 146 Aminosäuren in der β-Kette des Hämoglobins durch eine andere – ein Valin an einer bestimmten Position der Kette durch eine Glutaminsäure –, so verändert dies die Eigenschaften des Moleküls dramatisch: Die roten Blutkörperchen, die das Hämoglobin enthalten, verändern ihre Form zu sogenannten „Sichelzellen", und das kann für den Träger dieser Variante lebensgefährlich sein. Eine funktionsbezogene Definition eines Proteins deckte sich somit nur teilweise mit dessen strukturbezogener Definition.

Es hat ganz den Anschein, als werde das Bild immer undeutlicher, je mehr die Molekularbiologen und Biochemiker über Makromoleküle lernen. Eine bestimmte Klasse von Proteinen bilden beispielsweise die Enzyme – Moleküle, die innerhalb der Zelle als sehr spezifische chemische Katalysatoren wirken und dazu beitragen, daß außerordentlich präzise Transformationen an anderen Molekülen vorgenommen werden können. Eine Zeitlang hatte man angenommen, daß alle Enzyme Proteine seien, und ältere Lehrbücher verwenden als eines der Hauptkriterien zur Definition von Enzymen tatsächlich deren Proteinnatur. Vor ein paar Jahren fand man heraus, daß bestimmte Arten von RNA-Molekülen ebenfalls als Enzyme wirken können, und man taufte sie umgehend auf den Namen *Ribozyme*. Die Definition dessen, was ein Enzym ausmacht, ließ sich damit nicht mehr auf der Basis seiner Struktur formulieren, sondern beruft sich nunmehr allein auf seine Funktion.

Während es also möglich ist, eine allgemeine Definition eines Proteins als Molekül aus einer langen Kette von in spezieller Weise miteinander verknüpften Aminosäuren zu liefern, kann jede weitere Entscheidung darüber, ob ein spezielles Protein entsprechend seiner Primärsequenz, seiner Tertiärstruktur oder seiner Funktion zu definieren ist und welche seiner ionischen und molekularen Einschlüsse in diese Definition einzuschließen sind, nur operativ sein, das heißt, sie wird von dem Zusammenhang abhängen, in dem wir diese Definition benötigen. Ein Protein ist genausowenig eine eindeutige natürliche Art, wie ein Organismus oder eine Spezies es ist. Dasselbe gilt für die anderen Makromoleküle, aus denen eine Zelle besteht – für Polysaccharide ebenso wie für Lipide. Wie wir sehen werden, gilt das sogar für jenes sagenumwobene DNA-Molekül, das heute als absoluter Primus unter den Molekulargleichen gilt und die Proteine von ihrer Vorrangstellung verdrängt hat – obwohl diese ihren Namen eigentlich den griechischen „ersten Dingen" (protos = erster, wichtigster) verdanken.

Mögen biologische Definitionen – Essenzen – also oberflächlich betrachtet auch noch so sehr den Eindruck vermitteln, daß sie die Natur in angemessener Weise „zergliedern", so sind sie doch stets weit mehr durch ihren Zusammenhang geprägt denn absolut. Sogar im besten Falle verschwimmen ihre Grenzen. Im schlimmsten Falle dienen sie wie die Definition von „Rasse" möglicherweise nur der Verwirrung, spiegeln Unterschiede vor, die sich bei näherer Betrachtung in Luft auflösen oder als unhaltbar erweisen.

„Gute" Definitionen sind solche, die dem Zweck, für den wir sie vorgesehen haben, angemessen sind, denn sie helfen uns, die Welt, die wir sehen, zu klassifizieren und zu ordnen. Aber wir irren uns, wenn wir glauben, daß Definitionen Vorrang vor den Beobachtungen haben, auf die sie sich gründen, daß sie in irgendeiner Form Platonischen Ideen gleichkämen, die *a priori* und unabhängig von unseren Beobachtungen existieren, durch diese erst in der Realität abgebildet werden und losgelöst von den Zusammenhängen sind, in denen wir sie verwenden wollen. In einer Welt, die sich eher über den Begriff Prozeß denn über den Begriff Objekt verstehen läßt, hängen die Schnittstellen, an denen wir die Natur zergliedern, ganz erheblich von unserer Fragestellung ab, genau wie die, an denen menschliche Carnivoren (Fleischfresser) ein Stück gebratenes Fleisch bei Tisch zerlegen, oder wie die, durch die ein Künstler einen Baum in eine Holzskulptur verwandelt. Natürlich müssen sie eine Beziehung zur materiellen Welt haben: Wir können unsere Tranchiertechniken nicht frei nach unserem Belieben gestalten, wir können keine Phantome beobachten, keine imaginären Gegenstände bearbeiten und Dingen nicht allein nach unserem Willen jede beliebige Gestalt aufzwingen. Aber wir haben die Wahl, und unsere Möglichkeiten hängen ab von dem Wechselspiel zwischen der Beschaffenheit der von uns untersuchten Welt, unseren Vorstellungen davon, welche Arten von Antworten wir auf unsere Fragen zu akzeptieren bereit sind, und den Gründen, die uns bewegen, diese Fragen zu stellen. Im nächsten Kapitel möchte ich untersuchen, wie und warum wir solche Entscheidungen treffen und inwieweit diese Gültigkeit haben.

3

Wie wir wissen, was wir wissen

Ein Wissenschaftler, dem der Versuch mißlingt, ein Problem zu lösen, das außerhalb seiner Kompetenzen liegt, kann schwerlich mit Anerkennung rechnen. Das Höchste, worauf er hoffen kann, ist jene höfliche Nachsicht, wie sie auch einem Utopisten unter den Politikern zuteil wird. Wenn Politik die Kunst des Möglichen ist, so ist die Forschung mit Sicherheit die Kunst des Lösbaren. Beide sind ungemein praxisorientierte Angelegenheiten.
Peter Medawar, The Art of the Soluble

Induktion und Deduktion

Ziel allen Beobachtens und Experimentierens ist es, die materielle Welt und ihr Wirken erfassen zu lernen, uns als Individuen und als Gesellschaft insgesamt in die Lage zu versetzen, diese Welt zu verstehen, Vorhersagen über sie zu treffen und sie in gewissem Maße zu kontrollieren, nach unseren Wünschen zu formen. Dieses Motiv des Handelns hat die moderne Wissenschaft seit ihren Anfängen beseelt, und es ist weit entfernt von jener kontemplativen Betrachtungsweise von Natur und Schicksal, wie sie früheren Formen der Gelehrsamkeit eigen war. Francis Bacon bewies, daß er das Potential der neuen Wissenschaft sehr wohl erkannt hatte, als er Experimente in zwei Arten unterteilte: solche, die Licht in eine Sache bringen, und solche, die Früchte tragen.

Bacon sah die Art und Weise, wie experimentelles Vorgehen verläßliche Erkenntnisse über die Welt vermitteln konnte, als eine sehr geradlinige Angelegenheit: Man sammelt Fakten. Man macht eine Beobachtung, oder man führt einen Eingriff an der Welt aus und notiert dessen Folgen. Wenn derselben Beobachtung oder derselben Handlung stets dieselben Konsequenzen folgen, kann man daraus den verläßlichen Schluß ziehen, daß sich darin in der Tat die Art und Weise widerspiegelt, wie die Welt organisiert ist. Wenn Sie einen Schalter betätigen und das Licht geht an, so kann das Zufall, irgendein unerklärliches Zusammentreffen sein. Wenn sie dasselbe ein weiteres Mal tun, und das Licht geht wieder an, dann können Sie durchaus vermuten, daß hier ein kausaler Zusammenhang besteht. Nach dem dritten, vierten und fünften Mal werden Sie ziemlich sicher sein, daß dem so ist. Dies ist die Baconsche Vorgehensweise der *Induktion*, und fast dreihundert Jahre hindurch war dies der Weg, den die meisten Wissenschaftler glaubten einschlagen zu müssen. Aber ihm wohnt ein fataler Fehlschluß inne. Egal, wie oft Sie den Schalter betätigen und wie oft auch immer das Licht angeht, Sie können nicht sicher sein – sicher in dem absoluten Sinne, den ein Philosoph verlangen würde –, daß beim nächsten Mal dasselbe wieder passiert. Die Tatsache, daß – soweit ich weiß – jeder Mensch, der jemals gelebt hat, am Ende gestorben ist, und der Umstand, daß ich ein Mensch bin, machen mich ziemlich sicher, daß auch ich sterben werde. Aber vielleicht irre ich mich. Könnte ich nicht die eine Ausnahme sein? Vielleicht ist der Tod eben doch keine *unausweichliche* Begleiterscheinung von Leben.

Charles Darwin, der nie für sich in Anspruch nahm, ein Philosoph zu sein, machte nichtsdestotrotz sehr deutlich, daß zumindest er Wissenschaft nicht in dieser Weise betreiben wollte. Er, der große Beobachter, Systematiker und Sammler, erklärte ausdrücklich, daß Fakten für sich genommen keinerlei Bedeutung haben, solange sie nicht zusammengetragen und *für* oder *gegen* eine Hypothese gehalten worden sind. Der Philosoph Karl Popper formulierte diese alternative Sicht wissenschaftlicher Vorgehensweise in einer Form, die viele Leute – zumindest eine gewisse Zeit hindurch – für unwiderstehlich hielten.[1] Wissenschaft komme nicht durch *In*duktion vorwärts, argumentierte Popper, sondern durch *De*duktion. Wissenschaftler stellen Hypothesen zu der Frage auf, wie die Welt funktioniert, denken die Konsequenzen ihrer Hypothesen durch und entwerfen Experimente, mit denen sich diese Hypothesen testen lassen. Eine Hypothese könnte beispielsweise lauten, daß das Licht angeht, sobald Sie den Wandschalter betätigen, weil dieser Schalter einen infraroten Lichtstrahl aktiviert, der dann irgendeinen Sensor an der Glühbirne anspricht. Egal, wie oft Sie allerdings verifizieren, daß das Licht angeht, wann immer Sie den Schalter betätigen, es hilft ihnen nicht, der Wahrheit näherzukommen. Sie könnten die Hypothese testen, indem Sie zeigten, daß die Betätigung des Schalters in der Tat einen Infrarotimpuls auslöst und daß es an der Glühbirne wirklich einen Sensor gibt, der darauf reagiert. Aber selbst das würde nicht beweisen, daß Ihre Hypothese korrekt ist. Was Sie zu tun haben, ist folgendes: Sie müssen ein kritisches Experiment entwerfen – eines, das zum Ziel hat, Ihre Hypothese zu *falsifizieren*. Sie könnten beispielsweise eine schwere Metallplatte zwischen Schalter und Birne postieren, mit der jede möglicherweise vorhandene Strahlung abgehalten würde. Wenn die Birne immer noch aufleuchtet, sobald Sie den Schalter betätigen, so kann dies zumindest nicht über die von Ihnen postulierte Infrarotstrahlung vermittelt werden, denn die Platte würde diese nicht hindurchlassen. Damit hat sich Ihre Hypothese als falsch erwiesen, und Sie müssen eine neue aufstellen – vielleicht die, daß der Schalter einen Stromkreis aus lauter verborgenen Kabeln schließt, an den die Glühbirne angeschlossen ist. Falls aber andererseits die Glühbirne nicht aufleuchtet, solange die Platte an ihrem Platz steht, geht Ihre Hypothese gestärkt aus dem Experiment hervor und kann der nächsten Frage die Stirn bieten. Wie auch immer, für Popper sind alle Hypothesen provisorisch, nur so lange brauchbar, wie sie allen Versuchen widerstehen, sie über den Haufen zu werfen. Und die besten Hypothesen sind solche, für die sich am leichtesten falsifizierende Tests – kritische Experimente – entwerfen lassen.

Poppers These, erstmals formuliert in den dreißiger Jahren, wurde von vielen Wissenschaftstheoretikern rasch übernommen, doch erst als seine Überlegungen uns von einem der Unseren erklärt wurden – nämlich von dem Immunologen Peter Medawar, von dem das Eingangszitat dieses Kapitels stammt –, wurde den meisten Forschern klar, daß wir Bacons Empirismus nie wirklich gefolgt waren. Wir waren in allererster Linie Hypothesenaufsteller. Poppers Ideen wurden mit einer solch bedingungslosen Leidenschaft aufgenommen, daß Anträge auf Fördermittel an britischen Forschungseinrichtungen in den siebziger und achtziger Jahren meist abgelehnt wurden, wenn es in ihnen nicht hieß, das Ziel der dargestellten Forschung sei es, „die Hypothese zu prüfen, daß...". Reine Baconsche Faktensammelei reichte nicht mehr aus. (In den finsteren neunziger Jahren ist auch das Überprüfen von Hypothesen längst nicht mehr das Schlüsselkriterium; statt dessen müssen wir heute „Relevanz" für „die Schaffung von Wohlstand" nachweisen.[2]) Popper war im Grunde der einzige Philosoph, auf den die Naturwissenschaftler der englischsprachigen Welt je hören sollten. Mit Sicherheit war er jedenfalls der einzige, den man in die Royal Society berief, und anläßlich seines Todes im Jahre 1993 erschienen ein Nachruf und eine Serie von Briefen in der renommierten Wissenschaftszeitschrift *Nature*.

Trotz alledem mag Zweifel daran erlaubt sein, daß viele *Nature*-Leser begriffen haben, welch tödlichen Schlag Popper unserer liebgewordenen Überzeugung versetzt hat, wir seien daran beteiligt, die „Wahrheit" – oder zumindest „Wahrheiten" – über das Wirken der Welt herauszufinden. Nach Popper gibt es keine absoluten Wahrheiten, sondern lediglich provisorische Hypothesen, die permanent neu in Frage gestellt und bedroht werden.

Hierin liegt eine zweifache Ironie: Zum einen wird eine der zentralen Theorien der biologischen Wissenschaft, sprich die der Evolution durch natürliche Selektion, durch die Popperschen Kriterien unwissenschaftlich, da sie sich nicht falsifizieren läßt. Wie im Falle aller anderen ihrem Wesen nach rein historischen Theorien läßt sich auch für diese kein Experiment entwerfen, das (wie Popper es ausdrücken würde) Darwin widerlegt. Um die Evolutionstheorie im Popperschen Sinne zu testen, müßte man, mit einem Bild gesprochen, das Stephen Jay Gould in seinem wunderbaren Buch *Zufall Mensch* verwendet, den Lebensfilm zurückspulen und unter den verschiedensten Bedingungen wieder und wieder ablaufen lassen – etwas, das nur bei ganz bestimmten Modellsystemen im Reagenzglas funktioniert.[3] Dennoch würde kein Biologe auch nur einen Augenblick lang erwägen, diese Theorie auf bloßes Geheiß eines Philosophen fallenzulassen. Popper hat später sein Falsifizierungskriterium modifiziert, um diesem Problem Rechnung zu tragen, aber zu jenem Zeitpunkt wurden das Aufstellen von Hypothesen und das Kriterium der Falsifizierbarkeit – zumindest in Großbritannien – längst angehenden Wissenschaftlern an Schulen und Universitäten beigebracht.

Popper und die Paradigmen

Die zweite und weit größere Ironie bestand darin, daß ausgerechnet in dem Augenblick, als sich die Naturwissenschaftler in dem hellen Schein des Popperschen Lichts zu sonnen begannen, in dem Moment, als Popper zum integralen Bestandteil des naturwissenschaftlichen Common sense avanciert war, sein Modell des wissenschaftlichen Fortschritts bei seinen eigenen Zeitgenossen unter den Wissenschaftstheoretikern, -historikern und -soziologen unter Beschuß geriet. Der erste Angriff erfolgte unter der Führung des Historikers Thomas Kuhn. Sein Argument gründete sich auf die Geschichte der Physik und besagte, daß Wissenschaftler die meiste Zeit über gar nichts derart Grandioses wie das Aufstellen und Testen von Hypothesen vollbringen. Sie lösen Rätsel, die ihnen durch die Arbeit früherer Forscher gestellt worden sind, und sie tun das inmitten eines bestehenden Überbaus aus Theorien und Hypothesen über die Art und Weise, wie ihr kleines Stückchen Welt funktioniert, und die in Zweifel zu ziehen ihnen gar nicht in den Sinn käme.

Kuhn bezeichnete unsere Arbeit als „normale Wissenschaft" und unsere übergeordneten Theorien als „Paradigmen".[4] Als Beispiel führte er die Newtonsche Physik an. Von Zeit zu Zeit bringt Wissenschaft ungewöhnliche Ergebnisse hervor – Daten, die sich nicht ohne weiteres mit den akzeptierten Paradigmen in Einklang bringen lassen. Unter solchen Umständen muß das Paradigma mit allen möglichen ergänzenden Hypothesen gestützt werden, so daß es immer unhandlicher wird. Dennoch werden sich die bestehenden Paradigmen stets retten lassen – schließlich können die Bewegungen der Planeten durchaus auch mit Hilfe des präkopernikanischen ptolemäischen Systems sehr gut vorhergesagt werden. Früher oder später, so Kuhn, wird sich ein neues Paradigma ergeben, das zu einer neuen Sicht der Welt führen, sämtliche alten Rätsel durcheinanderwirbeln und in einen neuen Rahmen einpassen wird. So hat im siebzehnten Jahrhundert die kopernikanische Weltsicht die ptolemäische verdrängt, und so wurde sie selbst anschließend Bestandteil der newtonschen Weltsicht. Diese hielt sich, bis zu Beginn des zwanzigsten Jahrhunderts die Einsteinsche Relativitätstheorie ein neues und attraktiveres Paradigma bot, das seinerseits Newton verdrängte. Kuhn bezeichnete Episoden, in deren Verlauf ein Paradigma ein anderes ablöst, als „wissenschaftliche Revolutionen". Sein Standpunkt erschien nicht nur den Wissenschaftshistorikern und -soziologen attraktiv, sondern fand auch bei Naturwissenschaftlern Anklang. Die meisten von uns, die Kuhn gelesen hatten, sahen ohne Umschweife ein, daß wir einen Großteil unseres Arbeitslebens hindurch Arbeit verrichteten, die viel zu trivial war, um als das Aufstellen und Testen von Hypothesen bezeichnet zu werden. Die meiste Zeit über lösten wir Rätsel – betrieben wir „normale Wissenschaft". Nur wenige von uns haben das Privileg, an einem revolutionären Kuhnschen Paradigmenwechsel teilzuhaben.

Wie die Mehrheit der Wissenschaftstheoretiker bediente sich auch Kuhn der Physik als Musterbeispiel für den Ablauf tiefgreifender Paradigmenwechsel. Die Biologie bietet – sowohl für Paradigmen als auch für Paradigmen durchbrechende Experimente – weit weniger Beispiele, vermutlich deshalb, weil wir es mit sehr viel breiter gefächerten und komplexeren Phänomenen zu tun haben als die Physik. Unsere Paradigmen sind in der Regel von geringerer Größenordnung und von eher lokaler Reichweite, das heißt weniger universal. Es gibt in der Biologie kein Äquivalent zu den Gesetzen der

Newtonschen Mechanik. Zumindest schien dies so, bis es in den neunziger Jahren zu Bestrebungen kam, den sogenannten „Universaldarwinismus" zu einem Kuhnschen Paradigma zu erheben, in das sämtliche Phänomene des Lebens „mit dem Schuhlöffel hineinzuzwängen sind"[5] (dieses Bild vom Schuhlöffel habe ich übrigens ebenfalls von Gould entliehen). Ein untergeordnetes Paradigma innerhalb des Universaldarwinismus ist die DNA-Theorie des Gens und seiner Replikation. Im Nachhall des Kuhnschen Buchs erzählte der Wissenschaftshistoriker Robert Olby daher eine Version des, wie er es nannte, „Weges zur Doppelhelix", in der er die Geschehnisse als Ablösung eines älteren proteinorientierten Paradigmas durch ein neues Paradigma auf DNA-Basis darstellte.[6] Ich werde beiden Paradigmen in späteren Kapiteln eine kritische Diskussion widmen.

Das Durchbrechen und Umändern von Paradigmen trifft auf beträchtliche Widerstände, denn in vieler Hinsicht ist die wissenschaftliche Welt – ich nehme mich selbst dabei nicht aus – recht konservativ. Alte Paradigmen sterben nie, so könnte man sagen, ihre Vertreter geraten nur aus dem Blickfeld. Auf einer weit weniger großartigen Ebene als der von Relativitätstheorie und Evolution bildet beispielsweise die Überzeugung, daß sich die Speicherung von Erinnerungen im Gehirn in Form einer Veränderung der Eigenschaften von Nervenzellen und deren Verknüpfungen untereinander niederschlägt, das Paradigma, unter dessen Dach meine eigenen Forschungen angesiedelt sind und innerhalb dessen ich mich im großen und ganzen recht wohl fühle. Es ist, wie andere Paradigmen auch, schwer zu widerlegen. Eine Alternative hierzu ist die von dem Botaniker und New-Age-Philosophen Rupert Sheldrake energisch vertretene Theorie der morphogenetischen Felder und der sogenannten „morphischen Resonanz". Seiner Ansicht nach werden Erinnerungen – menschliche ebenso wie nichtmenschliche – überhaupt nicht im Gehirn gespeichert, sondern sind sämtlich in einem universalen „Äther" gegenwärtig. Dies bewirkt, daß ein Ereignis, das irgendwo auf der Welt eintritt, durch seine Existenz sämtliche gleichartigen Folgeereignisse erleichtert.[7] Sheldrakes Bücher und seine öffentlichen Auftritte erregten auch in der nichtwissenschaftlichen Welt Aufsehen für diese offensichtlich bizarre Idee, und die Leidenschaft ging so weit, daß sich der damalige Herausgeber der weltweit führenden Wissenschaftszeitschrift *Nature* zu der Äußerung veranlaßt sah, Sheldrakes Buch sei reif zum Verbrennen.

Mich hat diese Äußerung immerhin derart beunruhigt, daß ich Sheldrake unvorsichtigerweise ein gemeinsames Experiment an meinem Hühnchenmodell anbot, um seine Idee zu testen. Wir einigten uns über den Ablauf des Experiments, stellten zwei rivalisierende Prognosen im Hinblick auf dessen Resultat auf und kamen überein, die Ergebnisse im Anschluß an das Experiment in einem gemeinsamen Artikel zu veröffentlichen. Im Rahmen meines Paradigmas lautete die Prognose für das Resultat des Experiments, daß sich das Verhalten frisch geschlüpfter Hühnchen nicht dadurch verändern würde, daß zuvor geschlüpfte Gelege völlig neue Erfahrungen gemacht haben. Seiner Ansicht nach hätte sich eine Veränderung ergeben müssen, da die später geschlüpfte Brut vermittels jener körperlosen „morphischen Resonanz" auf Erinnerungen an die Erfahrungen früherer Gelege zurückgreifen konnte. Wir führten das Experiment durch, und meine Prognose erwies sich als richtig – zu meiner Zufriedenheit und zu der anderer Kollegen aus dem Gebiet. Sheldrake aber brachte es fertig, sich einzureden, daß die Daten, wenn man sie unter einem ganz bestimmten Blickwinkel betrachtete, seine Hypothese von der „morphischen Resonanz" stützten. Wir konnten uns nicht auf den Inhalt eines gemeinsamen Artikels einigen und publizierten statt dessen zwei alternative Deutungen nebeneinander.[8] Dies nur zur Illustration dessen, wie wenig Tatsachen „für sich sprechen". Wir alle klammern uns eisern an unsere Sicht der Welt. Statt eine Interpretation zu akzeptieren, die unser Paradigma ins Wanken brächte, umgeben wir letzteres mit ergänzenden Hypothesen. Die Geschichte der Versuche zum Nachweis übersinnlicher Wahrnehmungen und ähnlicher Phänomene beziehungsweise zu einem entsprechenden Gegenbeweis ist voll von ähnlichen Episoden.

Woher kommen Paradigmen?

Die interessanteste Konsequenz aus Kuhns Arbeit aber war, daß die Bestrebungen, das Wesen wissenschaftlicher Erkenntnis zu verstehen, den Händen der abstrakten Philosophen entrissen wurden – wenn auch vermutlich ganz gegen seine ursprüngliche Absicht – und sich der wachsenden Zahl der Soziologen öffneten, die sich mit dem beschäftigten, was man heute als Wissenschaftssoziologie bezeichnet. Sie stellten die Frage, an die Kuhn allem Anschein nach nie gedacht hatte: Wie kommen unsere Paradigmen zustande? Kuhn selbst, der sich seit der Veröffentlichung von *Die Struktur wissenschaftlicher Revolutionen* im Jahre 1962 bis zu seinem Tod im Jahre 1996 die meiste Zeit über mit der Geschichte der Physik auseinandergesetzt hat, schien es als gegeben anzusehen, daß Paradigmen sich innerhalb einer Wissenschaft als Ergebnis einer Akkumulation von theoretischen Problemen ergeben. Wenn Paradigmen aber durch wissenschaftliche „Tatsachen" nicht absolut festgelegt sind, dann müssen zu unseren Gründen dafür, daß wir das eine oder das andere von ihnen vorziehen, auch Faktoren von außerhalb der Wissenschaft zählen – unsere Religion zum Beispiel, unsere sozialen Erwartungen oder unsere Weltanschauung. Damit befindet sich der Anspruch, Wissenschaft enthülle die „Wahrheit" über die Welt, noch ein Stück weiter in der Defensive. Tatsachen sind nicht nur Spielball provisorischer Hypothesen, die sie zu erklären suchen, sondern unsere Sicht ihrer Realität und unser Ansatz zu ihrer Interpretation lassen sich schlicht dadurch zu völlig neuen Mustern anordnen, daß man das Paradigmen-Kaleidoskop einmal kräftig schüttelt. Die Folgen all dessen waren von ungeheurer Tragweite. Selbst Poppers ehemalige Schüler unter den Wissenschaftstheoretikern wandten dessen Sicht der wissenschaftlichen Hypothese nun den Rücken. Für manche wurde zum einzig Wichtigen die Frage, ob ein beliebiges „Forschungsprogramm" noch fruchtbar oder längst steril geworden war und zu degenerieren begonnen hatte.[9] Für andere gab es so etwas wie die wissenschaftliche Methode nicht mehr: Was funktionierte, funktionierte.[10]

Damit hatte Kuhn einen Tunnel unter die scheinbar uneinnehmbare Festung Naturwissenschaften gegraben, und dieser erlaubte die Renaissance einer ganz anderen Bewertung dessen, was Wissenschaft vorantreibt, einer Betrachtungsweise, die sich aus den hundert Jahre alten Schriften von Marx und Engels herleitet und 1931 auf einer berühmt gewordenen internationalen Tagung zur Geschichte der Wissenschaften in London erstmals ausdrücklich formuliert wurde.[11] Auf jener Konferenz erschien unerwartet eine Delegation der damals noch relativ jungen Sowjetunion, an ihrer Spitze der einflußreiche marxistische Politiker und Theoretiker Nikolai Bucharin (der später im Zuge stalinistischer Säuberungen erschossen wurde). Ihr Grundsatzvortrag trug die Überschrift: „Die sozialen und ökonomischen Wurzeln der Newtonschen *Principiae*" und wurde gehalten von Boris Hessen. Er vertrat darin den Standpunkt, Newtons Experimente und Theorien sowie der Rahmen, der beide umgab – ihre Paradigmen also, um es in der Kuhnschen Sprache auszudrücken –, seien weit davon entfernt, ein Werk reinster wissenschaftlicher Gelehrsamkeit und damit von den sozialen Bedingungen ihrer Zeit losgelöst gewesen zu sein. Vielmehr seien sie geformt gewesen durch die neuen ökonomischen Bedürfnisse des aufstrebenden englischen Handelsstandes. Die Kaufleute benötigten verläßliche Navigationsinstrumente für ihre Schiffe, mit denen sie die Importe und Exporte beförderten, auf die sich die Industrielle Revolution gründen sollte. Galilei und in seiner Nachfolge Newton hätten ihnen diese durch die aus ihrer Arbeit hervorgegangene neue Mechanik und Kosmologie geliefert. Im weiteren Verlauf seiner Rede spürte Hessen der Geschichte der Physik im neunzehnten Jahrhundert nach und verknüpfte diese jeweils mit den ökonomischen Bedürfnissen und ideologischen Erfordernissen des aufkeimenden Kapitalismus.

Hier gab es also einen ganz anderen Ansatz, Entwicklungen innerhalb der Wissenschaft zu sehen. Er wirkte unter den Gelehrten der dreißiger Jahre als Triebfeder für eine Woge marxistischen Gedankenguts, das letzten Endes allerdings in den Nachwehen der brutalen und blutigen Vorgehensweise Stalins, der die sowjetische Wissenschaft mit steril-orthodoxer Dogmatik überzog und im Kalten Krieg der vierziger und fünfziger Jahre untergehen sollte.[12] Bewußt oder unbewußt machte Kuhn erneut den Weg für diesen analytischen Weg frei. Wissenschaftssoziologen und kritische Stimmen zur „sozialen Verantwortung von Wissenschaft" begannen in den sechziger und siebziger Jahren, Beziehungen zwischen der jeweils herrschenden Lehrmeinung – oder zumindest zwischen den Theorien und Metaphern eines Wissenschaftszweiges – und deren ökonomischem und gesellschaftlichem Hintergrund zu untersuchen.

In den biologischen Wissenschaften scheinen die Wurzeln von Paradigmen für solche sozialen, wirtschaftlichen und kulturellen Einflüsse besonders empfänglich. Wie im letzten Kapitel bereits erwähnt, greifen wissenschaftliche Argumentation und Hypothesenbildung in weiten Teilen auf Analogien und Metaphern zurück. Für die Biologie gilt dies in besonderem Maße, möglicherweise hat es damit zu tun, daß ihr Inhalt so überaus diffizil ist, vielleicht ist es auch auf unsere Achtung vor Physik und Technologie zurückzuführen. Was immer der Grund sein mag, wir verwenden, um den Gegenstand unserer Forschung in ein Konzept einzufügen – ihn in ein Ideengebäude einzubetten, ein Paradigma zu schaffen –, häufig Metaphern, die wir einfacher strukturierten Wissenschaften entlehnt haben und von denen wir annehmen, daß wir sie besser verstehen.

Drei solcher Metaphern habe ich zuvor bereits vorgestellt: das Herz als Pumpe, das Gedächtnis als Computerspeicher und ATP als Währungssystem der Zelle. Die ersten beiden leiten sich aus menschlichen Artefakten ab, das letzte aus einer Schlüsselfunktion innerhalb der Organisation einer jeden Industriegesellschaft. Wie ich bereits angedeutet habe, geht die Versuchung, sich bei der Beschreibung lebender Systeme auf mechanische und industrielle Metaphern zu stützen, zurück auf den mit der Newtonschen Revolution des siebzehnten Jahrhunderts einhergegangenen tiefgreifenden Wandel wissenschaftlicher Denkweise, der seinerseits natürlich innig verflochten war mit der Industrialisierung und der Geburt des modernen Kapitalismus. Vor dieser Zeit verlief die Metaphernsuche eher in die umgekehrte Richtung: Die physikalische Welt unseres eigenen Planeten wurde ebenso wie Kosmos und Universum in einer Sprache umschrieben, die eigentlich lebenden Organismen vorbehalten ist – unbeseelten Kräften (Flüssen und Winden zum Beispiel) wurden so Absichten und Ziele unterstellt.[13] Die Bedeutung dieser Umkehrung kann nicht hoch genug eingeschätzt werden, denn mit ihr kam es zur Geburt jener reduktionistischen Methodologie, die das biologische Denken der folgenden drei Jahrhunderte so tiefgreifend beeinflussen sollte.

Metaphern helfen uns, über unseren Forschungsgegenstand nachzudenken – aber sie können uns dabei auch hinderlich sein, denn sie schränken unser Denken gleichzeitig ein.[14] In der biochemischen Literatur der dreißiger Jahre bis zum Ende der fünfziger Jahre wurden Zellen stets als kleine Fabriken mit „Kraftwerken" (Mitochondrien) und Energiewährungssystemen (ATP) dargestellt, deren zentrale Funktion darin bestand, einen ausgeglichenen Energiehaushalt zu unterhalten. Seit den fünfziger Jahren läßt sich eine leichte Veränderung der Metaphorik ausmachen, und am Ende der achtziger Jahre spielte das Energiebudget nur noch eine sehr untergeordnete Rolle. Von nun an dominierten Begriffe wie Kontrollprozesse und der Informationsfluß innerhalb einer Zelle, Funktionen werden nicht mehr im Hinblick auf den Energiehaushalt betrachtet, sondern im Rahmen eines ausgefeilten Managements gedeutet. DNA, RNA und – in einem etwas geringeren Ausmaß auch – Proteine wurden als Makromoleküle mit Informationsgehalt zusammengefaßt, und so werden Sie sie in vielen der gegenwärtig verwendeten Standardlehrbücher der Biochemie und Molekularbiologie auch behandelt finden. In Kapitel 5 werde ich auf die Tragweite solcher Metaphern ausführlicher eingehen.

Das zeitliche Zusammentreffen dieser Begriffsverlagerung mit der veränderten Sichtweise, die die Gesellschaft als Ganzes den zentralen Belangen ihrer Wirtschaft entgegenbringt, ist zu auffallend, als daß man einfach darüber hinwegsehen könnte. Man erklärt uns, wir seien eine „Informationsgesellschaft", und auch unsere Körperfunktionen drehten sich in erster Linie um das Management, die Reproduktion und Transmission von Information. Das Gehirn, dessen Funktionen einst auf der Grundlage hydraulischer Prinzipien und später als eine Art fernmündlicher Austausch erklärt wurde, gilt heute als Supercomputer und weiterer Teil der biologischen Datenautobahn.

Solche Metaphern sind mehr als nur eine kleine Brücke, durch die komplexe Phänomene verständlich gemacht werden sollen. Soziobiologische Analysen in den Händen eines E. O. Wilson und anderer stützen sich auf dieselben mathematischen Modelle, auf die sich auch eine besondere Schule von monetaristischen Ökonomen aus Chicago beruft (das Kompliment wird übrigens prompt von anderen Ökonomen erwidert, die eine neue Disziplin namens Evolutionsökonomie geschaffen haben).[15] Der Monetarismus ist mehr als nur eine Wirtschaftstheorie, die in den siebziger Jahren umstritten war, in den achtziger Jahren zum Eckpfeiler von Thatcherismus und Reaganismus wurde und heute, umgeben von den Trümmern der durch ihn zerstörten Ökonomien, weitgehend in Mißkredit geraten ist. Er ist weit mehr: Er hängt entscheidend von einer reduktionistischen Sichtweise der Gesellschaft ab, die sich exakt mit dem entsprechenden soziologischen Ansatz zur Betrachtung menschlichen und tierischen Verhaltens deckt.[16] In den neunziger Jahren wandeln sich die Metaphern aufs neue: Heute ist es die Chaostheorie, die auf die Vorhersage von Kursschwankungen an der Börse gleichermaßen angewandt wird wie auf die Populationsdynamik komplexer Ökosysteme.[17]

Aufgrund des höheren Ansehens der Biologie im Vergleich zu den „weicheren" Sozialwissenschaften war eine solche Paradigmengleichheit immer auch in sozialem Zusammenhang von großem Nutzen und wird es auch weiterhin sein, wie, das möchte ich in späteren Kapiteln ausführlich erörtern. Die amerikanische Neuauflage alter Theorien über unterschiedliche Intelligenzquotienten bei Weißen und Schwarzen zum Beispiel oder über die „Zwangsläufigkeit des Patriarchats" treffen zeitlich zusammen mit den Rückschritten der Befreiungs- und Emanzipationsbewegungen aus den siebziger und achtziger Jahren.[18] Wissenschaft, so haben wir gelernt, ist nicht neutral. Ihre Objektivität ist nur oberflächlich, denn die Paradigmen, auf die wir unser Theoriengebäude und unsere Beobachtungen stützen, werden zumindest in Teilen von unseren eigenen sozialen Erwartungen und unserer Philosophie geformt. Vor allem die Feministinnen unter den Biologen, Wissenschaftstheoretikern und -historikern waren rasch bei der Hand mit Erklärungen darüber, inwieweit die Wissenschaft, die wir betreiben, und die Paradigmen, innerhalb derer wir uns dabei bewegen – jeder Aspekt dessen, wie wir die Welt um uns herum sehen und interpretieren –, durch geschlechtsspezifische Erwartungen gefärbt sind, kann Wissenschaft doch immer noch als vorwiegend männlich beherrschte Domäne gelten. Die deutlichsten Beispiele stammen aus dem Bereich der Verhaltensforschung bei Tieren, wo feministische Wissenschaftssoziologinnen und -historikerinnen gezeigt haben, daß sich die Art und Weise, wie männliche Forscher tierisches Verhalten bewerten, und das, was sie bei den von ihnen untersuchten Tiergruppen für wichtige Verhaltensmuster halten und dokumentieren, grundlegend von dem unterscheidet, wie weibliche Forscher dabei vorgehen (von Feministinnen ganz zu schweigen).[19]

Dichtung und Wahrheit

Diese Einladung, den Status wissenschaftlicher Erkenntnis in Frage zu stellen, hat in den achtziger und neunziger Jahren in der Wissenschaftstheorie ebenso wie in der Wissenschaftssoziologie Anlaß zu heftigen Kämpfen zwischen gegensätzlichen Lagern gegeben. Auf der einen Seite stehen die Relativisten, denen zufolge es (ich vereinfache) viele Möglichkeiten gibt, die Welt zu beschreiben, womit die moderne Wissenschaft, die ja selbst ein kulturelles Konstrukt ist, keinen übergeordneten Anspruch auf die „Wahrheit" hat. Auf der anderen Seite vertreten die Realisten den Standpunkt, daß die wissenschaftliche Methode eine gewisse Annäherung an die materielle Welt zu leisten vermag. Diese Debatten gipfeln in Bezichtigungen und Anschuldigungen wie der „falschen politischen Überzeugung" und der „Vergewaltigung der Wahrheit", die über meine Belange in diesem Zusammenhang weit hinausgehen.[20] Ich möchte nur einen Aspekt der Debatte in Betracht ziehen: die Behauptung der Relativisten, daß Wissenschaft stets nur eine von vielen möglichen Wahrheiten über die Welt vermittle. Verteidiger der alten Sichtweise argumentieren, daß Wissenschaft und Technologie ja schließlich und endlich funktionieren: Flugzeuge beispielsweise, die man nach den außerordentlich präzisen Gesetzen von Physik und Ingenieurwissenschaften konstruiert hat, fallen nicht vom Himmel. Doch die Tatsache, daß ein Stück Wissenschaft oder Technik funktioniert, bedeutet nicht automatisch, daß die Theorie, auf der es basiert, notwendigerweise auch richtig sein muß. Die Melanesier navigieren ihre Kanus offensichtlich sehr zuverlässig und landen akkurat auf Inseln, die viele Tagesreisen von ihrem Ausgangsort entfernt sind. Dennoch sind sie der Ansicht, ihr Boot und die Sterne zu ihren Häuptern, an denen sie sich orientieren, blieben stehen, während sich das Meer unter ihnen fortbewege. Manche Physiker zumindest haben damit keinerlei Probleme. So erklärte Stephen Hawking in einer Diskussion mit dem von ihm als Platoniker abqualifizierten Mathematiker Roger Penrose kurz und knapp:

> „Ich nehme den positivistischen Standpunkt ein, daß eine physikalische Theorie nur ein mathematisches Modell darstellt und daß es nicht sinnvoll ist zu fragen, ob dieses der Realität entspricht. Man kann nur fragen, ob seine Vorhersagen mit den Beobachtungen im Einklang stehen."[21]

Ein paar Jahre zuvor wurde ich von Art Janov, dem Begründer der sogenannten Urschrei-Therapie, angesprochen. Janov war von der Gültigkeit der Theorie, die seiner Therapiemethode, einer Art „mentaler Wiedergeburt", zugrunde liegt, felsenfest überzeugt, und er war überdies der Auffassung, daß sich bei depressiven Patienten, die sich dieser Therapie unterzogen, biochemische oder immunologische Veränderungen nachweisen lassen sollten, an denen sich ablesen lassen könne, ob sie auf dem Wege der Besserung waren. Ob ich diese Idee prüfen könne? Ich willigte ein, Analysen an Blutproben von den Patienten durchzuführen, welche vor und bis zu einem Jahr nach der Urschrei-Therapie entnommen worden waren. Eine der Meßgrößen, die ich ausgewählt hatte, war die Zahl der Rezeptormoleküle für den Neurotransmitter Serotonin auf einer bestimmten Sorte von Blutzellen (den Blutplättchen).[22] Diese Rezeptoren sind Angriffspunkt einer Klasse von Medikamenten, die man als selektive Serotonin-Wiederaufnahmehemmer (SSRI) bezeichnet, eines der bestbekannten Beispiele hierfür ist Prozac.

Es stellte sich heraus, daß sich die Menge dieser speziellen Rezeptoren, wie von Janov erhofft, in der Tat veränderte: Zu Beginn der Therapie wiesen alle Patienten auf ihren Blutplättchen Rezeptormengen auf, die beträchtlich unter dem Normalwert lagen. Innerhalb von sechs Monaten hatte sich die Depression der Betroffenen unter der Therapie deutlich gebessert, und die biochemischen und immunologischen Daten, die ich zusammentrug, näherten sich denen „normaler", nichtdepressiver Personen gleichen Alters und Geschlechts. Janov war überzeugt davon (und ist es, wie ich glaube, noch immer, denn er hat diese Befunde später in einem Buch zitiert[23]), daß sich seine Theorie über die Therapie damit als gültig erwiesen hatte. Doch wenn es auch eine schwache Korrelation gibt zwischen meinen biochemischen Meßwerten und dem psychiatrischen Bewertungsstandard bei depressiven Erkrankungen, so hat man damit noch keinerlei Hinweis darauf, ob (a) die Klienten sich auch ohne die Therapie erholt hätten oder, wichtiger noch, ob (b) die von Janov angebotene Therapie funktioniert, weil seine Theorie darüber stimmt, oder vielleicht nur deshalb, weil er eine so charismatische Persönlichkeit ist, bei der Patienten sich erholen, weil sie darauf vertrauen, daß es ihnen bessergeht, wenn sie in der von ihm gewollten Weise schreien. Jahre später unternahm ich eine ähnliche Untersuchung an depressiven Patienten, die sich anderen, weniger dramatischen Formen der Psychotherapie unterzogen hatten, und gelangte dabei zu ganz ähnlichen Befunden, so daß ich den Verdacht hege, daß der Therapeut in solchen Fällen größere Bedeutung hat als die therapeutische Theorie.[24] Therapien erfüllen das Kriterium „Wirksamkeit" in dem Maße, in dem Patienten unter ihrer Einwirkung biochemische oder verhaltensphysiologische Veränderungen zeigen, die mit der Vorhersage in Einklang stehen. Diese Veränderungen ergeben sich jedoch allem Anschein nach unabhängig von den therapeutischen Theorien, auf denen die Behandlungen fußen.

Ein weiteres Beispiel: Den offiziellen Zahlen des amerikanischen Gesundheitswesens zufolge ist bei bis zu 10 Prozent aller amerikanischen Kinder – in erster Linie bei Jungen zwischen 8 und 14 Jahren – gegenwärtig eine Störung festzustellen, die man gemeinhin als ADHD – *attention deficit hyperactivity disorder* – bezeichnet. Die diagnostischen Kriterien basieren vor allem auf den schulischen Leistungen des Kindes. ADHD-Kinder sind unaufmerksam und wirken in der Klasse als Störenfriede. Sie sind nicht in der Lage stillzusitzen und akzeptieren die Autorität des Lehrers, manchmal auch die ihrer Eltern nicht. Sobald eine solche Diagnose feststeht, wird den Kindern ein Psychopharmakon verabreicht, und zwar ein Amphetaminabkömmling namens Ritalin, von dem man annimmt, daß er auf die Neurotransmitterausschüttung im Gehirn wirkt.[25] Nun mag bei einer geringen Zahl von Fällen, in denen das Präparat eingesetzt wird, tatsächlich irgendeine ungewöhnliche Aktivität von Neurotransmittern oder deren Rezeptoren festzustellen sein, bei den meisten Kindern aber ist darüber nichts bekannt, und es ist auch nicht sehr wahrscheinlich – auf jeden Fall weiß man nicht, welche Auswirkungen ein solcher überdurchschnittlich hoher Neurotransmitterspiegel auf das Verhalten der betreffenden Person hat.

Weder die Diagnose noch die Behandlung mit Ritalin wird außerhalb der USA in nennenswerter Weise anerkannt, wobei es, während ich dieses schreibe (1996), in Großbritannien entschlossene und von der Öffentlichkeit vielbeachtete Bestrebungen seitens einiger Psychiater und Eltern gibt, dieses Medikament einzuführen. Es besteht kein Zweifel, daß Ritalin solche Kinder in der Tat ruhigstellt und so für die Schule tragbarer werden läßt – wobei allerdings zu bemerken ist, daß ADHD eine Störung ist, die an Wochenenden und in den Ferien häufig kaum feststellbar ist, an solchen Tagen scheint das Medikament oft unnötig. Ritalin „funktioniert" also. Das heißt, es sorgt dafür, daß Lehrer und Eltern mit den Kindern besser zurechtkommen. Die Theorie aber, auf die sich sein Einsatz beruft – daß das Problem, für das man es verordnet, im „Inneren" des kindlichen Gehirns zu suchen ist und nicht in seinen Beziehungen zu seinen Eltern, den Fähigkeiten seiner Lehrer, der Größe der Klasse, in der es unterrichtet wird, oder den sozialen Beziehungen, innerhalb derer es aufwächst –, ist mit an Sicherheit grenzender Wahrscheinlichkeit für die überwiegende Mehrzahl der Fälle, in denen das Medikament verordnet wird, völlig falsch.

Technologie

Es gibt noch einen weiteren Faktor, den es bei der Definition der Möglichkeiten und Grenzen von Wissenschaft zu berücksichtigen gilt – die verfügbare Technologie. Die landläufige Unterscheidung zwischen beiden besteht darin, daß die Wissenschaft Wissen und Erkenntnisse über die Welt, die Technologie hingegen die Mittel zu ihrer Manipulation liefert. Ich bin aus verschiedenen Gründen mit dieser Unterscheidung nicht glücklich, wobei uns dies jedoch nicht über Gebühr aufhalten soll, denn es ist für mein Anliegen hier irrelevant. Das einzige, was ich dazu zu sagen habe, ist, daß die Unterscheidung künstlich ist – vielleicht hat sie mit der traditionellen britischen Einschätzung von Arbeit zu tun: Kopfarbeit geht vor Handarbeit. Aus meiner Sicht ist die Wissenschaft des einen die Technologie des anderen. Der Macintosh-Computer, auf dem ich diese Worte tippe, ist für mich ein Stück Technologie; ich verwende es, ohne einen Gedanken daran zu verschwenden, wie Maus oder Festplatte funktionieren. Das effiziente und fehlerfreie Funktionieren meines Computers aber hängt ab von der Wissenschaft der Mathematiker, Computerwissenschaftler und Ingenieure, die ihn entworfen und gebaut oder Programme für ihn entwickelt haben. Gleichermaßen sind die von mir publizierten Forschungen am Hühnchengedächtnis für mich Wissenschaft, für jemand anderen aber, der das Hühnchenverhalten als Mittel benutzt, um ein neues, gedächtnisförderndes Präparat zu testen, sind sie Technologie. In vielen Bereichen der modernen Molekularbiologie ist die Unterscheidung sogar noch weit weniger klar, und inzwischen gibt es den Begriff *Technoscience*.

Die einfachen Beobachtungen, die ich zu Beginn von Kapitel 2 beschrieben habe, setzten wenig mehr voraus als meine fünf Sinne, eine Stoppuhr, Notizblock und Bleistift. Zugegebenermaßen habe ich einen gewissen Grad an Automatisierung zugelassen: eine Videokamera, einen Sensor in den Kügelchen, die Hilfe eines Computers bei der Ausarbeitung des Zeitplans für mein Ethogramm. Doch wenn ich Sie auf meinem experimentellen Weg nur einen Schritt weiter mitgenommen hätte, wären Ihnen ein paar wirklich große Maschinen begegnet: Zentrifugen, in denen eine Kraft entstehen kann, die fünfhunderttausendmal so stark ist wie die Schwerkraft; Elektronenmikroskope, die leistungsstark genug sind, Ihren Daumennagel auf einen Durchmesser von fünf Kilometern zu vergrößern; Automaten zur Gensynthese, die mit der Leichtigkeit einer erfahrenen Strickerin definierte Folgen von Nukleotiden zu Abbildern natürlicher DNA verknüpfen können ... und hinter alledem eine mächtige Industrie der Instrumentenbauer und Chemikalienproduzenten, die für Geld alles und jedes herstellen, was ein Labor sich nur wünschen kann. Ohne eine solche instrumentelle Ausstattung und die sie unterhaltende Industrie könnte kein modernes Labor überleben. Nicht nur, daß die Fragen, die wir uns über Lebensprozesse stellen, ohne Technologie nicht zu beantworten wären, sie sind auch im wahrsten Sinne des Wortes undenkbar. Vor der Entwicklung leistungsstarker Linsen und der ersten Mikroskope im siebzehnten Jahrhundert hatte man von der Existenz des allergrößten Teils der lebenden Welt – von Bakterien und anderen einzelligen Organismen, die einen so großen Teil der Biomasse auf unserem Planeten ausmachen – nicht die geringste Ahnung. Anton van Leeuwenhoeks gegen Ende des siebzehnten Jahrhunderts veröffentlichte Zeichnungen jener „animalcula", die ihm sein Mikroskop in einem Tropfen Teichwasser zeigte (Abbildung 3.1), revolutionierten die Biologie in einem noch größerem Ausmaß, als Galileis Beobachtung der Jupitermonde einst die Kosmologie beeinflußt hatte. Bis zu jenem Zeitpunkt hatten sich die bekannten Lebensformen mehr oder weniger auf jene beschränkt, mit denen der Autor der Genesis Noahs Arche bevölkert hatte.

Die Tatsache, daß auch Lebensformen, die man bereits vor der Erfindung von Mikroskopen kannte, aus einzelnen *Zellen*, für den Biologen heute die Grundeinheit allen Lebens, bestehen, blieb unentdeckt und ungeahnt. Erst um die Mitte des neunzehnten Jahrhunderts

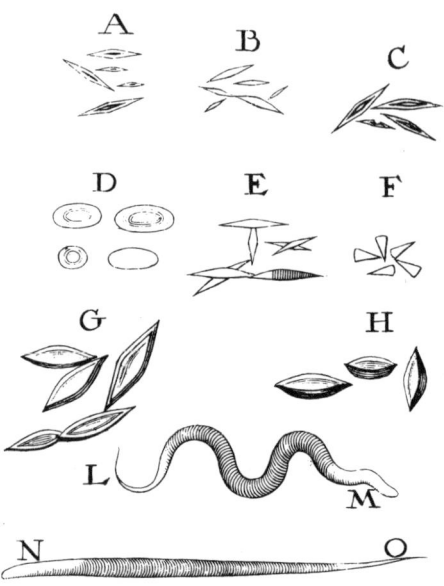

Abbildung 3.1: Anton van Leeuwenhoeks einzellige „animalcula"

gelangte der deutsche Naturforscher Matthias Jakob Schleiden anhand seiner mikroskopischen Untersuchungen zu der Erkenntnis, daß sämtliche Pflanzengewebe aus Zellen bestehen. (Der Begriff „Zelle" leitet sich als Metapher von der Mönchszelle her und war von Robert Hooke anderthalb Jahrhunderte zuvor geprägt worden. Hooke beschrieb mit ihm die toten Strukturen in Kork.) Theodor Schwann gelangte bei tierischen Geweben zu ähnlichen Schlußfolgerungen. Damit war er in der Lage, die umfassende Aussage zu machen, daß alle Organismen aus einer oder mehreren Zellen bestehen und die Zelle die Grundeinheit lebender Organismen sei (Abbildung 3.2). Schließlich entdeckte der englische Botaniker Robert Brown in allen von ihm untersuchten Pflanzenzellen eine kleine runde Struktur, die er als Kern bezeichnete. Bald fand man in allen vielzelligen Tieren und Pflanzen ähnliche Strukturen. Auch in manchen der einzelligen Organismen aus van Leeuwenhoeks Zoo waren sie zu finden, bei anderen fehlten sie allerdings. Zellen mit Kern wurden als *Eukaryonten*, Zellen ohne Kern als *Prokaryonten* bezeichnet, zu ihnen gehören die Bakterien.

Das Mikroskop hatte also eine neue Welt eröffnet, nicht nur die der freilebenden „animalcula", sondern auch die Welt der zellulären und subzellulären Strukturen in Pflanzen- und Tiergeweben. Dennoch hat

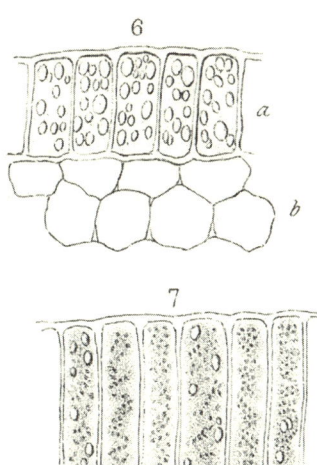

Abbildung 3.2: Theodor Schwanns Zellzeichnungen

auch das beste optische Mikroskop seine Auflösungsgrenzen. Bis zur Einführung des Elektronenmikroskops zu Beginn der fünfziger Jahre blieben innere Bestandteile von Zellen wie die Mitochondrien unsichtbar und damit unbekannt. Es war daher ebenso unmöglich, Theorien über die intrazelluläre Auf- und Verteilung verschiedener zellulärer Funktionen aufzustellen, die solche subzellulären Partikel beherbergen könnten, wie es unmöglich war, Wissenschaft und Technologie einer Zentrifuge zu entwickeln, mit denen man diese Strukturen aus ihrer zellulären Umgebung – dem Cytoplasma, in dem sie „schwimmen" – abtrennen kann.

Technologie – womit ich in diesem Zusammenhang die Verfügbarkeit von Geräten und Methoden meine – löst bestimmte Probleme, wirft jedoch auch neue auf. Doch so wie der Käfig Krallenäffchen und Hühner einschränkt, schränken Technologien auch die Art und Weise ein, wie wir die Welt sehen. Nehmen wir die Elektronenmikroskopie als Beispiel. Um lebende Gewebe durch ein solches Mikroskop sehen zu können, ist es zunächst einmal notwendig, sie in einer Lösung zu „fixieren", die ihre zellulären Bestandteile haltbar macht. Im nächsten Schritt wird das kleine Stückchen fixierten Gewebes mit chemischen Substanzen gefärbt, die an bestimmte zelluläre Komponenten binden (an Lipide beispielsweise oder an Proteine oder auch an ganz spezielle Proteine) und die undurchlässig für die Elektronen sind oder gemacht werden können, mit denen die Probe zu gegebener

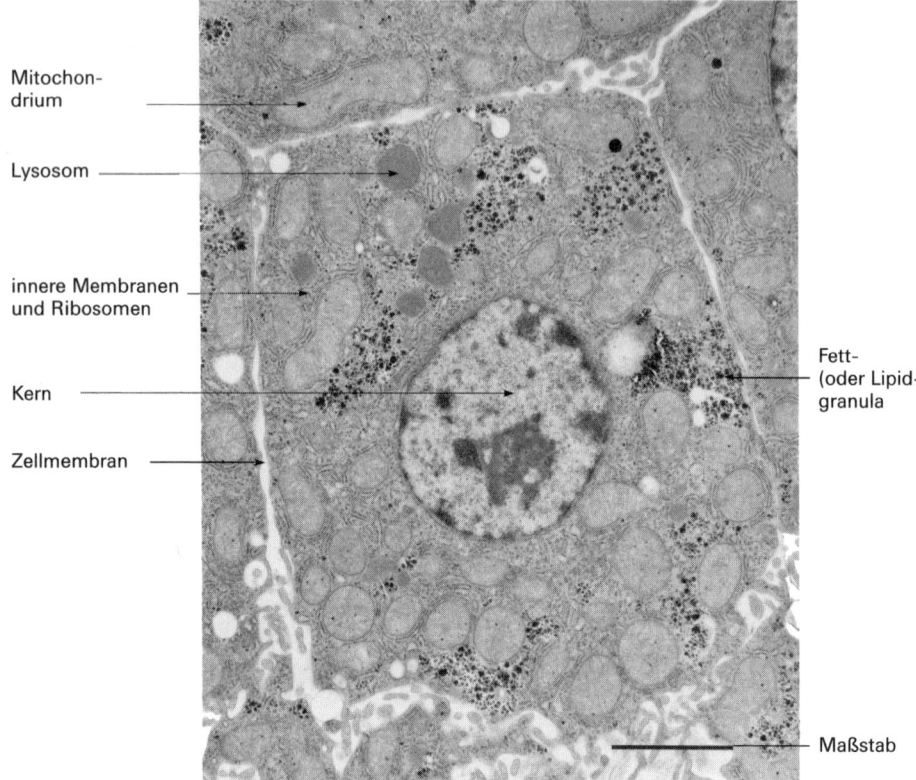

Abbildung 3.3: Elektronenmikroskopische Aufnahme der Leberzelle eines Kükens. Maßstab: 1 zu 10^{-6} m (oder ein μm, ein Mikron).

Zeit bombardiert werden wird, und schließlich in ein Harz wie Araldit eingebettet. Schließlich ist es notwendig, von der Probe sehr dünne, weniger als ein tausendstel Millimeter dicke Schnitte anzufertigen, diese auf ein Kupfernetzchen zu bugsieren und schließlich das Netzchen in eine Vakuumröhre einzuführen, in der es mit Elektronen beschossen wird. Ein Bild von einer Zelle, das auf diese Weise zustande gekommen ist, zeigt Abbildung 3.3.

Die Abbildung zeigt sehr schön, wie gewohnheitsbedürftig es ist, die Muster aus verschiedenen Grauschattierungen als „Verkörperung" von Zellen, deren Zellkern, Mitochondrien, Membranen und dergleichen zu sehen. Dem angehenden Elektronenmikroskoper wird genau erklärt, wie und was er zu sehen hat, was als „echt" gelten kann und was als „Artefakt" – die ungewollte Konsequenz eines oder mehrerer methodischer Schritte bei der Präparation des Gewebes – zu

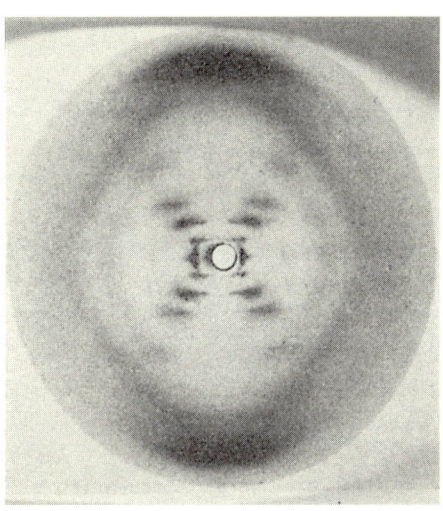

Abbildung 3.4: Rosalind Franklins Röntgendiffraktionsanalyse kristalliner DNA

betrachten ist. Der neue Betrachter wird also in die Weisheit eingeführt, die ein halbes Jahrhundert der biologischen Arbeit in der künstlichen Welt der Elektronenmikroskopie hat entstehen lassen.

Andere Techniken wie die Videoaufzeichnung zellulärer Vorgänge mit einer weiteren Form der Mikroskopie, der sogenannten *Phasenkontrastmikroskopie*, zeigt lebende Zellen als dynamische dreidimensionale Strukturen, die in konstanter Wechselwirkung mit ihrer Umgebung stehen und angefüllt sind mit komplexen Partikeln wie den Mitochondrien, die ihrerseits keinesfalls statisch, sondern ebenfalls kontinuierlich in Bewegung sind. Ihre Bestandteile haben nichts von den schwarzen und grauen, ein- oder zweidimensionalen statischen Mustern, die wir in Abbildung 3.3 sehen. Dennoch sind es diese fixierten Strukturen und Muster aus elektronenmikroskopischen Aufnahmen, die, Resultat einer Technik von vielen, die Grundlage für die Zeichnungen in unseren Lehrbüchern bilden und so selbst für erfahrene Biologen zum herkömmlichen „Erscheinungsbild" einer Zelle geworden sind. Diese Technologie ist so einflußreich, daß es schwerfällt, einen Schritt über sie hinaus zu tun und in drei Dimensionen zu denken – von vier ganz zu schweigen.

Dieses Problem beschränkt sich jedoch keinesfalls auf die mikroskopische „Sichtbarmachung" von Zellen.[26] Betrachten Sie beispielsweise Abbildung 3.4 und 3.5, und versuchen Sie, wenn Sie nicht allzuviel über Biologie wissen, zu raten, was sie jeweils darstellen. Beide

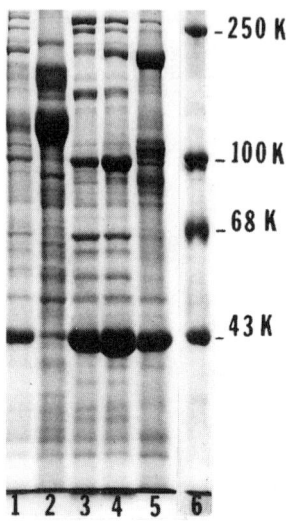

Abbildung 3.5: In einem Gel aufgetrennte Proteine.
In jeder der ersten fünf „Spuren" ist eine andere Ausgangsmischung
von Proteinen aufgetrennt. Die sechste Spur enthält sogenannte Marker
mit einem definierten Molekulargewicht (K = 1000) und dient als Maßstab
zur Einschätzung der anderen „Banden".

zeigen ein Muster aus grauen und schwarzen Flecken auf einem weißlichen oder hellgrauen Hintergrund. (Diese Farbgebung ist übrigens keineswegs darauf zurückzuführen, daß man farbige Bilder in Schwarzweiß hat darstellen müssen, sondern es handelt sich in der Tat um Hell-Dunkel-Muster, die zu interpretieren ein Biologe lernen muß.) Abbildung 3.4 ist ein Beugungsmuster, wie es entsteht, wenn man einen Röntgenstrahl durch einen sorgfältig ausgerichteten Kristall schickt und den gestreuten Strahl dann auf eine Photoplatte auftreffen läßt. Und das hier ist nicht irgendein x-beliebiger Kristall: Sie betrachten das Muster, das Rosalind Franklin bei ihren Röntgenstrukturanalysen von DNA erhielt und aus dem sie deren Doppelhelixstruktur herleiten konnte – jene Beobachtung, die James Watson und Francis Crick auf so brillante Weise vermarktet haben. Das alles läßt sich aus der Zahl der Flecken und deren Abstand zueinander herauslesen – so man sie mit dem Auge der Liebe und der Weisheit der Erfahrung betrachtet.

Abbildung 3.5 zeigt das Ergebnis einer Analyse an Proteinen aus bestimmten Hirnzellen. Bei dieser Methode werden Proteinlösungen auf eine Platte aus einer gelartigen Substanz aufgetragen, an die man dann eine elektrische Spannung anlegt. Die Proteine wandern unter dem Einfluß dieser Spannung durch die Platte, wobei ihre Geschwindigkeit bestimmt wird durch ihre Größe und ihre jeweiligen elektrischen Eigenschaften. Nach ein paar Stunden schaltet man die Spannung ab und legt das Gel in eine Lösung, die Proteine anfärbt. Jede Sprosse der in Abbildung 3.5 abgebildeten leiterähnlichen Spur enthält eine andere Gruppe von Proteinen, die sich dann einzeln aus dem Gel herausschneiden und für sich untersuchen lassen. Der Eingeweihte kann aus dem Gel die Molekulargewichte und relativen Konzentrationen verschiedener Proteine ablesen, womöglich etwas darüber sagen, wie rasch sie in der Zelle synthetisiert werden und noch manches andere. Die Technik ist relativ einfach, aber ohne sie existierte die von ihr enthüllte Welt für den Forscher überhaupt nicht. Genaugenommen existiert sie in dieser Form auch nicht innerhalb der Zelle. Um sie sichtbar zu machen, sind die Proteine verschiedenen Prozeduren unterworfen worden, durch die sie zerstört und degradiert werden (zuerst werden sie beispielsweise ausgefällt und anschließend in Detergenslösungen erhitzt). Was immer ihr Status als „natürliche Art" innerhalb der Zelle sein mag, der sie entnommen wurden – wenn wir sie mit Hilfe dieser Technik sichtbar machen und untersuchen, sind sie längst nicht mehr das, was sie waren.

Dies sind Beispiele dafür, wie Wissenschaft durch Technik und Technik durch Wissenschaft möglich werden. Die Weltsicht, die wir biologischen Forscher entstehen lassen, entspringt der innigen Wechselbeziehung von Technologie und Wissenschaft und dem durch Erfahrung geschulten Auge, all das unter dem Einfluß der theoretischen Erwartungen, die unser Handeln bestimmen. Die Aufgaben, die uns diese Welt stellt, geht über das Poppersche Hypothesenaufstellen und die Kuhnschen Paradigmen ebenso hinaus wie über jene Dichtung-und-Wahrheit-Argumentation, mit deren Hilfe die Erkenntnistheoretiker unter den Wissenschaftstheoretikern dem, was wir tun, ihre eigene Art von Sinn zu geben versuchen. Der Welt, wie wir Biologen sie untersuchen, ein Stückchen verläßliches Wissen zu entringen ist, wie der Schriftsteller Arthur Koestler es einmal nannte, ein Akt der Schöpfung.[27]

Die Formen, Muster und Strukturen, die wir in einem Elektronenmikroskop erblicken, sind Artefakte, geschaffen durch das Geflecht von Prozeduren, denen man lebendes Material unterworfen hat. Ein Großteil dessen, was moderne Wissenschaft tut, und der Probleme, mit denen sie sich auseinandersetzt, ist somit durch die angewandte Technologie aus der direkt beobachtbaren Welt herausgehoben, wird in der Tat im eigentlichen Sinne geschaffen – ist das Produkt menschlicher Arbeit.[28] In den siebziger Jahren verbrachte der Anthropologe und Soziologe Bruno Latour eine gewisse Zeit bei jenem sonderbaren Stamm von Biochemikern, der am prestigeträchtigen *Salk Institute* in Kalifornien sein Leben fristet. Der von ihm untersuchte Stamm war in ein „Wettrennen" mit einem rivalisierenden Labor verwickelt, es ging um die Aufklärung der Struktur und die Charakterisierung der biologischen Aktivität eines Peptidhormons. Latour dokumentierte die Art und Weise, wie Wissenschaftler sich über die Erkenntnisse unterhielten, die sie der Entdeckungsmaschinerie, deren Teil sie waren, entlockten: daß das Molekül gestern eine bestimmte Struktur gehabt hatte und heute – als Resultat einer neuen Messung – eine andere aufweise. Seit ich Latour gelesen habe, bin ich mir sehr viel aufmerksamer dessen bewußt, wie wir Biologen von den Gegenständen unserer Forschung sprechen – nicht so, als hätten wir gestern das eine für richtig gehalten und wüßten es heute besser, sondern so, als läge die Veränderung in der „wirklichen" Welt außerhalb unserer selbst. Gestern hatte diese Welt eine bestimmte Gestalt inne, heute nimmt sie eine andere an. Kein „wir wissen jetzt, daß es acht verschiedene Formen des metabotropen Glutamatrezeptors gibt, von denen wir im vergangenen Jahr nur sieben gekannt haben", sondern, „es gibt jetzt acht verschiedene metabotrope Glutamatrezeptoren". Wir reden, als habe die Welt in unseren Köpfen Vorrang vor der natürlichen Welt da draußen, wenngleich wir eine solche Anschuldigung natürlich mit Inbrunst von uns weisen würden, wenn man sie uns direkt auf den Kopf zusagte.[29]

Wie also wissen wir, was wir wissen?

Welche Rechtfertigung kann es also nach all dem, was ich gesagt habe, für die Behauptung geben, daß es möglich sei, verläßliches Wissen über die lebende Welt zusammenzutragen, und daß Biologen dieses Wissen erlangen können? Zur Beantwortung dieser Frage führt kein Weg an einem Zirkelschluß vorbei. Lassen Sie mich also dazu stehen und mit ein paar biologischen Feststellungen aus evolutionärer Sicht beginnen. Mit eben diesen Aussagen möchte ich meinen Anspruch bekräftigen, daß es möglich ist, Schlußfolgerungen über das Wesen der lebendigen Welt zu ziehen, die zwar nicht immun sein werden gegen die Kritik aus den Reihen der Soziologen und Philosophen, aber doch dem recht nahe kommen, wie die Welt *wirklich* ist.

Die evolutionäre Linie, die zum Menschen geführt hat, ist charakterisiert durch die Entwicklung zunehmend flexiblerer Organismen mit immer größeren und leistungsfähigeren Gehirnen – Organismen, die in der Lage waren, sich extrem unterschiedlichen Bedingungen anzupassen und sich auf rasch ändernde Umweltfaktoren einzustellen. J. B. S. Haldane stellte einst fest, daß kein anderes Tier imstande sei, zehn Kilometer zu rennen, zwei zu schwimmen und anschließend auf einen Baum zu klettern. Ich möchte dem hinzufügen: ganz zu schweigen von der Leistung, sich hinzusetzen und darüber zu schreiben! Wie in den späteren Kapiteln klarwerden wird, ist dies weder die einzige Möglichkeit, in der Evolution zu bestehen, noch ist es unbedingt die beste, aber es ist die, die allen verfügbaren Beweisen zufolge zum Menschen geführt hat. Das Überleben der Spezies Mensch gründet sich nicht auf unsere Fähigkeit, schneller rennen zu können als ein räuberischer Fleischfresser oder auch nur als ein potentielles Opfer, auch nicht darauf, daß wir uns zu stachel- oder panzerbewehrten Kugeln zusammenrollen können, oder darauf, daß wir potentielle Feinde durch eine grelle Färbung davon in Kenntnis setzen könnten, daß wir schlecht schmecken oder giftig sind, noch auf unsere Fertigkeiten, uns zu tarnen oder in Höhlen zu verstecken, aus denen wir erst bei Dunkelheit vorsichtig hervorkriechen. Um trotz unserer Unfähigkeit im Hinblick auf all diese Dinge überleben und erfolgreich bestehen zu können, mußten wir uns – genau wie unsere unmittelbaren Vorfahren in der Evolution – in erster Linie auf unser Gehirn verlassen.

Und was unser Gehirn uns vor allem anderen ermöglicht, ist eine gewisse Voraussicht – wir können vorausdenken und die Folgen unseres Handelns und der Aktionen anderer um uns herum absehen. Sind diese Prognosen falsch, haben wir nicht lange zu leben. Mit anderen Worten: Menschliches Überleben hängt davon ab, daß wir als Art relativ verläßliche Hypothesen über die Welt um uns herum aufzustellen und unser Handeln in angemessener Weise an diesen Hypothesen zu orientieren vermögen. Menschen sind also in erster Linie Hypothesenaufsteller (und waren es, bereits lange bevor Popper dies erkannte). Sicher werden diese Hypothesen – ebenso wie die Beobachtungen, auf die sie sich gründen – eher aktiv gestaltet denn passiv empfangen. Aber wenn die mentale Welt, die wir auf diese Weise konstruieren, sich nicht in vernünftiger Genauigkeit mit dem deckt, wie die Welt außerhalb unserer selbst „wirklich" ist, würden wir nicht überleben. Die Hypothese, daß das Fahrzeug, das sich uns soeben sehr schnell nähert, eine optische Täuschung ist oder aus rosafarbenen Marshmallows besteht, wird der Langlebigkeit dessen, der diese Hypothese aufgestellt hat, höchstwahrscheinlich nicht eben zuträglich sein.

Dieses Aufstellen von Hypothesen läßt sich als Ausgangspunkt aller Wissenschaft betrachten. Es ist behauptet worden, daß in diesem Sinne alle Tiere „Wissenschaft betreiben", denn die meisten Arten mit einem Gehirn und einem Nervensystem, das (was die Zahl seiner Zellen und der Verknüpfungen zwischen diesen betrifft) ein bißchen komplexer ist als das eines Plattwurms, können lernen und aus ihren Erfahrungen Verallgemeinerungen treffen.[30] Aber Wissenschaft ist natürlich weit mehr als das: Sie ist das *gesellschaftlich organisierte* Aufstellen von Hypothesen. Das heißt, um wissenschaftlich zu werden, müssen Hypothesen publik gemacht, überprüft und innerhalb einer Gemeinschaft allgemein akzeptiert werden. Solches Verbreiten und Überprüfen verringert das Risiko, daß es sich bei den Hypothesen um die versponnenen Auswüchse eines besonders ungewöhnlich arbeitenden Gehirns handelt.

Diese Verbreitung ist zugleich Stärke und Schwäche der Wissenschaft. Ohne sie ginge nichts. Hypothesen, die ein Huhn oder ein Krallenäffchen aufstellen, und die Verallgemeinerungen, die sie daraus ableiten, sterben mit dem Tier. Selbst bei vielen Tieren mit einem relativ großen Gehirn muß jedes Tier in jeder Generation seine Hypothesen für sich selbst aufstellen und testen, jedes Individuum einer neuen Generation muß von vorn beginnen, so als wäre nie etwas gelernt worden. Selbst wenn es ganz genau hinsieht, kann ein Hühnchen nicht von der Erfahrung des anderen profitieren, das einmal an einer bitteren Pille gepickt hat und somit ein solches Kügelchen nie wieder anrühren wird: Es muß den bitteren Geschmack selbst spüren.[31] Sozial lebende Tiere mit einem größeren Gehirn jedoch, Affen zum Beispiel, können sehr wohl aus den Erfahrungen anderer lernen, und es wird sogar behauptet, daß es bei ihnen die kulturelle Übermittlung von Erfahrungen über mehrere Generationen hinweg gibt. Ein häufig zitiertes Beispiel hierfür stammt aus den fünfziger Jahren und wurde in Japan an einer bestimmten Herde einer halbwilden Makakenkolonie beobachtet. Man hatte den Affen schmutzige Süßkartoffeln gefüttert, und ein Tier hatte begonnen, den Schmutz in einem Bach abzuwaschen (später generalisierte es dieses Verhalten und begann, auch Mais zu waschen). Im Laufe der folgenden sechs Jahre soll sich diese Gewohnheit bei mehr als der Hälfte dieser Herde etabliert haben, Eltern gaben sie an ihren Nachwuchs weiter.[32] Die einfache Erklärung allerdings, die die meisten Lehrbücher dafür anbieten – daß es sich hierbei um eine Form von sozialem Lernen und der kulturellen Weitergabe von Verhaltensmustern handle –, wird inzwischen angezweifelt, denn neuere Untersuchungen haben gezeigt, daß dieses „Waschen" aller Wahrscheinlichkeit nach etwas mit Durst zu tun hat und sich spontan ergibt, so daß keine Notwendigkeit zum „Lehren" bestünde.[33,34] Doch selbst wenn die Befunde unumstritten wären, es gibt in der nichtmenschlichen Tierwelt nichts, was dem kumulativen Hypothesenaufstellen gleichkäme, wie man es in der menschlichen Wissenschaft betreibt. Wir können nicht nur auf die überprüften und allem Anschein nach gültigen Hypothesen unserer eigenen Zeitgenossen zurückgreifen, sondern auf die aller früheren Generationen. Diese Fähigkeit muß sich maßlos verstärkt haben, als eine Kultur der mündlichen Überlieferung mit einer Schriftkultur überzogen wurde, die es ermöglichte, Hypothesen der Vergangenheit und deren Überprüfungen in Aufzeichnungen zu bewahren.

Doch Menschen sind mehr als nur die Verfasser von wissenschaftlichen Hypothesen. Wir leben in Gemeinschaften, die durch viele andere kulturelle und ökonomische Kräfte geformt werden, Kräfte, die uns sehr stark in dem bestimmen, wie wir unsere Mitmenschen und die Welt um uns herum sehen sollten. Im Großbritannien der neunziger Jahre, in dem die Kluft zwischen Arm und Reich gegenwärtig größer ist, als sie es eine ganze Generation hindurch war, und in dem ein Ende dieses Zustands nicht abzusehen ist, sehen die Direktoren frisch privatisierter Einrichtungen die Welt aus einer völlig anderen Perspektive als diejenigen, die sie ausgebeutet und arbeitslos gemacht haben. In einer Gesellschaft, in der es auf jedem Arbeitsgebiet, von der Säuglingspflege bis hin zur Wissenschaft, zwischen Männern und Frauen eine strikte Trennung von Arbeit und Macht gibt, wird sich beider Sicht der Welt ebenfalls unterscheiden. Ein rassistischer weißer Fußballfan stellt mit großer Sicherheit völlig andere Hypothesen über die Welt auf als der schwarze Spieler, den er beschimpft.

Für viele Gebiete wissenschaftlicher Hypothesenbildung mögen diese recht grob gezeichneten Unterscheidungen irrelevant sein. Sie werden die Kosmologie unberührt lassen – die religiösen Überzeugungen eines Menschen hingegen höchstwahrscheinlich nicht. Sie mögen Physik oder Chemie nicht beeinflussen – wenngleich sie durchaus die eigene Einstellung zur Kernenergie und zur Zerstörung der Ozonschicht bestimmen können. Aber in der Biologie liegen die Dinge anders. Nicht nur, weil die belebte Natur komplexer und weit weniger vorhersagbar ist als die von Physikern und Chemikern untersuchte unbelebte Welt, sondern die Biologie nimmt für sich in Anspruch, uns als Menschen sagen zu können, wer wir sind, woher wir kommen, wohin wir gehen, wie wir zu leben und uns unseren Mitgeschöpfen gegenüber zu verhalten haben. Sie tut das, was die Religion einst getan hat. Ja, wie in späteren Kapiteln klarer werden wird, hat die Biologie diese Rolle ausdrücklich übernommen und sie seit Darwins Tagen unvermindert inne.

Das ist starker Tobak, und so sollte es uns nicht überraschen, daß unsere ideologischen Vorbehalte hier deutlicher zutage treten und unsere Hypothesen entschiedener mitgestalten als anderswo. In allererster Linie haben Hypothesen mit den Schnittstellen zu tun, an denen es die Natur zu „zergliedern" gilt. (Ist dieses Phänomen, das ich beobachte, ist jener Prozeß ein Beispiel für Aggression, Gedächtnis oder Spiel? Oder, auf anderer Ebene, handelt es sich um ein Protein, ein Enzym oder sonst etwas?) Sie hängen ab von jenem verführerischen, aber leicht in die Irre führenden Trio Metapher, Analogie und Homologie. Verwenden wir eine Metapher, als sei sie eine Analogie oder Homologie – das Gehirn *ist* ein Computer, DNA *ist* ein Code – oder eine Analogie wie eine Homologie – wenn wir beispielsweise behaupten, daß zwei sich kratzende und beißende Tiere das Homolog zu menschlicher Aggression darstellen –, dann machen wir uns etwas vor.

Metaphern und Analogien, die wir attraktiv finden, sind mit kulturellen Werten und Erwartungen beladen, die ihnen von außerhalb unserer Wissenschaft aufgezwungen werden. Sie reflektieren unausweichlich unsere Erfahrungen – als Fabrikdirektoren und ausgebeuteter Arbeiter, als Mann in leitender Position und Kinderbetreuerin, als weißer Rassist und schwarzer Fußballer. Das heißt, sie sind nicht frei von Ideologie und können es auch nicht sein. Wer das leugnet – und unter den führenden Ideologen auf dem Gebiet der Biologie gibt es viele, die für sich in Anspruch nehmen, sich von solchen Übeln befreit zu haben und bei ihrer Arbeit nichts anderes zu tun, als der Natur einen perfekt reflektierenden Spiegel vorzuhalten –, ist bestenfalls unfähig zur Reflexion seiner selbst. Unentschuldbarer noch: Er ignoriert absichtlich und böswillig die harte Arbeit, die Soziologen und Philosophen in das Bestreben investieren, ein Verständnis des Wesens von Wissenschaft und des durch sie erlangten Wissens zu entwickeln.

Allem Zweifel im Zentrum des Unterfangens Wissenschaft zum Trotz können wir keinesfalls behaupten, daß alles möglich ist. Mögen auch die Beobachtungen, die wir über die Welt anstellen, bereits theorie- und ideologiebeladen sein, bevor wir überhaupt angefangen haben, und die Schnittstellen, an denen wir die Natur „zergliedern", weniger durch *A-priori*-Definitionen als durch die Notwendigkeit der Praxis bestimmt sein, trotz alledem müssen sie in vernünftigem Einklang mit der Welt um uns herum stehen, sonst kämen wir nicht voran. Unsere Hypothesen versagten. Science-fiction-Autoren ist es vorbehalten, Leben entstehen zu lassen, indem sie die Energie des Blitzes einfangen und durch zusammengesetzte Leichenteile senden, Wissenschaftler haben mit so etwas nichts zu tun. Das Monster ist nicht Dr. Frankensteins, sondern Mary Shelleys Schöpfung. Und wie wiederum später deutlich werden wird, so groß ihr Budget auch sein mag, Geningenieure werden genausowenig in der Lage sein, Menschen in Engel zu verwandeln, wie ein Kryochirurg in einem abgetrennten, tiefgefrorenen Kopf die Erinnerungen seines einstmaligen Besitzers zu wecken vermag.

Bestandsaufnahme

Wohin hat uns diese Querfeldeintour durch mehrere Jahrzehnte heftigster Debatten über das Wesen wissenschaftlicher Erkenntnis geführt? Das vorige Kapitel hatte ich mit einer Beschreibung dessen begonnen, was auf den ersten Blick nach ein paar eher trivialen Beobachtungen zum Verhalten von Tieren aussah. In dem Augenblick aber, in dem man diese Beobachtungen ein bißchen tiefer gehend analysiert, scheinen selbst einfachste Aussagen über die natürliche Welt auf wackligen Beinen zu stehen. Kritiker aus den Reihen der Philosophen und Soziologen haben erfolgreich einen großen Teil des wissenschaftlichen Geltungsanspruchs erschüttert, demzufolge die Wissenschaft Methoden liefere, mit denen sich die Wahrheit über die materielle Welt erfassen lasse. Die Phänomene, die wir beschreiben und zu verstehen suchen, gehorchen offenbar Hypothesen, die sich mit unseren schwachen Sinnen, kulturellen Traditionen, sozialen Erwartungen und begrenzten technischen Möglichkeiten haben herleiten lassen. Und dennoch scheinen Wissenschaft und Technik mehr als gut zu funktionieren. Sie liefern uns mehr als nur die Macht, das Universum zu manipulieren; ihr Anspruch, uns mit verläßlichen Erkenntnissen zu versorgen, steht mit Sicherheit auf festeren Füßen als der von Kulten und Religionen.

Ich bleibe dabei, daß wir die Einwände unserer philosophischen und soziologischen Kritiker akzeptieren können – und in der Tat auch müssen – und dennoch den Anspruch unserer Wissenschaft auf Verläßlichkeit aufrechterhalten können. So kulturabhängig und technikverpflichtet unsere Hypothesen auch sein mögen, sie müssen permanent den Realitätstest bestehen. Wir können nicht mehr darauf beharren, daß die Erde eine Scheibe ist und der Mond aus grünem Käse besteht oder daß Intelligenztests irgendein fixes, biologisch determiniertes Merkmal einer Person messen. Die Wissenschaft hat uns eines Besseren belehrt. Wenn ich das anders sehen würde, könnte ich auch kaum weiterhin als experimentierender Wissenschaftler arbeiten – ein naiver Realist, wie man es nennen könnte. Trotzdem beharre ich darauf, daß mein Anspruch zugunsten der Wissenschaft mehr ist als die bloßen Ausflüchte von jemandem, dem Arbeit und Lebenswerk abhanden kämen, stünde er nicht zu ihnen.

Zu jeder Zeit hängen die Wissenschaft, die wir betreiben, die Fragen, die wir über unsere Welt stellen, die Hypothesen, die wir formen, und die Antworten, die uns zufriedenstellen, von einem kontinuierlichen Wechselspiel vieler Faktoren ab. Hierzu gehört das, was man gemeinhin als die innere Logik des Themas bezeichnet – das heißt der Gesamtstand des Wissens und der Vermutungen über das spezielle Problem oder die jeweilige Frage, wie er von der daran interessierten Forschergemeinschaft gegenwärtig erlebt wird –, kurz: deren Paradigmen. Dazu gehört aber auch der gegenwärtige Stand der Technik. Es hatte wenig Sinn, in den vierziger Jahren eine Frage zu stellen, zu deren Beantwortung man die Aminosäuresequenz eines Proteins hätte kennen müssen, da man seinerzeit noch kein einziges Protein sequenziert hatte und noch weit weniger die Rede von Automaten sein konnte, die diese Aufgabe routinemäßig und rasch erledigen. Es hat wenig Sinn, eine Frage zu stellen, deren Beantwortung einen Fehler von weniger als einem Prozent voraussetzt, wenn das verwendete Instrumentarium theoretisch und praktisch nicht in der Lage ist, einen Fehlerbereich von minimal plus oder minus zehn Prozent zu liefern. Diese beiden Sachen in Einklang zu bringen ist das, was Peter Medawar als die Kunst des Lösbaren bezeichnete.

Doch was weder Kuhn noch Medawar zugestehen mögen, worauf Philosophen, Soziologen und Sozialkritiker jedoch bestehen, das ist der äußere Rahmen für unser Thema. Hierzu gehören die ökonomische und politische Logik, die eine Gesellschaft dazu veranlassen, bestimmte Arten von Forschung zu fördern und andere nicht, und, weniger augenfällig, die kulturellen und sozialen Kräfte, die unsere Metaphern formen, unsere Analogien mit Einschränkungen belegen und uns die Fundamente für unsere Theorien und Hypothesen liefern. Eben diese Kräfte haben dazu beigetragen, die derzeit vorherrschende reduktionistische Denkweise in der Biologie voranzutreiben, und sie sind es, die eine umfassendere Wissenschaft nunmehr zu überwinden suchen muß.

4

Der Triumph des Reduktionismus?

> *... wir sind überzeugt, daß der allwissende Schöpfer bei der Erschaffung aller Dinge den akkuratesten Proportionen von Zahl, Gewicht und Maß gehorcht hat. Der aussichtsreichste Weg, Einsichten über jene Teile der Schöpfung zu erlangen, die uns unter die Augen kommen, muß demnach vernünftigerweise darin bestehen, sie zu zählen, zu wiegen und zu messen.*
> Stephen Hales, *Vegetable Staticks*

Kritik des Reduktionismus

Damit ist es an der Zeit, das Thema „Reduktionismus" bei den Hörnern zu packen. Schon der Begriff ist eine stete Quelle der Polemik. Für die einen ist er ein unqualifiziertes Unwort, mit dem Leben seines Reichtums und seiner mannigfaltigen Bedeutungen beraubt, individuelle persönliche Erfahrungen in Chemie und Physik verkehrt und zu bloßen Mechanismen herabgewürdigt werden. Die Suche nach anderen Begriffen und Ebenen zur Beschreibung von Leben bildet den Kern der Reduktionismuskritik auch seitens der New-Age-Philosophie, einer Zurückweisung des Reduktionismus, die insbesondere von einigen Ex-Biologen heftig verfochten wird – ein gutes Beispiel hierfür ist Rupert Sheldrake mit seinen Theorien zur „morphischen Resonanz". Im Grunde kann ich mir niemanden vorstellen, auf den Dawkins' Epithet „holistischer als Du" besser paßt als auf Sheldrake. Bei anderen ist die Kritik systematischer und gründet sich auf eine umfassende philosophische und politische Analyse, die die moderne Wissenschaft als Erbin jenes mechanistischen Materialismus des neunzehnten Jahrhunderts sieht, der seinerseits mit einer bestimmten Entwicklungsphase des industriellen Kapitalismus ideologisch eng verknüpft war. Diese Richtung vertraten Lewontin, Kamin und ich in *Die Gene sind es nicht*. Andere Formen der Kritik werden vorgebracht von feministischen Wissenschaftsphilosophen und -philosophinnen. Für sie steht der Reduktionismus für die eingeschränkte Urteilsfähigkeit eines ausschließlich männlich dominierten, verdinglichenden Verständnisansatzes, der sie gleichzeitig der Gültigkeit subjektiver Erfahrungen jedweden Respekt versagen läßt.[1] Ähnlich harsch kritisieren manche Ökologen am Reduktionismus, daß er die Vernetzung von Phänomenen zu leugnen scheine. Weil er die Einheit allen Lebens, die Erde als lebenden Gesamtorganismus Gaia, nicht erfassen kann, bestehe bei ihm in gefährlicher Weise die Tendenz, den Planeten absichtlich oder unabsichtlich zu zerstören.[2] Natürlich wohnt dieser Art von Kritik ein Körnchen Wahrheit inne, doch das ist für die hier angestrebte Diskussion nicht von primärem Interesse. In diesem Kapitel möchte ich zunächst erörtern, warum der Reduktionismus eine so leistungsstarke wissenschaftliche Methodologie bot und immer noch bietet, warum er vielen Biologen so ungemein attraktiv erscheint, und auch, warum er letzten Endes unfähig ist, viele der grundlegenden Fragen der Biologie zu beantworten.

Popper gegen Perutz

Trotz der lebhaften Tradition nichtreduktionistischen Denkens in der Biologie, die auf den folgenden Seiten im Detail deutlicher werden sollen, steht fest, daß, insbesondere unter den eher molekular orientierten Biologen, von einem Wissenschaftler eine entschlossene Hinwendung zum Reduktionismus erwartet wird. Viele von uns sind Reduktionisten im Sinne jenes Molièreschen Charakters, der sein Leben lang in Versen gesprochen hatte, ohne dies jemals zu realisieren: Es ist einfach die Art und Weise, wie man uns gelehrt hat, Dinge zu tun und unser Handeln zu beurteilen. Andere hingegen bewerten diesen Begriff ausdrücklich positiv, statt sich mehr oder minder unausgesprochen innerhalb seiner Grenzen zu bewegen.[3] Betrachten Sie die folgende Episode aus dem Jahre 1986, sie bietet eine gute Einstimmung für die Themen, die ich im folgenden ansprechen werde.

Die Szene spielt im überfüllten eleganten Vortragssaal der Royal Society in London. Viele renommierte Wissenschaftler, die in ihrer Lässigkeit nur wenige Minuten vor Veranstaltungsbeginn aufgetaucht waren, mußten die Erniedrigung ertragen, das Ereignis, mit vielen anderen in einem vollen Raum eingepfercht, per Video verfolgen zu müssen. Karl Popper, der Lieblingsphilosoph des denkenden Naturwissenschaftlers, sollte seine erste Medawar-Vorlesung halten, so benannt nach Poppers lebenslangem Freund und Dolmetscher seiner Ideen für die wissenschaftliche Welt, Peter Medawar. Jener saß an diesem Tage in seinem Rollstuhl in der ersten Reihe, schwer behindert durch eine Reihe von Schlaganfällen, die ihn beinahe das Leben gekostet hätten.

Zumindest in der angelsächsischen Tradition haben experimentell arbeitende Wissenschaftler wenig Zeit für die Philosophie und ihre Vertreter. Wir tendieren zumeist dazu anzunehmen, daß das, was wir tun, logisch und folgerichtig ist und daß wir nichts anderes tun, als der Natur den perfektesten aller möglichen Spiegel vorzuhalten, aus dem wir dann ihr Ebenbild entnehmen. Jüngere Wissenschaftler sprechen in diesem Zusammenhang manchmal abfällig von der „Philosophopause", wenn sie das Alter meinen, in dem ihre Vorgänger aufgehört haben, „ernsthaft" zu arbeiten, und statt dessen beginnen, laut nachzudenken. Aus den bereits genannten Gründen bildete Popper jedoch stets die Ausnahme von dieser Regel, und die meisten Zuhörer seines Royal-Society-Publikums kannten und bewunderten ihn hauptsächlich wegen seiner loyalen Verteidigung der Wissenschaft all jenen gegenüber, die er – wie sie selbst – für ihre ideologischen Feinde hielt. Im Gegensatz zu anderen Philosophen – und erst recht zu den Wissenschaftssoziologen, die von vielen als überaus verdächtige Zeitgenossen empfunden wurden – galt Popper als Freund der Wissenschaftler. Doch aus dem Titel von Poppers Vortrag für diesen Tag hatte die Zuhörerschaft vermutlich unschwer erraten, daß die Verteidigung der Wissenschaft heute nicht sein Hauptthema sein würde. Im Gegenteil: Er besaß die Kühnheit, eine der Kerntheorien der Wissenschaft angreifen zu wollen – den Darwinismus.

Die Schlüsselaussage des Darwinismus, wie er landläufig gesehen wird, lautet, daß die äußere Welt, die Umgebung, Organismen unablässig um ihr Überleben ringen läßt. Wenn sie den Kampf gewinnen, überleben sie, pflanzen sich fort, und ihre Nachkommen gedeihen; versagen sie, verkümmert ihre Linie und geht schließlich ganz ein. Auf diese relativ passive Auffassung von natürlicher Selektion zielte Poppers Kritik. Er plädierte statt dessen für etwas, das er als „aktiven Darwinismus" bezeichnete. Dieser Sichtweise zufolge bestimmt der lebende Organismus sein Schicksal mit, beeinflußt und verändert seine Umgebung seinen eigenen Bedürfnissen entsprechend.[4] Die anwesenden treuen Anhänger der Evolutionsbiologie waren von diesem Vortrag wenig beeindruckt, obwohl diese anscheinend so esoterische Unterscheidung keineswegs antidarwinistisch ist, was auch immer einige der großen Darwin-Verteidiger gegen sie vorbringen mögen. Sie ist vielmehr von fundamentaler Bedeutung für unsere Vorstellung von Lebensprozessen im allgemeinen und insbesondere von dem, was wir als Menschen darstellen und worin unser Ziel bestehen mag. Es zeigte sich allerdings, daß der „aktive Darwinismus" nicht die einzige Zumutung war, die Popper seinen Bewunderern an jenem Abend an den Kopf warf.

Als sich der für den Vortrag zugestandene Zeitraum dem Ende entgegenneigte und Popper in echte Zeitnot geriet, sah er sich gezwungen, seinen Text Text sein zu lassen und die Quintessenz seiner Ausführungen mit Hilfe des Overhead-Projektors auf einer handgeschriebenen Folie zu präsentieren – ihr Titel: „Acht Gründe, weshalb sich Biologie nicht auf Chemie reduzieren läßt". Grund Nummer vier lautete: „Weil Biochemie sich nicht auf Chemie reduzieren läßt." Seine Schlußfolgerungen müssen Medawar äußerst bitter geklungen haben, hatte dieser doch so häufig geäußert, der Reduktionismus sei dem Wissenschaftler nicht nur zweite, sondern gar erste Natur.[5] Es war daher keine Überraschung, daß, sobald Popper geendet und der Präsident der *Royal Society* George Porter (gutem altem pseudofeudalistischem britischem Brauch zufolge inzwischen in den Adelsstand erhoben) um Fragen gebeten hatte, unter denjenigen, die im Hintergrund des Saals einen Stehplatz gefunden hatten, eine Hand emporschoß: „Ich verstehe nicht, wie Sie behaupten können, Biochemie lasse sich nicht auf Chemie reduzieren." Popper, damals bereits über achtzig, hörte ziemlich schlecht und verstand die Frage nicht. Schließlich stand Porter auf, ging zu ihm hinüber und brüllte ihm ins Ohr: „Sir Max Perutz möchte wissen, warum Sie der Ansicht sind, daß Biochemie sich nicht auf Chemie reduzieren lasse." Popper war nie für seine Bescheidenheit bekannt gewesen. Er lehnte sich zurück, lächelte milde und sagte nur: „Ach ja, mich hat es auch zuerst überrascht. Aber wenn Sie nach Hause gehen und einen Abend lang darüber nachdenken, werden Sie erkennen, daß ich recht habe."

Perutz, selbst Nobelpreisträger für die Aufklärung der Struktur des sauerstofftransportierenden Blutproteins Hämoglobin, fand das kein bißchen komisch. Schließlich hatte sein Lebenswerk darin bestanden, die Bedeutung der Chemie für die Biologie aufzuzeigen, und er war kaum daran gewöhnt, derartig abgefertigt zu werden – nicht einmal von einem Mann, dessen Arroganz legendär war. Ein paar Wochen später veröffentlichte er eine Antwort auf Poppers Behauptung.[6] Eines der besten Beispiele für den Gleichklang zwischen Chemie und Biochemie bestand für Perutz in der Art und Weise, wie die Molekülstruktur des Hämoglobins variieren kann – beispielsweise zwischen Tieren wie Kamelen, die in Wüsten und in geringen Höhen leben, und deren Cousins, den Lamas, die in den Anden in sehr viel größeren Höhen leben und deren Blut eine ganz andere sauerstofftransportierende Kapazität aufweist. Die Molekularstruktur von Kamel- und Lama-Hämoglobin ist unterschiedlich und den jeweiligen Lebensbedingungen angepaßt. Sogar verschiedene Stämme von Hirschmäusen, die an ein Leben in verschiedenen Höhen angepaßt sind, weisen bezüglich der sauerstofftransportierenden Eigenschaften ihres Hämoglobins genetische Unterschiede auf.[7] War dies kein klarer Beweis dafür, daß Physiologie und Biochemie von der Chemie einzelner Moleküle eines Organismus nicht nur abhingen, sondern sich in der Tat darauf reduzieren ließen? Perutz' Beispiel paßt zu dem von Steven Weinberg, der genau in diesem Sinne in den ersten Kapiteln von *Der Traum von der Einheit des Universums* die Frage, warum Kreide weiß ist, bis hinunter auf das Niveau des Atoms erörtert.[8]

Also Spiel, Satz und Sieg für Perutz? Ich glaube nicht.[9] Doch mein Motiv, diese Geschichte zu erzählen, hat nichts damit zu tun, daß ich die verbalen Spielchen der wissenschaftlichen Elite oder die eher rauhe Art dokumentieren wollte, wie unter den Philosophen-Rittern der Wissenschaft Punkte gemacht werden. Ich möchte damit vielmehr zeigen, wie sehr der Reduktionismus, der Denken und Handeln eines eher molekular orientierten Biologen bestimmt, als gegeben hingenommen wird, und an dieser Stelle beginnen, ihn in seinen vielen Bedeutungen auseinanderzunehmen. Ich habe den Begriff im vorhergehenden in der Tat auf sehr verschiedene Weise benutzt, meist ohne dabei innezuhalten und zu erklären, welche Version ich gerade meine. Es ist daher höchste Zeit, ein bißchen systematischer vorzugehen.

Reduktionismus als Methodologie

Zuallererst und vielleicht vor allem anderen gibt es den Reduktionismus als Methodologie, wie ich ihn in Kapitel 2 diskutiert habe. Die Lebenswelt ist charakterisiert durch Komplexität, den steten Fluß an Ereignissen und Wechselwirkungen und eine Vielzahl an interagierenden Prozessen. Uns fällt es leichter, Phänomene, die wir untersuchen wollen, zu verstehen, wenn wir sie von der übrigen Welt relativ isoliert betrachten und die möglichen Variablen eine nach der anderen verändern können: wenn wir Krallenäffchen oder Hühner in ein Gehege setzen oder ein Protein isolieren und seine enzymatischen Eigenschaften ohne den Einfluß der Myriaden anderer kleiner und großer Moleküle untersuchen können, von denen es in einer lebenden Zelle umgeben ist. Die Gründe hierfür liegen auf der Hand. Es fällt schwer, Beobachtungen sinnvoll zu deuten, wenn sich mehrere

Eigenschaften des Systems zur selben Zeit ändern. Eine reduktionistische Vorgehensweise vereinfacht und versetzt uns in die Lage, scheinbar lineare Abfolgen von Ursachen und Wirkungen zu konstruieren.

Wenn ich die Temperatur einer Enzymlösung um ein Grad erhöhe oder den Säuregehalt der Lösung geringfügig variiere, beschleunigt sich die Reaktion. Ich kann das, was passiert, in einer einfachen Graphik darstellen und das Ganze in einer relativ anspruchslosen Gleichung zusammenfassen. Zum Teil ist es auf die Art und Weise zurückzuführen, wie westliche Wissenschaft sich entwickelt hat, daß es als eine der höchsten wissenschaftlichen Leistungen gilt, wenn man ein Phänomen in eine mathematische Formel zu „bannen" vermag – gezähmte, von Logik und Symbolen kontrollierte Natur. Wenn ich jedoch beide Änderungen gleichzeitig vornehme – Säuregrad und Temperatur ändere –, addieren sich die beiden Effekte nicht notwendigerweise. Die merkwürdigsten Dinge können geschehen. Möglicherweise wird die Reaktion sogar verlangsamt statt beschleunigt, weil die Kombination aus erhöhter Temperatur und erhöhtem Säuregehalt die delikate Struktur des Proteins instabil werden läßt. Die Gleichungen werden komplexer, sind möglicherweise sogar gar nicht mehr zu formulieren. Ich habe die Kontrolle über die Situation verloren und auch keine Möglichkeit mehr, ihren Ausgang vorherzusagen. Bis vor kurzem hatte man tatsächlich nicht einmal die notwendige Mathematik zur Hand, um Modelle für das zu entwerfen, was geschehen kann, wenn sich mehrere Variable zur selben Zeit ändern.

Es überrascht daher nicht, daß eine reduktionistische Vorgehensweise im Verlauf der vergangenen dreihundert Jahre so mächtig und attraktiv gewesen ist. Sie hat uns einzigartige Einblicke in die Mechanik des Universums ermöglicht, denn sie funktioniert offenbar in sehr vielen Fällen, vorausgesetzt, man hat es mit relativ einfachen Systemen zu tun. Wir können Hühnchen in Käfigen und Enzyme in Reagenzröhrchen isolieren und ihre Reaktionen untersuchen. Und unsere Versuche sind aussagekräftig, unsere Befunde beliebig wiederholbar. Innerhalb gewisser Grenzen sind unsere Experimente erfolgreich, lassen sich unsere Vorhersagen über die Welt bestätigen. Das ist der Grund, warum wir als Forscher eine solche Befriedigung aus eleganten reduktionistischen Experimenten ziehen, die uns eindeutige Schlußfolgerungen vermitteln, und warum ich als Lehrender einen nicht geringen Teil meiner Zeit damit zubringe, meinen Studenten beim Entwerfen solcher Experimente zu helfen. Und historisch gesehen haben die Schriftsteller und Dichter, die sich der Reduktion und

Mathematisierung des Universums widersetzten, die Blakes und Goethes, jene Naturphilosophen des neunzehnten Jahrhunderts mit ihrer romantischen Suche nach einer nichtreduktionistischen Alternative, der Philosoph Bergson mit seiner Vision von einer nichtphysikalischen Lebenskraft oder deren Nachahmer in unserem Jahrhundert wie Rupert Sheldrake, es schlicht nicht fertiggebracht, mit einem effizienten experimentellen Alternativprogramm aufzuwarten.

Es gibt, wie später noch deutlich werden wird, eine alternative, nichtreduktionistische biologische „Untergrundtradition", wie man sie beinahe nennen könnte, die auf vordarwinistische Zeiten zurückgeht. Sie durchzieht die Schriften der französischen Biologen Georges Cuvier und Etienne Geoffroy Saint-Hilaire und hat an der Schwelle zu unserem Jahrhundert den von Bergson beeinflußten Entwicklungsbiologen Hans Driesch hervorgebracht. In Gestalt des in Cambridge gegründeten *Theoretical Biology Club*, zu dessen Schlüsselfiguren Joseph Needham (seines Zeichens Embryologe, bis er zum führenden westlichen Experten für chinesische Wissenschaft avancierte) und Joseph Woodger gehörten, fand sie einflußreiche Befürworter, deren Stimmen jedoch in dem nahezu flächendeckenden reduktionistischen Konsens untergingen und immer noch untergehen, der unvermindert darauf beharrt, daß der Reduktionismus ungeachtet aller theoretischen Kritik funktioniert – oder daß man es zumindest bislang geschafft hat, den Eindruck zu vermitteln, daß dem so sei.[10]

Derartige Vereinfachung ist Selbstbetrug. Denn lebende Systeme sind nicht einfach. Viele miteinander wechselwirkende Variable sind an ihnen beteiligt. Parameter sind nicht unveränderlich, Eigenschaften nicht linear. Und die lebende Welt ist von ungeheurer Vielfalt. In der Chemie beispielsweise ist eine reduktionistische Vorgehensweise sehr hilfreich, denn die chemische Welt ist (soweit man weiß) überall gleich. In der lebenden Welt ist die Ausnahme fast immer die Regel. Wenn man also nicht sehr sorgfältig vorgeht, hören die vereinfachenden Einschränkungen, die einem die Methodologie an die Hand gibt, rasch auf, hilfreiche Stützen von Theorien zu sein, und werden zu Zwangsjacken. Die Zuckerman-Falle (vergleiche Seite 44) harrt unser, wenn wir uns nicht sorgsam dessen bewußt sind, daß das, was in unserem Reagenzglas passiert, durchaus dasselbe sein *kann* wie das, was in einer lebenden Zelle passiert, aber auch das Gegenteil davon; möglicherweise hat es aber auch gar nichts damit zu tun und noch weniger mit dem in seine Umgebung eingebetteten lebenden Organismus. Es kommt immer darauf an. Und unter den meisten Umständen hat es bis vor kurzem keine andere Möglichkeit gegeben, dies zu beurteilen, als es auszuprobieren. Das ist der Grund dafür, daß ich meine Studenten, nachdem ich sie von der Annehmlichkeit und Eleganz reduktionistischer Versuchsanordnungen überzeugt habe, anschließend stets daran erinnern muß, daß Reduktionismus, so unangenehm dies auch scheinen mag, nicht hinreicht, wenn ich meine eigenen Experimente interpretieren will.

Es ist wahr, daß neue Ansätze es langsam ermöglichen, die Fallen reduktionistischer Methodologien zu umgehen. Leistungsstarke Computer und neue mathematische Techniken können viele Variable zur selben Zeit testen. Endlich wird es ein bißchen leichter, im Modell nachzuempfinden, was passiert, wenn das Enzym sich in der Zelle statt im Reagenzglas befindet, und die Vorhersagen aus diesen Modellen experimentell zu überprüfen. Natürlich hat das Testen von Modellen ein bißchen Ähnlichkeit mit dem Testen Popperscher Hypothesen – sie taugen nur etwas, wenn sich auf ihrer Grundlage ein Experiment entwerfen läßt, das falsifizierbare Vorhersagen testet. Viele Modelle (insbesondere in der Psychologie) bleiben bedeutungslos, weil sie sich nicht auf diese Weise testen lassen. Bestenfalls sind sie so gut wie die Daten und Postulate, mit denen man sie gefüttert hat. „GIGO" – *garbage in, garbage out* (Unsinn rein, Unsinn raus) – ist und bleibt Realität im Leben dessen, der Computermodelle entwirft. Trotz alledem wird das Aufstellen von Modellen für multifaktorielle Systeme, bei denen man wie bei Wettersystemen, bei der neuronalen Verarbeitung oder dreidimensionalen Proteinstrukturen nie eine Variable zur gleichen Zeit angehen kann, immer ausgereifter und erfolgreicher. Diejenigen, die solche Modelle entwerfen, ergötzen sich an größtmöglicher Komplexität und gründen ihren Weg zum Erfolg auf die derzeit hochmoderne Chaostheorie. Typisch für diesen Ansatz ist die sogenannte Santa-Fe-Schule. Ihr Prophet ist der theoretische Biologe Stuart Kauffman, dessen unlängst erschienenes Buch *Der Öltropfen im Wasser* ein Programm und seinen Anspruch umreißt, jedes Problem, angefangen von Herzrhythmusstörungen kurz vor dem Herzinfarkt bis hin zum Börsenkrach, handhaben zu können.[11] Zu gegebener Zeit werden und sollen solche Ansätze zu ihrem Recht kommen. Aber klar umrissene Experimente mit eindeutigen Ergebnissen – Resultaten von der Art, die es mühelos auf die Seiten von *Nature* oder *Science* schaffen und mit denen man, wenn man Glück hat, eine Reise nach Stockholm gewinnen kann – werden noch für absehbare Zukunft auf reduktionistischen Konzepten basieren. Selbst wenn sie es vermeiden, Methode zur Theorie oder gar zur Ideologie zu erheben.

Theoriereduktion

Theoriereduktion ist mehr oder weniger ein Begriff aus dem Philosophielexikon. Der traditionellen, klassischen Philosophie zufolge besteht eines der Ziele von Wissenschaft darin, mit einer minimalen Zahl von Gesetzen und Variablen eine maximale Beschreibung der Welt zu liefern. Die Geschichte der Wissenschaft blickt auf eine Reihe von Beispielen zurück, bei denen sich Phänomene, die man ursprünglich für unterschiedlich gehalten hatte, später als identisch erwiesen haben. Der klassische Fall ist der des Morgen- und Abendsterns, den die Astronomen des Altertums für zwei verschiedene Sterne hielten und von dem man heute weiß, daß es sich um ein und denselben handelt: um den Planeten Venus, der je nach seiner Position und Bewegung relativ zur Erde manchmal früh am Abend „aufzugehen" und ein anderes Mal am Morgen „unterzugehen" scheint. Abend- und Morgenstern sind somit auf ein einziges Objekt, die Venus, reduziert worden.

Ähnliche Beispiele kennt man aus der Physik. Die Wissenschaften von Wärme und Licht galten einst als zwei verschiedene Gebiete – heute gelten beide, Licht und Wärme, als Formen elektromagnetischer Strahlung. Die unterschiedlichen Theorien, die dem einen und dem anderen gerecht werden sollten, haben sich zu einer gemeinsamen vereinigt.

Solche Vereinheitlichungen beglücken die Physiker außerordentlich – so sehr, daß sie manchmal geradezu von einem militant-reduktionistischen Drang zur Einfachheit besessen scheinen. Ein Hauptanliegen unserer Tage ist die Suche nach einer Theorie, die alle Kräfte des Universums umschließt, starke und schwache Interaktionen zwischen subatomaren Partikeln ebenso wie elektromagnetische Strahlung und alles andere: manchmal auch nach den Abkürzungen ihrer englischen Bezeichnung *Grand Unified Theories* oder *Theories of Everything* als GUT oder TOE bezeichnet. Ich habe nicht die geringste Ahnung, ob sich die Physik des Universums eines Tages wirklich mit einer solchen Einzeltheorie wird beschreiben lassen, und ich erkenne das Ziel der Vereinfachung durchaus als Teil der Triebkraft, die einen theoretischen Physiker motiviert, muß jedoch gestehen, daß das, was ihn antreibt, sich nicht unbedingt mit dem deckt, was einen Biologen wie mich antreibt – aber ich höre auch lieber Beethoven als Brahms.

Im Zusammenhang mit der Biologie wird mir das Streben nach Einfachheit und Theoriereduktion eher ein Grund zur Besorgnis.

Manche Vereinheitlichungen waren von ungeheurer Tragweite, insbesondere diejenigen an der Grenze von Chemie und Biochemie. Stephen Hales, ein sehr stark von Newton beeinflußter Botaniker (heute würden wir ihn als Pflanzenphysiologen bezeichnen), formulierte in der Einleitung zu seinem klassisch gewordenen Text *Vegetable Staticks* aus dem Jahre 1727, aus dem auch das einleitende Zitat zu diesem Kapitel stammt, eine elegante theoretische Begründung für seine reduktionistisch orientierten Forschungsziele. Doch in experimenteller Hinsicht war die Zeit dafür noch nicht reif. Erst am Ende des achtzehnten Jahrhunderts gelang Antoine de Lavoisier jener Riesenschritt vorwärts, aus dem heraus die Erkenntnis möglich wurde, daß die im Körper erfolgende „Verbrennung" des Zuckers Glucose zu Kohlendioxid und Wasser unter Freisetzung von verwertbarer Energie chemisch gesehen einer Oxidation gleichkommt. Diese Einsicht – die Erkenntnis also, daß lebende Prozesse nicht von irgendeiner Lebenskraft abhängen, sondern von chemischen Reaktionen, die denselben Gesetzen gehorchten wie alles andere in der Chemie und die sich für sich genommen untersuchen ließen – führte geradewegs zu den großen reduktionistischen Triumphen des neunzehnten und des frühen zwanzigsten Jahrhunderts: der Offenlegung der grundlegenden Chemie des Lebens. Lavoisiers Beschreibung der Verbrennung von Glucose war mehr als Metapher und Homologie, sie war eine exakte Darstellung der Wirklichkeit. Perutz muß sich dessen mit Nachdruck bewußt gewesen sein, als er derart heftig auf Poppers überhebliche Abfuhr reagierte.

Dennoch wohnen einer solchen Theoriereduktion gewisse Gefahren inne. Die von Lavoisier geleistete Zusammenführung zweier Theoriewelten und der anschließende Nachweis Friedrich Wöhlers, der im Jahre 1828 zeigte, daß Harnstoff, das Urbild einer organischen Substanz, sich chemisch herstellen ließ, führte unter den Physiologen zu einer formalen Philosophie des mechanischen Materialismus. 1845 schworen vier aufstrebende Physiologen deutscher und französischer Herkunft – Hermann von Helmholtz, Karl Ludwig, Emil du Bois-Reymond und Ernst Brücke – einander, den Nachweis dafür zu erbringen, daß sich sämtliche Körperprozesse in physikalischen und chemischen Begriffen beschreiben lassen. Ihre Nachfolger gingen sogar noch weiter und erklärten: „Der Mensch ist, was er ißt." Der holländische Physiologe Jacob Moleschott trieb diese Sichtweise am weitesten und erklärte sinngemäß: „Das Gehirn scheidet Gedanken aus wie die Niere Urin" und „Ohne Phosphor kein Gedanke".[12]

Aber die Verwertung von Glucose durch den Körper ist, wie ich weiter unten erläutern werde, mehr als „einfach nur" Chemie. Und auch wenn man jene Version respektabler Wissenschaft außer acht läßt, die das neunzehnte Jahrhundert zu bieten hatte, können einen solche Versuche zur Theoriereduktion in große Schwierigkeiten bringen. Lehrbücher der Wissenschaftstheorie beispielsweise ziehen oft eine Parallele zwischen der Reduktion von „Gen" auf „DNA" und der Identität von Morgen- und Abendstern. Aber das Beispiel ist ziemlich unangemessen: „Morgenstern = Abendstern" sagt nichts weiter, als daß es aufgrund gewisser Unklarheiten dazu gekommen ist, daß man etwas, das sich später als ein und dieselbe Sache erweisen sollte, zunächst zwei verschiedene Namen gegeben hat – so als bezeichne man ein bestimmtes Tier einerseits als Katze und andererseits als Pussy. Wie jedoch in Kapitel 7 klarwerden wird, ist „Gen" nicht ohne weiteres gleich „DNA", sind „Gen" und „DNA" nicht einfach zwei Namen für denselben Gegenstand. Und genau an diesem Punkt beginnt die Theoriereduktion sich zu ihrer sehr viel problematischeren ausgewachsenen philosophischen Form zu verkehren.

Reduktionismus als Philosophie

Um die Tragweite des ontologischen, in diesem Falle eigentlich physikalistischen Reduktionismus zu illustrieren, möchte ich auf Abbildung 1.1 (S. 23) zurückkommen. In letzter Konsequenz würde die philosophisch-reduktionistische Betrachtung dieser Pyramide besagen, daß es, da Wissenschaft eine Einheit und Physik die grundlegendste aller Wissenschaften ist, dereinst eine endgültige große einheitliche Theorie geben wird, mit der sich die chemische Theorie auf einen Sonderfall der Physik, die Biochemie auf die Chemie, Physiologie auf Biochemie, Psychologie auf Physiologie und schließlich Soziologie auf Psychologie – und das Ganze auf die Physik – wird reduzieren lassen. Im großen und ganzen ist dies seit ihren Anfängen im Jahre 1930 der theoretische Anspruch der Molekularbiologie gewesen. Perutz' eher begrenzte Forderung, die die Biochemie des Hämoglobins in dessen Chemie aufgehen sieht, illustriert diese Überzeugung, wenn auch in relativ bescheidener und eingeschränkter Weise. Watsons Sicht – „es gibt nur eine Wissenschaft, die Physik; alles andere ist Sozialarbeit" – ist dagegen eine außerordentlich derbe Version. Linus Pauling spitzte diese Aussage noch zu und trat zur Lösung psychischer Probleme für eine „orthomolekulare Psychiatrie" ein, der zufolge alles eine Frage dessen ist, daß man die richtigen Moleküle an den richtige Ort im Körper verbringt. Formaler, aber um nichts weniger triumphierend verkündete E. O. Wilson:

„Der Übergang von einer rein phänomenologischen Theorie zu einer fundamentalen Theorie wird der Soziologie erst möglich sein, wenn das menschliche Gehirn in seinen neuronalen Zusammenhängen vollständig erklärt ist ... Erkennen und Wahrnehmung werden sich als Schaltkreise verstehen lassen ... Hat sich die neue Neurobiologie erst einmal die Psychologie einverleibt, wird sie der Soziologie ein dauerhaftes Netz aus übergeordneten Prinzipien bescheren."[13]

Was aber bedeutet dieses konventionelle Ebenendiagramm für die Realität? Wenn Sie ein Universitätsverzeichnis betrachten, werden Sie sehen, daß es verschiedene Abteilungen oder Fakultäten gibt. Sie heißen Psychologie, Physiologie, Biochemie oder wie auch immer. Die Studenten belegen einzelne Kurse, die alle unter demselben Etikett laufen. Die Universitätsbibliotheken beherbergen Fachzeitschriften, die sich auf jedes dieser Gebiete spezialisiert haben, und man findet selten einen Physiologen, der eine Biochemiezeitschrift liest, und noch seltener einen, der sich in eine Chemie- oder Physikzeitschrift vertieft. Es gibt zwar allgemeine Wissenschaftsblätter wie *Nature* in Großbritannien oder *Science* in den Vereinigten Staaten, die über Forschungen aus den verschiedensten Gebieten berichten, doch auch ein Wissenschaftler mit extrem breitgefächertem Wissen wird höchstwahrscheinlich nur einen oder zwei der mehreren Dutzend Artikel verstehen, die allwöchentlich erscheinen.

Wozu all das? Um zu Platon zurückzukehren: „Zergliedert" die Aufteilung zwischen Physiologie und Biochemie die Natur tatsächlich an ihren Schnittstellen? Oder haben sich die beiden Disziplinen einfach nur aus historischen Gründen entwickelt, weil verschiedene Gruppen von Wissenschaftlern beschlossen haben, die Welt aus ganz unterschiedlichen Perspektiven zu betrachten, aus denen sich dann verschiedene Sprachen, verschiedene Beweis- und Zuverlässigkeitskriterien und verschiedene Vorgehensweisen ergeben haben? Ganz zu schweigen von dem akademischen Einfluß und Ansehen, die sich durch die Erschließung neuer professioneller Lehnsgüter ergeben? Es gibt sicher einige, die auf dieser Schiene argumentieren würden. Sogar die offizielle Geschichte der englischen Biochemical Society – der ältesten derartigen Gesellschaft der Welt – weiß von den Machtkämpfen frischgebackener Biochemiker zu berichten, die sich aus den Fängen ihrer jeweiligen physiologischen und chemischen Fakultäten zu befreien suchten, um der „Bio-Chemie" als eigenständiger, rechtmäßiger Disziplin mit unabhängigen Abteilungen, Lehrprogrammen und Professoren Geltung zu verschaffen.[14] Es entbehrt nicht der Ironie, daß in den sechziger Jahren die nunmehr fest etablierten Biochemiker eine ähnliche Schlacht gegen die Anerkennung der Molekularbiologie fochten, die der Nukleinsäure-Biochemiker Erwin Chargaff einst ironisch als „die Ausübung von Biochemie ohne Lizenz" bezeichnete.[15]

Doch Biochemie und Physiologie sind nicht einfach nur zwei verschiedene Universitätsinstitute, deren Angehörige sich in der Kantine gelegentlich treffen, um miteinander zu tratschen, wie sie es mit einem Literaturkritiker oder einem Geographen auch täten. Wenn sie auch verschiedene Sprachen sprechen, verschiedene Werkzeuge verwenden und verschiedene Fachzeitschriften lesen, so ist doch der Gegenstand ihrer Forschungen derselbe. Es hat den Anschein, als seien alle die den verschiedenen Ebenen in Abbildung 1.1 entsprechenden Universitätsinstitute zu einem vielstöckigen Gebäude zusammengefaßt. Was also bedeuten die unterschiedlichen Ebenen?

Wie viele solcher Begriffe und wie übrigens auch der Begriff Reduktionismus selbst ist die Art, wie das Wort „Ebene" in der Sprache der Wissenschaft und der Philosophie verwendet wird, sehr vielschichtig. Unter seinen vielen Bedeutungen gibt es eine, die mit dem Begriff Ebene im Grunde nur einen Maßstab oder eine Größe meint – wenn man beispielsweise von vielzelligen Tieren (gemessen in Metern), Organen (gemessen in Zentimetern), Zellsystemen (gemessen in Millimetern), Zellen (gemessen in Mikrometern oder millionstel Metern) und Zellmembranen (in Nanometern oder milliardstel Metern) spricht. Er kann verschiedene Körper- und Gehirnregionen meinen (Rückenmark, Hinterhirn, Mittelhirn, Vorderhirn). Er kann sich auf die Evolution oder *Phylogenese* beziehen, den mutmaßlichen Weg von einzelligen Organismen über Invertebraten (Wirbellose) zu Vertebraten (Wirbeltiere), zu Säugetieren, Primaten und Menschen. Und er kann sich auf die Entwicklung oder *Ontogenese* beziehen, wo er mit Genen beginnt und mit komplexen Verhaltensweisen endet. Für Leute, die Computersimulationen von lebenden Systemen entwerfen, hat „Ebene" wieder eine andere Bedeutung (Algorithmen im Unterschied zur Implementation), letztere soll mich hier allerdings weniger interessieren. Und schließlich zu den Bedeutungen, die mich interessieren: jene, die unter die formal-philosophischen Begriffe Erkenntnistheorie und Ontologie fallen. Die *Erkennt-*

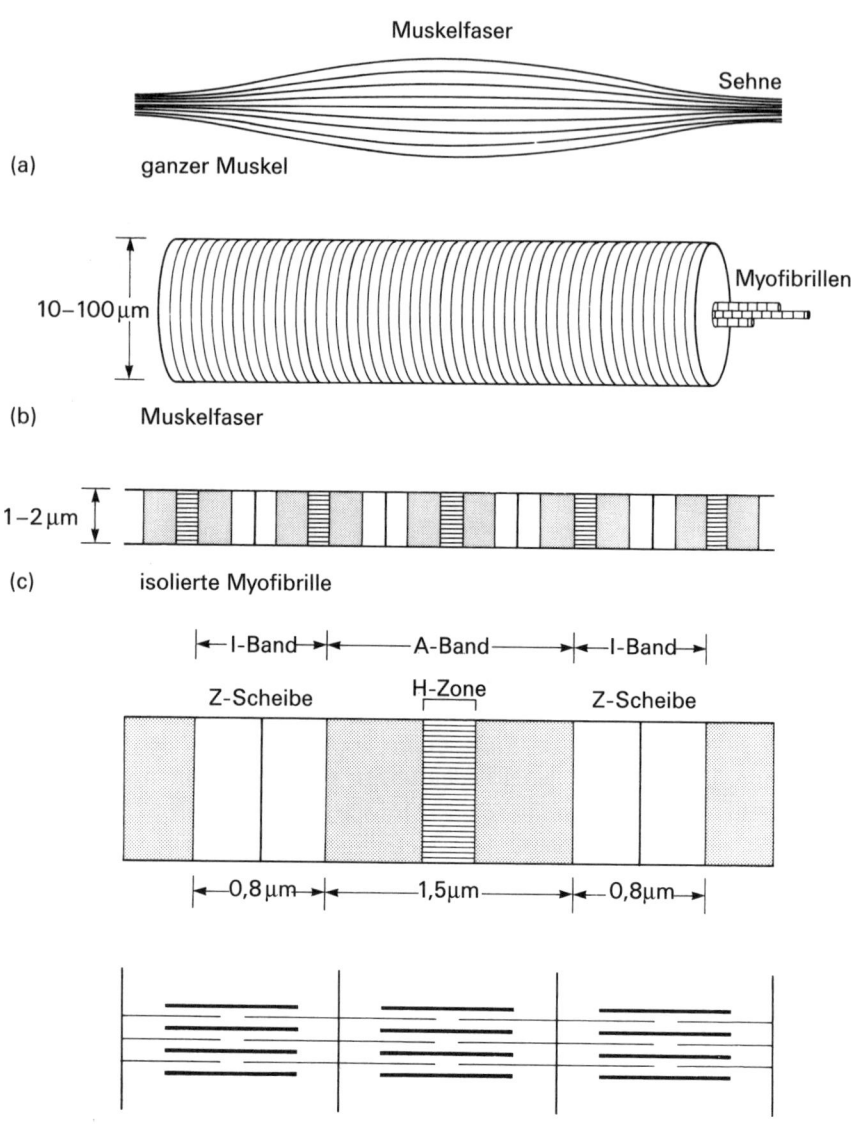

Abbildung 4.1: Eine Muskelfaser und ihre Aktin- und Myosinfilamente

nistheorie beschäftigt sich, grob gesprochen, mit der Frage, wie wir die Welt untersuchen und verstehen, *Ontologie* mit unseren Ansichten darüber, wie die Welt „wirklich ist". Sind also die Ebenen der Pyramide erkenntnistheoretischer Art? Mit anderen Worten: Gibt es sie nur als Konsequenz der verschiedenen Arbeitsweisen, denen wir in unseren verschiedenen Universitätsinstituten zuneigen? Oder sind sie ontologischer Natur, entspricht jede Ebene einer anderen Stufe der Organisation von Materie?

Lassen Sie uns zu etwas anderem aus dem ersten Kapitel zurückgehen, zu dem hüpfenden Frosch (S. 25 ff.). Ich hatte dort fünf verschiedene Erklärungsmöglichkeiten für den Sprung angeboten, die letzte war die rein reduktionistische: Der Frosch hüpft, weil sich bestimmte Muskeln in seinen Beinen plötzlich heftig zusammenziehen, und die biochemischen Eigenschaften des Muskels sind es, die diese Kontraktion entstehen lassen. Die von dem Physiologen beobachtete muskuläre Zuckung wird vom Biochemiker mit dem Wirken der Muskelproteine Aktin und Myosin beschrieben, die durch ihre Eigenschaften in der Lage sind, aneinander entlangzugleiten und so den Muskel zu verkürzen (Abbildung 4.1).

Die Biochemie dieses Vorgangs ist bis hinunter zu einigen der minuziösesten molekularen Details recht gut verstanden. An ihr sind nicht nur die beiden Hauptproteine beteiligt, sondern zudem etliche andere, außerdem Ionen wie Calcium und Magnesium sowie die allgegenwärtige Energiewährung ATP. Weshalb können wir also die Aussage des Physiologen über die Muskelkontraktion nicht einfach durch eine Darstellung ersetzen, in der Aktin, Myosin und all die anderen Dinge eine Rolle spielen, und so die Physiologie überflüssig machen? Natürlich gibt es eine ganze Menge Biochemiker, die eine solche Aussicht begeistert begrüßen würden. Aber sie sollten sich vorsehen, denn wenn sich der Physiologe solchermaßen eliminieren ließe, warum könnten wir dann nicht all das Gerede über Aktin und Myosin durch Aussagen über die Aminosäuresequenzen der beiden Proteine ersetzen und, wie Perutz es vorgeschlagen hatte, Biochemie gegen Chemie eintauschen? Und ergibt sich daraus nicht folgerichtig, daß sich solche chemischen Plaudereien sehr viel genauer ausnähmen, formulierte man sie in der Begriffswelt der Quantenzustände von Elektronen innerhalb der Moleküle?

Eine solche Darstellung würde zugegebenermaßen zunehmend unhandlicher und sperriger, je weiter wir uns in der Pyramide nach oben begeben, aber wir könnten sie mit Sicherheit meistern. Nach und nach würden wir Physiologie, Biochemie und Chemie zugunsten der Physik beseitigen. Alle entsprechenden Universitätsinstitute würde aufgelöst oder von Physikern übernommen, und die Studenten hätten nur noch ein Fach zu studieren. Wir strebten unaufhaltsam unserer endgültigen, einheitlichen Theorie zu, und die einzelnen Ebenen der Pyramide bildeten nichts als ein zufälliges, längst überkommenes Stadium im Laufe unserer Bemühungen, die Welt zu verstehen. Mit anderen Worten, sie wären erkenntnistheoretischer Natur.

Angesichts solcher Konsequenzen schreckt auch der leidenschaftlichste Reduktionist zurück. Und so schreibt Richard Dawkins in seiner Verteidigung des Reduktionismus gegen frühere Angriffe von mir und anderen:

> „Natürlich hänge ich dieser lächerlichen Überzeugung nicht an, und ich bezweifle die Gutgläubigkeit von Rose et al., denen zufolge es ernsthafte Wissenschaftler gibt, die das tun. Die den ‚Reduktionisten' unterstellte Denkweise lautet folgendermaßen: ‚Ein Bus fährt schnell, weil seine Insassen allesamt schnell rennen können.'... Ich möchte eine Unterscheidung treffen zwischen zwei Strategien der reduktionistischen Erklärung, dem ‚Schritt-für-Schritt'-Reduktionismus und dem ‚Steilhang'-Reduktionismus. Vertreter des letzteren gibt es in der Welt wirklicher Wissenschaftler vermutlich nicht, sie dürfen jedoch nicht unerwähnt bleiben, da sie häufig als abschreckendes Beispiel angeführt werden. Der ‚Schritt-für-Schritt-Reduktionismus' wird praktisch von jedem Wissenschaftler betrieben, der ernsthaft von dem Wunsch beseelt ist, herauszufinden, was geschieht."[16]

Diese Analogie aber zielt absichtlich daneben. Die Überlegungen, die den Reduktionisten in bezug auf Busse unterstellt werden, haben nichts mit den von ihnen beförderten Passagieren zu tun. Sie besagen vielmehr, daß Reduktionisten erklären möchten, warum der Bus rasch fährt, indem sie sich auf dessen mechanische Eigenschaften berufen: auf die Tatsache, daß der Motor eine hohe Umdrehungszahl hat und viel Treibstoff braucht, was wiederum mit den molekularen Eigenschaften des Treibstoffs zu tun hat und denen des Sauerstoffs, mit dem dieser wechselwirkt, und dies wiederum rührt aus den quantenmechanischen Eigenschaften her, die diese Moleküle in sich vereinigen. Während dies eine absolut angemessene Erklärung dafür bietet, *wie* es kommt, daß der Bus schnell fährt, gehören zur Beantwortung der *Warum*-Frage Dinge wie das komplexe Netz des öffentlichen und privaten Transports, Fahrpläne, Staus, die Fertigkeiten des Fahrers und was dergleichen mehr ist. In diese Dinge ist die Mechanik des Busmotors eingebettet, und die Antworten auf diese Fragen lassen sich weder in einen Schritt-für-Schritt-Reduktionismus noch in einen Steilhang-Reduktionismus zwängen.

Hinzu kommt, daß Dawkins Steilhang eine rutschige Standfläche bietet. Vielleicht möchte er sich ja nur ein kleines Stück die Klippe hinab begeben, doch sobald er den ersten Schritt Richtung Abgrund getan hat, ist es schwer vorstellbar, wie er seinen Aufprall auf die Felsen an seinem Grunde abfangen könnte. Ich stelle ihn mir gerne vor, wie er über den weichen Grund tierischen Verhaltens schlendert, bis er am Steilhang anlangt und dann beim Absprung frühzeitig und sorgsam mit seinen Wachsflügeln schlägt, um zu verhindern, daß er zu tief gerät, eifrig bemüht, immer ein paar Meter oberhalb der genetischen Ebene zu seinen Füßen zu bleiben. Aber Watsons „nur das Atom" wird ihn wohl oder übel hinunterziehen.

In seinem jüngsten Buch *Darwins gefährliches Erbe* übernimmt der Philosoph Daniel Danett Dawkins Position, aber er wäre nicht Dennett, wenn er nicht seine eigene alternative Terminologie vorschlüge.[17] Dem Reduktionismus steht er wohlwollend gegenüber, nur den „gefräßigen" Reduktionismus lehnt er ab. Auch er scheint der Überzeugung zu sein, daß er vom Klippenrand einen Bungee-Sprung machen kann, bei dem ihn das elastische Seil knapp über den hungrigen, schnappenden Mäulern der Physiker-Haie am Grund sicher zurückschnellt. Es tut mir leid, aber trotz all ihrer Wortgewalt vermag ich nicht einzusehen, wie ein Soziobiologe oder ein Philosoph die Gesetze der Schwerkraft außer Kraft setzen und mitten in der Luft, auf halber Höhe des Abhangs, stehenbleiben können. Welches Prinzip erlaubt ihnen, die Ebene zu bestimmen, auf der die Elimination ihren Schlußpunkt gefunden hat? Watsons stures Beharren darauf, daß nichts über das Atom geht, ist die einzig logische Schlußfolgerung. Als er sie übrigens im Jahre 1985 am Londoner *Institute of Comtemporary Arts* verkündete, wandte der Physiologe und Nobelpreisträger Andrew Huxley sanft ein: „Du wirst doch sicher Zellen zulassen, Jim?" „Nein", entgegnete Watson, „nur Atome."[18] Nun sieht sich Watson allerdings mit an Sicherheit grenzender Wahrscheinlichkeit als einer der Haie und nicht als einer derer, die von ihnen gefressen werden. Wenn Dawkins und Dennett ihre Argumentationslinie beibehalten, sind beide dem Verhängnis preisgegeben: Sie können lediglich wählen, ob sie auf den Felsen zerschellen oder von Haien gefrühstückt werden wollen.

Lassen wir einen Moment die Tatsache beiseite, daß solche Reduktionen, selbst wenn sie theoretisch möglich wären, derzeit auch die

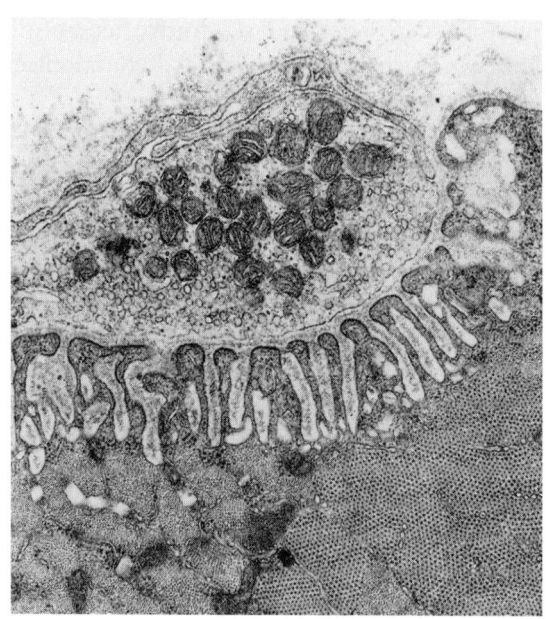

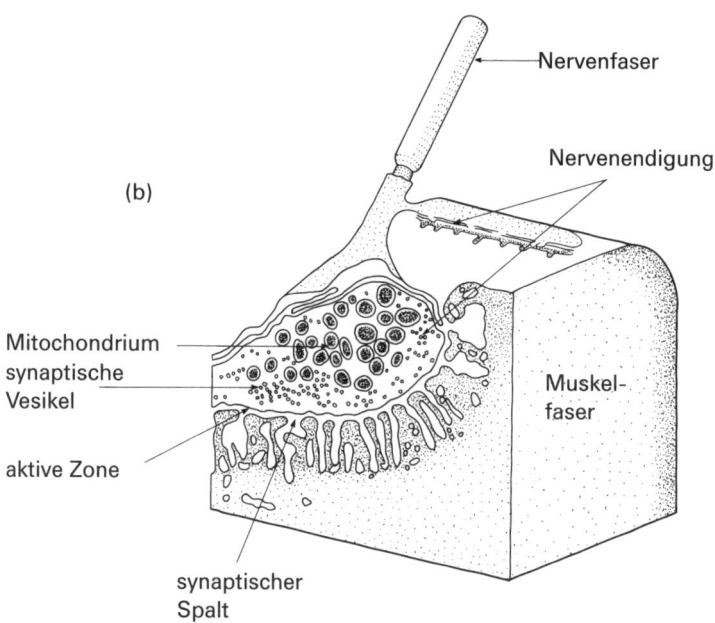

Abbildung 4.2: Die neuromuskuläre Synapse:
(a) elektronenmikroskopische Aufnahme, (b) Zeichnung

wildesten Träume der Physik übersteigen, die bislang weder die Problematik dreier gleichzeitig miteinander interagierender Partikel lösen noch, wie man mir gesagt hat, aus den Quantenzuständen von Sauerstoff und Wasserstoff die Eigenschaften von Wasser vorhersagen kann. Lassen Sie uns vielmehr klarstellen, worum es bei einer reduktionistischen Elimination geht. Versuchen wir, eine *kausale* Beziehung herzuleiten – dergestalt, daß die Biochemie für das physiologische Ereignis *ursächlich* verantwortlich ist? Falls ja, so entspricht dies einer völlig anderen Verwendung des Begriffs „Ursache", die sich sehr von dem zeitlichen Zusammenhang unterscheidet, den wir sonst zwischen Ursache und Wirkung sehen – den Umstand, daß sich ein Ereignis zwingend und spezifisch aus einem anderen ergibt.

Im landläufigen Verständnis, dem zufolge einer Wirkung eine Ursache vorausgeht, besteht die unmittelbare Ursache der Muskelzuckung in der physiologischen Erscheinung von Impulsen aus dem Froschhirn, die die Nervenbahnen entlang zu den Muskeln geleitet werden. Wie auf Seite 28 bereits erwähnt, geht das Gleiten der Aktin- und Myosinfilamente der Kontraktion nicht *voraus*. In einem sehr wichtigen Sinne *ist* es die Kontraktion – oder zumindest ein Teil davon. Es macht die Sache nur unübersichtlich, wollte man das Wort „Ursache" sowohl für eine zeitliche Ursache-Wirkung-Folge als auch für diese spezielle Beziehung zwischen physiologischen und biochemischen Beschreibungen der Abläufe verwenden. In Wirklichkeit treffen wir hier keine Kausal-, sondern eine Identitätsaussage. (Ich will hier dafür plädieren, daß wir zur Terminologie des Aristoteles zurückkehren, der zufolge es Was-, Woraus-, Wodurch- und Wozu-Ursachen gibt (causa formalis, causa materialis, causa efficiens und causa finalis). Es wäre nur hilfreich, wenn man den Begriff „Ursache" auf zeitlich definierte Beziehungen innerhalb einer Handlungsebene beschränkte.)

Der geradlinigste Weg zur Beschreibung der Beziehung zwischen den physiologischen und biochemischen Aussagen über die Muskelzuckungen wäre es, wenn man davon ausginge, daß man es mit zwei verschiedenen Sprachen zu tun hat, und versuchte, von der einen in die andere zu übersetzen. Sie können „Katze" im Deutschen und „*gatto*" im Italienischen sagen und reden doch über dasselbe vierbeinige, schnurrende Pelztier. Niemand käme auf die Idee, daß es Aufgabe eines Übersetzers sei, *gatto* zugunsten von Katze zu eliminieren – oder umgekehrt –, oder daß eine der beiden Sprachen die „wahre" Art darstelle, über jenes Katze/*gatto*-Tier zu sprechen, und die andere nur deshalb existiere, weil wir die Natur der Sache nicht kennen. Warum also können wir nicht einfach sagen, daß die gleitenden Aktin- und Myosinfilamente in der Sprache des Biochemikers das sind, was der Physiologe eine Muskelzuckung nennt? Wo steht damit der Physiologe im Hinblick auf die zeitlichen Beziehungen zwischen Ursache und Wirkung – das heißt hinsichtlich der Tatsache, daß der Muskelzuckung eine Signalübertragung entlang eines motorischen Nervs vorausgeht? Biochemiker vermögen auch exakt die Prozesse zu beschreiben, die ablaufen, wenn ein solches Signal (ein *Aktionspotential*) die Nervenfaser entlangläuft. Das Potential ist abhängig von der Protein- und Lipidstruktur der Nervenzellmembran, der unterschiedlichen Kalium- und Natriumionenverteilung über der Zellmembran, dem allgegenwärtigen ATP und so weiter. Die Verbindungsstelle zwischen Nerven und Muskeln (die neuromuskuläre Synapse) ist in ihren anatomischen Details bemerkenswert gut beschrieben und verstanden. In ihr gibt es winzige membranumhüllte Päckchen (Vesikel), die mit Transmittermolekülen gefüllt sind. Wenn das Aktionspotential die Synapse erreicht, werden diese Moleküle freigesetzt, diffundieren hinüber zum Muskel, und dort beginnt eine chemische Kaskade, die schlußendlich darin resultiert, daß Aktin- und Myosinfilamente aneinander entlanggleiten. Dieser Vorgang ist in Abbildung 4.3 zusammengefaßt.

Beachten Sie bitte, daß mich die Beschreibung, die ich von den biochemischen Mechanismen gegeben habe, nunmehr in die Lage versetzt, auch in der biochemischen Sprache eine zeitliche Ursache-Wirkungs-Folge zu formulieren. Damit kann ich die beiden in zwei verschiedenen Sprachen, „Physiologianisch" und „Biochemianisch", beschriebenen Sequenzen wie in Abbildung 4.3 gezeigt zur Deckung bringen. Aber ist eine solche Identitätsaussage wirklich das, was eine reduktionistische Philosophie fordert? Habe ich, all meinem Gerede

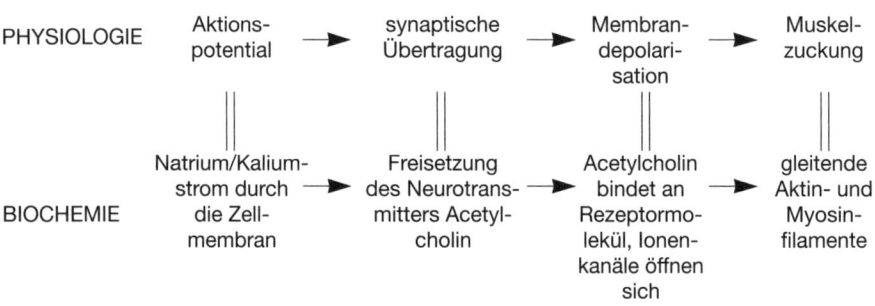

Abbildung 4.3: Eine „Muskelzuckung" in zwei Sprachen

von „Übersetzungen" zum Trotz, nicht im Grunde einfach eine Elimination vollzogen? Ist die Welt nicht eine ontologische Einheit und alle scheinbare erkenntnistheoretische Vielfalt völlig unwichtig? Eigentlich nicht, aber ich nehme an, Sie haben erwartet, daß ich das sage. Lassen Sie mich also versuchen klarzumachen, warum ich darauf beharren möchte, daß die erste dieser Aussagen – die Forderung nach ontologischer Einheit – gültig ist, die zweite hingegen – die der erkenntnistheoretischen Vielfalt ihre Bedeutung abspricht – falsch sein muß.

Ebenen neu betrachtet

Um den Reduktionismus zur Anwendung zu bringen, müssen wir zuerst eine zusätzliche Vermutung treffen und dann, zweitens, sämtliche anderen zentralen Merkmale des Beispiels ignorieren. Die zusätzliche Annahme ist die Voraussetzung, die Abbildung 1.1 zugrunde liegt und die besagt, daß die verschiedenen „Ebenen" der Pyramide in der Tat hierarchisch so angeordnet sind, daß sie immer „fundamentaler" werden, je näher sie sich an der Basis befinden. Da die Physiologie oberhalb der Biochemie steht, ist sie es, nicht die Biochemie, die zu eliminieren ist, und das geht immer so weiter, bis wir schließlich bei der Physik angelangt sind, sie bildet das Erdgeschoß unseres vielstöckigen Gebäudes der Universitätswissenschaften. Wo liegen die Gründe für diese Anordnung, diese Art der Definition von „fundamental"?

Zwei Argumente werden hierfür gelegentlich ins Feld geführt: Das erste lautet, daß die unteren Ebenen Prinzipien von weiter reichender Gültigkeit repräsentieren als die oberen. Von den Gesetzen der Atomphysik beispielsweise nimmt man an, daß sie im gesamten Universum gültig sind, während diejenigen der Physiologie sich, soweit man weiß, nur auf den speziellen Fall lebender Systeme hier auf der Erde anwenden lassen, wenngleich sie andernorts unter den richtigen Bedingungen vermutlich auch gelten würden. Das zweite lautet, daß die höheren Ebenen einen komplexeren Zustand von Materie repräsentieren als die niederen. In einem Fisch nimmt Materie eine höhere Organisation an als in dem Wasser, das den Fisch umgibt. Aus diesen beiden Prämissen ergibt sich, so sagt man, daß wohl alle physikalischen Fakten, Prinzipien und Gesetze für die von den Physiologen untersuchten lebenden Systeme gelten, daß jedoch das Umgekehrte nicht gilt: Physiologische Prinzipien lassen sich nicht auf Steine oder Planeten anwenden.

Dafür gibt es ein Gegenargument. Die unbeseelte Welt mit ihren „Gesetzen" der Physik und Chemie ist nur erfaßbar, ihre Gesetze sind nur deshalb formulierbar, weil es Materie von dem Organisationsgrad menschlicher Gehirne und Gesellschaften gibt. Ohne die sozialen und zerebralen Aktivitäten von Wissenschaftlern gäbe es die Wissenschaft Physik einfach nicht. Vielleicht sollte Abbildung 1.1 nicht länger als Pyramide gezeichnet werden, sondern sich eher, einem Donut gleich, zu einem Ring schließen, wobei Soziologie und Psychologie die Basis des Gebildes stellen. Doch selbst wenn wir die Pyramide samt ihren Ebenen und ihrer unausgeprochenen Direktionalität verwerfen, so hängen der Reduzierbarkeit dennoch tiefergehende Probleme an.

Das erste ergibt sich aus einer Zuspitzung der Diskussion über die potentiellen Übersetzungen zwischen den Fächern Physiologie, Biochemie und Chemie. Um auf den Fall des hüpfenden Frosches zurückzukommen: die Biochemie der Muskelzuckung, die synaptische Übertragung oder das Aktionspotential finden in der Isolation eines Reagenzglases nicht statt. Muskelfasern, Synapsen und Nerven sind allesamt anatomische Strukturen, die im Frosch jeweils eine ganz bestimmte Lokalisation haben. Die Beziehungen zwischen diesen verschiedenen molekularen Prozessen sind räumlich und zeitlich in einer Art und Weise organisiert, die sich in ihrer Chemie nicht ausdrückt. Bereits in den dreißiger Jahren wurde gezeigt, daß sich Aktin und Myosin im Reagenzglas in Form von Filamenten rekonstituieren lassen – dies war eines der ersten Beispiele für die Fähigkeit von Proteinen zur Selbstorganisation, auf die in den kommenden Kapiteln noch näher eingegangen werden soll. In Gegenwart von ATP verkürzen sie sich genauso, wie sie es im Falle einer Muskelkontraktion auch täten. Sie werden damit aber noch nicht zu einer kontraktilen Muskelfaser. Hierzu bedarf es einer Reihe von nicht reduzierbaren Organisationsprinzipien, die wohl der Physiologie des Prozesses innewohnen, der Biochemie und der Chemie, welche die „Funktion" des Muskels definieren, jedoch abgehen. Das, glaube ich, ist es, was Popper mit jener Bemerkung meinte, die Perutz so aufgebracht hat.

Es ist, nehme ich an, auch das, was in dem wohlbekannten Ausspruch steckt, dem zufolge „das Ganze mehr ist als die Summe seiner Teile" und mit dem ich überglücklich sein könnte, wäre dieser Slogan nicht mit der Zeit von einer etwas mystischen Aura umgeben worden. Was aber festgehalten werden kann, ohne sich in leere Parolen oder New-Age-Slogans zu flüchten, ist die Aussage, daß das Schlüsselmerkmal, das eine tiefer gelegene Ebene der Pyramide von denen über ihr unterscheidet, darin besteht, daß auf jeder Ebene neue Interaktionen und Beziehungen zwischen den einzelnen Bestandteilen hinzukommen. Beziehungen, die sich nicht einfach dadurch erfassen lassen, daß man das System auseinandernimmt.

Diese Aussage enthält aber darüber hinaus noch einen wichtigen, zusätzlichen Aspekt. Ontologischer Reduktionismus beinhaltet stets die unausgesprochene Feststellung, daß, was immer sich an Eigenschaften höherer Ordnung auch ergeben mag und wie auch immer dies geschieht, diese stets in irgendeiner Form denen von niederer Ordnung unterlegen sind. Je geringer der Rang, um so höher die Priorität. Teile kommen vor dem Ganzen. Doch wie immer die Dinge für die Eigenschaften physikalischer und chemischer Systeme auch liegen mögen, das Wesen evolutionärer und entwicklungsbiologischer Prozesse in der Biologie bedingt es, daß für sie eine solche Priorität eben nicht zwangsläufig gegeben ist. Ein Ganzes kann bei seiner Entstehung das Entstehen von Teilen erzwingen oder erfordern. Arthur Koestler hat in seinem Plädoyer *Beyond Reduktionism* jeder „Ebene" eine janusköpfige Beziehung zu allen anderen Ebenen zugeschrieben.[19] Im Vergleich zu der unmittelbar unter ihr ist sie einheitlich (ein *Holon*, wie Koestler dies nannte), verglichen mit der darüber hingegen eine Ansammlung von Einzelteilen.[20] Die ontologische Einheit des Universums besteht damit nicht aus einer Pyramide mit vielen Ebenen, sondern aus einer Hierarchie von „Holonnestern", die sich darstellen läßt wie in Abbildung 4.4 zu sehen.

Lassen Sie es mich weniger abstrakt ausdrücken: Unser jüngster Sohn Ben versuchte in jungen Jahren einmal, die Nähmaschine in Gang zu bekommen, und als ihm das nicht gelang, fing er an, sie zu zerlegen, um der Ursache des Problems auf die Spur zu kommen. Als es ans Zusammensetzen ging, blieben unbegreiflicherweise ein paar Teile übrig. Er konnte nicht feststellen, wohin sie gehörten, und legte sie fein säuberlich als kleines Häufchen nebendran. Sie seien übrig, erklärte er, eben unnötig. Sein Problem war das eines typischen Reduktionisten, der versucht, Physiologie aus Biochemie herzuleiten. Solange man die Funktion der Teile im System nicht kennt, kann man nicht verstehen, wozu sie gut sind und wie sie zusammenpassen. Ich habe dasselbe Problem mit Automotoren, obwohl ich ganz genau weiß, was so ein Motor zu tun hat, geradeso, wie Ben wußte, wozu eine Nähmaschine gut ist.

Legte man aber ein paar Marsbesuchern die Teile eines Automotors oder einer Nähmaschine vor und bäte sie, diese ohne jedes Wissen um deren Funktion und Zweck zusammenzusetzen, stellte man

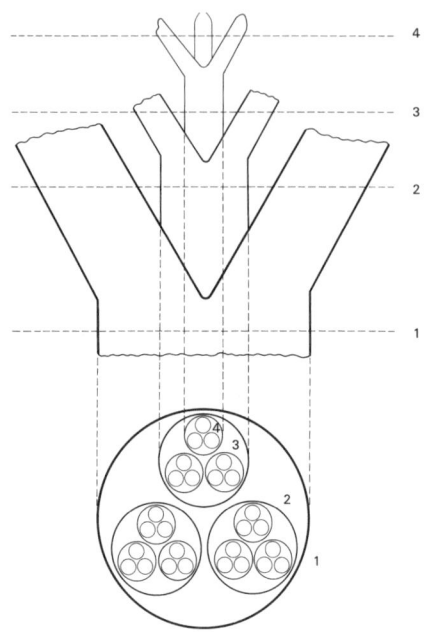

Abbildung 4.4: Holonnester in der Darstellung von Arthur Koestler

sie vor ein unlösbares Rätsel. Ohne das Wissen darum, daß in unserer Gesellschaft Kleidung und Vorhänge aus Stoff zusammengestichelt werden, beziehungsweise darum, daß wir Erdlinge uns von einer Örtlichkeit zur anderen mittels individueller Personenbeförderungsgeräte befördern, die in ein Transportsystem eingebettet sind, zu dem nicht nur eingebaute Verbrennungsmotoren gehören, sondern auch Straßen, ein flächendeckendes Tankstellennetz, Ausgangs- und Zielorte, sind diese beiden Maschinen nicht erklärbar.

Das heißt, um ein Stück Maschinerie zu verstehen, reicht es nicht hin, seine Zusammensetzung zu kennen, sondern man muß auch um seine Rolle innerhalb des übergeordneten Systems wissen, dem es angehört. Deshalb gehört zu dem hüpfenden Frosch nicht nur die nach innen gewandte, zeitlich-kausale Erklärung, sondern auch die „Von-oben-nach-unten-Erklärung", die die Systemebene einordnet. Wenn Sie nicht wissen, daß der Frosch soeben eine Schlange gesehen hat und versucht, seinem Schicksal als Mahlzeit zu entgehen, verstehen Sie nur einen Bruchteil dessen, was geschieht. Ein lebender Organismus kann nicht unabhängig von seiner Umgebung und dem steten Austausch von Energie und Information, Drohung und Verheißung existieren. Lebende Systeme sind definitionsgemäß offene Systeme.

Unser vielstöckiges Wissenschaftsgebäude ist Teil einer Universität. Ohne Institute für Sprachen, Geschichte und Geographie wäre Wissenschaft bedeutungslos.

Unsere Welt mag eine ontologische Einheit sein – ja, ich würde behaupten, sie ist es –, um sie jedoch zu verstehen, benötigen wir die erkenntnistheoretische Vielfalt, die uns die verschiedenen Erklärungsebenen bieten. Und wenn Sie noch immer nicht überzeugt sind und glauben, Dawkins Steilhang hinabgleiten zu können, ohne zu Schaden zu kommen, warum sich dann noch mit den Worten, Paragraphen und Kapiteln dieses Buches herumplagen? Sie müssen einzig und allein die einzelnen Buchstaben auf der Seite untersuchen, einen analytischen Chemiker rufen, der ihnen die Zusammensetzung der Druckerschwärze verrät, und einen Mikroskopiker, der ihnen die Faserstruktur des Papiers beschreibt. Hier liegt der Grund dafür, weshalb Reduktionismus, sobald er aufhört, rein methodologisch daherzukommen, so rasch in Ideologie umschlägt, wenn Experimentatoren sich gerade noch mit den Fingernägeln am Rande des Steilhangs halten können.

5

Gene und Organismen

*... sobald „Information" im Protein verankert ist,
kann sie es nicht mehr verlassen.*
                        Francis Crick, *On protein synthesis*

Gene und Genetik

Die Reise durch Zeit und Raum – der persönliche Lebensweg – ist für jeden Organismus einzigartig. Zwar mag jedes Individuum allen anderen Vertretern derselben Art und mehr noch seinen Eltern und Geschwistern ähneln, doch nie werden zwei Individuen exakt gleich sein – wer sie gut genug kennt, vermag sogar eineiige Zwillinge auseinanderzuhalten. Was vermittelt solche Ähnlichkeiten, solche Übereinstimmungen und Unterschiede im Laufe der räumlich-zeitlichen Abfolge eines Lebenswegs? Diese Kernfragen beschäftigen Biologen seit nunmehr über einem Jahrhundert. Sie sind die Studienobjekte zweier eigener biologischer Disziplinen, der Genetik und der Entwicklungsbiologie, deren Ausgangspunkt sehr ähnliche Fragen zur Natur des Lebens gewesen waren, die sich jedoch an einem Schlüsselpunkt ihrer Geschichte zu ihrem Schaden voneinander getrennt haben. Dies hat zu einer erheblichen konzeptuellen Verwirrung geführt, die sich bis in die gegenwärtige Ära der High-Tech-Molekularbiologie erhalten hat. Die Geschichte der Biologie ist in diese gegenwärtigen Diskurse und Debatten zentral verwickelt. Wie so oft ist auch hier die Vergangenheit der Schlüssel zur Gegenwart, und die gegenwärtigen Dispute innerhalb der Biologie lassen sich nur auf der Grundlage der geschichtlichen Entwicklung der Untersuchung von Leben verstehen.

Fragen zu Ursprung und Entwicklung lebender Geschöpfe haben die Biologen schon lange vor der Einführung des Begriffs Biologie beschäftigt – die übrigens im Jahre 1802 erfolgte –, die Basis für unser gegenwärtiges Verständnis aber sind die Arbeiten von Gregor Mendel, der im Jahre 1865 seine berühmten Experimente über die Form und

Farbe aufeinanderfolgender Generationen von Erbsensaat im Garten seiner Abtei zu Brünn – im heutigen Tschechien Brno – veröffentlichte. Er konnte nicht nur zeigen, daß diese beiden Merkmale (gelb oder grün, glatt oder runzlig) unabhängig voneinander von einer Generation auf die andere übermittelt werden, sondern er führte darüber hinaus auch einen für die damalige Experimentalbiologie ganz neuen Ansatz ein. Im Unterschied zu seinen Vorgängern, zeitgleich jedoch mit anderen wie dem Naturforscher und Eugeniker Francis Galton, unternahm Mendel eine mehr als rein qualitative Beschreibung seiner Befunde: Er *zählte*. Er beobachtete, daß die Merkmale grün/gelb und glatt/runzlig je nach dem Aussehen der miteinander gekreuzten elterlichen Pflanzen in den folgenden Generationen in einfachen und reproduzierbaren Zahlenverhältnissen auftraten.

Er begann mit zwei sogenannten „reinerbigen" Erbsenlinien, die über Generationen hinweg getrennt gehalten und jede für sich ungekreuzt vermehrt worden waren. Diese beiden Linien kreuzte er. Befruchtete er beispielsweise eine Pflanze, die grüne Erbsen hervorbrachte, mit den Pollen einer gelbe Erbsen tragenden Pflanze, so brachte die gesamte Folgegeneration gelbe Erbsen hervor. Wenn er nun aber die Pflanzen der Folgegeneration untereinander kreuzte, trugen manche Pflanzen gelbe Erbsen, andere hingegen grüne. Die Vererbung mußte also in diskreten Einheiten erfolgen – grün und gelb mischten sich nicht einfach zu irgendeiner Zwischenfarbe. Außerdem ging die Fähigkeit zur Produktion von grünen Erbsen bei der anfänglichen Grün/gelb-Kreuzung offenbar nicht verloren, sondern wurde lediglich überlagert. Und schließlich brachte die zweite Generation grüne und gelbe Erbsen produzierende Pflanzen in stets demselben Zahlenverhältnis hervor: eine grüne auf drei gelbe. Was für die Farbe der Erbsen galt, traf auch auf andere von ihm untersuchte Merkmale zu, beispielsweise auf das Merkmal glatt oder runzlig.

Es sah ganz danach aus, als entspräche jedem beobachtbaren Merkmal der Erbsenpflanze, jeder ihrer Oberflächeneigenschaften oder *Anlagen*, irgendein unsichtbares Teilchen oder (in modernen Worten ausgedrückt) ein Informationsspeicher innerhalb der Pflanze, auf dessen Basis sich Farbe und Form der Folgegeneration ergaben. Diese mysteriösen Faktoren wurden zunächst *Determinanten* genannt. Jeder Nachkomme einer Kreuzung mußte demnach ein Determinantenpaar erhalten, von jedem Elternteil eine. Angenommen, beide Partner waren grün (das heißt, war das Paar in bezug auf dieses Merkmal *homozygot*), war die Nachkommenschaft grün, waren beide gelb, waren auch die Nachkommen gelb. Bestand das

Erbteil jedoch in einem gelben und einem grünen Partner (das heißt, war das Paar *heterozygot*), dann waren die Nachkommen gelb. Die gelbe Determinante war im Verhältnis zur grünen *dominant*, von der grünen sagte man, sie sei *rezessiv*. Aus diesen Vorgaben ergibt sich ganz zwanglos das berühmte Aufspaltungsverhältnis von eins zu drei. Bezeichnet man die Determinanten als Y und G und geht davon aus, daß jede Pflanze der ursprünglich reinen Linie zwei Kopien einer Determinante besitzt (also YY oder GG enthält) und in der Generation nach der ersten Kreuzung jede Pflanze eine Determinante von jedem Elternteil erhält, dann muß diese Nachkommenschaft (einheitlich) YG enthalten. Kreuzt man nun in der nächsten Generation zwei YG-Pflanzen, dann kommen für die Nachkommen als mögliche Kombinationen YY, GG und – zweimal – YG in Frage. Da aber Y dominant ist und alle Pflanzen mit dieser Determinante gelbe Erbsen hervorbringen werden, wird nur die GG-Pflanze grüne Erbsen tragen. Drei zu eins – ganz einfach (Abbildung 5.1).

Die geschlechtliche Fortpflanzung bei Pflanzen und Tieren unterscheidet sich grundlegend von der ungeschlechtlichen oder asexuellen Reproduktion oder Knospung, der zwar nicht einzigen, aber häufigsten Form der Reproduktion bei Bakterien und anderen einzelligen

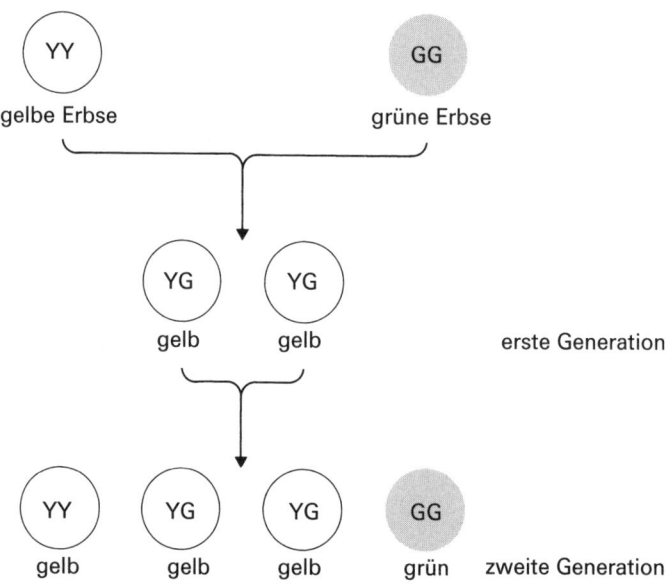

Abbildung 5.1: Die quantitative Aufspaltung nach den Mendelschen Gesetzen bei dem Merkmalpaar (gelb/grün)

Organismen. Bei der ungeschlechtlichen Fortpflanzung verfügen die beiden neu entstandenen Tochterzellen nur über ein Elternteil, und dementsprechend können sie nur eine einzige Determinantenkombination erben. Die Vermischung, wie sie bei der geschlechtlichen Form der Reproduktion vorkommt, ist unmöglich. Tochterzellen sind daher mit ihren Elternzellen identisch, sie sind *Klone*. Der Zufall will es, daß die sexuelle Art der Vermehrung, abgesehen von dem Vergnügen, das sie den Geschlechtspartnern bereitet, gewisse genetische und evolutionäre Vorteile mit sich bringt, die vermutlich der Grund dafür sind, daß auch sich ungeschlechtlich fortpflanzende Wesen wie Bakterien, bei denen sich bisher beim besten Willen nichts dem menschlichen Genuß Vergleichbares hat feststellen lassen, gelegentlich eine sexuelle Einlage erlauben (in ihrem Falle wird dies als *Konjugation* bezeichnet), durch die genetisches Material von einem – für diesen speziellen Fall als männlich zu betrachtenden – Partner zum anderen – in diesem Falle dem weiblichen – übermittelt wird. Viele Pflanzen hingegen bevorzugen, wie jeder Gärtner weiß, bei ihrem Fortpflanzungsgeschäft den ständigen Wechsel von einer Methode zur anderen.

Wie alle guten Experimentatoren hatte auch Mendel Glück.[1] Die von ihm untersuchten Anlagen waren diskrete Einheiten – es gab kein Zwischenstadium zwischen runzlig oder glatt, gelb oder grün. Bei den Anlagen hingegen, die Galton interessierten – menschlichen Merkmalen wie Körpergröße, Stärke des Händedrucks, Kopfumfang und Intelligenz –, gibt es keine diskreten Zustände, sondern diese variieren nahtlos über ein sehr breites Spektrum. Hinzu kommt, daß die Nachkommen von zwei Menschen unterschiedlicher Körpergröße, statt auf gut Mendelsche Weise dem einen oder dem anderen nachzuschlagen, meist irgendwo in der Mitte zwischen beiden liegen. Galtons Untersuchungen zufolge schienen sich derartige kontinuierlich variierende Merkmale zu mischen – eine Beobachtung, an der Darwin fast verzweifelte und die sich, wie wir in Kapitel 7 noch sehen werden, zu endlosen Problemen für sein Modell der natürlichen Selektion als Motor der Evolution auswuchs. Wir haben es hier jedoch nicht mit einem bloßen Unterschied zwischen Tier und Pflanze zu tun. Einer der Gründe dafür, daß Mendels Arbeiten über vierzig Jahre hinweg unbeachtet blieben, war die Tatsache, daß Experimente mit einer anderen Pflanzenart, die ihm der damalige Doyen der europäischen Botanik, Karl Wilhelm von Nägeli, mit dem Mendel einen regen Briefverkehr pflegte, nahegelegt hatte, keine derart eindeutigen Zahlenverhältnisse ergaben.[2] Nägeli stand Mendels Theorien skeptisch gegenüber; das eigentliche Problem aber ist, daß diese Verhältnisse nur unter bestimmten Umständen zustande kommen.

Mendels Befunde wurden im Jahre 1900 von Wissenschaftlern in Tübingen, Wien und Amsterdam unabhängig voneinander wiederentdeckt, und diese gründeten zusammen jene moderne Wissenschaft, die, nach einem weiteren frühen Mendelanhänger, William Bateson aus Cambridge, als *Genetik* in die Geschichte eingehen sollte. Als Mendels Aufspaltungsverhältnisse auch für diskrete Merkmale vieler anderer Spezies nachgewiesen worden waren, hörten sie auf, als erbsenspezifische Eigenschaft zu gelten. Die genauere Betrachtung von Familienstammbäumen, die über drei oder mehr Generationen zurückreichten, machte deutlich, daß es auch bei unserer Art bestimmte, fest umrissene Merkmale gibt, die wie die Farbe der Augen oder die Fähigkeit, die Zunge einzurollen, in Zahlenverhältnissen vererbt werden, die mit den Mendelschen Schemata übereinstimmen.

Neue Begriffe entstanden: Die unsichtbaren Determinanten für die einzelnen Merkmale wurden zu *Genen* und die Gesamtheit aller Gene in einem Organismus zu dessen *Genotyp*. Die verschiedenen möglichen Versionen eines beliebigen Gens nannte man *Allele*, und die äußerlich sichtbaren Merkmale selbst bildeten den *Phänotyp* des Organismus. Man muß sich unbedingt vergegenwärtigen, daß keiner dieser Begriffe allzu genau definiert war, so daß sie nahezu vom Augenblick ihrer Entstehung an für verschiedene Forscher unterschiedliche Dinge bedeuteten – angefangen von den individuellen Merkmalen eines bestimmten Vertreters einer Art bis hin zu irgendeinem platonischen, idealisierten „Speziesbild", dem sämtliche lebenden Artmitglieder mehr oder weniger nahe kommen. In jüngster Zeit hat man den Begriff Genotyp daher mehr oder weniger fallenlassen, eben weil auf seinen Schultern genau diese platonische Last ruht. Heutzutage spricht man, wenn man die Summe aller Gene eines speziellen Organismus meint, in der Regel von dessen Genom. Ein platonisches Element aber war von Anbeginn an dabei, und in manchen Bereichen hat es bis zum heutigen Tag überdauert. Gene wurden als „Essenzen" gesehen, als unteilbare Einheiten, auf die sich die äußere Form gründet; die unbewegten Beweger und unveränderten Veränderer im Inneren eines jeden Organismus.

„Phänotyp" ist ein nicht minder zweifelhafter Begriff, mit ihm bezieht man sich auf einige oder alle sichtbaren Merkmale eines Organismus – angefangen vom Vorhandensein eines bestimmten Enzyms bis hin zu Haarfarbe oder Körpergestalt oder auch ein charakteristisches Verhaltensmuster wie beispielsweise die Gangart. In seinem Buch *The Extended Phenotype* geht Dawkins sogar so weit, Aspekte der äußeren Umgebung eines Organismus in dessen Phänotyp mit einzubeziehen – so sieht er zum Beispiel den Damm, den ein Biber baut, als Teil von dessen Phänotyp.[4] Eine solche überzogene Ausweitung des Begriffs macht das Terminologieproblem nur noch größer, denn der Damm ist nicht das Produkt der Aktivität eines einzelnen Bibers, sondern eine kollektive Leistung vieler. Außerdem beherbergt er eine Vielfalt an Insektenarten, die sich der besonderen Merkmale dieser speziellen Umgebung freuen. Wenn der Damm ein Phänotyp ist, dann der einer Lebensgemeinschaft, nicht eines Einzeltiers, und seine Beziehung zu Genen, Genotyp oder Genom eines Einzelorganismus ist damit mehr als dürftig – ein Thema, auf das ich in Kapitel 8 zurückkommen werde.

Nach ihrer Wiederentdeckung dominierten die Mendelschen Gesetze über mehrere Jahrzehnte hinweg das Denken der noch sehr jungen Wissenschaft Genetik, und sie bilden noch immer den Ausgangspunkt für die meisten Biologie-Lehrbücher unserer Schulen. Die Diskrepanz zwischen Mendels diskontinuierlicher Abwandlung und Galtons kontinuierlicher Variation von Merkmalen blieb jedoch bis zum Ende der zwanziger Jahre ein Problem.[5] Die Galtonsche Lehre wurde von Galtons Schüler, Schützling und Nachfolger Karl Pearson in London weitergeführt. Pearson war ein vorzüglicher Mathematiker, und da die Daten aus den von ihm analysierten Merkmalen keine sauberen Entweder/oder-, Grün/gelb-Aufspaltungen ergaben, fing er an, eine ganze Reihe von statistischen Methoden zu entwickeln, mit denen sich komplexe Ergebnisse analysieren lassen, Verfahren, die noch heute gebräuchlich sind (im Grunde sind die historischen Entwicklungen von Genetik und Statistik seither unauflöslich miteinander verknüpft). Die Lösung im Konflikt zwischen Mendelianern und Galtonianern wurde erst möglich, nachdem man erkannt hatte, daß sich die kontinuierliche Variation von Merkmalen wie der Körpergröße als Folge des Zusammenwirkens vieler Gene erklären ließ, von denen ein jedes einen gewissen Einfluß auf das endgültige Erscheinungsbild hat.

Doch je mehr Zeit verstrich, desto mehr Abweichungen von den Mendelschen Regeln wurden beobachtet. Zu den frühesten Beobachtungen gehörte der Befund, daß manche Merkmale nur bei einem der beiden Geschlechter auftreten. Farbenblindheit oder Bluterkrankheit beispielsweise kommen nur bei Männern vor, obwohl beide über die weibliche Linie vererbt werden können. Die Bluterkrankheit ist aus einem besonders berühmten Familienstammbaum der miteinander verschwägerten königlichen Familien Europas bekannt. Ihr Auftreten läßt sich von Königin Viktoria quer durch die europäischen Adelsfamilien bis an den russischen Zarenhof zum Sohn und Erben der Romanows verfolgen, der im Jahre 1917 am Ende der Russischen Revolution hingerichtet wurde. Von solchen Merkmalen sagt man, sie seien *geschlechtsgebunden*. Andere Abweichungen vom Mendelschen Schema sind weniger geradlinig, und die zu ihrer Berücksichtigung entwickelten Modelle wurden immer komplexer. Wie kompliziert und variabel die beobachteten Phänotypen auch sein mochten, die Biometriker waren weiterhin entschlossen, sie auf der Basis von Interaktionen zwischen jenen unteilbaren Verursacherpartikeln zu erklären, für die sie die Gene hielten. Wenn die Zahlenverhältnisse nicht stimmten, mußten es andere Faktoren sein, die die ordnungsgemäße Funktion der Gene überdeckten, so wie der Teufel Gottes Absichten durchkreuzen kann. In solchem Falle sagte man, die betreffenden Gene seien *partiell dominant* oder zeigten eine *unvollständige Penetranz*.

Sobald man diese Möglichkeit zugesteht, gibt es innerhalb einer Population wirklich so gut wie keine Phänotyp-Verteilung mehr, auf die sich ein genetisches Modell nicht anwenden ließe. Im traditionellen Popperschen Sinne sind derartige Modelle, die so komplex werden können wie die von der präkopernikanischen Astronomie erdachten „Räder in Rädern" zur Beschreibung der Planetenbewegung, nicht falsifizierbar. Mit genügend Voraussetzungen läßt sich jedes Modell „nachbessern". Mit welcher Leichtigkeit sich so etwas bewerkstelligen läßt, ging mir vor ein paar Jahren in einem Gespräch mit einem bedeutenden Verhaltensgenetiker auf. Wir sprachen über die Genetik der Schizophrenie, und ich berichtete von einigen neueren Befunden, denen zufolge diese Diagnose in Großbritannien sehr viel häufiger bei Kindern aus einer Beziehung zwischen Weißen und Schwarzen gestellt wird als in jeder der beiden elterlichen Populationen, das heißt bei den einheimischen Weißen beziehungsweise den Einwanderern aus der Karibik. Diese Daten waren mit keinem einfachen genetischen Modell zu erklären, und eine Interpretation, die auf der Hand läge, könnte lauten, daß die Diagnose Schizophrenie die Folge der Belastungen ist, denen ein Kind aus einer gemischten Beziehung in einer rassistischen Gesellschaft ausgesetzt ist. Der Genetiker brauchte nur einen winzigen Augenblick, um ein alternatives genetisches Modell zu entwickeln: selektive Partnerwahl. Mit anderen Worten, man muß von vornherein verrückt sein, wenn man eine Beziehung zu einer Person anderer Hautfarbe in Erwägung zieht!

Anfang der zwanziger Jahre kannte man eine Reihe von genetisch übertragenen Krankheiten des Menschen (die schon im Jahre 1909 von einem der Mitbegründer dieses Gebiets, dem Arzt Archibald Garrod, als „angeborene Stoffwechselfehler" bezeichnet worden waren). Manche davon, insbesondere Bluterkrankungen wie die Sichelzellenanämie, schienen auf Mendelsche oder zumindest quasimendelsche Weise vererbt zu werden. Zu dieser Zeit erklärten die Vertreter der von Galton gegründeten Eugenikbewegung, alles andere – angefangen vom Schwachsinn bis hin zu sexueller Promiskuität und Kriminalität – werde auch auf diese Weise vererbt, womit die Genetik nicht mehr nur mit der Statistik, sondern auch mit Psychometrie und Eugenik verwoben war.[6] Damit begann der lange Weg, der von den Sterilisationsgesetzen und der restriktiven Einwanderungspolitik der Vereinigten Staaten bis zu den Konzentrationslagern der Nationalsozialisten führen sollte. Diese Geschichte, an die so viele Male aufs Schmerzvollste erinnert worden ist, ist untrennbarer Bestandteil des quälenden Erbes moderner Genetik und kann nicht einfach übergangen werden, denn sie färbt das reduktionistische Denken in der Biologie bis heute. Dieses Erbe hat die Genetik zusammen mit der Atomphysik zu den beiden Wissenschaftsgebieten werden lassen, denen wohl die meisten Sorgen und Ängste der Allgemeinheit gelten. Es ist allerdings nicht meine Absicht, dieses Thema hier weiter zu behandeln. Ich will mich statt dessen erneut auf mein eigentliches Anliegen besinnen, den Lebensweg, die Reise des einzelnen Organismus durch Raum und Zeit.

Entwicklung

Während Mendels Wiederentdecker damit beschäftigt waren, die von ihnen beobachteten phänotypischen Erscheinungen als Produkt hypothetischer Gene zu charakterisieren, betrachteten andere Biologen Organismen aus einer ganz anderen Perspektive. Wie, so fragten sie, führt die Vereinigung von Ei und Sperma am Ende zu einem Organismus aus hundert Billionen (10^{14}) zu verschiedenen Geweben und Organen differenzierten, in genauer räumlicher Beziehung zueinander angeordneten Zellen?

Das erste Problem ließ sich durch Beobachten angehen. Ein Lichtmikroskop und ein Tier, dessen befruchtete Eizellen sich im Laufe der Entwicklung leicht beobachten ließen, waren alles, was man brauchte – Seeigel und Amphibien wie der Frosch wurden rasch zu bevorzugten

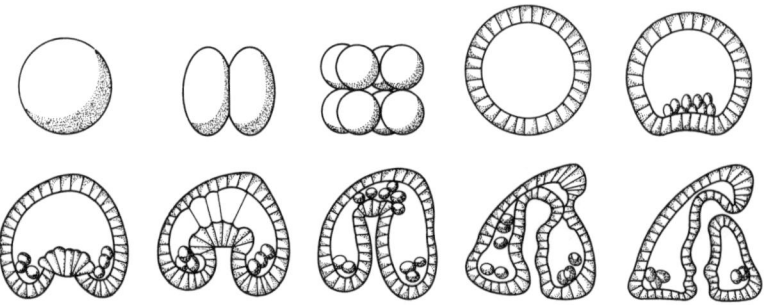

Abbildung 5.2: Die frühen Stadien der Zellteilung:
Vom Ei zu Blastula und Gastrula

Studienobjekten. Man stellte fest, daß sich die befruchteten Eizellen binnen einer Stunde teilten: Aus einer Zelle wurden zwei, aus zwei wurden vier, aus vier wurden acht... Diese Teilung unterscheidet sich grundlegend von der, zu der es bei der Befruchtung kommt und bei der die befruchtete Nachkommenzelle verschiedene Kombinationen der Mendelschen Determinanten oder Gene – von jedem Elternteil ein Allel – erhält. Jede Tochterzelle, die aus der erstgenannten Teilung (*Mitose*) hervorgeht, erhält, genau wie im Falle einer ungeschlechtlichen Fortpflanzung, eine exakte Kopie aller Gene ihrer Elternzelle.

Innerhalb von etwa acht Stunden haben die sich teilenden Zellen eine hohle Kugel gebildet, die sogenannte *Blastula*. Sie besteht aus einer einzigen Zellschicht und enthält insgesamt etwa eintausend Zellen (Abbildung 5.2). Sodann beginnt die Kugel ihre Form zu ändern, sie sieht aus, als würde sie an einem Ende so lange eingedrückt, bis die Einstülpung die dem Hohlraum zugewandte Seite der gegenüberliegenden Zellen berührt. Diesen Vorgang bezeichnet man als Gastrulation. Mit fortschreitender Teilung dreht und verformt sich die Gastrula und faltet sich an verschiedenen weiteren Stellen ein, manche Regionen werden ganz abgeschnürt und bilden unabhängige Strukturen. Nach einer überraschend geringen Zahl von Zellteilungen (es dauert schließlich nur zwanzig Teilungszyklen, bis aus einer einzelnen Zelle über eine Million Zellen geworden sind) ist die Zellmasse als Miniaturausgabe des erwachsenen Tiers – oder, im Falle des Frosches, des Kaulquappenstadiums – erkennbar geworden.[8]

Die mikroskopische Untersuchung sich teilender Zellen ergab bereits mit den eingeschränkten methodischen Möglichkeiten des ausgehenden neunzehnten Jahrhunderts ein weiteres Detail. Wenn eine eukaryontische Zelle (eine Zelle mit Zellkern) sich zur Teilung anschickt, beginnen sich im Zellkern zuvor unsichtbare, fadenför-

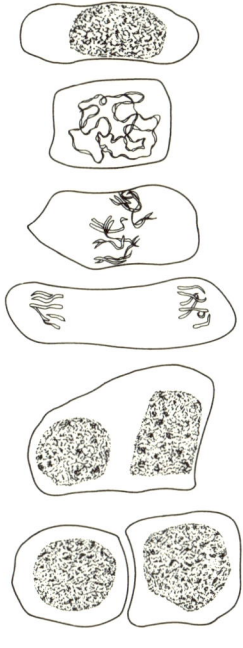

Abbildung 5.3:
Eine Zelle, ihr Zellkern und ihre Chromosomen im Verlauf der Zellteilung. Gezeichnet nach einer Photographie von Zellen aus der Wurzelspitze eines Krokus

mige Strukturen plötzlich deutlich sichtbar abzuzeichnen. Diese Strukturen konnten die damals von Mikroskopikern verwendeten Farbstoffe aufnehmen und erschienen daher gefärbt. Dieser Tatsache verdanken sie ihren Namen: *Chromosomen*. (Bei Prokaryonten wie den Bakterien, die über keinen Kern verfügen, erscheinen die Chromosomen im Cytoplasma.) Die Chromosomen eines jeden Organismus haben eine charakteristische Form, und im Mikroskop sehen sie wie kleine, in sich verdrehte Bänder aus, von denen jedes sein eigenes, besonderes Muster an horizontalen Streifen oder Bändern aufweist. Das Muster ähnelt ein bißchen einer unregelmäßigen Leiter. In jeder Zelle (mit Ausnahme der Geschlechtszellen oder *Gameten*, Ei und Sperma) liegen die Chromosomen in zueinander passenden Paaren vor. Im weiteren Verlauf der Mitose (Teilung) beginnen die Chromosomen, sich zu verdoppeln, als fertigten sie eine Kopie ihrer selbst an. Die Kopien trennen sich und bewegen sich zu entgegengesetzten Polen des Zellkerns. Der Nukleus selbst wird dann in der Mitte eingeschnürt und zweiteilt sich, dasselbe geschieht mit der gesamten Zelle, so daß dort, wo bislang nur eine Zelle vorhanden war, nunmehr zwei Tochterzellen zu sehen sind, die jede den gesamten Chromosomensatz der Mutterzelle geerbt haben. Dieser Ablauf ist in Abbildung 5.3 dargestellt.

Dieser präzise intrazelluläre Tanz der Chromosomen und der Rhythmus der Zellteilung, die sich in reibungsloser Folge abspulen, waren und sind noch immer faszinierend zu beobachten, aber sie laufen nach Regeln ab, die den frühen Embryologen mehr oder minder unergründlich erscheinen mußten. Sie sahen den Prozeß als Verkörperung von etwas, das Leben von Nichtleben unterscheidet. Für manche lautete die einzig mögliche Erklärung, daß der Embryo von einer *élan vital* beseelt sein mußte, einer Lebenskraft, die sich nicht auf bloße Mechanismen reduzieren ließ. Den meisten schien diese Überlegung freilich inakzeptabel: Sie sahen darin ein komplexes Stück lebenden Uhrwerks, das, auseinandergenommen, seine Geheimnisse würde preisgeben müssen. Welcher Philosophie man auch zuneigte, die sich teilende Zellkugel war experimentellen Manipulationen aufs beste zugänglich. Was würde beispielsweise geschehen, wenn man einen Teil der Kugel entfernte oder sie in zwei gleiche Hälften teilte? Die Ergebnisse verwirrten die Forscher über Jahre hinweg, denn die Lösung schien zu lauten: „Es kommt darauf an": Es kommt auf den Organismus an, darauf, wie viele Zellteilungen die Zellkugel vor dem Schnitt bereits durchgemacht hat, und darauf, wo aus der Kugel die Probe entnommen wurde.

Aus diesem Grunde unternahm Wilhelm Roux, einer der Gründerväter der Entwicklungsbiologie, das Experiment, eine der beiden Tochterzellen aus der ersten Teilung des Froscheies mit einer heißen Nadel abzutöten. Sein Ergebnis stand im Einklang mit seinen mechanistischen Ansichten, denen zufolge aus der überlebenden Zelle nur ein halber Embryo hervorgehen könne. Die Embryonalentwicklung galt damit als mechanische Abfolge fest determinierter Stadien, in deren Verlauf eine unwiderrufliche funktionelle Differenzierung von Zellen erfolgte. Sein Schüler Hans Driesch hingegen verkündete im Jahre 1891, daß er, wenn er dasselbe Experiment mit Seeigeleiern im Zwei- oder Vierzellstadium durchführte, vollkommen normal ausgebildete erwachsene Tiere erhielt, die allerdings nur die Hälfte beziehungsweise ein Viertel ihrer normalen Größe hatten. Driesch erschien dies als völliger Widerspruch zur bisherigen mechanistischen Sicht von Leben: Eine Maschine, die man in ihre Einzelteile zerlegt, kann schließlich unter keinen Umständen zu zwei oder mehr funktionstüchtigen Exemplaren des ursprünglichen Typs zusammengesetzt werden. Die Folge war, daß er sich einer modernen Version des Vitalismus zuwandte und eine Kraft forderte, die allen lebenden Zellen innewohnt und deren harmonisches Funktionieren sicherstellt („Entelechie").[9]

Drieschs mystische Formulierungen – die zu seiner Zeit übrigens von einer merkwürdigen Analogie waren zu denen Sheldrakes in der unsrigen – wurden von einem anderen Roux-Anhänger, Jacques Loeb, heftig angefochten. Er interpretierte die Experimente neu und kam zu dem Schluß, daß es bei dem Ergebnis wirklich immer darauf ankommt. Unter bestimmten Umständen wächst jede Hälfte der beschädigten Zellkugel zu einem kleinen, aber völlig normal geformten erwachsenen Tier heran. Unter anderen wird sich ein Teil normal entwickeln, der Rest jedoch nicht lebensfähig sein. Unter wieder anderen entsteht ein unvollständiger Organismus, dem einige vitale Funktionen und Körperteile fehlen. Systematisieren ließen sich die Ergebnisse folgendermaßen: Je nach Organismus besitzt in den frühen Stadien der Zellteilung jede Zelle noch alle Determinanten – Informationen oder Gene, nennen Sie es, wie Sie wollen –, um einen kompletten Nachkommen entstehen zu lassen; in späteren Stadien bleibt diese Fähigkeit in manchen Regionen der sich entwickelnden Zellkugel erhalten, in anderen hingegen nicht; noch später geht diese Fähigkeit völlig verloren, das entwicklungsbiologische Geschick der einzelnen Regionen der Zellkugel steht fest und kann nicht mehr verändert werden. (Dies gilt zumindest für Tiere. Bei Pflanzen liegt dieses Schicksal nicht unumstößlich fest: Unter geeigneten Umständen kann sogar ein winziger Schnipsel von einer erwachsenen Möhrenpflanze dazu gebracht werden, zu einer neuen, voll ausgebildeten Karotte – und somit einem Klon der Originalpflanze – auszuwachsen.)

Loeb formulierte daraufhin seine eigene große Theorie, die er in einem Buch – oder eher einem Manifest – aus dem Jahre 1912 mit dem Titel *The Mechanistic Conception of Life* darlegte. Er vertrat darin die Ansicht, daß Organismen Maschinen *sind*. Verhalten, und sei es auch noch so komplex, ließe sich in eine Reihe mechanischer *Tropismen* zerlegen, in Verhaltensmuster wie den Hang, sich zum Licht hin oder vom Licht weg oder auch in Reaktion auf die Schwerkraft oder was auch immer zu bewegen. Für solche Tropismen waren seiner Überzeugung nach einfache biochemische Mechanismen verantwortlich. Wenn Driesch der Sheldrake seiner Zeit war, so war Loeb mit Sicherheit ein Vorgänger Dawkins. Man vergegenwärtige sich folgende Aussage von Dawkins:[10]

> „Eine Fledermaus ist eine Maschine, deren innere Elektronik so verdrahtet ist, daß ihre Flügelmuskeln sie auf ein Insekt zuschießen lassen wie ein lebloses gelenktes Geschoß auf ein Flugzeug."

Loeb hätte es nicht besser ausdrücken können, wenn auch seine mechanistischen Metaphern aufgrund der technologischen Möglichkeiten des Jahres 1912 etwas eingeschränkter waren. Mögen solche Formulierungen heute auch simplizistisch anmuten, ihr richtungsweisender und ideologischer Einfluß war jedoch enorm. Loeb arbeitete am Rockefeller Institut in New York (der heutigen Universität), und sein Denken trug wesentlich zur Gestaltung des Rockefeller-Programms zur Förderung der molekularbiologischen Forschung bei, das von den Zwanzigern bis in die fünfziger Jahre hinein das gesamte Gebiet dominierte.[11]

Zur Lösung der oben beschriebenen Paradoxa ersannen spätere Generationen von Embryologen komplexere Experimente. Teile des sich entwickelnden Embryos wurden in andere Regionen verpflanzt. Und wieder hingen die Ergebnisse von der genauen Lokalisation ab. So verpflanzten Hans Spemann und Hilde Mangold im Jahre 1924 ein Stück Gewebe aus einer bestimmten Region der Molchgastrula auf die gegenüberliegende Seite eines anderen Embryos und beobachteten, daß sich aus dem Transplantat ein kompletter zweiter Embryo entwickelte. Das Transplantat hatte das Verhalten der Zellen in seiner Umgebung verändert und die Bildung des zweiten Embryos *induziert*. Das Transplantat bezeichneten sie als *Organisator*. (Nicht lange nach dem tragischen Unfalltod Mangolds wurde Spemann im Jahre 1935 der Nobelpreis verliehen.) Aber in der Entwicklungsbiologie ist nichts einfach. Manchmal wird das Schicksal eines Transplantats durch die Umgebung festgelegt, in die es transplantiert worden ist, dann wieder trägt es sein zukünftiges Geschick in sich. Transplantieren Sie eine Gruppe von Zellen aus einer Region im sich entwickelnden Insekt, die dazu ausersehen ist, sich zu einem Bein zu entwickeln, und verpflanzen Sie sie in die Kopfregion: Je nach dem Alter des Embryos und damit nach der Anzahl an Zellteilungen, die er seit der Befruchtung durchgemacht hat, wird das transplantierte Gewebe in den sich entwickelnden Kopf integriert werden oder sich zu einem zusätzlichen Bein entwickeln, das auf bizarre Weise dem Kopf entsprießt.

Mendel hatte sich vorgestellt, jeder Organismus enthielte so etwas wie eine Tasche voller einzelner Determinanten und während der Entwicklung würden diese Einzeldeterminanten auf verschiedene Regionen verteilt. Was aber während der Mitose geschieht, ist, wie sich herausgestellt hat, etwas ganz anderes: Jede Zelle erhält denselben Satz von Determinanten oder Genen. In den frühen Stadien der Entwicklung kann sich daher jede der neu entstandenen Zellen teilen und zu einem vollständigen Organismus entwickeln, sie ist, so sagt man, *totipotent*. Später jedoch hängt es, obwohl noch immer sämtliche Gene in allen Zellen vorhanden sind, von der entwicklungsbiologischen Vergangenheit der jeweiligen Zelle ab, welche Gene aktiv sind (*exprimiert* werden ist der gebräuchliche Ausdruck hierfür): Das heißt, es kommt darauf an, wie oft sich die Zellinie bis zum gegenwärtigen Stadium bereits geteilt hat, und darauf, wo die Zelle sich innerhalb des sich entwickelnden Embryos befindet. Die Genexpression variiert somit sowohl zeitlich als auch räumlich.

Gene und Chromosomen

Noch immer waren Gene abstrakte, unsichtbare Determinanten. Mendels Gesetze der Vererbung und der unabhängigen Aufspaltung von Genen wurden im Laufe der zwanziger und dreißiger Jahre bestätigt und ausgeweitet, als Thomas Hunt Morgan und seine Arbeitsgruppe zunächst an der New Yorker Columbia University und später am California Institute of Technology (Caltech) ein geeignetes Tiermodell für ihre Untersuchungen fanden: ein ubiquitäres, sich rasch vermehrendes Insekt, allgemein geläufig unter dem Namen Taufliege oder Essigfliege, *Drosophila melanogaster* – jene winzigen schwarzen Tierchen, die sich in großer Zahl auf einem Stück reifen oder faulenden Obstes niederlassen. *Drosophila* vermehrt sich sehr rasch, und in jeder größeren Population dieser Tiere fand Morgan einige, die ungewöhnlich aussahen – zum Beispiel weiße statt roter Augen hatten oder auf ihren Flügeln ein ungewöhnliches Adermuster aufwiesen. Diese Merkmale werden nach den Mendelschen Regeln vererbt. Sein Kollege Hermann Muller zeigte, daß sich der Anteil an ungewöhnlichen Merkmalen stark erhöhen ließ, indem man die Fliegen auf die eine oder andere Weise gewissen Belastungen aussetzte – sie beispielsweise mit subtoxischen Konzentrationen von bestimmten Chemikalien oder Röntgenstrahlen behandelte. Die sich daraus ergebenden seltsamen Merkmale sind sogenannte *Mutationen* und lassen sich in den mutierten Individuen und deren Nachkommen untersuchen.

Morgan hatte sein Forscherdasein nicht als Mendelscher Genetiker begonnen, sondern als Embryologe, und der zweite Grund für sein Interesse an *Drosophila* ergab sich daraus, daß ihre Zellen ungewöhnlich große und gut sichtbare Chromosomen enthalten.[12] So konnte er Struktur und Erscheinungsbild der Chromosomen im Verlauf der Zellteilung untersuchen und Vergleiche anstellen zwischen mutierten und normalen Populationen (oder „Wildtyppopulationen", wie man sie bald nannte). Das befähigte ihn zu dem nächsten entscheidenden Schritt in der Geschichte der Genetik. Die abstrakten Determinanten namens Gene hatten, wie sich herausstellte, in der Zelle einen „greifbaren" Sitz: Gene befinden sich auf den Chromosomen und werden daher im Verlauf der Mitose mit diesen auf die beiden Tochterzellen verteilt. Bei der Befruchtung erhält die Eizelle ihre Gene in Gestalt eines von jedem Elternteil beigesteuerten einzelnen Chromosomensatzes. Eine sorgfältige Analyse der Chromosomen von Wildtyp-Fliegen und mutierten Fliegen legte überdies die Vermutung nahe, daß jedes Chromosom einen bestimmten Satz von Genen enthalten mußte, die überdies in einer ganz bestimmten Reihenfolge angeordnet waren. Das Bandenmuster des Chromosoms machte es möglich, die Aufgabe der *Kartierung* in Angriff zu nehmen und die genaue Position ausfindig zu machen, die ein bestimmtes Gen auf dem Chromosom innehat. Ein neues Forschungsgebiet war entstanden: die *Cytogenetik* – die zelluläre und mikroskopische Untersuchung von Genen.

Ähnlichkeiten und Unterschiede

Der Begriff „Gen" hatte nunmehr zwei Bedeutungen. Auf der einen Seite war das Gen noch immer eine abstrakte Einheit, die Determinante für ein spezielles phänotypisches Merkmal, auf der anderen Seite verfügte es über eine klare Lokalisation, eine „map reference", und man konnte zeigen, daß es im Verlauf von Teilung und geschlechtlicher Fortpflanzung als physikalische Einheit von einer Zelle an die nächste übermittelt wird. Da sich der Schwerpunkt der genetischen Forschung inzwischen in Morgans Labor verlagert hatte, bestand bei dessen Erfahrungen in Entwicklungsbiologie und Genetik eine gute Aussicht auf eine Synthese zwischen beiden. Dazu sollte es allerdings nicht kommen, und die Gründe hierfür sind nicht ohne Belang. Zum einen haben sie damit zu tun, daß die beiden biologischen Disziplinen so unterschiedliche Fragen stellen. Hinzu kommt aber, daß die Genetik im Vergleich zur Entwicklungsbiologie nunmehr eine relativ einfache, geradlinige Sache zu sein schien. Es gab sogar den vehement vertretenen Standpunkt, daß man das ganze unübersichtliche Durcheinander lebender Organismen und deren komplexe Biochemie ganz umgehen sollte und sich lieber voll und ganz auf die mathematischen

Annehmlichkeiten von Kreuzungsexperimenten mit ihren eindeutigen Versuchsergebnissen konzentrieren sollte. Organismen wurden zu einer Art Sonde, mit deren Hilfe man Gene untersuchte.

Das Hauptinteresse der Entwicklungsbiologie galt weiterhin dem offenbar unerbittlichen Programm, das von einem befruchteten Ei zum voll ausgebildeten Organismus führte, der frappierenden Abfolge von Zellteilung und -wanderung, der Aufsplitterung einer ursprünglich homogenen Zellmasse zu definierten Strukturen, Geweben und Gliedmaßen. Wie kommt es, daß bei auf den ersten Blick ganz ähnlich wirkenden Zellmassen, die ganz ähnlichen Transformationen unterworfen werden, im einen Falle am Ende eine Maus, im anderen Falle ein Mensch steht? Die Ähnlichkeit ist so groß, daß sie den darwinistischen Embryologen Ernst Haeckel zu der Behauptung veranlaßte, die „Ontogenese sei eine verkürzte Phylogenese", war er doch der Ansicht, daß ein menschlicher Embryo auf seinem pränatalen Wege vom befruchteten Ei zu einem voll ausgebildeten Säugling ebenfalls all die evolutionären Schritte durchlaufe, die über fisch-, amphibien- und reptilienähnliche Vorfahren zum *Homo sapiens* geführt haben.[13]

Warum enden die Tochterzellen einer Zelle aus dem einen Teil der embryonalen Zellmasse als Leber und die aus einem anderen Teil als Gehirn oder Knochen mit einem ganz anderen Proteinmuster und charakteristischen Formen? Wie kommt es, daß sämtliche menschlichen Individuen am Ende so erstaunlich gleich aussehen? Fast jeder von uns mißt als Erwachsener irgend etwas zwischen ein und zwei Metern, hat zwei Arme und Beine sowie Hände und Füße mit jeweils genau fünf Gliedmaßen an ihrem Ende. Warum haben wir ein Herz, aber zwei Lungen und ein in zwei beinahe identische Hemisphären aufgeteiltes Gehirn?

Solche Fragen machen die Entwicklungsbiologie zu einer Wissenschaft von den Gesetzen der Regelmäßigkeit, der *Ähnlichkeiten* zwischen Organismen. In der Entwicklungsbiologie werden Gene weniger als isolierte Einheiten betrachtet, sondern eher als Teil einer harmonischen Dialektik von Wechselwirkungen zwischen Organismus und Umgebung, durch die befruchtete Zellen über einen Prozeß namens *Ontogenese* zu reifen Erwachsenen werden. Wie zu gegebener Zeit deutlich werden wird, sind die Zwänge, denen dieser Prozeß unterliegt, nur teilweise genetischer Natur.

Die Genetik war und ist demgegenüber weniger an Ähnlichkeiten interessiert als vielmehr an *Unterschieden*. Warum hat die eine Fliege rote Augen und die andere weiße? Warum unterscheiden Menschen sich hinsichtlich ihrer Körpergröße, und warum haben manche in ihren roten Blutkörperchen ein Hämoglobin, das den Sauerstoff offenbar nicht so effizient zu binden und zu transportieren vermag wie das anderer Menschen? Diese *Warum*-Fragen lassen sich letztlich nur auf der Ebene der modernen Nachfahren Mendelscher Determinanten, der Gene, beantworten. Für die Genetik sind Gene somit diskrete Einheiten, die in linearer Weise, nahezu unabhängig voneinander und von der Umgebung, in der sie exprimiert werden, zu roten oder weißen Augen beispielsweise oder zu normalem beziehungsweise zu Sichelzellen-Hämoglobin werden. Die Ontogenese ist nur insofern von Interesse, als genetische Unterschiede Entwicklungsanomalien entstehen lassen können wie jene Familienstammbäume, in denen häufig Kinder mit sechs statt mit fünf Fingern geboren werden. Davon abgesehen sind die Organismen des Genetikers zeitlos und inhaltsleer – sie sind nichts als Genotyp und Phänotyp. Sie machen keine Zeitreise durch, haben keinen Lebensweg.

Wenn Sie ein gutes Beispiel für solche leeren Organismen suchen, schlagen Sie das dritte Kapitel von Richard Dawkins *Der blinde Uhrmacher* auf, in dem er sein Computerspiel über das Wirken der Evolution vorstellt, dem er Modellorganismen zugrunde gelegt hat, die er als „Biomorphe" bezeichnet.[14] Jeder Biomorph geht komplett ausgebildet aus seinem Vorfahren hervor. Er macht keine Entwicklung durch, muß sich keinen realen Zwängen von Wachstum und Ontogenese unterwerfen. Natürlich werden wir (so nehme ich an) kaum vorhaben, solche Modelle allzu ernst zu nehmen, und meine Gegenüberstellung von Genetikern und Entwicklungsbiologen ist nur deshalb in so krasser Form geschehen, weil ich der Ansicht bin, daß zwischen den beiden Disziplinen tatsächlich dieser Unterschied in der Denkweise besteht und daß dieser wesentlich dazu beigetragen hat, die Wissenschaftsgeschichte zu formen.

Warum es keine Gene „für" etwas gibt

Der Schritt, der die Genetik über Morgans Zuordnung von Genen zu bestimmten Chromosomenorten führte, brachte sie auch erstmals in Berührung mit der Biochemie.[15] Die Organismen der Wahl waren nicht mehr die Taufliegen, sondern noch einfachere Organismen, zuerst der Schimmelpilz *Neurospora crassa* (zu deutsch: *Roter Brotschimmel*, verantwortlich für jenen rötlichen Schimmelbelag auf feuchtem, altbackenem Brot) und später das weitverbreitete Darmbakterium *Escherichia coli*. Bei diesen Organismen waren Mutationen sogar noch leichter hervorzurufen und zu untersuchen als bei Taufliegen, die Auswirkungen bestanden nun allerdings nicht mehr in phänotypischen Merkmalen wie roten oder weißen Augen, sondern lagen auf der Ebene von Stoffwechselprozessen. Diese Organismen lassen sich in kleinen abgedeckten Glasschälchen (sogenannten Petrischalen) ziehen, die man mit einer Art Gel füllt, dem man die essentiellen Nährstoffe – Zucker, Aminosäuren und was auch immer – zugesetzt hat. Während Wildtyp-Organismen mit relativ einfachen Mischungen zurechtkommen, können manche Mutanten das nicht, sondern müssen vielmehr mit zusätzlichen Aminosäuren oder anderen für den Stoffwechsel wichtigen Substanzen (*Metaboliten*) gefüttert werden. Offenbar vermögen die Wildtyp-Organismen, solche Moleküle aus den Chemikalien, die man ihnen zuführt, herzustellen, während die Mutanten dies nicht können. Man fand heraus, daß solchen Mutanten bestimmte Enzyme fehlen, Enzyme, die im Rahmen der Stoffwechselwege, aus denen diese fehlenden Metabolite hervorgehen, eine entscheidende Rolle spielen: Jede spezifische Mutation führte zum Fehlen eines bestimmten Enzyms. Damit wurde zu jenem Zeitpunkt eine neue und umfassendere Definition von Genen möglich. Sie wurde in den dreißiger Jahren von George Beadle und Edward Tatum auf der Basis ihrer Experimente mit *Neurospora* formuliert. Ein Gen, so ihr Lehrsatz, entspricht einem Enzym beziehungsweise produziert ein Enzym. Für die Experimente, die zur Formulierung dieser Gleichung führten, erhielten sie den Nobelpreis. Und auf seltsame Weise hörte damit die Biochemie in den Augen vieler Forscher auf, ein eigenständiges Gebiet zu sein, und wurde zu einem weiteren Instrument – einer Technologie – zur Untersuchung von Genen degradiert.

Die Gene selbst hatten sich einen weiteren Schritt von ihrem Dasein als verborgene Einheiten, als unbewegte Beweger entfernt. Nun konnte ihnen nicht nur ein bestimmter Ort auf einem Chromosom zugeordnet werden, sondern darüber hinaus auch eine biochemische Funktion: Offenbar determinierten sie nicht nur Merkmale, sondern sie waren für die Produktion von Enzymen verantwortlich, möglicherweise waren sie sogar selber Enzyme. Das warf ein völlig neues Licht auf die Vorstellung von Genen „für" ein Merkmal. Betrachten wir einmal die Augenfarbe. Die Farbe der menschlichen Iris hängt vom Vorhandensein bestimmter Pigmente in den Iriszellen ab. In Abwesenheit dieser Pigmente ist das Auge blau, und mit zunehmenden Pigmentmengen ergeben sich Schattierungen von grün bis braun.

Lassen Sie uns die entwicklungsbiologischen Prozesse, die zur Bildung des Auges und innerhalb des Auges zur Iris führen, einmal beiseite legen und nur die Pigmente betrachten. Selbst wenn wir die biochemischen Schritte ignorieren, durch die es zu den notwendigen Vorläufersubstanzen für den Syntheseweg kommt, sind an der Entstehung der Irispigmente viele verschiedene Enzyme beteiligt. Damit müssen nach dem Beadle-Tatum-Prinzip des „ein Gen – ein Enzym" auch viele Gene vonnöten sein (wie wir sehen werden, ist das Ganze sogar noch komplizierter als das).

Damit gibt es das Gen „für" eine bestimmte Augenfarbe für den Biochemiker und vielleicht auch für den Genetiker überhaupt nicht mehr. Vielmehr gibt es Unterschiede in den biochemischen Synthesewegen, die zu braunen oder blauen Augen führen, denn im letztgenannten Falle fehlt ein bestimmtes Enzym, das eine chemische Transformation auf dem Weg zur Pigmentsynthese zu katalysieren hätte. Bei blauäugigen Menschen wird dieses Enzym offenbar nicht gebildet, oder es funktioniert aus irgendeinem Grunde nicht. Das Gen „für" blaue Augen muß somit umgedeutet werden in „eines oder mehrere Gene, in deren Abwesenheit der metabolische Syntheseweg zur Bildung von Pigmenten im Stadium der Blauäugigkeit abbricht". Ähnlich verhält es sich mit Mendels grünen und gelben Erbsen: Der Farbunterschied ist darauf zurückzuführen, daß die gelben Erbsen in ihrem Stoffwechselweg über ein zusätzliches Enzym verfügen, das zum Abbau des grünen Pigments Chlorophyll führt. Dieses aber ist selbstverständlich nur eines von vielen Enzymen, die an dem Weg vom komplexen Chlorophyll-Molekül zu seinen Endprodukten unterwegs beteiligt sind – von der Abfolge der zahlreichen enzymkatalysierten Reaktionen, die überhaupt erst zu seiner Entstehung geführt haben, ganz zu schweigen.

Diese Umbenennung macht erneut den Unterschied deutlich zwischen einem entwicklungsbiologischen und einem genetischen Ansatz. Den Entwicklungsbiologen interessiert nur der wohlabgestimmte biochemische Prozeß, an dessen Ende die eine oder andere Augenfarbe steht. Die Mutation oder die Abwesenheit bestimmter Gene mag dazu beitragen, diesen Weg zu beleuchten (und fällt damit in das Gebiet der Technologie, wie ich es in Kapitel 3 definiert habe), ist aber für sich genommen belanglos; wir haben es keineswegs mit etwas zu tun, was sich auf die Formel „ein Gen – ein Auge" bringen ließe. Der Genetiker aber ist noch immer an dem Unterschied zwischen braunen und blauen Augen oder grünen und gelben Erbsen interessiert und verwendet noch immer das – den Rest der Welt und manchmal sogar die Genetiker selbst irreführende – Kürzel „ein Gen für" solche Farbunterschiede.

Natürlich wissen alle Biologen, daß dies so ist und daß die Phrase „Gen für" nichts weiter ist als ein handliches Kürzel. In *The Extended Phenotype* legt Dawkins ausdrücklich Wert auf eben diesen Umstand, um ihn dann im weiteren als belanglos zu verwerfen für den Fall, daß sich das System verhält, als gäbe es solche „Gene für" tatsächlich. Das heißt, seine Gene sind rein theoretische Konstrukte, Kombinationen von Eigenschaften, die von bestimmten Enzymen oder DNA-Abschnitten verkörpert werden können oder auch nicht, mit denen sich jedoch in jedem Falle mathematische Modellspielereien anstellen lassen.

Sie mögen denken, dies sei unerheblich, der Einwand lediglich kleinliche Pedanterie meinerseits, aber ich versichere Ihnen, dem ist nicht so. Es ist ganz und gar nicht unerheblich. Gene, die die Augenfarbe bestimmen, als individuelle Einheiten zu sehen mag vielleicht unerheblich sein. Was aber, wenn aus ihnen „Schwulengene", „Schizophreniegene" oder „Aggressivitätsgene" werden? Eine schlampige Terminologie leistet schlampigem Denken Vorschub. Und sie hat überdies auch Konsequenzen für die Gentechnologie. Je mehr man über das menschliche Genom lernt, um so stärker verblassen die anfänglich naiven Vorstellungen wie die von der Existenz eines einzelnen Gens, das „für" eine bestimmte Erkrankung verantwortlich ist.

Auch bei vielen Krankheiten, die allem Anschein nach durch ein einzelnes Gen bedingt zu sein scheinen, weiß man inzwischen, daß diesen bei verschiedenen Patienten unterschiedliche Mutationen zugrunde liegen. Sie alle mögen ein ganz ähnliches klinisches Bild aufweisen – beispielsweise eine eingeschränkte Fähigkeit, Cholesterin angemessen umzusetzen, und einen dadurch bedingten erhöhten Cholesterinspiegel im Blut, aus dem sich zwangsläufig ein erhöhtes Risiko für eine koronare Herzerkrankung ergibt. Die Mutation aber, und damit die Enzymfehlfunktion, die zu diesem Krankheitsbild führt, kann in jedem Einzelfall eine ganze andere sein. Das bedeutet auch, daß das Medikament, das bei dem einen Patienten den Zustand wirksam verbessert, bei jemand anderem, bei dem die Erhöhung des Cholesterinspiegels eine andere Ursache hat, durchaus unwirksam sein kann. Die Konsequenzen, die sich hieraus für die Durchführung von DNA-Analysen ergeben, beschreiben Ruth Hubbard und Richard Lewontin:

„... die Muster der Weitergabe sind unvorhersehbar und scheinen von verschiedenen anderen Faktoren abhängig zu sein, mögen diese nun sozialer, ökonomischer, psychologischer oder biologischer Natur sein. Die Vorstellung, daß sich Gesundheit oder Krankheit auf der Basis von DNA-Mustern werden vorhersagen lassen, wird höchst fragwürdig. Für jede Störung wären ausführliche populationsgenetische Studien nötig, um Existenz und Ausmaß der Beziehungen zwischen bestimmten DNA-Mustern und deren äußerlich sichtbaren Manifestationen im Laufe der Zeit nachzuweisen. Hinzu kommt, daß diesen Korrelationen mit großer Wahrscheinlichkeit keine absolute Geltung, sondern lediglich ein gewisser Grad an statistischer Gültigkeit zukommen wird."[16]

Gene werden zu DNA

Wir kommen nun zu jenem Abschnitt der Chronik, dessen Inhalt mit Fug und Recht als einer der großen wissenschaftlichen Triumphe des Jahrhunderts gilt: die Identifizierung der Erbsubstanz und die Aufklärung dessen, was mit der Beadle-Tatum-Formel „ein Gen – ein Enzym" im einzelnen gemeint ist.

Gene als physikalische Entitäten befinden sich auf den Chromosomen im Zellkern. Es war daher sinnvoll zu fragen, woraus Chromosomen denn bestehen. Das war nicht schwierig. Man konnte zeigen, daß sie in erster Linie aus einer bestimmten Klasse von Proteinen (sogenannten *Histonen*) bestehen, die fest an ein scheinbar inertes (reaktionsträges) langes, kettenförmiges Molekül gebunden waren, ein Molekül von derselben Art, wie es der Tübinger Chemiker Friedrich Miescher im Jahre 1868 aus Eiter von gebrauchtem Verbandsmaterial isoliert hatte. Miescher nannte das Material *Nukleinsäuren* und zeigte später, daß es auch in anderem, weniger unappetitlichem zellkernreichem Material vorhanden ist, beispielsweise in Lachssperma. Man konnte zeigen, daß Nukleinsäuren in zwei Formen vorkommen, als Desoxyribonukleinsäure (DNA) und als Ribonukleinsäure (RNA), und nach kurzer anfänglicher Verwirrung – man nahm zunächst an, die eine Form läge nur in Tier-, die andere hingegen in Pflanzenzellen vor – wurde klar, daß beide Formen allgegenwärtig und in sämtlichen Zellen vorhanden sind. Die DNA ist (mit Ausnahme sehr geringer Mengen in den Mitochondrien) nahezu ausschließlich auf den Kern beschränkt; RNA kommt sowohl im Zellkern als auch in dem Cytoplasma vor, das diesen umgibt.

Man wußte bereits eine Menge über Proteine, über Nukleinsäuren hingegen so gut wie nichts, und in den dreißiger und vierziger Jahren herrschte die allgemein verbreitete Ansicht vor, daß sich Proteine als die aktiven Bestandteile der Chromosomen erweisen würden. Rückblickend betrachtet, scheint eine Reihe von Experimenten auf das Gegenteil hingedeutet zu haben, aber der Einfluß des Proteinparadigmas war derart groß, daß man sie im großen und ganzen ignorierte oder mißinterpretierte.[17]

Der Durchbruch kam schließlich weder aus dem biochemischen noch aus dem genetischen Lager, sondern aus einer völlig unerwarteten Richtung. Zu Beginn der fünfziger Jahre versuchten James Watson, ein ehrgeiziger und leicht überheblicher junger amerikanischer Postdoc mit einem Gaststipendium in Cambridge, sowie ein hochintelligenter, wenngleich etwas dilettantischer Exsoldat, Ingenieur und Physiker namens Francis Crick mit mäßigem Erfolg, die dreidimensionale Struktur von DNA vermittels der damals noch relativ neuen und mühseligen Methodik der Röntgenstrukturanalyse zu entschlüsseln. Die Erleuchtung kam ihnen in Gestalt von Röntgendiffraktionsmustern, aufgenommen von Rosalind Franklin in London, die ohne ihr Wissen dem Paar aus Cambridge in die Hände gespielt worden waren (vgl. Abbildung 3.4 auf Seite 79). Diese Bilder boten die Technologie, die Watson und Crick benötigten, denn aus ihnen ergab sich prompt der Hinweis auf die inzwischen berühmte Doppelhelixstruktur der DNA, will sagen, auf die Tatsache, daß ihre Bestandteile, die *Nukleotide* Adenin, Guanin, Cytosin und Thymin, nur in einer ganz bestimmten Konfiguration ineinander paßten, woraus sich die Frage der Chromosomenverdopplung und -kopie mehr oder weniger zwangsläufig beantworten ließ. Diese Struktur ist heute allgemein bekannt, dennoch soll sie hier einmal mehr gezeigt werden (Abbildung 5.4).

Wenn sich die beiden Stränge voneinander trennen, kann jeder von ihnen, wie Watson und Crick erkannten und in ihrem berühmt gewordenen *Nature*-Artikel darlegten, als Vorlage dienen, an der der passende Gegenstrang fehlerfrei kopiert werden kann. Während der Mitose können somit identische DNA-Stränge – ganze Chromosomen – synthetisiert und auf die Tochterzellen verteilt werden. Sie gelangten zu folgender Schlußfolgerung:

„Es ist unserer Aufmerksamkeit nicht entgangen, daß die spezifische Paarbildung, die wir hier fordern, zwanglos einen möglichen Kopiermechanismus für das genetische Material nahelegt."[18]

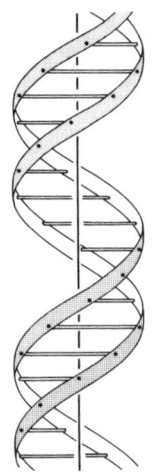

Abbildung 5.4: Watson und Cricks Zeichnung der DNA-Doppelhelix

Damit hatte der Begriff „Gen" eine erneute Wandlung erfahren. Ab jetzt konnte man das Gen als Gebilde aus DNA betrachten. Was aber machte aus einer bestimmten Strecke DNA ein Gen? Zu diesem Zeitpunkt war Beadle und Tatums Formel „ein Gen – ein Enzym" bereits ein wenig aufgeweicht worden. Enzyme sind Proteine (jedenfalls meistens), doch nicht alle Proteine sind Enzyme. Manche, wie das Mikrotubuliprotein Tubulin, bilden das Strukturskelett von Zellen, andere, wie das Kollagen des Bindegewebes, füllen die Räume zwischen Zellen, wieder andere erfüllen, wie das Hämoglobin im Blut, vitale nichtenzymatische Stoffwechselfunktionen. Damit wäre es angebrachter, von „einem Gen – einem Protein" zu sprechen oder, genauer noch, da Proteine aus mehreren miteinander vernetzten oder anderweitig verbundenen Aminosäureketten bestehen können, von „einem Gen – einer Polypeptidkette".

Ein glanzvolles Jahrzehnt der Theorien und Experimente – der Biologe Gunther Stent bezeichnete diesen Zeitabschnitt einmal als die klassische Epoche der Molekularbiologie – schien einen Großteil der Antworten zu liefern. Mitte der sechziger Jahre begann sich ein verblüffend einfaches Bild abzuzeichnen, und Genetik und Biochemie taten sich zu der neuen Wissenschaft Molekularbiologie zusammen. DNA besteht aus vier Nukleotidbasen (abgekürzt A, C, G und T), es gibt um die zwanzig natürlich vorkommende Aminosäuren. Der Physiker George Gamow ging das Problem wie die Entschlüsselung eines Codes an. Wenn jede Aminosäure von zwei Basen codiert würde, konnte es nur 16 (vier mal vier) mögliche Kombinationen geben, und das war zuwenig. Bei drei Aminosäuren ergaben sich vier mal vier mal vier, das heißt vierundsechzig mögliche Kombinationen, und das war zuviel, könnte aber funktionieren, wenn der Code redundant wäre (das heißt für einzelne Aminosäuren mehr als eine Kombination zuließe) beziehungsweise wenn manche Triplet-Kombinationen innerhalb des Codes andere „Bedeutungen" erfüllten, beispielsweise „Anfang" oder „Ende" signalisierten. Im Rahmen eleganter Experimente, mit denen sich der DNA-Code entziffern und einzelnen Aminosäuren die passenden Triplerkombinationen zuordnen ließen, sollte sich diese Überlegung als zutreffend erweisen.

Hinzu kommt eine weitere entscheidende Komplexität. Es gibt, wie oben erwähnt, in der Zelle zwei Formen von Nukleinsäuren. Die eine ist die doppelsträngige DNA, die andere die ihr nahe verwandte, aber einzelsträngige RNA. In Eukaryonten liegt die DNA im Zellkern vor, dort ist sie Bestandteil der Chromosomen. RNA ist sowohl im Zellkern als auch im Cytoplasma zu finden. Es stellte sich heraus, daß Proteine selbst im Cytoplasma synthetisiert werden: Bei dem DNA-Kopiervorgang im Verlauf der Proteinsynthese wird die DNA-Doppelhelix in Teilen entspiralisiert und dann zu einem RNA-Einzelstrang (der sogenannten *messenger*- oder *Boten*-RNA) umkopiert. Diese RNA verläßt den Kern und wird ins Cytoplasma verfrachtet, wo sie die Vorlage zur Synthese einer bestimmten Proteinkette bildet.

Damit war das Gen zu einer definierten DNA-Strecke geworden, einer Chromosomenregion, die sich in eine RNA umkopieren läßt, welche ihrerseits für das Aneinanderreihen der Aminosäurenfolge in einem Protein kodiert – sprich eine Vorlage liefert. Diese Synthese ist zudem eine Einbahnstraße. Die Abfolge der Aminosäuren in einem Protein kann nicht als Vorlage für die Synthese einer RNA und damit auch von DNA dienen. Crick, den sein Sinn für das rechte Wort zur rechten Zeit in den mehr als vierzig Jahren, die vergangen sind, seit die Doppelhelix der Welt erstmals präsentiert wurde, nie verlassen hat, bezeichnete diesen Umstand, die Einbahnstraße des Informationsflusses, als das „zentrale Dogma" der Molekularbiologie:[20]

„DNA → RNA → Protein

... sobald die „Information" im Protein verankert ist, *kann sie es nicht mehr verlassen.*"

Diese Formulierung wird in Kapitel 7 klarer werden, denn für die ultradarwinistische Theorie ist sie nicht minder bedeutsam als für die Molekularbiologie. Und, um die linguistisch-informationstheoretische Metapher, die nun den Rahmen für die Formulierung der genetischen Theorie bildete, noch ein Stück weiterzutreiben, wurde die gerichtete Synthese von RNA an der DNA-Vorlage als *Transkription*, die Synthese von Protein anhand der RNA-Vorlage als *Translation* bezeichnet. Die DNA war zum Master-Molekül avanciert, und der Kern, dessen Sitz sie war, übernahm im Verhältnis zum Rest der Zelle die Rolle des Patriarchen.[21] Es ist schwer zu sagen, was mehr Einfluß auf die nachfolgende Richtungsgebung in der Biologie hatte – die Erkenntnis, welche Rolle die DNA bei der Proteinsynthese spielte, oder die richtungsweisende Macht der Metapher, in die sie eingebettet war.

Die Tatsache, daß die Entwicklung der Computertechnologie mit ihren Ansprüchen an die Informationstheorie zeitgleich mit der Expansion der Molekularbiologie fortschritt, machte nicht nur die entsprechende apparative Ausstattung und Computerleistung verfügbar, ohne die sich die dramatischen Fortschritte in den Jahrzehnten seit den sechziger Jahren nicht hätten bewerkstelligen lassen, sondern gab auch die richtungsweisenden Metaphern vor, innerhalb derer Daten analysiert und Theorien aufgestellt wurden. Crick mag der Urheber dieser Metapher gewesen sein, aber es hat einen Dawkins gebraucht, um diese zu ihrem logischen Abschluß zu bringen. Betrachten Sie beispielsweise die Euphorie seiner Darstellung in *Der blinde Uhrmacher*, mit der er eine blühende Trauerweide vor seinem Fenster bedenkt:

„Draußen regnet es DNS... Es regnet Instruktionen da draußen, es regnet Programme, es regnet Baumwachstum, Flauschverbreiten, Algorithmen. Das ist keine Metapher, es ist die reine Wahrheit. Es könnte nicht wahrer sein, wenn es floppy discs regnete."[22]

Das ist gut geschrieben, es macht großen Spaß, so etwas zu lesen, so großen Spaß, daß es seinen Weg in die Anthologien der Wissenschaftsprosa gefunden hat, doch ist es in beinahe jeder Hinsicht falsch. Man mag die triviale, in jenem Absatz aus dem Werk des großen Theoretikers leichtfüßig übergangene Tatsache ignorieren, daß der Samen sehr viel mehr enthält als DNA – da gibt es Proteine und Polysaccharide und eine Vielzahl anderer kleiner Moleküle, ohne die DNA inaktiv bleiben müßte –, das mag nur einen Biochemiker wie mich irritieren. Aber man kann nicht die unverfrorene Behauptung übergehen, das Ganze sei „keine Metapher", denn um genau das handelt es sich – bestenfalls. Sicher ist es nicht „die reine Wahrheit". Auch ist es keine Frage von Homologie oder Analogie. Es ist ein Manifest.

In seinem neueren Buch *Und es entsprang ein Fluß in Eden* wird Dawkins noch deutlicher. Lebende Organismen lassen sich als Analoggeräte verstehen, erklärt er, aber diese Analoggeräte werden von DNA konstruiert und gesteuert, und diese ist ihrem Wesen nach digital. Der Informationsgehalt des Genoms läßt sich in Bits und Bytes ausdrücken. Und was ist Leben anderes als ein Ausdruck genomischen Wirkens (oder, wie wir in Kapitel 7 noch sehen werden, das Mittel, mit dem sich das Genom selbst repliziert)?

„Leben besteht schlicht aus Bytes und Bytes und Bytes digitaler Information."[23]

Mendel ist erledigt, verkehrt zu Chemie plus Informationstheorie. Richtig? *Falsch*: Dawkins mag sich für nichts weiter als einen digitalen PC, seinen komplexen Lebensweg in Raum und Zeit für den Ausdruck eines eindimensionalen Strangs aus As, Cs, Gs und Ts halten, doch die Dinge liegen ein bißchen komplizierter als das, nicht nur für ihn, sondern auch für jeden anderen lebenden Organismus.

Matrjoschkas

Epochen großer umfassender Vereinfachungen folgen in der Wissenschaft oftmals Zeiten, in denen die Einfachheit sich wieder in Komplexität verflüchtigt. Dies ist in der Molekularbiologie seit den sechziger Jahren der Fall. Das Problem nimmt seinen Anfang mit einer einfachen Frage: Die DNA-Menge in den Chromosomen jedes einzelnen Organismus ist viel zu groß, als daß sie sich durch eine einfache Hochrechnung auf der Grundlage der Anzahl an Proteinen und der zu deren Codierung notwendigen Triplets erklären ließe. Ein durchschnittliches Protein mag um die dreihundert Aminosäuren lang sein, zu seiner Codierung bedürfte es eines DNA-Abschnitts von 900 Nukleotiden. Und da der Mensch im Laufe seines Lebens in den verschiedenen Geweben seines Körpers schätzungsweise um die 100 000 verschiedene Proteine exprimiert, müßte das menschliche Genom etwa neunzig Millionen Basen umfassen (oder, genauer, Basenpaare, da ja jede Base auf dem anderen Strang der Doppelhelix sein Gegenstück hat), die sich, aufgereiht wie die Perlen einer Halskette, auf die 23 menschlichen Chromosomen verteilen. Tatsächlich aber haben es die Armeen von Molekularbiologen, die sich an dem Riesenwerk beteiligen, das gesamte menschliche Genom zu sequenzieren, nicht mit neunzig Millionen Basenpaaren zu tun, sondern mit drei Milliarden – das entspricht dem mehr als dreißigfachen Überschuß. Was hat es mit all dieser DNA auf sich?

Ein Teil der Antwort war recht bald bekannt. Es genügt nicht, einen Satz Gene für die notwendigen Proteine zu besitzen und zu glauben, mehr sei nicht notwendig, um einen Organismus entstehen zu lassen. Wie wir gesehen haben, werden nicht alle Proteine zu jeder Zeit in allen Zellen synthetisiert. Vielmehr müssen im Zuge dessen, daß Zellen im Laufe der Embryonalentwicklung ihre Totipotenz allmählich einbüßen und sich spezialisieren, manche Gene „abgeschaltet" werden, wenn man so will, andere müssen „angeschaltet" werden, das hängt vom Schicksal der jeweiligen Zelle ab. Nervenzellen müssen in der Lage sein, Neurotransmittermoleküle zu synthetisieren, Leberzellen hingegen nicht. Es muß daher auch eine Reihe von Anweisungen für Gene geben, die diese zur rechten Zeit an- oder abschalten. Wenn diese Instruktionen, wie es die digitale Theorie und das zentrale Dogma verlangen, tatsächlich unmittelbar von der DNA selbst kommen sollen, dann muß es zusätzlich eine weitere Klasse von Genen geben, die nicht für Proteine kodieren, sondern als An- und Ausschalter fungieren. Solche „Schaltergene" wurden von den Franzosen Jacques Monod und François Jacob in den sechziger Jahren erstmals in Bakterien entdeckt. Verschiedene Versionen dieser Gene sind in sämtlichen Organismen am Werk, in Prokaryonten und Eukaryonten, Einzellern und vielzelligen Organismen, ein Teil der überschüssigen DNA erklärt sich also aus solchen regulatorischen Funktionen (die molekularen Mechanismen ihrer Wirkungsweise sollen uns hier nicht weiter interessieren).

Doch selbst wenn man diese zusätzlichen Funktionen berücksichtigt, bleiben noch weit über neunzig Prozent der DNA im menschlichen Genom ohne erkennbare Funktion. Ein Großteil dieser DNA besteht aus sich wiederholenden Basensequenzen, weshalb man sie als *repetitive DNA* bezeichnet. Manche Molekularbiologen bezeichnen sie mit einiger Überheblichkeit abschätzig als „Müll"-DNA oder aber, aus Gründen, die in Kapitel 8 deutlich werden, als „egoistisch" – ein Begriff, der, glaube ich, auf Crick zurückgeht, von dem er in Anlehnung an Dawkins' „egoistisches Gen" geprägt wurde. (Man beachte, daß sich der Egoismus der DNA bei Crick darin zeigt, daß diese für die Zelle und den Organismus, der sie beherbergt, nicht das Geringste tut, sie läßt sich einfach nur kopieren. Dawkins' egoistische Gene dagegen sind egoistisch, weil sie selektiv die erfolgreiche Fortpflanzung des sie beherbergenden Organismus und damit ihre eigene Replikation betreiben.) Durch ebendiese egoistische DNA arbeiten sich die internationalen Arbeitsgruppen hochqualifizierter Sequenzierer, die das *Human Genome Project* beschäftigt, in mühevoller

Kleinarbeit zu einem ursprünglich auf einen Dollar pro Basenpaar geschätzten Preis hindurch – eine Aufgabe, die Watson einst despektierlich als Arbeit bezeichnete, die sich nur trainierten Affen zumuten lasse.

Wäre dies das einzige Problem, so geriete eine blauäugige „Gen = DNA"-Theorie vermutlich nicht in allzu große Schwierigkeiten. Doch dahinter steht mehr, sehr viel mehr. Erstens: Die fortgeschrittenen Kartierungs- und Sequenzierungsarbeiten haben überdeutlich gemacht, daß die Betrachtungsweise von Genen als „auf Chromosomenfäden aufgereihte DNA-Perlen" zu simpel ist. Es hat sich gezeigt, daß Proteine gar nicht durch einen einfachen durchgehenden Strang aus Basentriplets kodiert werden. Vielmehr sind die kodierenden DNA-Bereiche durch lange Abschnitte aus repetitiver, nichtkodierender DNA unterbrochen, denen man den Namen *Introns* gegeben hat. Auch sind die kodierenden Regionen nicht notwendigerweise in der richtigen Reihenfolge angeordnet, so daß die Zwischenregionen nur „herausgefegt" werden müßten, um die eigentliche Botschaft lesen zu können. Verschiedene Teile eines Proteins können von DNA-Segmenten kodiert sein, die über große Chromosomenareale verteilt sind und durch eine komplexe zelluläre Maschinerie zusammengefügt werden – ein Vorgang, den man als *Spleißen* bezeichnet.

Sobald jedoch Spleißen zur Möglichkeit wird, können die gespleißten Sequenzen auf vielfältige Weise zusammengeführt werden, wie, das läßt sich nicht automatisch aus der Ursprungs-DNA herauslesen. Viele Proteine sind das Produkt verschiedener alternativer Spleißarrangements. Viel mehr noch werden an der DNA in einer bestimmten Gestalt synthetisiert und anschließend in der Zelle weiterverarbeitet, ihnen werden Komponenten zugefügt oder entfernt – ein Vorgang, den man in Fortführung der linguistisch-computerwissenschaftlich orientierten Metaphorik als *„Editieren"* bezeichnet. Und, wie Sie sicher bereits erwarten, es gibt auch alternative Editionsprozesse. Das hat zur Folge, daß man weit davon entfernt ist, von „einem Gen – einem Protein" reden zu können, denn sowohl Gene als auch Proteine sind zergliedert. Gene können aus verschiedenen DNA-Stücken zusammengefügt oder umarrangiert werden, so daß sich ihr Code anders liest (Abbildung 5.5). Und Proteine können als Ergebnis zellulärer Prozesse, die in großer Entfernung von der DNA stattfinden, multiple Gestalt annehmen. Der Begriff „Gen" im ursprünglichen, Mendelschen Sinne oder im Sinne von Beadle und Tatum ist nicht mehr exakt deckungsgleich mit „DNA-Abschnitt auf einem Chromosom".

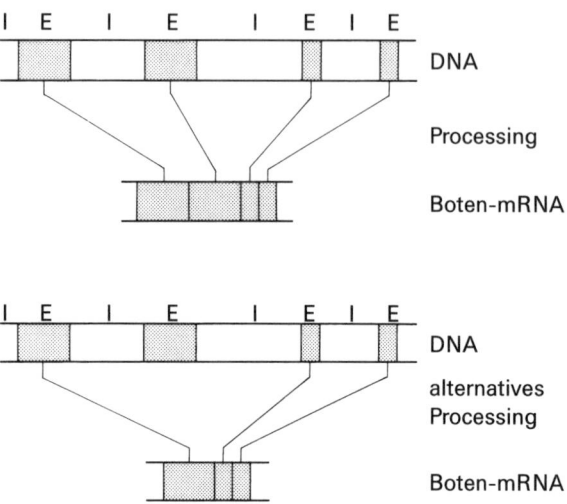

Abbildung 5.5: Introns (I) und Exons (E) und das alternative Spleißen einer Boten-mRNA

Und auch hiermit sind wir noch nicht am Ende. Vor undenklichen Zeiten, Jahrzehnte bevor die Molekularbiologie auf den Plan trat, damals, in den dreißiger Jahren, den Tagen der Cytogenetik, untersuchte Barbara McClintock die Genetik des Mais – in theoretischer Hinsicht nicht halb so *en vogue* wie Morgans *Drosophila*, dafür jedoch von ungleich größerer praktischer Bedeutung für die Landwirtschaft der Hauptanbaugebiete für Mais im amerikanischen Mittelwesten. Im Unterschied zu Mendel war Barbara McClintock keine isolierte Einzelgängerin – sie war immerhin die dritte Frau, die je in die amerikanische *National Academy of Sciences* gewählt wurde (das war im Jahre 1944), und kurz darauf (im Jahre 1945) war sie bereits Präsidentin der *Genetics Society of America*. Doch das, was sie in ihren Mais-Chromosomen beobachtete, lag zu ihrer Zeit derart weit außerhalb des damaligen Erfahrungsbereichs, daß es genauso lange ignoriert und heruntergespielt wurde wie Mendels Aufspaltungsverhältnisse. Am Ende war McClintock allerdings ein glücklicheres Los beschieden als Mendel, denn sie lebte lange genug, um ihre Befunde in den achtziger Jahren in einen neuen Rahmen eingefügt, auf einer neuen Ebene der Komplexität rehabilitiert zu sehen. Ihr selbst wurde nach dem Erscheinen einer weithin gefeierten Biographie im Jahre 1983 schließlich der Nobelpreis verliehen.[24]

Über McClintocks ursprüngliche Befunde und die Gründe dafür, daß sie von der orthodoxen Genetik derart lange abgelehnt wurden, sind heiße Debatten geführt worden. Doch wie dem auch sei, was sie beobachtet hatte, gilt heute als einschneidende Erkenntnis, durch die die statische Vorstellung vom Genom, die bis dahin das genetische Denken beherrscht hatte, tiefgreifend verändert wurde. Das charakteristische Erscheinungsbild von Chromosomen als verknäulten, fadenähnlichen Strukturen, die von unregelmäßigen, aber stets exakt gleichen Bandenmustern durchzogen sind, habe ich im vorhergehenden bereits beschrieben. Wenn auch im Verlauf der sexuellen Fortpflanzung entsprechende Abschnitte eines jeden Chromosomenpaares untereinander ausgetauscht werden können, wodurch sich die genetische Durchmischung erhöht, so ging man doch davon aus, daß die Muster auf den Chromosomen, anhand derer sich der Sitz eines bestimmten Gens auf dem Chromosom ausmachen ließ, stets stabil blieben. McClintocks Befunde „weichten die Gene auf". Es stellte sich heraus, daß Stabilität zwar durchaus eher die Regel war, daß aber Gene durchaus zu „springen" vermögen – sich selbst an einen anderen Standort innerhalb der Chromosomenkarte katapultieren können. Ausführlich bestätigt durch die Molekularbiologen jenes „postdogmatischen" Klimas, unter dessen Einfluß die unangefochtene Gültigkeit des zentralen Dogmas ins Wanken geraten war, verloren die „springenden Gene" ihren Ruf, bestenfalls ein Sonderfall der Maispflanze zu sein, sondern erwiesen sich als integraler Bestandteil dessen, was sich mehr und mehr als fließendes und keineswegs statisches Genom darstellte. Gene, deren phänotypische Expression an verstreuten DNA-Abschnitten entlang der Chromosomen erfolgt, sind, so stellte sich heraus, weit davon entfernt, isoliert im Zellkern zu residieren und Anweisungen von höchster Stelle zu erteilen, mit denen sie über den Rest der Zelle gebieten. Vielmehr stehen sie in permanentem, dynamischem Austausch mit ihrer zellulären Umgebung. Das Gen als die ein Merkmal determinierende Einheit bleibt eine handliche Mendelsche Abstraktion, die sich für Lehnstuhltheoretiker und Designer von Computermodellen mit digital programmiertem Verstand eignet. Das Gen als aktives Mitglied jenes zellulären Orchesters, das jeden Ton auf dem Lebensweg eines jeden Einzelwesens angibt, ist eine völlig andere Angelegenheit. Ich habe die Unterschiede zwischen den abstrakten Genen der Theoretiker und den Genen des wirklichen Lebens, mit denen es der Biologe zu tun hat (von denen einige allerdings erst im Laufe der folgenden Kapitel deutlich werden), in Tabelle 5.1 dargestellt.

Tabelle 5.1: Die Gene der Theoretiker und die Gene der Biologen

Theoretiker	Biologen
Gene als theoretische Einheit	Gen als Begriff für variable DNA-Sequenzen
Gene als einheitliche und unteilbare Entitäten, ähnlich der Vorstellung von Atomen in den Tagen vor der Kernphysik	Fließendes Genom: DNA-Stränge sind alternativen Leserastern, Spleiß- und Editionsprozessen unterworfen
‚Beanbag'-Modell der Genexpression	Genexpression in Abhängigkeit von zellulären Regulationsmechanismen auf verschiedenen Ebenen vom Genom bis zum Organismus
Annahme einer linearen Eins-zu-eins-Beziehung zwischen Genotyp und Phänotyp	Beziehung zwischen Genotyp und Phänotyp gelegentlich linear und in der Tat eins zu eins, doch ist dies ein Sonderfall einer sehr viel breiteren Reaktionsnorm
‚Prädestinatorische' Annahme eines ‚leeren Organismus', die entwicklungsbiologische Abläufe ignoriert	Ontogenese von Information
Primat der Genetik: Abweichungen als ‚Phänokopien', die sich vermittels ‚unvollständiger Penetranz' oder ‚teilweiser Dominanz' verstehen lassen	Manche phänotypischen Erscheinungen wirken wie genetisch bedingte Zustände, Beispiele: Schizophrenie, Brustkrebs und die Alzheimersche Krankheit (‚Genokopien')

Gene und Zellen

Welche Stimme der Sinfonie spielt die DNA also? Das eigentliche Nukleinsäuremolekül ist wirklich recht langweilig. Betreten Sie mit mir San Franciscos Technikmuseum, einen riesigen Flugzeughangar namens Exploratorium, und inmitten einer Kakophonie aus raumfüllenden Klängen und Licht werden Sie auf ein unscheinbares Ausstellungsstück stoßen: ein kleines, mit einer zähen Flüssigkeit gefülltes Becherglas, in dem ein Glasstab steckt. Die Flüssigkeit ist eine konzentrierte Harnstofflösung, in der DNA gelöst ist. Ziehen Sie den Stab langsam heraus, und Sie werden sehen, daß sich an ihm ein dünner weißlicher Faden den Weg zur Oberfläche bahnt. Dieser Faden ist reine DNA, und Sie spielen gerade die Prozedur nach, mit der Friedrich Miescher sie ursprünglich gereinigt hat, denn DNA ist verblüffend stabil und inert. Wenige Proteine würden der chemischen Brutalität widerstehen, mit der man DNA isoliert. Wäre sie nicht derart stabil, müßte uns die Handlung von *Jurassic Park* freilich noch sehr viel unwahrscheinlicher vorkommen, als sie es ohnehin schon tut. DNA-Moleküle können in der Tat lange Zeiträume überstehen, sehr viel längere als Proteine, wenngleich man kürzlich einige Abstriche hat machen müssen, was ihre Extrahierbarkeit aus fossilem Material oder in Bernstein eingebetteten Insekten betrifft.

Was DNA zum Leben erweckt, ihr Bedeutung verleiht, ist die zelluläre Umgebung, in die sie eingebettet ist. Watsons und Cricks großartige Erkenntnis, daß aufgrund der besonderen Struktur von DNA jeder der beiden Stränge in entspiralisierter Form als Vorlage für die Kopie des jeweils anderen Gegenstücks zu dienen vermag, erweckt den Eindruck, das Ganze sei nichts weiter als ein einfaches Stück Chemie. Gentheoretiker mit wenig biochemischem Verständnis sind durch die von Crick verwendeten Metaphern, denen zufolge es sich bei DNA (und RNA) um „sich selbst replizierende" Moleküle oder Replikatoren handelt, so als könnten sie ihre Replikation wirklich ganz allein bewerkstelligen, ernsthaft in die Irre geführt worden, denn genau das sind sie nicht und können sie nicht. Die Replikation ist kein unabdingbarer chemischer Mechanismus. Sie können DNA und RNA so lange in einem Reagenzröhrchen lassen, wie Sie wollen, und sie werden unverändert bleiben, bestimmt werden sie keine Kopien von sich selbst anfertigen. Um den Kopiervorgang durchzuführen, reicht es auch nicht, daß die Zelle über die nötigen Vorläufermoleküle, eine hinreichende Menge an As, Cs, Gs und Ts, verfügt, die übrigens jede selbst eine langwierige Synthese aus wieder einfacheren Substanzen voraussetzen. Benötigt werden außerdem bestimmte Enzyme, die die beiden DNA-Stränge zu entspiralisieren vermögen, und andere, die neue Nukleotide am rechten Ort einfügen und „den Reißverschluß" wieder schließen. Und der ganze Vorgang benötigt Energie, die Investition eines Teils der ubiquitären zelleigenen ATP-Rücklagen. Mögen von menschlichen Instrumentenbauern entworfene chemische Syntheseapparate auch heute mit der Technologie aufwarten, auf Geheiß des Biotechnikers definierte künstliche DNA-Sequenzen herzustellen, die beteiligten zellulären Prozesse aber sind alles andere als trivial.

Dasselbe gilt natürlich auch für die Schritte, die in der Synthese eines bestimmten Proteins auf der Grundlage dieser DNA gipfeln. Die Histone, die den oder die entsprechenden Abschnitte auf der Doppelhelix umgeben, müssen entfernt, die DNA-Stränge voneinander getrennt werden, Enzyme müssen mit dem richtigen Leseraster auf die richtige RNA-Länge transkribieren, die einzelnen RNA-Moleküle müssen im Zellkern gespleißt, editiert und weiterbearbeitet werden. Hierbei unterliegen sie weiteren Kontrollen. Um den Kern verlassen und in die Synthesemaschinerie im Cytoplasma der Zelle eingespeist werden zu können, muß die RNA-Botschaft die Kernmembran passieren, und hierfür benötigt sie eine biochemische „Ausreiseerlaubnis", die ihr die Membranproteine erteilen. Bei Eukaryontenzellen besteht der proteinsynthetisierende ribosomale Apparat selbst aus einem riesigen Zusammenschluß von über achtzig verschiedenen Proteinen und RNA-Sequenzen mit mehr als 6700 Nukleotidbasen. Ohne all das, ohne die komplexe biochemische Umgebung, die die Zelle bietet, können „Gene" im DNA-Sinne des Wortes schlicht nicht funktionieren.

Um die Tragweite all dessen zu ermessen, stelle man sich Viren vor. Sie bestehen nahezu ausschließlich aus von einer Proteinhülle umgebener DNA (oder in manchen Fällen auch aus RNA) und können als elegante kristalline Körperchen gelagert werden. Zum Leben erweckt wird ein Virus durch die Eigenschaften einiger seiner Proteine, die es in die Lage versetzen, die Membran der Wirtszelle zu durchdringen und seine DNA in der Zelle freizusetzen. Dort wird diese sich alsbald den zellulären Replikationsapparat des unglücklichen Wirts unterwerfen, worauf dieser nunmehr gezwungen ist, virale DNA zu kopieren und zu translatieren, als wäre es seine eigene, und sich mit neu entstandenen Viruspartikeln zu füllen, bis er schließlich platzt. Solchermaßen in die Umgebung freigesetzt, kann jedes der neu gebildeten Viruspartikel, sobald es eine neue Wirtszelle befallen hat, den Zyklus wiederaufnehmen. Viren werden gelegentlich als „Grundform des Lebens", als „nackte Replikatoren" bezeichnet. Die Antwort auf die Frage, ob Viren lebendig sind oder nicht, hängt ganz davon ab, wie Sie Leben definieren, und ist vielleicht eine bloße Frage der Semantik. Daß sie einzig und allein innerhalb einer Zelle repliziert werden können, die eindeutig am Leben ist, steht außer Frage.[25] Allein und ohne diese sind sie handlungsunfähig.

Das ist der Grund dafür, daß der Lebensweg eines Organismus mehr voraussetzt als das Vermischen elterlicher DNA im Augenblick der Befruchtung. Spermien, daran besteht kein Zweifel, verhalten sich zu einem gewissen Grad ähnlich wie Viren, denn auch sie steuern nur DNA bei. Eine Eizelle aber enthält mehr als nur das dem väterlichen entsprechende mütterliche Komplement an DNA. Sie besitzt darüber hinaus den gesamten zellulären Apparat, der vonnö-

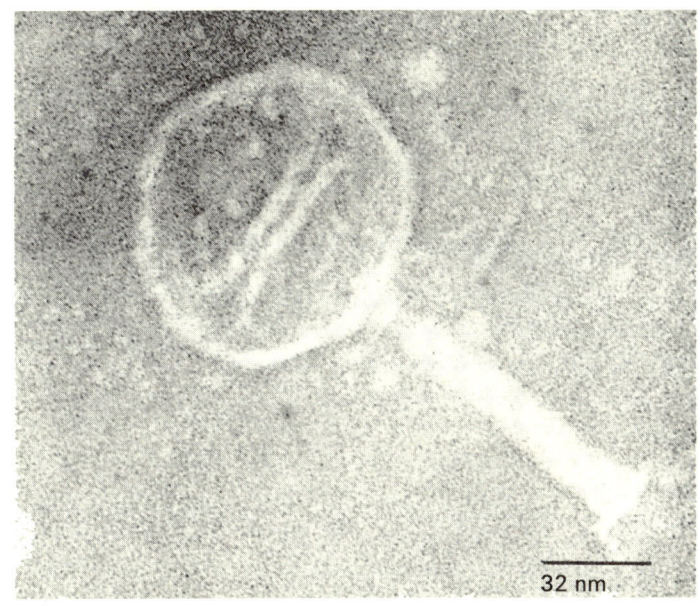

Abbildung 5.6: Ein einzelnes Virus – ein mit Nukleinsäure gefüllter, von einem Proteinmantel umhüllter Kopf samt Schwanzstück zur Anheftung an die Wirtszelle

ten ist, um die beiden DNA-Sätze zu vereinen und die ansonsten inaktiven Fäden dazu zu bringen, ihre Stimme im zellulären Orchester zu spielen. Einer der Hauptbeiträge des mütterlichen Cytoplasmas besteht in der Bereitstellung von Mitochondrien, die für den notwendigen Energievorrat sorgen, damit das Konzert beginnen kann. Außerdem beherbergt jedes von ihnen einen eigenen, vom Zellkern völlig unabhängigen Satz von DNA-Molekülen. Die evolutionäre Bedeutung dessen wird in Kapitel 8 deutlich werden. Die vom Augenblick der Befruchtung an vorhandene Asymmetrie zwischen den beiden Geschlechtszellen Ei und Sperma ist von fundamentaler entwicklungsbiologischer und evolutionärer Bedeutung.

Von diesem Augenblick der Empfängnis an ist der mütterliche Zellapparat für die Steuerung der Aktivität bestimmter Gene (DNA-Abschnitte) und damit für die Synthese spezieller Proteine verantwortlich. Zu diesen Proteinen gehören wiederum solche, die als Schalter fungieren – als Regulatoren, die andere DNA-Abschnitte an- und zur rechten Zeit wieder abzuschalten haben. Und fortan nimmt ein Zyklus aus unablässiger synthetischer Aktivität seinen Lauf, innerhalb dessen DNA-Sequenzen freigelegt, in RNA transkribiert, prozessiert, gespleißt, editiert und zu Protein translatiert werden, die dann ihrerseits in einer Art Rückkopplung steuernd auf die DNA einwirken, ihre eigene Synthese möglicherweise abschalten oder die Synthese anderer Proteine anschalten, indem sie andere DNA-Sequenzen freilegen beziehungsweise Einfluß auf Spleiß- und Editionsprozesse nehmen. Diese zelluläre Sinfonie von ausgefeilter Besetzung und subtiler Dynamik kulminiert an einem bestimmten Punkt in der Synthese jener Proteine, durch die der Prozeß der Replikation und Segregation von Chromosomen ein weiteres Mal begonnen wird, so daß sich die Zelle erneut teilen, der Zyklus von vorn beginnen kann. Wegen alledem trifft Dawkins Behauptung, von seiner Trauerweide im Garten „regne es DNA", in biochemischer Hinsicht so meilenweit daneben.

Im Rahmen der Metapher von der digitalen Information spielen diese zellulären Mechanismen keinerlei Rolle bei der Aufführung dieser Sinfonie. Sie sind so seelenlos wie die Mechanik, mit deren Hilfe ein Abspielgerät die Spuren auf einem Magnetband in Beethovens Violinkonzert oder eine Jazz-Session von Miles Davis umwandelt. Der Abspielkopf und die Lautsprecher tun nichts anderes, als den durch das Band vorgegebenen Instruktionen zu gehorchen. Sie können Qualität und Klangtreue der Wiedergabe beeinflussen, aber sie übermitteln keine Informationen. Die Sinfonie bleibt in der DNA. Aber Zellen funktionieren nicht so. Im Unterschied zu einem Tonbandgerät spulen sie ihr „Band" nicht einfach nur mit immer gleicher Geschwindigkeit ab und harren der Konsequenzen. Sie teilen dem Band mit, welche Stellen es abspielen und wann es dies tun soll, und sie steuern das Klangergebnis aus, bevor es ertönt. Und natürlich, ebenfalls in völligem Gegensatz zum Abspielgerät, rekonstruieren sie sich im Verlauf des Zellzyklus und der Lebensdauer des Organismus, zu dem sie gehören, permanent selbst. Wenn die Informationsmetapher überhaupt gilt, dann lediglich als Ausdruck einer dynamischen Interaktion – der Dialektik also – zwischen der DNA und dem zellulären System, in dem sie wirkt. Zellen gestalten ihren Lebensweg selbst.

Gene, Umwelt und Reaktionsnormen

Damit sind Gene sowohl im Mendelschen als auch im biochemischen Sinne nur als partiell determinierende Einheiten von Genomen anzusehen. Sie sind keine unabhängig voneinander aufgereihten Perlen in einer Halskette. Daher ist es zur modernen Konvention geworden,

Genome als fließende Strukturen anzusehen. Wie, wann und in welchem Umfang ein Gen exprimiert wird – das heißt, wie seine Sequenz in ein funktionierendes Protein translatiert wird –, das hängt von den Signalen der Zelle ab, in der es sich befindet. Da diese Zelle selbst zu jedem Zeitpunkt Signale empfängt und darauf antwortet, und zwar nicht nur Signale von einem einzigen Gen, sondern von vielen anderen, die zur selben Zeit an- und abgeschaltet werden, wird die Expression jedes einzelnen Gens von allem und jedem beeinflußt, was im ganzen übrigen Genom vor sich geht.

Wenn wir also locker davon sprechen, daß die Entwicklung eines Organismus „das Produkt von Wechselwirkungen zwischen Genen und Umwelt" ist, dann verbirgt diese Floskel mindestens so viel, wie sie preisgibt. Weder „Gen" noch „Umwelt" sind, wie wir gesehen haben, unproblematische Begriffe. Zunächst einmal unterscheidet sich das „Gen" als abstrakte Determinante erheblich von den komplexen Processing-Mechanismen, aus denen jene speziellen RNA-Sequenzen hervorgehen, die letztlich die Primärstruktur eines Proteins festlegen. Hinzu kommt, daß Proteine keineswegs allein durch ihre Primärstruktur definiert sind. Wie bereits im Zusammenhang mit der Frage nach natürlichen Arten in Kapitel 2 diskutiert, verfügen sie über komplexe Sekundär- und Tertiärstrukturen, die nicht nur von ihrer Aminosäurezusammensetzung bestimmt werden, sondern auch durch ihre Umgebung, das Vorhandensein von Wasser, Ionen und manchmal auch anderen kleinen Molekülen sowie vom Säure- und Basengehalt. Der Weg von der Primärstruktur zum kompletten Protein enthält zwar nicht so viele regulatorische Schritte wie der von der DNA zum Protein, doch er umfaßt zusätzliche Ebenen der Komplexität, die uns nur noch weiter von der „Ein Gen – ein Protein"-Lehre entfernen. Und dadurch, daß Proteine sich zu noch höher geordneten Strukturen zusammentun, kommen immer mehr Einflüsse ins Spiel.

Die Lehrbücher, die mit Mendel und seinen Aufspaltungsverhältnissen beginnen, sind auf dem Holzweg. Ohne Mendel hätte die Genetik niemals einen derartig überschäumenden und scheinbar geradlinigen Start erlebt, und er verdient, für seine Experimente gewürdigt zu werden. Doch durch die Auswahl von Experimentalsystemen, die zu scheinbar klaren Antworten führen, lassen die Gründerväter neuer Gebiete oftmals auch einen letztlich irreführenden Eindruck von Einfachheit entstehen. Die berühmten, mustergültigen Mendelschen Zahlenverhältnisse sind Ausdruck recht spezieller Verhältnisse, der phänotypischen Expression von enzymatischen Abläufen, die von

Umweltfaktoren so gut wie nicht beeinflußt werden, vielleicht gerade deshalb, weil sie relativ triviale Merkmale dieses Phänotyps reflektieren. Die Expression der meisten anderen Gene hingegen wird auf verschiedenen Ebenen beeinflußt. Unter anderem davon, welche anderen Gene im Genom des betreffenden Organismus vorhanden sind, von der extrazellulären Umgebung und, im Falle vielzelliger Organismen, davon, wie die Umgebung außerhalb des Organismus beschaffen ist.

Ein Beispiel: Die Gentechnologie ist heute derart fortgeschritten, daß es möglich ist, nahezu nach Belieben Organismen zu schaffen („Konstrukte" ist der etwas seltsame Begriff, den die Genetiker hierfür verwenden): Mäuse zum Beispiel, denen man bestimmte Gene inseriert hat oder bei denen man Gene ausgeschaltet oder entfernt hat. Viele solcher konstruierten Mutanten sind freilich nicht lebensfähig, und Embryonen, die von solchen Mutationen betroffen sind, sterben entweder spontan ab oder überleben nur wenige Tage oder Wochen. Solche Monstergeburten – wie die sogenannte „Onkomaus", die eine Mutation enthält, durch die das Tier einen Tumor entwickelt – haben aus naheliegenden Gründen eine Menge juristischer und ethischer Gewissensfragen aufgeworfen. Doch worauf ich hinauswill, ist etwas anderes. In einer ganzen Reihe von Fällen, in denen man Gene ausgeschaltet hat, die für Proteine kodieren, welche für die zelluläre Ökonomie mutmaßlich lebenswichtig sind (es handelt sich hierbei um sogenannte *Knock-out-Mutanten*), haben sowohl die Abwesenheit des Gens als auch das Fehlen des Proteins so gut wie keine sichtbaren Auswirkungen auf das Leben des Tieres gehabt. Es wies, wie man sagt, einen allem Anschein nach normalen Phänotyp auf.

Bedeutet dies, daß die ursprüngliche Annahme, das betreffende Protein spiele eine entscheidende Rolle in der zellulären Ökonomie, falsch war? Keineswegs. Es handelt sich hierbei vielmehr um eine eindrucksvolle Demonstration der *Plastizität* von Entwicklungsprozessen, der Fähigkeit eines lebenden Systems, sich Erfahrungen und den Fährnissen einer unzuverlässigen Umwelt anzupassen und Mängel zu kompensieren. Diese Fähigkeit wird verstärkt durch die in allen Organismen vorhandene funktionelle Redundanz. Redundanz kommt der Stabilität entgegen, sie bedeutet, daß es viele alternative Wege geben kann, die Zelle und Organismus im Laufe ihrer Entwicklung beschreiten und die in ein im großen und ganzen identisches Endergebnis münden können. In Gegenwart des einen Gens und seines entsprechenden Proteins wird der eine Weg beschritten, in ihrer

Abwesenheit ein anderer. Einmal mehr gibt es keinen linearen Weg zwischen Genen und Organismen. Es ist interessant, daß derartige Redundanz Ingenieuren menschlicher Technologie inzwischen als Merkmal für gutes Design gilt.

Solche Plastizität ist jedoch nicht unendlich: Für die Toleranz eines jeden Gens – oder Phänotyps – gibt es scharfe Grenzen. Jenseits dieser Grenzen besteht die Reaktion darin, einen stillen Tod zu sterben. Innerhalb dieser Grenzen aber läßt sich die Expression eines Gens am ehesten im Rahmen einer gewissen *Reaktionsnorm* angesichts bestimmter Umweltbedingungen verstehen – diesen bei heutigen Theoretikern ziemlich aus der Mode geratenen Begriff hatte der Populationsgenetiker Theodosius Dobzhansky in den fünfziger Jahren eingeführt. Im „Beanbag"-Denken Mendelscher Tradition gibt es für jedes Gen nur ein phänotypisches Ergebnis. In Dobzhanskys Konzept einer Reaktionsnorm hingegen kann die phänotypische Expression eines Gens je nach dem Umfeld, in dem dieses exprimiert wird, über einen weiten Bereich variieren. Und, erinnern Sie sich, zu diesem Umfeld gehören neben den von außen einwirkenden Faktoren auch die Produkte all der anderen Gene im Genom des Organismus.

In Anerkennung dessen, daß es keine lineare Beziehung zwischen Gen und Phänotyp gibt, spricht E. O. Wilson, der Begründer der Soziobiologie, von „genetischen Tendenzen" und „Prädispositionen", und er bevorzugt als Metapher den Gedanken, daß „Gene die Kultur an der Leine haben".[26] Diese Metapher privilegiert das Gen einmal mehr als unbewegten Beweger, während sie sich gleichzeitig der Unabdingbarkeit der Nonlinearität beugt. Weit angemessener ist es, wie Dobzhansky zu respektieren, daß Gene und Umwelt im Laufe des Lebensweges eines jeden Organismus in wechselseitiger dialektischer Abhängigkeit stehen, daß das Argument für die Vorrangstellung des Gens eine Rückkehr zu einer beinahe vorwissenschaftlichen Doktrin der Prädestination bedeutet, über die wir heute hinausgewachsen sein sollten. Unsere Wissenschaft sollte erwachsen genug sein, sich der Komplexität zu erfreuen.

6

Lebensläufe

Leben ist Ausdruck eines speziellen dynamischen Gleichgewichts, das sich in einem polyphasischen System einstellt.
Frederick Gowland Hopkins,
The dynamic side of biochemistry

Organismen sind vierdimensional

Kernthema der modernen Biologie ist das Wesen individueller Lebenseinheiten – Organismen. Ungeachtet aller in Kapitel 2 geäußerten warnenden Worte hinsichtlich der zahlreichen Unsicherheiten, die unser Gefühl für die Grenzziehung zwischen uns selbst und der äußeren Welt begleiten, verfügt doch jeder von uns in der Regel über einen Sinn für die eigene Existenz als kohärentes Ganzes, wie wir auch eine solche Kohärenz und Einheit bei anderen erkennen, keineswegs nur bei Angehörigen unserer eigenen Art. Hund und Frosch, Wurm und Amöbe – jeder von ihnen bildet eine erkennbare Existenz als einzelner Organismus. Gleiches gilt für eine Eiche und eine Ringelblume, wobei unser Bild ein bißchen verschwimmen mag, wenn es sich um die ausufernden Hahnenfußnester in unseren Rasen oder um die Pilz-Hexenringe am Fuße eines Baumes handelt.

Organismen mögen sich im Hinblick auf ihre Größenordnungen dramatisch unterscheiden – man denke nur an Blauwale und Cyanobakterien –, doch jeder von ihnen, ob groß oder klein, existiert als dreidimensionales Wesen, das ein definiertes Volumen innerhalb seiner Umgebung einnimmt. Jeder besitzt eine erkennbare äußere Struktur sowie innere Merkmale und eine bestimmte Organisation. Diese drei Dimensionen des Raumes aber vermögen keine vollständige Beschreibung eines Organismus zu liefern, denn dazu gehörte neben dem Raum auch die Zeit. Vielleicht nimmt er seinen Anfang damit, daß er sich wie eine Hefezelle von einem vorhandenen einzelligen Organismus abschnürt. Oder vielleicht wächst er und macht eine Entwicklung durch, so wie eine Eiche aus einer Eichel, und auch Mensch,

Hund und Frosch aus der fruchtbaren Kombination von Ei- und Spermienzelle hervorgehen. Manche Organismen scheinen wie die durch Knospung entstandene neue Hefezelle im Augenblick ihrer Entstehung mehr oder weniger fertig entwickelt – reif – zu sein. Andere entwickeln sich im Laufe der Zeit immer weiter, wachsen, wie viele Bäume es tun, ihr ganzes Leben lang. Manche wachsen, wie wir selbst, eine Zeitlang und erreichen ein scheinbar stabiles Reifestadium, bevor sie anfangen, zu altern und zu verfallen. Wieder andere machen eine Reihe radikaler Transformationen durch, durch die ganze Körperbaupläne umkonstruiert werden. Solches ist beispielsweise der Fall, wenn aus Eiern Raupen, aus diesen Puppen und aus diesen wiederum Schmetterlinge werden. Und wie im Falle der räumlichen Größenordnung können Organismen auch im Hinblick auf ihre zeitliche Ausdehnung viele verschiedene Größenordnungen einnehmen, angefangen bei Bakterien, bei denen zwischen zwei Zellteilungen kaum zwanzig Minuten verstreichen, bis hin zu den tausend Jahre alten Mammutbäumen Kaliforniens.

Die Dimension *Zeit* läßt sich niemals ignorieren. Leben spielt sich nicht in drei, sondern in vier Dimensionen ab. Sein Fortbestehen hängt vor allem anderen von der Aufrechterhaltung von Ordnungszuständen ab: Ordnung innerhalb einer Zelle, Ordnung innerhalb des Organismus, Ordnung im Verhältnis des Organismus zu seiner Außenwelt. Bedeutung und Mechanismen dieser Erhaltung der eigenen Integrität, die Schaffung und Aufrechterhaltung kurz- und langfristiger Ordnungszustände bilden das Thema dieses Kapitels. Gene und Genome enthalten die Zukunft eines Organismus weder in irgendeiner präformierten modernen Version jenes Homunculus, den van Leeuwenhoek im Sperma zu erkennen glaubte, noch sind sie – in moderner Metapher – als die Blaupausen eines Architekten oder als die Codeträger des Informationstheoretikers zu betrachten. Sie sind nicht mehr und nicht weniger als ein unerläßlicher Bestandteil des Instrumentariums, mit dem und durch das Organismen ihre eigene Zukunft gestalten.[1]

Zellen, Organismen, Umwelt

Weder Zellen noch Organismen lassen sich losgelöst von ihrer äußeren Umgebung betrachten. Alle Zellen sind von Membranen umgeben, die aus komplexen Anordnungen von Lipid- und Proteinmolekülen bestehen und sowohl als Barriere als auch als Plattform für den Austausch mit der Außenwelt fungieren. Über eine solche semipermeable Membran erfolgt ein ständiger Transport aus der zellulären Umgebung ins Innere der Zelle und aus ihr heraus. Das Überleben und erst recht die Einwirkung auf die äußere Welt setzen einen kontinuierlichen Energieaufwand voraus, Energie, die in Gestalt von Molekülen wie Zuckern oder Fetten aus der Nahrung, bei grünen Pflanzen über die Photosynthese aus Kohlendioxid und Wasser gewonnen wird. Alle diese Moleküle müssen durch die Zellmembran in die Zelle hineintransportiert werden, Abfallprodukte müssen durch sie wieder hinausbefördert werden. Doch die Membran muß dabei selektiv sein: Während sie wünschenswerte Substanzen einläßt, muß sie gleichzeitig alles tun, was in ihrer Macht steht, um solche Substanzen fernzuhalten, die schädlich werden könnten.

Für einzellige Organismen ist die Außenwelt der Zelle ohne Zweifel gleichbedeutend mit der des Organismus: eine permanent in fließender Veränderung befindliche, niemals gleichbleibende Umgebung. Manche Teile dieser Welt mögen dem Überleben wenig förderlich – zu heiß, zu trocken, zu sauer – sein. Manche sind reich an Nahrungsquellen, andere wieder nicht. Die Verfügbarkeit von potentieller Nahrung kann schwanken: Mancherorts mag Glucose im Überfluß vorhanden sein, an einem anderen Ort ein anderer Zucker. Angesichts solcher Unwägbarkeiten sind viele einzellige Organismen, insbesondere solche, die sich in wäßriger Umgebung befinden, in der Lage, günstigere Bedingungen aufzusuchen. Nicht alle geben sich damit zufrieden, daß die Strömung sie irgendwohin trägt. Die Membranen vieler Arten sind mit Chemosensoren ausgestattet, die es ihnen ermöglichen, Konzentrationsgradienten – beispielsweise die Richtung steigenden Zuckergehalts – wahrzunehmen; und viele Einzeller besitzen Schwänze (Flagellen) oder Ruderorgane (Wimpern, Cilien), mit denen sie solchen Gradienten in Gegenden mit einer besseren Nahrungsversorgung folgen können. Gleichermaßen können sie sich auch aus Regionen entfernen, die ihnen zu sauer oder zu heiß sind.

Doch ihre Möglichkeiten zur Wahl einer günstigen Umgebung sind eingeschränkt durch das Spektrum an verfügbaren Alternativen, und das Überleben eines Organismus hängt ebensosehr von seiner Fähigkeit ab, sich schlechteren Bedingungen anpassen zu können. Wenn die eine Nahrungsquelle versiegt, jedoch ein anderer potentieller Nährstoffvorrat vorhanden ist, müssen einzellige Organismen möglicherweise in der Lage sein, Enzyme zu produzieren, mit denen sich das verdauen läßt, was gerade zur Verfügung steht. Genau das haben

Monod und Jacob mit ihren Experimenten herausgefunden, die schließlich zur Entdeckung des *Operons* führten: Bakterien, die normalerweise nicht über Enzyme zur Verdauung des Zuckers Lactose verfügten, können, wenn ihre Nährstoffquelle plötzlich ausschließlich auf Lactose beschränkt ist, eben diese produzieren. Das setzt nicht voraus, daß der betreffende Organismus eine von Grund auf neue DNA erfindet, die ihn zur Synthese eines neuen Enzyms befähigt – das übersteige die Möglichkeiten, die einer einzelnen Zelle in ihrem Leben zu Gebote stehen. Vielmehr enthalten die Bakterien bereits die zur Produktion des Enzyms Lactase notwendigen DNA-Sequenzen, haben diese jedoch unter normalen Umständen sozusagen „abgeschaltet". In Betrieb genommen werden sie erst in Reaktion auf bestimmte Signale, die im Zellinneren entstehen, sobald die Zelle über ihre Membran wahrnimmt, daß sie sich in einer glucosearmen, lactosereichen Umgebung befindet. Es ist also der Organismus selbst, der in Interaktion mit seiner Umgebung bestimmt, welches seiner Gene er zu einem bestimmten Zeitpunkt angeschaltet wissen will.

Bei einem vielzelligen Organismus gestalten sich die Wechselwirkungen zwischen Zellen und ihrer Umgebung weitaus komplexer: Einzelne Zellen müssen nicht mehr isoliert arbeiten, sind dem großen Draußen nicht allein ausgeliefert. Hier verfügt jede Zelle über ihre eigene Mikroumgebung, eine Außenwelt für die jeweilige Zelle, aber dennoch zum Inneren des Organismus gehörig. Nun muß der Organismus als Ganzes auf die Unregelmäßigkeiten seiner Umgebung reagieren, um seine Überlebenschancen zu erhöhen. Die Zellen in seinem Inneren sind von den bedrohlichen Exzessen der Außenwelt abgeschirmt, werden von einer extrazellulären Flüssigkeit umspült, deren Temperatur und Zusammensetzung angenehm konstant und für die zu versorgende Zelle so nahe am Optimum wie möglich ist. Sie spült ihr Sauerstoff und Nährstoffe zu und trägt ihre unerwünschten Abfälle mit sich fort. Solchermaßen verwöhnte Geschöpfe müssen nicht mehr ständig ein unsicheres Nährstoffangebot befürchten, ihre Gene nicht in ständiger Bereitschaft halten, bei Bedarf augenblicklich von Glucose auf Laktose umsteigen zu können. Daher benötigen sie auch das DNA-Repertoire nicht mehr, das ihnen einen solchen Wechsel ermöglichen würde. Die Anforderungen an sie sind einfacher und vorhersehbarer.

Doch das einfache Leben hat seinen Preis. Die einzelnen Zellen verlieren im Rahmen der größeren Einheit des Organismus ihre Autonomie: Sie geben ihre Fähigkeit zur unabhängigen, uneingeschränkten Replikation auf und verlieren ihre Totipotenz. Sie spezialisieren sich zu Leber- oder Hirn-, zu Blatt- oder Wurzelzellen. Im Verlauf dieser Spezialisierung werden mit fortschreitender Ontogenese spezielle DNA-Sequenzen in definierter zeitlicher Abfolge an- oder abgeschaltet. Es handelt sich nicht mehr allein darum, den Zellzyklus bis zur Teilung durchlaufen zu lassen, sondern darum, Zellen eine angemessene Struktur und Form sowie das entsprechende Enzymmuster zu verleihen, auf daß sie als Teil eines bestimmten Organs tätig werden können. Damit es auf der Ebene des vielzelligen Organismus zu einer harmonischen Koexistenz kommt, muß jede Zelle in der Lage sein, auf die Anwesenheit ihrer Nachbarn und auf Signale aus entfernten Teilen des Organismus, die an ihre Membranoberfläche dringen, mit derselben Sensitivität zu reagieren, mit der die DNA-Sequenzen in ihrem Inneren auf Proteinsignale reagieren. Die äußeren Membranen einzelner Zellen innerhalb eines vielzelligen Organismus sind daher mit spezialisierten Rezeptoren gespickt, die auf zirkulierende Signalmoleküle (Hormone beispielsweise) reagieren können, und sie sind durchzogen von Kanälen, die den Ein- oder Austritt ausgewählter Substanzen ermöglichen. Der zelluläre Lebenslauf ist dem des Organismus untergeordnet.

Der Begriff „Umwelt" ist nicht minder komplex und vielschichtig als der Begriff „Gen". Für einzelne DNA-Sequenzen von Gengröße besteht die Umwelt aus dem übrigen Genom und der zellulären Maschinerie, in die dieses eingebettet ist. Für die Zelle besteht sie in dem ausgeglichenen Milieu, in dem sie existiert, für den Organismus aus der äußeren, physikalischen, lebenden und sozialen Welt. Welche Eigenschaften der Außenwelt „die Umwelt" ausmachen, ist von Art zu Art verschieden. Jeder Organismus verfügt über eine Umgebung, die für seine Bedürfnisse maßgeschneidert ist. Wie ich in den kommenden Kapiteln ausführen möchte, durchlaufen Organismen eine Evolution der Anpassung an ihre Umgebung, während die Umgebung eine Evolution durchläuft, durch die sie sich den Organismen annähert, von denen sie bewohnt wird. Keine Umgebung ist über die Zeit hinweg konstant. Selbst für einzelne Gene ändert sich durch das An- und Abschalten anderer Gene im Verlauf des Zellzyklus unablässig der genomische Hintergrund, vor dem sie exprimiert werden. Außerhalb des Organismus ist Veränderung wahrhaftig die einzige Konstante. Stasis ist Tod.

Es gibt zwei Lehren, die aus solchen Beschreibungen zu ziehen sind. Die erste lautet, daß die Grenzen zwischen einem Organismus und seiner Umgebung nicht fixiert sind. Organismen nehmen unablässig Teile ihrer Umgebung als Nahrung in sich auf und verändern durch ihren Einfluß permanent ihre eigene Umgebung – zum Beispiel, indem sie Abfallprodukte ausscheiden oder die Welt ihren Bedürfnissen gemäß verändern, Strukturen schaffen wie Vogelnester und Termitenhügel. Organismen – jéder Organismus, auch der allereinfachste – und Umgebung – jeder relevante Aspekt ihrer Umwelt – durchdringen einander. Einen Organismus von seiner Umgebung zu abstrahieren, die Dialektik dieser gegenseitigen Durchdringung zu ignorieren, bedeutet einen reduktionistischen Schritt, den die Methodologie vielleicht fordern mag, der aber stets ein Fehltritt sein wird.

Die zweite Lehre lautet, daß Organismen nicht passiv auf ihre Umgebung reagieren. Sie entscheiden sich aktiv dafür, sie zu ändern, und arbeiten darauf hin. Die große Metapher dessen, was Popper zu recht als „passiven" Darwinismus bezeichnet hat, die natürliche Selektion, vermittelt den Eindruck, daß Organismen bloße Spielbälle des Schicksals sind, gleichsam eingezwängt zwischen ihrer genetischen Ausstattung und einer Umwelt, auf die sie keinerlei Einfluß haben und die ihre Gene und Genprodukte permanent mit Herausforderungen konfrontiert, die diese entweder bestehen oder vor denen sie kapitulieren müssen. Organismen sind jedoch alles andere als passiv: Sie sind – und das gilt nicht nur für uns Menschen, sondern für alle anderen Lebensformen ebenfalls – an der Gestaltung ihrer eigenen Zukunft aktiv beteiligt.

Sein und Werden

Die ersten Phasen des Lebenszyklus gehören der Entwicklung – der Ontogenese. Vom Augenblick der Befruchtung an wachsen Zellen, teilen und vermehren sich. Tochterzellen beginnen, sich in bestimmten Relationen zueinander anzuordnen, an bestimmte Standorte des sich entwickelnden Embryos zu wandern. Im Inneren einer jeden Zelle werden im Laufe dessen, daß ursprünglich totipotente Zellen sich immer stärker spezialisieren und sich aus dem undifferenzierten Zustand des Organismus allmählich dessen reife Form zu entfalten beginnt, in sorgfältig abgestimmter Reihenfolge bestimmte Gene angeschaltet, andere werden abgeschaltet. Entwicklung stellt den lebenden Organismus vor ein besonderes Problem, bringt ihn in eine Situation, die sich nicht mit der vergleichen läßt, vor der wir Menschen stehen, wenn wir etwas herstellen wollen. Denken Sie einen Moment lang an ein Fließband, an dem ein Auto produziert wird. Rohmaterialien – Blech, Glas, Plastik – werden am einen Ende eingespeist. Motorblöcke werden gegossen, Verkleidungen werden gefertigt und montiert, vor unseren Augen wird ein Fahrzeug zusammengesetzt, durchgesehen und rollt schließlich abfahrbereit vom Band. Aber das fertige, funktionstüchtige Auto ist erst ganz am Ende zu betrachten. Niemand käme auf die Idee, daß das Fahrzeug im halbfertigen Zustand im kleinen funktionieren, sozusagen mit halber Kraft fahren oder zwei statt vier Passagiere befördern können sollte.

Bei lebenden Organismen ist das ganz anders. Bereits in einer sehr frühen Entwicklungsphase müssen sie in der Lage sein, mehr oder minder unabhängig zu existieren und dabei gleichzeitig ihrer endgültigen Reife entgegenzuwachsen. Die Eigenschaften aber, die sie in die Lage versetzen, in einem beliebigen Augenblick ihre Integrität aufrechtzuerhalten, sind nicht immer nur „Miniaturausgaben" derer, auf die sie im Erwachsenenalter angewiesen sein werden. Bei manchen Lebensformen ist dies besonders augenfällig: Aus Froscheiern schlüpfen Kaulquappen, aus denen schließlich Frösche werden. Aus Schmetterlingseiern entwickeln sich Raupen, die sich verpuppen, bevor aus ihnen ein Schmetterling hervorgehen kann. Jedes Stadium erfordert einen radikalen Umbau des Körperbauplans, und doch müssen bei jeder dieser Transformationen die notwendigen Lebensfunktionen aufrechterhalten werden. Doch dasselbe gilt auch in weit weniger spektakulärer Weise für Organismen, deren Entwicklung ohne derart radikale Brüche verläuft. Bei einem Neugeborenen, das an der Mutterbrust saugt, ist der Saugreflex nicht einfach eine noch unentwickelte Form der Kautechnik, die das Kind benötigen wird, wenn es zu fester Nahrung wechselt, sondern hieran sind ganz andere mechanische und neurale Prozesse beteiligt. Leben setzt bei all seinen Formen die Fähigkeit voraus, gleichzeitig zu werden und zu sein.

Das dichotom orientierte genetische Denken ist stets von dem Wunsch zu trennen beseelt – „Angeborenes" von „Erworbenem" zu scheiden –, um dann am Ende beides wieder zu vereinigen. Damit gelten Sein und Werden als Produkte der additiven Wirkung von Genen – Angeborenem – und „Umgebung" – Erworbenem. Wie zu diesem Zeitpunkt hinreichend klargeworden sein sollte, halte ich diese Dichotomie für unzutreffend. Der Ablauf von Entwicklungsprozessen läßt sich besser mit den Begriffen einer anderen Dichotomie verstehen, und zwar mit der von *Spezifität* und *Plastizität*. Man kann diese beiden Begriffe als Erweiterung von Dobzhanskys Konzept der Reaktionsnorm betrachten, über das ich am Ende des letzten Kapitels berichtet habe. Viele Ereignisse der Ontogenese sind durch Erfahrungen kaum zu beeinflussen. So werden wir Menschen beispielsweise wie viele andere Säugetiere mit bereits geöffneten Augen geboren und können diese auch schon zu einem vernünftigen Grad fokussieren, um Farben, Formen und Bewegungen wahrzunehmen.

Das bedeutet, daß das Verknüpfungsmuster, mit dem die lichtsensitiven Zellen der Retina über den optischen Nerv mit dem Gehirn in Verbindung stehen, bereits gut etabliert sein muß. Im Laufe der ersten Lebensjahre wachsen Auge und Gehirn, aber sie wachsen nicht proportional zueinander. Durch dieses Wachstum bedingt, kann die unmittelbare, physikalische Verknüpfung zwischen Retinazellen und Hirnneuronen – können die synaptischen Kontakte zwischen beiden – nicht unverändert bleiben. Im Zuge dessen, daß beide Augen und das Gehirn wachsen und reifen, müssen diese Kontakte viele Male aufgebrochen und neu geknüpft werden, trotzdem muß das Gesamtmuster der Beziehungen zwischen Auge und Gehirn aufrechterhalten werden, damit die Sehfähigkeit nicht beeinträchtigt wird.

Das bedeutet, daß zu jedem Zeitpunkt der Entwicklung Auge und Gehirn den momentanen Bedürfnissen angepaßt werden, gleichzeitig aber auch im Begriff sein müssen, sich im Hinblick auf zukünftige Notwendigkeiten zu verändern – sowohl zu sein als auch zu werden. Außerdem muß dieser Prozeß, damit die Sehfähigkeit normal erhalten – das heißt die funktionale Spezifität garantiert – bleibt, Erfahrungen und umweltbedingten Unwägbarkeiten gegenüber relativ unempfindlich sein. Aber nicht ganz. Es ist möglich, dieses Muster an Verknüpfungen – zumindest während gewisser kritischer Phasen der Entwicklung – zu verändern. Zieht man beispielsweise Katzen in einer Umgebung aus lauter horizontalen oder vertikalen Streifen auf oder läßt man sie nur ein Auge offenhalten, so ergeben sich bleibende Veränderungen im synaptischen Verknüpfungsmuster.[2] (Solche Experimente machten es möglich, Methoden zu entwickeln, mit denen sich die Sehstörungen bei Menschen mit angeborenem Schielen korrigieren lassen, denen anderweitig ein effizientes räumliches Sehen nicht möglich wäre.) Damit hat man also ein gewisses Maß an Plastizität – eine Reaktionsnorm –, die sich der Entwicklungsspezifität überstülpen läßt. Aber beide, Spezifität und Plastizität, sind in Eigenschaften des Organismus fest verankert, beide werden, wenn Sie so wollen, ganz und gar durch Gene möglich und zugleich ganz und gar durch die Umgebung bestimmt. Sie lassen sich nicht voneinander trennen.

Instruktion, Selektion, Konstruktion

Man hat zwei ganz gegensätzliche Metaphern verwendet, um den Prozeß zu beschreiben, durch den vielzellige Organismen konstruiert werden. Beide leiten sich aus der Sprache der Informationstheorie her, und beide waren ursprünglich auf die Fähigkeit des Immunsystems gemünzt, auf die buchstäblich unendliche Vielfalt an Herausforderungen, die ihm seine Umgebung präsentiert, angemessen reagieren zu können: *Instruktion* und *Selektion*. Mit der Invasion durch fremde Organismen oder toxische Substanzen (*Antigene*) konfrontiert, vermag das Immunsystem sehr rasch offenbar maßgeschneiderte Proteine – Antikörper – zu synthetisieren, die sich an die Oberfläche der eindringenden Zelle anheften oder an toxische Antigene binden können, um diese zu markieren, damit sie zerstört werden können. Wie ist das möglich? Immunsysteme sind in der Evolution entstanden, um ihren Träger vor Mikroorganismen zu schützen, und haben keinerlei Möglichkeit, im vorhinein abzuschätzen, welche Moleküle ihnen im künftigen Leben möglicherweise begegnen könnten. Ganz besonders gilt das für die Myriaden von Industriechemikalien, die unsere Umwelt heute verunreinigen und die es im Verlauf der menschlichen Evolution nie gegeben hat. Trotzdem ist das System in der Lage, Antikörper gegen eine scheinbar unendlich große Zahl völlig neuer Substanzen herzustellen.

Damals, in den sechziger Jahren, schienen dafür zwei alternative Erklärungen möglich. Auf der einen Seite konnte es sein, daß die Antikörper produzierende Zelle einfach auf einen Allzweck-Mechanismus zurückgriff, mit dem sich Antikörper jeder beliebigen Form herstellen ließen. Das Eintreffen des Antigens lieferte der Zelle damit die geeignete *Instruktion* für die Form des Proteins, das zur Anheftung und Immobilisierung des Instruktors benötigt würde.

Die andere Möglichkeit wäre, daß es in der Population potentiell antigenproduzierender Zellen bereits eine große Bandbreite an grob vorgefertigten Typen gab, von denen einer oder mehrere höchstwahrscheinlich zumindest näherungsweise auf jedes potentielle Antigen passen würden. Das Eintreffen des Antigens würde dann eine massive Ausweitung der Produktion bei den Zellen auslösen, deren Antikörper dem eindringenden Antigen am nächsten kämen, wobei an dem Antikörperprotein, wenn nötig, noch letzte Anpassungen vorgenommen werden könnten, um es noch paßgenauer zu machen. Letzteres ist das *Selektionsmodell*. Der Unterschied zwischen beiden entspricht in etwa dem zwischen Instruktion als Herstellung eines maßgeschneiderten Anzugs und Selektion als Einkauf von der Stange.

Trotz anfänglicher Voreingenommenheit zugunsten des Instruktionsmodells als dem offenkundig logischeren der beiden Mechanismen ergaben sich schon bald überzeugende Beweise dafür, daß das Immunsystem über den Mechanismus der Selektion arbeitet. Gerald Edelman, der im Jahre 1972 für seine immunologischen Forschungen mit der Beteiligung an einem Nobelpreis geehrt wurde, weitete die Selektionstheorie später zu einem allgemeinen Modell zur Beschreibung ontogenetischer Prozesse aus, das er insbesondere auf die Entwicklung und „Verkabelung" des Gehirns anwandte. Er bezeichnete diesen Mechanismus als *neuralen Darwinismus*. Ein Ausdruck, der mir überhaupt nicht gefällt (Francis Crick übrigens auch nicht, er wandelte ihn abschätzig zum *neuralen Edelmanismus* um), da der von Edelman beschriebene Prozeß weder homolog noch von adäquater Analogie zu Darwins natürlicher Selektion ist.[3, 4] Der Begriff neuraler Darwinismus bildet eine verführerische, aber irreführende Metapher, und dahinter steht ein keineswegs triviales Konzept, das zu durchschauen wichtig ist. Mögen auch die von ihm aufgeworfenen Fragen ihre größte Bedeutung im Zusammenhang mit dem menschlichen Nervensystem, der komplexesten Struktur unseres Körpers (vielleicht die komplexeste Struktur der gesamten lebenden Welt oder gar des gesamten Universums, wie manche annehmen), haben, so lassen sich die Prinzipien des neuralen Edelmanismus doch auch auf Entwicklung im allgemeineren anwenden.

Vergegenwärtigen Sie sich, um das Problem zu erfassen, bitte einmal das menschliche Gehirn. Es wiegt um die 1,5 Kilogramm und enthält bis zu hundert Milliarden Neuronen sowie das Zehnfache an Versorgungs- und Hilfszellen, sogenannten Gliazellen, die diese umgeben. Diese Zellmasse ist hoch strukturiert. Sie ist aufgeteilt in zahlreiche funktional spezialisierte Regionen, und in jeder Region bilden die Zellen ein hochgeordnetes Muster. Die Oberfläche des Gehirns wird von einer dünnen, stark gefalteten „Haut" von etwa vier Millimetern Dicke – der Großhirnrinde (graue Substanz) – bedeckt. Diese Rinde besteht aus Neuronen, die wie in einem Baumkuchen zu sechs „Schichten" angeordnet sind. Dieses Muster läßt sich bei entsprechender Färbung leicht an Schnitten im Lichtmikroskop beobachten.

Weniger gut zu beobachten ist die Tatsache, daß die Zellen, diesmal in Aufsicht von der Cortexoberfläche aus betrachtet, darüber

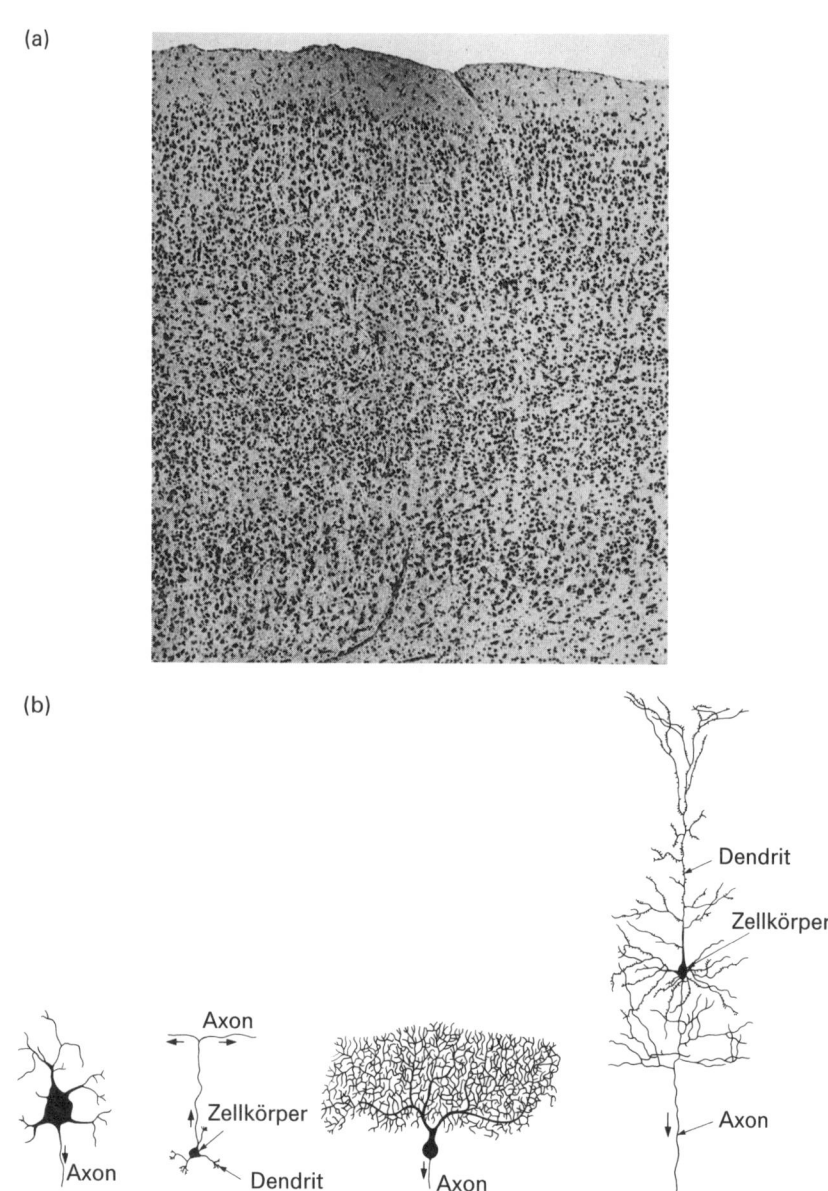

Abbildung 6.1: (a) Querschnitt durch die Großhirnrinde
des menschlichen Gehirns. Jeder schwarze Punkt ist ein Neuron.
(b) Einige der vielen verschiedenen Neuronformen,
jede davon ist auf eine bestimmte Funktion spezialisiert.

hinaus zu funktional unterschiedlichen vertikalen Säulen angeordnet sind. Eine nähere Betrachtung der Neurone zeigt, daß diese von ganz unterschiedlicher Form sind, Pyramiden, Sternen, Körben und so weiter ähneln (siehe Abbildung 6.1). Damit nicht genug, ist jedes Neuron mit anderen Neuronen – manchen in seiner Nähe, anderen in einiger Entfernung – über dünne Fortsätze (Fasern) verbunden, die von seinem Zellkörper ausgehen. Manche dieser Fortsätze (Dendriten) nehmen eintreffende Signale auf, und mindestens einer davon (das Axon) übermittelt die von diesen Signalen angelieferten Informationen an andere Neurone weiter, indem es über Kontaktstellen namens Synapsen eine Verbindung mit deren Dendriten herstellt. Ein einzelnes Neuron kann bis zu hunderttausend solcher Synapsen auf sich vereinigen. Manche dieser Verbindungen sind gehirnintern ausgerichtet und versetzen die Neurone in die Lage, mit ihren benachbarten Kollegen zu kommunizieren. Andere – wie das große Axonkabel, das vom Auge durch den optischen Nerv zuerst zu einer Region namens Geniculatum laterale und von dort zur „Sehrinde" führt – übermitteln Signale aus der Außenwelt. Wieder andere Nervenbahnen gehen vom Gehirn aus und stellen über das Rückenmark eine Verbindung zu Muskeln und inneren Organen des Körpers her.

Diese ungeheuer komplexe Struktur muß binnen neun Monaten ab dem Augenblick der Empfängnis geschaffen werden, damit sie zum Zeitpunkt der Geburt im großen und ganzen funktionstüchtig ist. Natürlich bleibt dann immer noch eine Menge an postnataler Entwicklung zu erledigen. Viele Gliazellen sind zum Zeitpunkt der Geburt noch nicht an ihrem Platz, und, für das sich entwickelnde Gehirn fast noch wichtiger: zum Zeitpunkt der Geburt gibt es noch relativ wenige Synapsen. Im Verlauf der nun folgenden Jahre der Entwicklung werden unterhalb eines jeden Quadratzentimeters Neocortex nicht weniger als 30 000 Synapsen pro Sekunde gebildet, bis schließlich die komplette Ausstattung von hundert Billionen (10^{14}) vorhanden und funktionsbereit ist. Das entspricht, um diese Zahl etwas anschaulicher zu machen, dem 20 000fachen der gegenwärtigen menschlichen Gesamtbevölkerung unseres Planeten.

Doch allein um den Zustand des Gehirns zum Zeitpunkt der Geburt zu erreichen, entstehen circa eine Million Zellen pro Stunde, und dies tagein, tagaus, die gesamte Schwangerschaft hindurch. Das wäre schon beachtlich genug, wenn das Gehirn einfach allmählich und stetig wachsen würde, etwa wie ein langsam aufgepumpter Luftballon. Aber das tut es nicht. Der erste beobachtbare Schritt wird bereits getan, wenn der Embryo 18 Tage alt ist und nur 1,5 Millimeter mißt: dann, wenn die hohle Zellkugel der Gastrula auf ihrer Oberfläche eine Einfaltung entstehen läßt, die an ihrem Vorderende, dort wo sich in absehbarer Zeit das Gehirn bilden wird, verdickt und vergrößert ist. Mit fortschreitender Entwicklung vertieft sich die Furche, ihre Wände falten sich höher auf, wachsen aufeinander zu, berühren sich und verschmelzen miteinander. Aus der Furche ist das *Neuralrohr* geworden. Mit fünfundzwanzig Tagen, wenn der Embryo eine Länge von etwa 5 Millimetern hat, senkt sich das Rohr tiefer in den Embryo hinein. Sein zentraler Hohlraum wird zum Zentralkanal des Rückenmarks und bildet auch innerhalb des Gehirns flüssigkeitsgefüllte Räume (die Ventrikel). Das Kopfende des Neuralrohrs beginnt anzuschwellen, und die Anfänge der drei großen Hauptanlagen von Vorderhirn, Mittelhirn und Hinterhirn fangen an, sich abzuzeichnen (Abbildung 6.2).

In den folgenden Wochen der Embyonalentwicklung beginnen sich aus dem Neuralrohr Vorläuferzellen für all die Milliarden Neurone und Gliazellen herauszubilden, die letzten Endes das Gehirn bilden werden. Die Vorläuferzellen entstehen im Laufe der Gehirnentwicklung also nicht dort, wo sie letztlich als reife Neuronen und Gliazellen enden werden, sondern in der Nachbarschaft des Neuralrohrs und der Ventrikel. Anschließend müssen sie von ihrem Entstehungsort zu ihrer endgültigen Position wandern, wobei sie Entfernungen zurücklegen, die etliche zehntausendmal ihrer eigenen Länge entsprechen. Das entspräche einer Wanderung von mehr als zwanzig Kilometern bei einem Menschen. Wie finden sie ihren Weg? Weiß jede Zelle, bevor sie ihr endgültiges Ziel erreicht, wohin sie geht und was aus ihr wird? Verfügt sie über eine Straßenkarte, oder ist sie, wie es das Instruktionsmodell des Immunsystems fordert, eine Allzweckzelle, die, je nach ihrem endgültigen Verbleib innerhalb des Gehirns, jede beliebige Form und Funktion annehmen kann?

Auf viele dieser vitalen Fragen gibt es noch immer keine vollständige Antwort. Wie ich im vorangegangenen Kapitel erläutert habe, steht nach der großen Ausweitung genetischen Wissens in den zurückliegenden Jahrzehnten eine vergleichbare Zunahme an Wissen im Bereich der Entwicklungsbiologie noch aus. Man kennt allerdings etliche Mechanismen, die eine Rolle hierbei spielen. Die Gliazellen sind es, die im sich entwickelnden Gehirn den Anfang bei den migratorischen Aktivitäten machen. Auf ihrem Weg von ihrem Entstehungsort dorthin, wo einst Cortex sein wird, hinterlassen sie lange Fortsätze, an denen die Neurone entlangwandern können, wenn es für sie an der Zeit ist. Wie Edelman und andere zeigen konnten, ent-

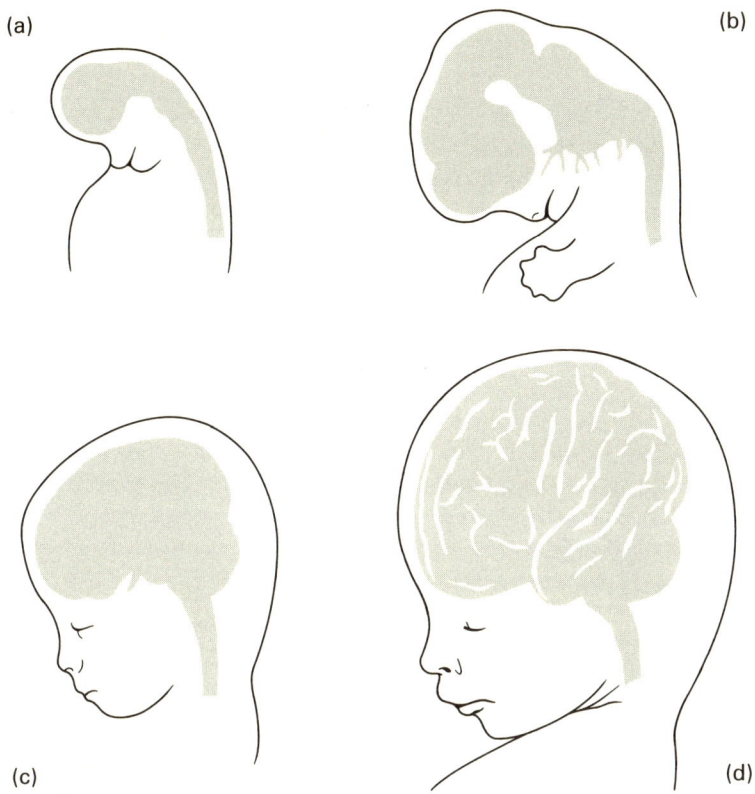

Abbildung 6.2: Die Entwicklung des menschlichen Gehirns:
(a) drei Wochen alter Embryo, (b) sieben Wochen alter Embryo,
(c) vier Monate alter Fetus, (d) Neugeborenes

halten die Zellmembranen von Neuronen und Gliazellen eine besondere Klasse von Proteinen, die man als *Zelladhäsionsmoleküle* (abgekürzt CAM nach dem englischen Begriff *cell adhesion molecules*) bezeichnet. Diese Moleküle fungieren im sich entwickelnden Gewebe ein bißchen wie Steigeisen: Sie ragen aus der Membranoberfläche heraus, und über sie kann sich eine Nervenzelle an die passenden Zelladhäsionsmoleküle der nächstbesten Gliazelle anheften. Damit sind Neurone in der Lage, sich an Gliazellen festzuhalten und sich an deren Fortsätzen entlangzuhangeln (siehe Abbildung 6.3). Als weiteren Trick legen die wandernden Zellen überdies eine Art Schleimspur von CAM-verwandten Molekülen aus – sogenannte *Substratadhäsionsmoleküle* SAM, die den nachfolgenden Zellen als zusätzliche Richtschnur dienen.

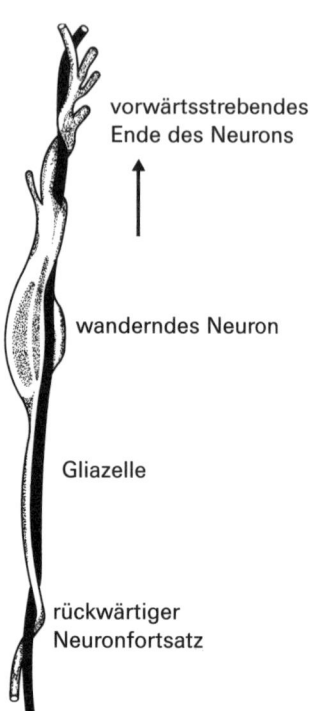

Abbildung 6.3:
Neuron, das am Fortsatz einer Gliazelle entlangwandert (schwarz)

Was aber vermittelt solchen zellulären Märschen die passenden geographischen Koordinaten? Hierin müssen sowohl lokale als auch weiter entfernte Signale involviert sein. Eine Möglichkeit, eine Richtung zu signalisieren, bestünde zum Beispiel darin, eine Zielzelle oder ein Zielgewebe an Ort und Stelle zu installieren, so daß die Wanderung darauf hin erfolgen kann. Angenommen, das Ziel sondert unablässig ein Signalmolekül ab, das dann von ihm weg diffundiert. Damit entstünde ein Konzentrationsgradient, der am Ziel am höchsten ist und mit zunehmender Entfernung immer schwächer wird. Wenn die wandernde Zelle das Molekül wahrnehmen und sich – wie Bakterien, die auf eine Nahrungsquelle zu schwimmen – darauf hinbewegen kann, wird sie irgendwann am Ziel ankommen. In den fünfziger Jahren gelang es Rita Levi-Montalcini ein solches Signalmolekül (*trophisches* Signal) nachzuweisen, und sie nannte es *Nervenwachstumsfaktor*. Als ihr im Jahre 1986 der Nobelpreis für diese Entdeckung verliehen wurde, war bereits klar, daß dieser Faktor nur ein Vertreter aus einer ganzen Familie solcher Moleküle war (Abbildung 6.4).

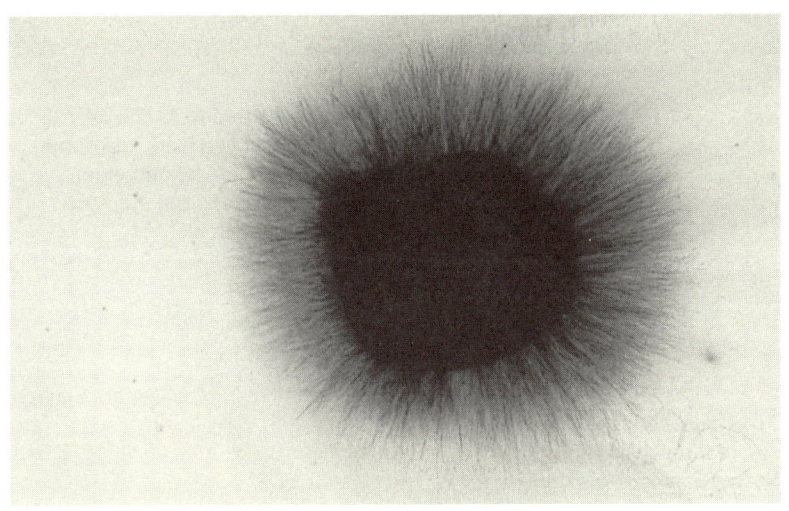

Abbildung 6.4: Auswachsen von neuronalen Fortsätzen
aus einem mit Nervenwachstumsfaktor behandelten sekundären Ganglion
(Aggregat von Neuronen)

Trophische Faktoren können über große Distanzen als Richtungsweiser fungieren, mit deren Hilfe zum Beispiel die auswachsenden Axone motorischer Nerven (Motoneurone) ihre Zielmuskeln finden oder an denen sich die den optischen Nerv bildenden Axone der Retinazellen den Weg zu ihrem ersten „Meldeposten" im Gehirn, dem Geniculatum laterale, suchen. Die wandernden Zellen und die auswachsenden Neurone aber müssen in Kontakt zueinander bleiben. Jede muß wissen, wo ihre Nachbarn sind. Die Diffusion eines lokalen Gradientenmoleküls in Verbindung mit der Anwesenheit bestimmter Arten von Chemosensoren auf der Axonoberfläche könnte jeden der beiden Partner feststellen lassen, ob sich rechts oder links von ihm Nachbarn befinden, und ihn in die Lage versetzen, mit diesen Schritt zu halten (Abbildung 6.5).[6] Auf diese Weise kann die gesamte Axontruppe in geordneter Formation am Geniculatum laterale anlangen und dort die passenden synaptischen Verknüpfungen herstellen, so daß dort eine – allerdings topographisch transformierte – Karte der Retina entsteht; das Ganze ähnelt ein bißchen der Beziehung zwischen der Londoner oder der New Yorker U-Bahn und den an den einzelnen Stationen ausgehängten Halteplänen. Das Gehirn enthält viele solcher Karten, multiple Karten für jedes seiner sensorischen Input- und seiner motorischen Output-Systeme. Karten, deren Topologie im Verlauf der Entwicklung erhalten bleiben muß.[7]

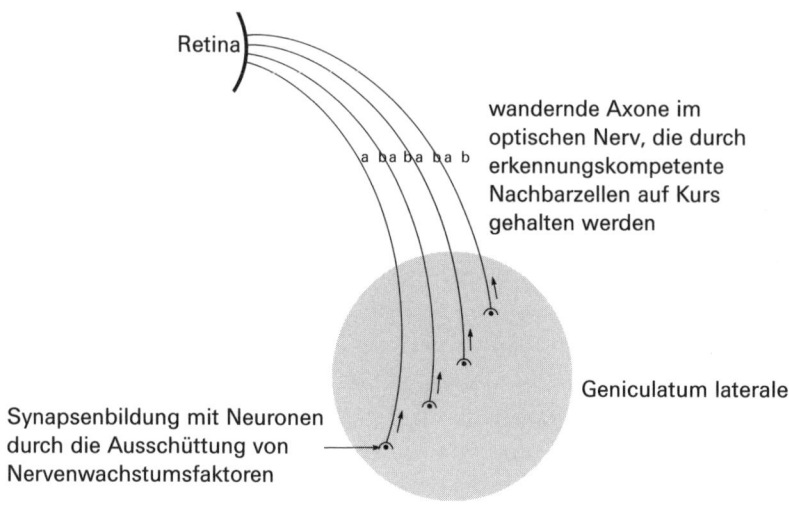

Abbildung 6.5: Lokale und über weitere Strecken wirksame Steuerung der Wanderungsrichtung migrierender Axone im optischen Nerv. a und b sind lokale Erkennungssignale, die die Axone auf Kurs halten.

Der soeben beschriebene Prozeß entspräche einem instruktionistischen Modell. Jedes Axon wird durch Instruktionen aus seiner Umgebung auf Kurs gehalten. Sowohl der trophische Faktor, der seiner Zielregion entströmt, als auch die Beziehungen zu seinen nächsten Nachbarn lenken es seiner endgültigen Position zu. Es gibt verschiedene Hinweise darauf, daß sich ein beträchtlicher Teil der Entwicklung des Nervensystems durch ein solches Modell erklären läßt.[8]

Edelman lenkte jedoch die Aufmerksamkeit noch auf ein anderes entscheidendes Merkmal von Entwicklungsprozessen. Im Verlauf der Embryonalentwicklung kommt es zu einer ungeheuren Überproduktion von Zellen: Es entstehen sehr viel mehr Zellen, als schlußendlich überleben können. Da mehr Axone an ihrem Ziel ankommen, als Zielzellen vorhanden sind, die mit diesen in Kontakt treten könnten, müssen diese, so Edelmans Überlegung, miteinander um die Zielzellen konkurrieren. Diejenigen, die ihr Ziel nicht finden, verkümmern und sterben schließlich ab. Das Argument geht im Grunde noch weiter: Es besteht nicht nur eine Überproduktion von Neuronen und Axonen, sondern auch eine Überproduktion von Synapsen. Es kommt zu einem Überfluß an Synapsen, einer wahren Blüte. Synapsen jedoch, die keine passende funktionelle Verbindung herstellen können, werden zurückgebildet und verschwinden. In diesem Entwicklungsmodell kommt es also, da eine Konkurrenz um seltene Ressourcen – trophische Faktoren, Zielzellen, Raum zur Bildung von Synapsen – besteht, gleichzeitig auch zur Selektion. Und nun müssen wir uns nur noch vorstellen, daß es irgendwie die „fittesten" unter den Neuronen und Synapsen sind, die den Konkurrenzkampf gewinnen, und schon sind wir bei Edelmans „neuralem Darwinismus".

Selektion in diesem Sinne kann nur lokale Prozesse betreffen, nicht aber Prozesse mit großer Reichweite. Solche Vorgänge, wie die Wanderung von Zellen und das Auswachsen von Neuronen über große Entfernungen, scheinen noch etwas anderes vorauszusetzen: die Ausführung irgendwelcher internen Programme einzelner Zellen einerseits und konzertierte Aktionen des Zellkollektivs andererseits. Auch wenn am Ende vielleicht nur die Synapsen eines bestimmten Neurons erfolgreich die Verbindung zu ihrer Zielzelle herstellen können, so ist doch zu bezweifeln, daß ein einzelnes Neuron allein in der Lage gewesen wäre, sein Ziel zu erreichen, wenn all die anderen Zellen im Verlauf der langen Periode von Wachstum und Migration nicht vorhanden gewesen wären. Das Überleben des einen hängt von der Gegenwart vieler ab. Die Überproduktion und das anschließende Zurückbilden von Neuronen und Synapsen mag auf einer bestimmten Ebene der Vergrößerung aussehen wie Konkurrenzkampf und Selektion, aus größerer Entfernung betrachtet wirkt es wie ein kooperativer Prozeß.

Als vergleichbares Beispiel sei hier erwähnt, daß nur ein einzelnes Spermium vonnöten ist, um eine Eizelle zu befruchten. In der vulgären Machosprache, an die man sich bei einigen der populären Biologieautoren bereits gewöhnt hat, wird dieses „fitteste" aller Spermien in einer Kombination aus ultradarwinistischer Rhetorik und sexueller Begehrlichkeit oftmals als „Sieger" in einem Wettkampf zwischen vielen hundert Millionen Spermien im Ejakulat betrachtet.[9] Bei der Befruchtung fusioniert der Kopf der Spermienzelle (in dem sich der Kern befindet) mit der Eizelle. Führen Sie dieses „fitte" Spermium jedoch einmal ganz allein in die Vagina ein, so sind seine Chancen, zu überleben und das Ei zu befruchten, minimal; eine hohe Spermienzahl erhöht die Fruchtbarkeit, sie trägt dazu bei, daß mehr Spermien ihre Reise durch die Vagina überstehen, ungeachtet dessen, daß am Ende nur ein Spermium in das Ei eindringen wird und die Befruchtung vollenden kann. Das einzige, „fitteste" Spermium muß also in Wirklichkeit mit den übrigen kooperieren, statt mit ihnen zu konkurrieren, wenn es überhaupt zur Befruchtung kommen soll. (Zudem wird immer deutlicher, daß das Ei nicht nur der passive Empfänger jenes siegreichen Spermiums ist, sondern bei dem Prozeß eine aktive Rolle spielt. Zur erfolgreichen Fusion müssen die Enzyme der Spermienzelle durch Absonderungen des weiblichen Reproduktionstrakts aktiviert werden, manchmal auch durch kleine Membranauswüchse auf der Eizell-Oberfläche, die das Spermium ins Ei hineinziehen.[10]

Instruktive und selektive Mechanismen machen demnach nur einen Teil des Bildes von der Entwicklung aus. Die Aufrechterhaltung von Stabilität verlangt, daß das gesamte Ensemble von Zellen kooperiert, kollektiv zusammenwirkt. Bei der Schaffung und Erhaltung jenes dynamischen Musters an Verknüpfungen, das die Welt auf den Sinnesorganen und von dort im Gehirn abbildet, welches nunmehr seinerseits vermittels der körpereigenen Muskulatur der Welt wiederum neue Muster aufprägt, hängt in delikater Weise eine Zelle von der anderen ab. Deshalb möchte ich dafür plädieren, daß wir sowohl die instruktionistische als auch die selektionistische Metaphorik über Bord werfen. Entwicklung ist ihrem Wesen nach ein *konstruktivistischer Prozeß*.[11] Der sich entwickelnde Organismus in seinem Sein und Werden, in seiner Spezifität und Plastizität, konstruiert seine eigene Zukunft.

Zufall und Determinismus

Doch auch das oben diskutierte konstruktivistische Entwicklungsmodell kommt nicht ohne Determinismus aus, wobei es sich in diesem Falle allerdings um ein weiter gefaßtes Konzept handelt, als es die Vorstellung von einem eindimensionalen Gen bietet. Doch wir müssen einen Schritt weiter gehen und die Rolle des Zufalls, der Kontingenz, auf allen Ebenen der Analyse lebender Systeme berücksichtigen. Denken Sie an die Mikroebene einzelner Zellen und ihrer subzellulären Komponenten. Biochemiker haben es natürlich nicht mit einzelnen Zellen oder mit einzelnen Kopien der Moleküle dieser Zellen zu tun, sondern mit Aggregaten aus Millionen von ihnen, und in dieser Größenordnung werden Eigenschaften recht gut vorhersagbar.

Doch was sich für die Masse vorhersagen läßt, muß nicht für den einzelnen gelten. Die Rolle der Mitochondrien beispielsweise, die eine sorgsamst kontrollierte Serie von Reaktionen ausführen, durch die die Produkte des Glucoseabbaus oxidiert werden und aus ADP ATP entsteht, ist bis ins Detail ausführlich untersucht, und man weiß, daß die Reaktionen von dem verläßlichen Strom an Wasserstoffionen durch die Mitochondrienmembran abhängen. Betrachtet man jedoch ein einzelnes Mitochondrium bei dem normalen „pH-Wert" der Zelle, dann sind darin höchstwahrscheinlich so um die dreißig Wasserstoffionen zu finden. Diese Zahl ist so klein, daß Schwankungen durch „thermisches Rauschen" es ziemlich unmöglich machen, die Verteilung der Ionen präzise zu berechnen. Auf dieser Ebene beeinflußt der Zufall jeden zellulären Prozeß, unter anderem auch, wie man seit langem weiß, die durch kosmische Strahlung oder mutagene Agenzien hervorgerufenen Zufallsmutationen in der Struktur der DNA.

Ähnliche Überlegungen gelten für die Rolle des Zufalls im Rahmen der Entwicklung. Lewontin hat gezeigt, daß selbst bei der vermeintlich bilateralsymmetrischen *Drosophila* die Anzahl der Borsten auf einem Bein nicht immer mit der auf dem entsprechenden Bein der anderen Körperseite übereinstimmt. Und was auf die Rolle des Zufalls bei der Entwicklung von *Drosophila* zutrifft, gilt sicher auch für die Entwicklung des Menschen. Eineiige Zwillinge verfügen beispielsweise über eine identische DNA-Ausstattung, dennoch beeinflussen die relative Lage der beiden Embryonen zur Plazenta und ihre Umgebung im Uterus deren jeweilige Entwicklung vom Augenblick der Befruchtung und der ersten Zellteilung an in zufallsbestimmter Weise. Die entwicklungsbiologische Divergenz nimmt mit jeder Zellteilung, nach der Geburt mit jeder zufälligen Erfahrung eines der beiden Zwillinge zu. Wenn schon Faktoren, die die Entwicklung des einzelnen Organismus gestalten, vom Zufall beeinflußt sind, so gilt dies um so mehr für den Einfluß zufälliger Ereignisse auf evolutionäre Prozesse, wie wir in den folgenden Kapiteln noch genauer sehen werden.

Die Chaostheorie hat viel Aufhebens vom „Schmetterlingseffekt" bei der Erstellung von Modellen zur Wetterentwicklung gemacht, obgleich ein altes Sprichwort den Sachverhalt sehr viel einfacher ausdrückt, wenn es feststellt, daß durch einen fehlenden Nagel das Hufeisen, das Pferd, der Überbringer der Botschaft und schließlich die Schlacht verlorengehen kann. Genau diese Kombination von Vorhersagbarkeit und Unwägbarkeit ist es, was lebende Systeme und Prozesse von den sehr viel einfacheren Ereignissen unterscheidet, die in das Gebiet der Physik und der Chemie fallen.

Homöostase und Homöodynamik

Claude Bernards Schlagwort von der Konstanz der internen Milieus, des inneren Umfelds vielzelliger Organismen, ist zu einem der zentralen richtungsweisenden Themen der Physiologie avanciert. Die unausweichlichen Fluktuationen der Welt außerhalb des Organismus, der

Temperatur beispielsweise oder der Verfügbarkeit von Nahrung, werden gedämpft und kompensiert, um diese Konstanz zu erhalten. Ein Ansteigen der inneren Temperatur läßt den Organismus schwitzen, ein Absinken führt zu einem verminderten Blutzustrom in die Peripherie, um die innere Temperatur (bei Menschen und anderen Säugetieren) mehr oder minder konstant bei 37,5 °C zu halten. Nahrungsentzug läßt den Blutzuckerspiegel sinken und mobilisiert dadurch den in Form von Glykogen in der Leber gespeicherten Zucker oder stimuliert den Abbau von Speicherfett. Überdies führt er bei dem betreffenden Organismus zu Verhaltensänderungen: Hunger läßt jeden von uns nach Nahrung suchen. Dasselbe gilt für viele andere Parameter des inneren Milieus, angefangen beim zellinternen pH-Wert, der mit pH 7,4 ganz knapp im Alkalischen gehalten wird, bis hin zum Gleichgewicht zwischen Natrium- und Kaliumionen oder zum Verhältnis zwischen ATP und ADP (Adenosindiphosphat) in den Körperzellen.

Das Niveau, auf dem jede dieser Variablen gehalten wird, bildet deren Sollwert. Die Stabilisierung um diesen Sollwert wird mit dem Begriff Homöostase umrissen, und einführende Lehrbücher behandeln lang und breit Mechanismen, die eine solche Stabilität aufrechterhalten. Als Metapher zur Illustration dessen beruft man sich häufig auf den Thermostaten an der Zentralheizung eines Hauses. Die Temperaturkontrolle des Thermostaten ist so eingestellt, daß die Heizung, sobald die Temperatur unter den Sollwert fällt, anspringt und die Temperatur wieder ansteigen läßt. Steigt sie über den Sollwert, schaltet das System ab. Die Folge davon ist, daß die genaue Temperatur des thermostatkontrollierten Raumes, würde man sie aufzeichnen, niemals genau konstant ist, sondern langsam um den Sollwert oszilliert. Wie rasch und in welchem Umfang die Oszillation abläuft, hängt von der Empfindlichkeit des Thermostaten und von der Effizienz des Heizungssystems ab: Ist der Thermostat nicht hinreichend empfindlich, könnten die Oszillationen einen unangenehm weiten Bereich umspannen, ist er zu sensitiv, wird er so rasch an- und ausschalten, daß das System möglicherweise zusammenbricht. Stabilität läßt sich am besten erreichen, wenn man nicht versucht, die Temperatur perfekt konstant zu halten, sondern indem man für eine optimale Frequenz und Schwankungsweite der Oszillationen um den Sollwert sorgt. Die Art von Oszillationen, die einer solchen thermostatregulierten Homöostase zugrunde liegen, ist in Abbildung 6.6 (a) illustriert.

An diesem Punkt endet die biologische Metapher in der Regel, doch lassen Sie sie uns noch einen Schritt weitertreiben. In der Praxis

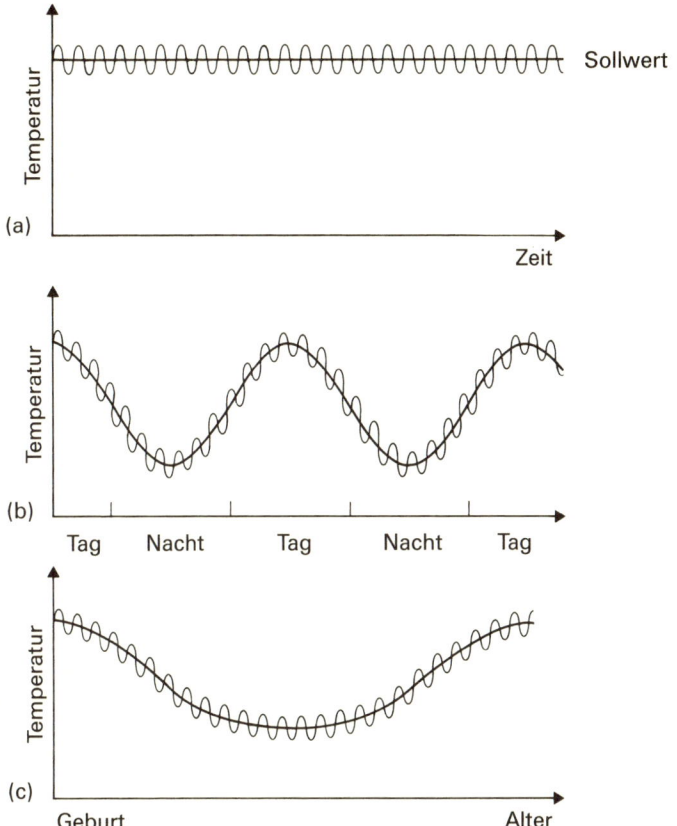

Abbildung 6.6: (a) homöostatische und homöodynamische Oszillationen, (b) Tagesrhythmik, (c) Rhythmik über den gesamten Lebenszyklus gesehen

ist selbst für Räume, deren Temperatur über eine Zentralheizung kontrolliert wird, die obige Darstellung einer regelmäßigen Oszillation um einen festen Sollwert unzutreffend. Die meisten Heizungen sind so programmiert, daß sie nicht Tag und Nacht dieselbe Temperatur liefern, sondern des Nachts mit geringerer Temperatur arbeiten oder ganz abschalten oder gar, wenn tagsüber niemand daheim ist, auch mitten am Tag herunterfahren. Das tatsächliche Muster der Temperaturschwankungen in thermostatkontrollierten Räumen entspricht also sehr viel eher der Darstellung in Abbildung 6.6 (b), das heißt, es weist eine Tagesrhythmik auf. Den homöostatischen Schwankungen wird somit ein Superrhythmus übergeordnet, das Resultat ähnelt dem Wolframdraht in einer Glühbirne. Technisch ausgefeiltere Thermostaten lassen sich in wöchentlichem Rhythmus programmieren und tragen so der Tatsache Rechnung, daß viele von uns unter der Woche und an Wochenenden unterschiedliche Wohn- und Temperaturanforderungen stellen. Zu noch langfristigeren Schwankungen kommt es, wenn das System im Sommer oder während der Ferien ausgeschaltet bleibt. Und über die gesamte Lebensdauer gesehen wird man vielleicht zu Zeiten, in denen sich Kleinkinder oder ältere Personen im Haus befinden, die mittlere Temperatur höher haben wollen (so man die Brennstoffrechnungen bezahlen kann), als zu einer Zeit, wenn das Haus nur von Erwachsenen in mittleren Jahren bewohnt ist. Die Darstellung der Thermostateinstellung über die Lebenszeit gleicht daher vielleicht eher der in Abbildung 6.6 (c).

Über einen längeren Zeitraum hinweg betrachtet, hält also selbst ein Thermostat keine Homöostase im Sinne von „gleichbleiben", sondern er reguliert vielmehr ein ganzes Spektrum von Zyklen und „Hyperzyklen". Die Homöostase weicht einer Homöodynamik. Was für diese einfache mechanische Metapher gilt, trifft in weitaus dramatischerer Weise auf lebende Organismen zu. Sie als rein homöostatisch zu betrachten hieße, ihnen ihre historische Entwicklung abzusprechen, in die „leere Organismus-Falle" zu gehen, die die genozentrische Betrachtung der Welt fordert. Die Sollwerte, um die herum die momentanen Oszillationen der Biochemie eines Einzelorganismus auf Mikroebene schwanken, verändern sich im Laufe seines Lebens. Unsere Körpertemperatur, unser Steroidhormonspiegel und unser Neurotransmitterspiegel unterliegen einem Tagesrhythmus. Um die 52 Prozent der menschlichen Bevölkerung im Alter zwischen 13 und 50 Jahren machen monatliche Hormonzyklen durch, die ihr Leben deutlich beeinflussen. Die übrigen 48 Prozent zeigen möglicherweise vergleichbare Veränderungen, wenngleich dies bislang kaum einen Forscher gekümmert hat. Andere Monats- und Jahreszyklen – von den steigenden Säften des Frühjahrs bis hin zur herbstlichen Melancholie, die sich in der winterlichen Düsternis höherer Breitengrade für manche von uns zu veritablen „Winterdepressionen" auswachsen kann – sind bislang nur wenig verstanden. Und jeder, der dieses Buch liest, hat, genau wie der Autor selbst, einen Teil jenes längsten aller individuellen Wege, der einen jeden von uns von der einzelnen befruchteten Zelle über die 10^{14} Zellen, die unser Erwachsenendasein ausmachen, bis in den Tod trägt, bereits zurückgelegt.

Leben ist damit seinem Wesen nach durch und durch homöodynamisch.[12] Der gegenwärtige Augenblick unseres Lebens beziehungsweise des Lebens eines jeden Organismus ist biologisch schlicht unerklärlich, wollte man ihn der Zeit lediglich als gefrorenen Augenblick entreißen und in ihm nicht mehr sehen als die bloße Summe der differenziellen Expression von hunderttausend Genen. Jede unserer Gegenwarten ist geformt und kann lediglich durch unsere Vergangenheit verstanden werden, unsere ganz persönliche und einzigartige Entwicklungsgeschichte als Organismus. Nicht zum ersten – und bestimmt nicht zum letzten – Mal in diesem Buch sei hier meine persönliche Abwandlung von Dobzhanskys berühmter Feststellung wiederholt: „Nichts in der Biologie ergibt einen Sinn, es sei denn, man betrachtet es im Licht der Geschichte."

Sogar die momentane Stabilität eines Organismus wird nicht statisch, sondern dynamisch aufrechterhalten. Es ist ein naheliegender Fehler anzunehmen, Lebenszyklen umfaßten eine Periode des Wachstums – von der Empfängnis zum Erwachsenen –, dann eine lange Phase relativen Stillstands und schließlich den Niedergang in Alter und Tod. Selbst Shakespeare mit seinen sieben Lebensakten des Menschen wußte, daß es damit eine kompliziertere Bewandtnis hatte. Lange bevor man von der Molekularbiologie zu träumen gewagt hätte, waren die Biochemiker sich über etwas im klaren, was sie als „dynamischen Zustand der Bestandteile des Körpers" bezeichneten. Jede Zelle im erwachsenen Körper verfügt über ihren eigenen Lebenszyklus von ihrer Geburt zum Zeitpunkt der Mitose bis zu ihrem Tod und den Ersatz durch eine neue Zelle nach ein paar Tagen, Wochen oder Monaten. Eine Ausnahme machen die Nervenzellen des Gehirns, die eine nicht proliferierende Zellpopulation darstellen und bei ihrem Tode nicht ersetzt werden, weshalb uns die meisten davon ein Leben lang erhalten bleiben. Die roten hämoglobinhaltigen Blutkörperchen dagegen leben nicht mehr als 120 Tage, bevor sie absterben und ersetzt werden.

Leben und Tod einer jeden Zelle nehmen ihren Lauf in relativer Unabhängigkeit von Leben und Tod der Moleküle, aus denen sie besteht. Die komplexen Makromoleküle, die Proteine, Nukleinsäuren, Polysaccharide und Lipide im Inneren einer jeden Zelle verfügen über ihren eigenen Lebenszyklus, werden unablässig abgebaut und durch andere, mehr oder weniger identische Zellen ersetzt. Die durchschnittliche Lebensdauer eines Proteinmoleküls im Körper eines Säugetiers beträgt ungefähr vierzehn Tage. Bei einem erwachsenen Menschen machen Proteine um die zehn Prozent des Körpergewichts aus, das heißt, unser gesamtes Erwachsenenleben hindurch werden Tag für Tag stündlich etwa 24 Gramm Protein abgebaut und ebensoviel neu synthetisiert – das entspricht einem halben Gramm beziehungsweise einer Trillion Proteinmoleküle pro Minute. Weshalb dieser unermüdliche Fluß? Warum werden Körper nicht wie Häuser gebaut: einmal errichtet, umgebaut, unterhalten und nach Bedarf geflickt, im großen und ganzen aber bis zum Abriß unverändert erhalten?

Metabolische Netze und die Aufrechterhaltung von Ordnung

Die Antwort ist einfach: So, wie ein Thermostat Oszillationen voraussetzt, um Stabilität zu schaffen, müssen auch lebende Systeme dynamisch sein, wenn sie überleben wollen. Sie müssen in der Lage sein, sich den Schwankungen anzupassen, die sich aus ihrer kooperativen Existenz als Teil der größeren Einheit Organismus auch im bestgepufferten inneren Milieu ergeben. Frederick Gowland Hopkins war sich dieses Umstands nur zu gut bewußt, als er die Definition von Leben verfaßte, die das einleitende Zitat zu diesem Kapitel bildet und großen Einfluß auf die Art und Weise hatte, wie Generationen von Studienanfängern – mich eingeschlossen – Biochemie gelehrt wurde. Hopkins, einer der Mitbegründer moderner Biochemie und, neben vielen anderen Leistungen, Entdecker der Vitamine, war von Hause aus Chemiker und wäre doch nie auch nur für einen Moment auf den Gedanken gekommen, daß Biochemie sich einfach auf Chemie reduzieren lassen könnte. Die von ihm in den ersten Jahrzehnten dieses Jahrhunderts begründete Schule war dem Konzept der dynamischen Biochemie zutiefst verpflichtet, und zu genau dieser unreduzierbaren Dynamik als Garant einer stabilen Ordnung müssen wir zurückkehren, wenn wir verstehen wollen, wie ein Organismus, nachdem er sich im Laufe seiner Entwicklung selbst organisiert hat, in der Lage ist, seine Integrität zu wahren und auf die Außenwelt zu wirken. Wir haben es hier mit den Phänomenen der *Autopoiese* zu tun.

Die Biochemie hatte einen reduktionistischen Anfang. Ihre Vorgänger, die organische und physiologische Chemie des neunzehnten und frühen zwanzigsten Jahrhunderts, hatten sich der Analytik zugewandt, hatten begonnen, Zellen und Organismen in ihre kleinen und großen molekularen Bestandteile zu zerlegen. Hier war Leben nichts weiter als organische Chemie. Chemisch synthetisierter Harnstoff war identisch mit dem, den der Körper ausschied, das mysteriöse „Protoplasma" und jene vagen „Kolloide", von denen man annahm, daß sie den Stoff des Lebens bildeten, ließen sich in gereinigte kristalline Proteine verwandeln. Es würde nicht lange dauern, bis auch Nukleinsäuren chemisch herstellbar würden.

Was also bläst diesen komplizierten, aber längst nicht mehr mysteriösen Chemikalien Leben ein? Erstens unterliegen sie unablässig zahllosen komplexen Reaktionen des Auf- und Abbaus, Reaktionen, deren Präzision über den Horizont menschlicher Chemiker weit hinausgeht. Des weiteren finden diese Reaktionen nicht so statt, wie Chemiker sie veranstalten würden, nicht unter Einsatz starker Reagenzien, im Sauren oder Basischen oder unter irgendwelchen extremen Temperaturen, sondern in der stillen Abgeschiedenheit von Zellen, deren innerer pH-Wert sich nie allzuweit von der Neutralität entfernt und deren Temperatur stets plus/minus ein Grad konstant bleibt. Die Agenzien, die solche Reaktionen katalysieren, sind Enzyme, und ein großer Teil der biochemischen Forschung des zwanzigsten Jahrhunderts hat sich mit der Reinigung der vielen tausend Einzelenzyme befaßt, die in einer Zelle enthalten sind, und die Chemie der von ihnen ermöglichten Reaktionen in Isolation untersucht. Jedes Enzym wirkt auf ein spezielles Molekül (sein *Substrat*), das es zu einem oder mehreren Produkten umwandelt. Theoretisch sind alle Enzymreaktionen reversibel, und wenn man sie im Reagenzglas isoliert untersucht, stellt sich zwischen den Konzentrationen von Substraten und Produkten an irgendeinem Punkt ein Gleichgewicht ein. Die Geschwindigkeit, mit der das Enzym arbeitet, kann durch dessen Umgebung beeinflußt werden – durch die Anwesenheit bestimmter Ionen, die es aktivieren oder inhibieren können, durch Temperatur, pH-Wert und so weiter –, aber der Punkt, an dem das Gleichgewicht zwischen Substraten und Produkten schließlich erreicht wird, bleibt davon unberührt. Eine solche enzymkatalysierte Reaktion läßt sich schreiben als

$$A + B \underset{k_2}{\overset{k_1}{\rightleftharpoons}} C + D, \qquad (1)$$

womit die Umsetzung der Substanzen A und B in die Substanzen C und D beschrieben ist. Diese Gleichung ist reversibel, was bedeutet, daß sie je nach Bedingungen vorwärts, von links nach rechts also, oder rückwärts, von rechts nach links, ablaufen kann. Welche Richtung sie nimmt, hängt von den sogenannten Reaktionskonstanten k_1 und k_2 ab. (Wenn Sie, wie ich, Gleichungen hassen und diese algebraische Darstellung schwer verständlich finden, keine Sorge – wir sind damit rasch durch, und das einzige, was Sie brauchen, um der Argumentation zu folgen, ist der rote Faden, die Details interessieren nicht.)

Der zweite entscheidende Aspekt lebender Systeme ist die Tatsache, daß viele Reaktionen, auch wenn sie von einem Enzym katalysiert werden, gleichwohl den Verbrauch von Energie notwendig machen – so beispielsweise die Reaktionen, die an der Synthese von Proteinen und Nukleinsäuren beteiligt sind. Zellen benötigen also, bereits bevor sie beginnen, auf ihre Umgebung zu wirken, Energie, um sich selbst zu erhalten. Muskeln kontrahieren sich, Nervenzellen übermitteln Botschaften, die Zellen des endokrinen Systems produzieren Hormone und so weiter. Die ursprüngliche Energiequelle für nahezu alle lebenden Organismen ist die Sonne. Grüne Pflanzen fangen die Sonnenenergie vermittels Photosynthese ein und verwenden sie, um über eine komplexe Serie von Reaktionen, deren Analyse mehreren Generationen von Biochemikern abwechselnd Freud und Leid bereitet hat, heutzutage aber recht gut verstanden ist, atmosphärisches Kohlendioxid und Wasser in Zucker umzuwandeln. Andere Lebensformen können die von den Pflanzen hergestellten Zucker wiederum verbrennen, um die in den Zuckermolekülen gespeicherte Energie in einer für sie nutzbaren Form freizusetzen. Von entscheidender Bedeutung für diesen Prozeß ist ATP, jene Verbindung, die wir in Kapitel 2 als „Energiewährung der Zelle" kennengelernt hatten. ATP wird gebildet, wenn Glucose und andere Zucker verbrannt werden, und dann wieder (zu ADP) abgebaut, wenn Energie für die Selbsterhaltung der Zelle beziehungsweise für zelluläre Aktionen benötigt wird.

Der reduktionistische Ansatz zur Erklärung der chemischen Dynamik von Leben bestand somit darin, Zellen in ihre molekularen Bestandteile zu zerlegen und jeder einzelnen Enzymreaktion nachzuspüren, durch die diese in bezug auf ihre Chemie oder ihren Energiegehalt verändert werden. Enzyme, die den Abbau von Glucose und damit die Freisetzung der darin enthaltenen Energie katalysieren, sind daher an andere Enzyme gekoppelt, die Energie verbrauchen, um ATP aus seiner Vorläufersubstanz ADP zu synthetisieren; solchen Abbau bezeichnet man als *Katabolismus*. Umgekehrt benötigen synthetische Reaktionen wie jene, die Proteine aus ihren Grundbausteinen, den Aminosäuren, zusammensetzen, ATP, das sie im Verlauf der Synthese zu ADP abbauen; diesen Vorgang nennt man *Anabolismus* (Abbildung 6.7). Bis zu den dreißiger Jahren, als man diese Vorgänge nach und nach zu entschlüsseln begann, hatte die Chemie seit den Tagen Lavoisiers einhundertfünfzig Jahre damit zugebracht, die Energetik solcher Reaktionen, eingebettet in den Rahmen der Wissenschaft von der Thermodynamik, zu untersuchen. Die Thermodynamik befaßt sich mit Gleichgewichten, den Endpunkten von

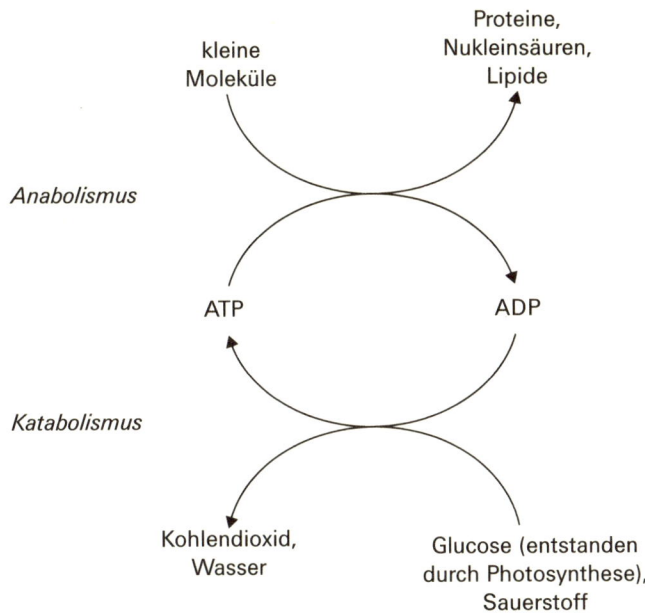

Abbildung 6.7: Anabolismus und Katabolismus

Reaktionen zwischen energieliefernden und energieverbrauchenden Reaktionen, und Mathematik und Physik solcher Gleichgewichte sind gut verstanden.

Grob vereinfacht sollte der Nettoeffekt all dieser energieliefernden und energieverbrauchenden Reaktionen darin bestehen, daß die Zelle sich im thermodynamischen und katalytischen Gleichgewicht befindet, und damit dem Lebensprozeß selbst entsprechen. In den zwanziger und dreißiger Jahren brachten Physiologen und Biochemiker denn auch eine Menge Zeit damit zu, komplizierte Versuchsanordnungen zu entwerfen, mit denen sich der Kaloriengehalt aufgenommener Nahrung, ausgeschiedener Abfallprodukte und der Energieleistung lebender Organismen von der Pflanze bis zum Menschen in geschlossenen Stoffwechselkammern messen ließ, um zu zeigen, daß dem tatsächlich so ist. Gesunde Organismen befinden sich, energetisch betrachtet, im Gleichgewicht.

Während das natürlich seine Richtigkeit hat (wäre dem nicht so, hieße dies, daß Leben physikalische Schlüsselprinzipien verletzte), so müssen wir die Prozesse, die in einem lebenden System ablaufen, dennoch außerhalb jener geschlossenen Stoffwechselkammern betrachten, wenn wir ihre Komplexität wirklich verstehen wollen. Und genau an diesem Punkt beginnt der reduktionistische Ansatz zu versagen, der bei der Analyse einzelner Reaktionen so Brillantes geleistet hat. Die Mathematik von Gleichgewichtszuständen – ob im Zusammenhang mit chemischen Reaktionen oder mit thermodynamischen Prozessen – geht von geschlossenen Systemen aus. Damit die Experimente und Formalismen der Mathematiker funktionieren, müssen die Reaktionen mit einer gegebenen Menge an Ausgangskomponenten beginnen, der eine gegebene Energiemenge in Form von Hitze oder was auch immer zugeführt wird. Alsdann werden sie vom übrigen Universum abgeriegelt, und man läßt sie bis zum Ende ablaufen, das heißt, bis die Reaktionen aufgehört oder irgendein Gleichgewichtszustand erreicht haben, der sich mit Hilfe von Gleichungen wie (1) auf der Basis der Geschwindigkeitskonstanten der Vorwärts- und der Rückwärtsreaktion errechnen läßt.

Lebende Systeme aber sind nicht auf diese Weise vor dem Rest der Welt verschlossen: Sie sind, wie wir gesehen haben, offen und befinden sich in konstantem Austausch mit ihrer Umgebung. Rohmaterialien – Glucose, Sauerstoff und andere kleine Moleküle und Ionen – gelangen in die Zelle, Abfallprodukte und andere Exporte verlassen diese. Leben ist nicht gekennzeichnet durch die statische Balance vollzogener Reaktionen, sondern durch ein dynamisches Gleichgewicht. Das ist die erste Komponente der Hopkinschen Definition, der zufolge Stabilität aus dem konstanten Fluß von Komponenten und deren Reaktionen – dem Verkehr in und aus der Zelle – herrührt. Formeln wie die Gleichung (1) beschreiben Reagenzglassituationen, keine Phänomene des wirklichen Lebens.

Die Tausende chemischer Reaktionen, die in jedem Augenblick innerhalb einer Zelle ablaufen, bilden ein komplexes interagierendes Netzwerk. Nachdem jede für sich untersucht ist, besteht der logische nächste Schritt des Reduktionisten in dem Versuch, sie zu folgerichtigen Ketten aneinanderzureihen, in denen das Produkt der einen enzymkatalysierten Reaktion auf der Stelle zum Substrat der nächsten wird. Wenn beispielsweise Glucose abgebaut wird, um zu guter Letzt in Kohlendioxid und Wasser zerlegt zu werden, besteht das Resultat der ersten acht Reaktionsschritte, von denen jeder durch ein anderes Enzym vermittelt wird, darin, daß das ursprünglich aus sechs Kohlenstoffatomen bestehende Glucosemolekül in zwei aus je drei Kohlenstoffatomen bestehende Moleküle Brenztraubensäure zerlegt wird, wobei gleichzeitig eine ganze Reihe von ATP-Molekülen gebildet wird. Eine solche Reaktionsfolge läßt sich abstrakt als die geheimnisumwitterte Umsetzung einer Substanz W unter Einsatz von drei Enzymen und über zwei Zwischenstadien in das Endprodukt Z darstellen:

$$W \underset{\text{W-ase}}{\overset{1}{\rightleftharpoons}} X \underset{\text{X-ase}}{\overset{10}{\rightleftharpoons}} Y \underset{\text{Y-ase}}{\overset{100}{\rightleftharpoons}} Z \qquad (2)$$

Jede Reaktion verfügt über ein charakteristisches Paar von Geschwindigkeitskonstanten, hier als willkürliche Werte für die Vorwärtsreaktion dargestellt. Insgesamt wird die Geschwindigkeit, mit der Z entsteht, durch den langsamsten Schritt der Reaktionskette – den sogenannten *geschwindigkeitsbestimmenden* Schritt – bestimmt, in diesem Falle ist dies das Enzym W-ase. In der Praxis ist der geschwindigkeitsbestimmende Reaktionsschritt häufig einer der ersten Schritte der Abfolge – was für die zelluläre Ökonomie offenkundig von Vorteil ist. Außerdem kann das Enzym W-ase, da die Geschwindigkeit einer Enzymreaktion stark von Faktoren wie Säuregrad und Ionenkonzentration abhängt, als effizienter Kontrollfaktor für die gesamte Reaktionsfolge wirken. Nehmen wir an, die von dem Enzym Y-ase katalysierte letzte Reaktion in der Reihe produziere nicht nur Z, sondern auch H^+-Ionen, die den Säuregehalt der Lösung ansteigen lassen, und zunehmende Säure drossele das Enzym W-ase in seiner Geschwindigkeit. Das Ergebnis wäre, daß das Z, Endprodukt der Reaktion, die Geschwindigkeit seiner Herstellung vermittels inhibierender Rückkopplung auf das Enzym W-ase reguliert. Die Reaktionsfolge ist damit zu einer selbstregulierten Sequenz geworden:

$$W \rightleftharpoons X \rightleftharpoons Y \rightleftharpoons Z + H^+ \qquad (3)$$

Ich sollte eingestehen, daß ich dieses Beispiel beinahe wörtlich meinem allerersten Buch entnommen habe, *The Chemistry of Life*, und es hat darin ohne größere Veränderung von der ersten Auflage im Jahre 1966 bis zur jüngsten Auflage aus dem Jahre 1991 ununterbrochen überdauert. Bedauerlicherweise ist es viel zu stark vereinfacht und von einer reduktionistischen Denkweise durchdrungen, der ich nur noch zum Teil beipflichten kann. Und das Beispiel ist deshalb zu einfach, weil man natürlich genau wie bei einem Vergleich zwischen einer lebenden Zelle und den Vorgängen in einem Reagenzglas eine einzelne Enzymreaktion nicht aus dem metabolischen Tanz der Moleküle abkoppeln und somit keinen einzelnen Reaktionsschritt darstellen kann.

Seit jenen Tagen, als ich mich als Babybiochemiker erstmals profilierte, gibt ein führender Hersteller von Biochemikalien Jahr für Jahr eine Karte heraus, auf der die metabolischen Wege dargestellt sind, die in einer „typischen" Säugerzelle – womit vermutlich eine Leberzelle gemeint ist – bekanntermaßen ablaufen. In Abbildung 6.8 ist nur ein

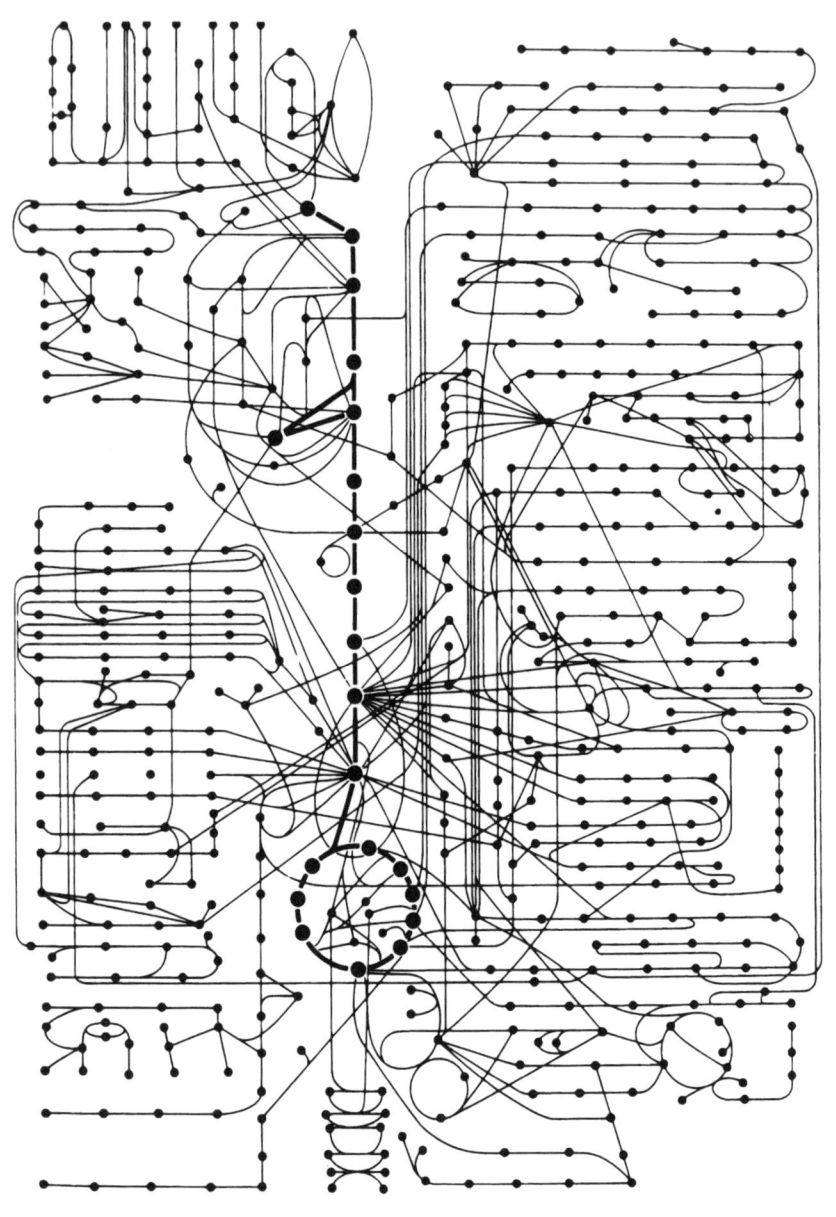

Abbildung 6.8: Netzwerk Intermediärstoffwechsel.
Diese Karte gibt die Interaktionen von etwa 700 kleinen Molekülen wieder.
Jeder Punkt ist ein Metabolit, jede Linie ein Reaktionsweg.

kleiner Ausschnitt aus dieser Karte schematisch abgebildet. Und selbst dieser ist grob vereinfacht, denn im Rahmen einer zweidimensionalen Darstellung ist es schlicht unmöglich, Reaktionen vollständig wiederzugeben, die innerhalb der Zelle in den vier Dimensionen von Raum und Zeit ablaufen. Das bedeutet, daß viele der geheimnisvollen Ws, Xs, Ys und Zs der Gleichungen (2) und (3) nicht nur an einem, sondern in vielen miteinander verflochtenen Reaktionswegen beteiligt sind und sich die Faktoren, die die Geschwindigkeit einer einzelnen Enzymreaktion bestimmen, demzufolge dramatisch vervielfachen.

Die Auswirkungen solcher Verknüpfungen sind außerordentlich eindrucksvoll. Stellen Sie sich ein Stück Stoff vor, das aus Fäden verschiedener Farbe gewebt wurde. Das Gewebe hat ein Muster, das sich nicht allein durch die Farbe der einzelnen Fäden ergibt, die Kette und Schuß des Stoffs bilden, sondern es ist das Produkt ihrer Interaktionen miteinander. Die Fäden jeder für sich mögen recht schwach sein, miteinander verwoben sind sie aber von beträchtlicher Stärke. Und, wichtiger vielleicht noch als das, weder das Muster noch die Stärke setzen die Existenz eines „Masterfadens" voraus. Entfernen Sie einen beliebigen Einzelfaden, und Muster, Stärke und Stabilität des Stoffes werden nur am Rande beeinträchtigt. Genauso verhält es sich mit dem metabolischen Geflecht im Inneren einer jeden Zelle. Sobald ein hinreichender Grad an Komplexität erreicht ist, wird es stark und tragfähig genug, um Veränderungen zu widerstehen. Die Stabilität ruht nicht mehr auf den einzelnen Komponenten, den Enzymen, ihren Substraten und Produkten, sondern auf dem Netz als Ganzem. Je mehr Interaktionen, um so größer die Stabilität und um so geringer die Abhängigkeit von einzelnen Komponenten (eine Eigenschaft, die von den Designern von Computermodellen als „graceful degradation" bezeichnet wird).

Die ursprünglich von dem biochemischen Genetiker Henry Kacser gelieferte formalmathematische Begründung für diese „molekulare Demokratie", wie er es nannte, würde den Rahmen dieses Kapitels sprengen, eine Analogie muß an dieser Stelle genügen. Kacser betont:

> „Es gibt daher nicht einfach zwei Klassen von ‚kontrollierenden' und ‚nicht kontrollierenden' Enzymen, sondern alle Enzyme sind an der Kontrolle beteiligt... Beschreibungen, die Enzyme als ‚Schrittmacher' oder als ‚geschwindigkeitsbegrenzend' bewerten, führen fälschlicherweise ein Klassifizierungskonzept ein, wo wir es in Wirklichkeit mit einem Kontinuum von Werten zu tun haben."

Mea culpa! Doch das metabolische Netz weist noch einen weiteren Vorteil gegenüber einem aus einfachem Stoff auf: Im Unterschied zu lebenden Systemen vermag ein vom Menschen geschaffenes Gebilde wie ein Stück Stoff den Verlust eines einzelnen Fadens nicht zu kompensieren. Das zelluläre Netz hingegen verfügt über einen hohen Grad an Flexibilität, der es ihm erlaubt, sich in Reaktion auf Verletzungen oder andere Schäden selbsttätig zu reorganisieren. Selbstorganisation und Selbstreparatur sind von ausschlaggebender Bedeutung für seine autopoietischen Eigenschaften. Diese Eigenschaften der Stabilität und Selbstorganisation, die Stuart Kauffman als „kostenlose Lieferung" bezeichnet hat, sind der Schlüssel zum Verständnis jener Unreduzierbarkeit, die lebenden Zellen zutiefst eigen ist.[15] Ihre metabolische Organisation ist mehr als die Summe ihrer Teile und kann nicht einfach dadurch vorhergesagt werden, daß wir jede Enzymreaktion und alle meßbaren Substratkonzentrationen addieren. Damit wir sie verstehen können, müssen wir das Funktionieren des gesamten Ensembles berücksichtigen.

Doch Stabilität und Selbstorganisation erklären auch, weshalb das von der Zelle erreichte Gleichgewicht tatsächlich kein statisches, sondern ein dynamisches ist. Die Stabilität des Ganzen kommt dadurch zustande, daß die einzelnen Komponenten sich in einem konstanten Fluß befinden. Frieren Sie sie zu reduktionistischer Unbeweglichkeit ein, und das gesamte zelluläre Gebäude wird – darin einem Eisläufer auf dünnem Eis gleichend, der ständig in Bewegung bleiben muß, um nicht einzubrechen – in jene einzelnen Komponenten auseinanderbrechen, die wir Biochemiker so lange mit viel Liebe in einsamer und vereinfachender Isolation untersucht haben. So, wie der Thermostat einer Zentralheizung Stabilität nicht dadurch erreicht, daß er eine absolut konstante Raumtemperatur aufrechtzuerhalten versucht, sondern dadurch, daß er Oszillationen um einen Sollpunkt ausgleicht, so arbeitet auch die Zelle mit permanenten Schwankungen. Untersuchungen zur Dynamik des Zellstoffwechsels, wie sie Benno Hess in Heidelberg über viele Jahre an vorderster Front betrieben hat, haben gezeigt, daß die Substratkonzentrationen bei vielen Metaboliten und metabolischen Abläufen rhythmischen Oszillationen unterworfen sind. Das beginnt beim Glucoseabau im Rahmen der Glykolyse und geht bis zum reproduktiven Zyklus von DNA-Synthese, Mitose und Zellteilung. Unlängst haben neue Bildgebungsverfahren überdies gezeigt, daß intrazelluläre Botschaften wie sie innerhalb der Zelle in Gestalt veränderlicher Calciumionenkonzentration als allgegenwärtige Signale übermittelt werden, ebenfalls in Wellen

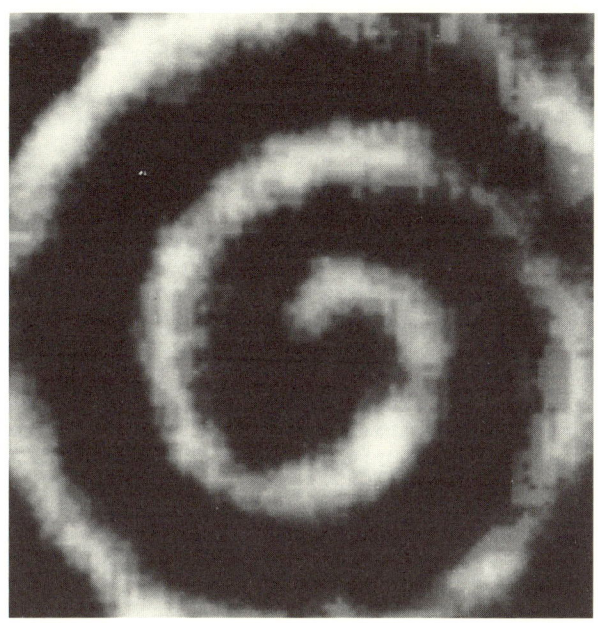

Abbildung 6.9: Spiralförmige Ausbreitung einer Ca^{2+}-Welle über eine Eizelle

durch lebende Zellen pulsieren (Abbildung 6.9). Im offenen System Zelle, das von Energie durchströmt und ständigen Abweichungen vom thermodynamischen Gleichgewicht unterworfen ist, ist Choreographie alles.[16]

Struktur und Selbstorganisation

Sperren Sie eine geeignete Zahl von Substraten und Enzymen zusammen mit den notwendigen Energiequellen in einem von einer semipermeablen Membran umhüllten Behältnis wie einer Zelle zusammen, so ist mit recht guter Treffsicherheit vorhersagbar, daß sich nach einiger Zeit stabile metabolische Netze ergeben werden (die Theorien darüber, wie sich solche Systeme im Laufe der Evolution entwickelt haben könnten, will ich auf Kapitel 9 verschieben). Doch Zellen sind nicht einfach nur Beutel mit mehr oder weniger zufälligen Mischungen. Sogar ausgenommen, dehydriert und auf das Netzchen des Elektronenmikroskopikers gebannt, weisen sie noch eine große Vielfalt an inneren Strukturen auf. Jede eukaryontische Zelle verfügt über einen Kern, viele Mitochondrien, etliche Photosynthese treibende Chloroplasten (so sie von einer grünen Pflanze stammt), eine Unzahl kleiner Vesikel und ein komplexes Netz aus inneren Membranen, die mit winzigen Partikeln besetzt sind und elegante rosettenartige Anordnungen bilden, wie sie die elektronenmikroskopische Aufnahme in Abbildung 3.3 (Seite 78) zeigt.

Es ist möglich, diese einzelnen zellulären Substrukturen mit Hilfe bestimmter Zentrifugationstechniken (siehe Kapitel 3) voneinander zu trennen, und es erweist sich, daß jede von ihnen über eine hochspezialisierte Biochemie verfügt. Chromosomen und ein Großteil der zellulären DNA befinden sich im Kern. Die Rosetten auf den inneren Membranen sind Ribosomen, an denen Proteine synthetisiert werden. Die Mitochondrien enthalten die für die letzten Oxidationsschritte des Glucoseabbaus und die Synthese von ATP verantwortlichen Enzyme. Einige der kleinen Vesikel (namens Lysosomen) sind mit Enzymen vollgepackt, die sich, würden sie in der Zelle unkontrolliert freigesetzt, rasch als tödliche Fracht erwiesen, da sie etliche der Makromoleküle, die die Struktur der Zelle ausmachen, dazu veranlassen, in ihre Einzelteile zu zerfallen. Diese Vesikel fungieren als intrazelluläre Straßenkehrer, die unerwünschte Moleküle entsorgen – sie können aber auch als zelluläre Selbstmordpille wirken.

Jede einzelne Zelle verfügt demnach über eine komplexe Ausstattung mit bestimmten Komponenten. Jede dieser Komponenten bildet ein abgetrenntes *Kompartiment*, in dem verschiedene Reaktionsfolgen abgesondert ablaufen können. Die Kommunikation zwischen diesen Kompartimenten findet in Form eines Austauschs von Substanzen und Signalen über selektive Membranen statt, die sich ein bißchen wie Pförtner verhalten. Auf diese Weise gelangen zum Beispiel die Brenztraubensäuremoleküle, das Endprodukt der ersten Stufe des Glucoseabbaus, durch die Membran ins Mitochondrieninnere, wo sie in einer hochgeordneten Reaktionsfolge, die von in die innere Mitochondrienmembran eingebetteten Enzymen katalysiert wird, oxidiert werden. Das im Laufe dieser Oxidation produzierte ATP verläßt zusammen mit Kohlendioxid, als dem endgültigen Produkt der Oxidation, die Mitochondrien wieder; das ATP, um seine Aufgabe innerhalb der Zelle zu erledigen, das Kohlendioxid, um über die äußere Zellmembran ausgeschieden zu werden. Auf ähnliche Weise gelangen Signalmoleküle und Ionen wie Calcium über die Kernmembran in den Zellkern und übermitteln Informationen, die darüber bestimmen, ob ein bestimmter Abschnitt auf der DNA in RNA transkribiert werden soll. Die transkribierte und editierte RNA verläßt den Zellkern und übermittelt ihre Botschaft an die Ribosomen im zellulären Cytoplasma. Kleine anorganische Ionen spielen eine Schlüsselrolle bei der Regulation und Signaltransduktion im Verlaufe solcher Transmembranprozesse.

Die homöodynamische Ordnung innerhalb der Zelle wird damit nicht allein durch die sich selbst stabilisierenden Eigenschaften metabolischer Netzwerke aufrechterhalten, sondern auch durch interne Strukturvorgaben, verwirklicht durch semipermeable Lipidmembranen und die in sie eingebetteten Proteine, die den Ein- und Austritt von Schlüsselmetaboliten erkennen und regulieren. Diese Regulation und Erkennung wiederum wird durch Ionen wie Calcium und durch vorübergehende Modifikationen an der Struktur von Proteinen (beispielsweise durch die Übertragung einer Phosphatgruppe des ATP auf eine der Aminosäuren innerhalb der Proteinsequenz) beeinflußt.

Diese anorganischen Bestandteile der Zelle – Calcium, Magnesium, Natrium, Kalium und Phosphat – spielen eine entscheidende Rolle bei der Aufrechterhaltung des inneren Milieus, welches nicht allein für die Kontrolle der Aktivität von Enzymen von Belang ist, weil deren Reaktionsgeschwindigkeit (wie weiter oben in diesem Kapitel beschrieben) durch pH-Wert und Ionenkonzentration empfindlich beeinflußt wird, sondern ganz allgemein dafür, die dreidimensionale Tertiärstruktur zellulärer Proteine (vgl. Kapitel 2) zu erhalten. Eine Veränderung im unmittelbaren Mikroumfeld eines Proteins verändert die Art und Weise, wie sich Proteinketten falten und in sich selbst verknäueln, ihre räumliche Form und damit deren Funktion.[17] Die Zelle als funktionierende Einheit erlegt somit den Eigenschaften ihrer einzelnen Bestandteile Beschränkungen auf. Das Ganze hat Vorrang vor seinen Teilen.

Diese inhärente Dynamik der Zelle straft die scheinbar starren und fixierten Strukturen Lügen, die uns die drastischen Techniken der Elektronenmikroskopie liefern. Es gibt jedoch auch Methoden, mit deren Hilfe man in der Lage ist, mit einiger Detailliertheit Aufschluß darüber zu bekommen, was im Inneren lebender – nicht konservierter – Zellen vor sich geht, und das Bild, das sich daraus ergibt, unterscheidet sich in etwa so dramatisch von dem ersten, wie es die Videoaufnahmen der eigenen Kinder von den Photographien im Familienalbum tun. Weit davon entfernt, statisch und unbeweglich zu sein, befinden sich die zellulären Komponenten in permanenter Bewegung: Zellkerne rotieren sachte, Mitochondrien gleiten anmutig durchs Cytoplasma, gelegentlich entsprießen ihnen durch Knospung Tochterorganellen, Ströme kleiner Partikel befinden sich in unablässiger

Bewegung. Alles fließt, alles ist Bewegung – Verkehr und Interaktion in einer dynamischen Ordnung.

Wie entstehen diese inneren Strukturen? Sind Bewegung und Zusammensetzung jeder dieser Strukturen bis ins kleinste Detail durch Anweisungen aus den Genen festgelegt, oder sind sie – wie die vielzelligen Organismen, deren Bausteine sie bilden – ein Autopoiese-Resultat? Die Antwort lautet, daß alle drei Prozesse beteiligt sind. Ohne Gene könnten die speziellen Aminosäuresequenzen, aus denen ein bestimmtes Protein besteht, selbstverständlich nicht synthetisiert werden. Wie die Ketten sich falten, wird, wie im letzten Abschnitt erläutert, durch ihre Mikroumgebung beeinflußt. Doch diese Faltung unterliegt strukturellen Einschränkungen und repräsentiert die Schaffung von Ordnungszuständen, die durch die Sekundär-, Tertiär-, ja sogar Quartärstrukturen diktiert werden, welche der reinen Aminosäuresequenz, aus der sie bestehen, übergeordnet sind. Die Faltungsmuster und resultierenden Formen sind in den Sequenzen nicht automatisch enthalten oder aus ihnen vorhersagbar: Sie hängen auch von ihrer Mikroumgebung ab.

Viele der innerhalb einer lebenden Zelle sichtbaren Partikel sind Komplexe aus zahlreichen Proteinen, die sich zu riesenhaften Multienzymkomplexen zusammengeschlossen haben. Das auffälligste Beispiel hierfür sind die Ribosomen. Wie im letzten Kapitel erwähnt, enthalten Ribosomen neben RNA-Sequenzen über 80 verschiedene Proteine. Man hat diese Proteine isoliert, gereinigt und zum Teil auch sequenziert. Aber nun kommt das Interessante. Wenn man die einzelnen Proteine, aus denen ein Ribosom besteht, unter den richtigen Umweltbedingungen zusammengibt, finden sie sich wieder zu Ribosomen zusammen. Diese Eigenschaft des „self assembly" ist der Schlüssel zum Verständnis dessen, was Zellen in die Lage versetzt, sich selbst zu organisieren. Sie ist das Ergebnis physikalischer Kräfte, die auf die einzelnen Proteine eines Zusammenschlusses wirken und diese dazu veranlassen, sich in Konstellationen zusammenzutun, die Zuständen „minimaler Energie" entsprechen (die Mathematik und Thermodynamik hierzu sind komplex und nur zum Teil verstanden und sollen uns an dieser Stelle nicht interessieren). Ribosomen sind nur ein Beispiel für eine solche Fähigkeit zur Selbstorganisation. Ich habe bereits in Kapitel 4 erwähnt, wie Aktin und Myosin, die beiden Hauptmuskelproteine, sich zu kontraktilen Filamenten arrangieren können. Zellen erhalten ihre Form mit Hilfe eines zellulären inneren „Skeletts" aus sehr dünnen Röhren (sogenannten *Mikrotubuli*), deren Hauptbestandteil das Protein Tubulin ist. Auch Mikrotubuli

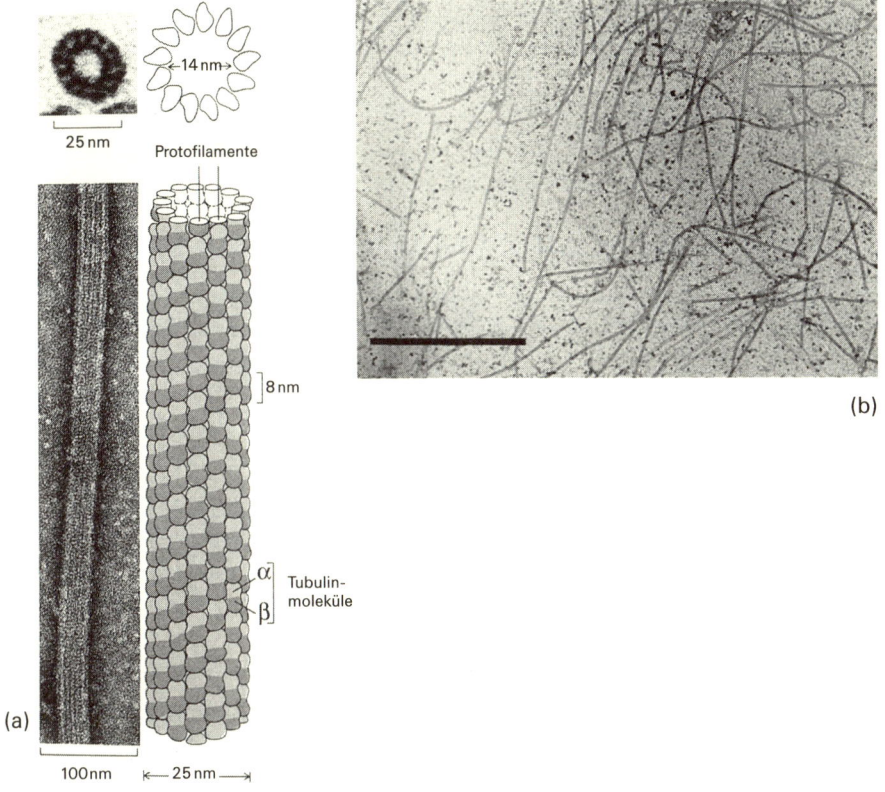

Abbildung 6.10: (a) Elektronenmikroskopische Darstellung eines Mikrotubulus und seine zeichnerische Rekonstruktion. (b) Repolymerisiertes Tubulin, das sich zu mikrotubuli-ähnlichen Strukturen zusammenfindet. Der Maßstab unten links entspricht 1 μm; 1 nm = 10^{-9} m.

bilden sich, vorausgesetzt, die Ionenzusammensetzung ist korrekt, in einer Tubulinlösung spontan. Und man kann in der Tat zeigen, daß sie innerhalb der Zelle periodischen Oszillationen unterliegen zwischen ihrem „kristallinen" (polymerisierten) und ihrem „gelösten" Zustand. Auf ähnliche Weise bilden sich auch die in so vieler Hinsicht für die Entstehung und Erhaltung von Zellen lebenswichtigen, allgegenwärtigen Membranen aus Lipiden und Proteinen spontan, ohne daß es dazu besonderer genetischer Instruktionen bedürfte – ähnlich wie ein Ölfilm auf Wasser entsteht eine intrinsische molekulare Eigenschaft, die sich als mindestens ebenso wichtig für die Entstehung von Leben erwiesen hat wie die berühmten replizierenden Moleküle DNA und RNA.

Lebensprozesse sind also nicht allein in den Genen vorgezeichnet: Ihre Existenz basiert auf Homöodynamik. Ihre vier Dimensionen verdanken sie
- dem autopoietischen Zusammenwirken physikalischer Kräfte,
- der den Lipiden und Proteinen innewohnenden eigenen Chemie,
- den selbstorganisierenden und stabilisierenden Eigenschaften komplexer metabolischer Netze und
- der Spezifität von Genen, die der Ontogenese ihre Plastizität verleihen.

Der Organismus ist gleichzeitig Weber und Gewebtes, Choreograph und Tanz. Das ist die fundamentale Botschaft dieses Kapitels und damit in vieler Hinsicht des gesamten Buchs. Und es liefert den Rahmen, innerhalb dessen ich mich nun den Mechanismen der Evolution zuwenden möchte.

7

Gibt es einen universalen Darwinismus?

*Nichts in der Biologie ergibt einen Sinn,
so man es nicht im Lichte der Evolution betrachtet.*
Theodosius Dobzhansky

Zur Verteidigung des Darwinismus

Manche Gebiete der Kreativität und Gelehrsamkeit leben ewig im Schatten ihrer eigenen Vergangenheit. So wird zum Beispiel kaum ein Autor schreiben, kaum ein Maler malen und der Rest von uns beider Werke kaum würdigen können, ohne sich dessen bewußt zu sein, daß der gegenwärtigen Kunst frühere Ausflüge in die geschriebene oder visuelle Welt vorangegangen sind, deren Schatten bis in die Gegenwart reichen. Naturwissenschaft ist anders. Sie schaut nach vorne und nicht zurück und nimmt die Leistungen ihrer Vorfahren eher beiläufig als gegeben hin. Die Haltbarkeit eines molekularbiologischen Artikels beträgt selten mehr als ein paar Jahre; ein „klassisches" Experiment ist oft höchstens fünf oder zehn Jahre alt. Darüber hinaus sind Publikationen und Bücher lediglich noch für den Historiker von Interesse. Sogar die Namen früherer Generationen von Wissenschaftlern werden vergessen, es sei denn, sie sind in die Benennung eines Geräts (Warburg-Manometer), einer Technik (Ringer-Lösung), eines Mechanismus (Krebszyklus) oder einer Einheit (Volt) eingeflossen. Die Mendelschen Aufspaltungsverhältnisse mögen einen Aufhänger für den Genetikunterricht darstellen, werden aber heute kaum mehr zum Mittelpunkt aktueller Forschungen und Diskussionen werden.

Eine der wenigen Ausnahmen von dieser Regel bildet – zumindest in Biologenkreisen – Charles Darwin. Er und der -ismus, für dessen Namen er Pate stand, tauchen dieser Tage derart häufig auf, daß es Philosophen sogar möglich ist, von so etwas wie „universalem Darwinismus" zu sprechen. Der intellektuelle Nährboden, auf dem die unterschiedlichen Interpretationen des Darwinismus gedeihen, ist heute nicht minder ertragreich an Zeitungsartikeln, polemischen Traktaten und gewichtigen philosophischen Wälzern als in den ersten Jahrzehnten nach dem Erscheinen von *Die Entstehung der Arten* im Jahre 1859. Die übrige Situation heute könnte sich allerdings kaum stärker von der unterscheiden, die in den langen Jahrzehnten seiner Blüte zu Beginn des zwanzigsten Jahrhunderts herrschte.

Nachdem er erstmals publik geworden war, wurde der Darwinismus in den Folgejahren abwechselnd gesehen als Rechtfertigung für Imperialismus, Rassismus, Kapitalismus und Patriarchat, als Symbol für den Tod Gottes und aller Religion, als Entzauberung der menschlichen Natur, als bloße Projektion der sozialen Ansprüche viktorianischer Herren auf die nichtmenschliche lebende Welt und schließlich als universaler Mechanismus zur Erklärung der Evolution, eines Mechanismus von solcher Schlichtheit, daß Darwins Schüler und Prophet T. H. Huxley bei seinem ersten Kontakt mit ihm ausrief: „Wie töricht, daß man nicht früher darauf gekommen ist."

Heutzutage bezeichnen Journalisten Konferenztischgerangel und Übernahmeschlachten bei Firmen als „darwinistisch". Christliche, islamische und jüdische Fundamentalisten publizieren gelehrte Traktate mit dem größten ihnen möglichen Anstrich von Wissenschaftlichkeit, in denen sie den Anspruch erheben, die Evolution könne weder irdisches Leben noch den menschlichen Geist erklären, und Darwin samt seinen Anhängern vorwerfen, Teufelswerk zu betreiben. Ebenso leidenschaftlich halten Darwins Protagonisten einen „unsentimentalen" Ultra-Darwinismus als universalen Mechanismus feil, der sämtliche Phänomene des Lebens erklären soll. Philosophen folgen ihnen: Das philosophische Seminar der *London School of Economics* bietet eine beliebte Serie von Darwin-Seminaren an, während Daniel Dennett ein Buch mit dem Titel *Darwins gefährliches Erbe* verfaßte, in dem die darwinistischen Mechanismen beschrieben werden als „universale Säure", die alles wegfrißt, was sie berührt.[1] Darwinistische Mechanismen, so behauptet er, werden wie Viren repliziert, wenn auch in den unwahrscheinlichsten Wirten aller Art.

Der Nobelpreisträger und Immunologe Gerald Edelman interpretiert die mit Erfahrung, Erinnerung und Bewußtsein assoziierten Gehirnprozesse als Ausdruck eines „neuralen Darwinismus". Der Wissenschaftstheoretiker David Hull behauptet, wissenschaftliche Theorien selbst gewönnen oder verlören den Kampf um Anerkennung nach darwinistischen Prinzipien. Man liest von „darwinistischer Psychologie", „darwinistischer Psychiatrie", „darwinistischer Medizin", „darwinistischer Ökonomie". Richard Dawkins schießt in typischer Manier den Vogel ab, indem er behauptet, die gesamte menschliche Kultur funktioniere auf der Basis darwinistischer Prinzipien, in diesem Falle seien die Übertragungseinheiten keine Gene, sondern „Meme". Auch die Historiker sind nicht faul. Während ich im schwedischen Göteborg an diesem Kapitel schrieb, wurde mir eine dreihundert Seiten starke Doktorarbeit präsentiert, die sich nicht mit Darwin selbst beschäftigte, sondern einzig und allein den schwelenden Kontroversen unter den Wissenschaftshistorikern nachging, wie man Darwin zu interpretieren habe. Zugegeben, wenn evolutionärer Erfolg sich nicht in der Weitergabe der eigenen Gene bemäße, sondern nach dem Fortbestehen des Namens, wäre Charles Darwin nach heutigen Maßstäben ein wirklicher Star. (In der ersten Kategorie schnitt er übrigens auch nicht so schlecht ab, sieben der von ihm gezeugten Kinder erreichten das Erwachsenenalter und produzierten eine ständig wachsende Schar von Nachkommen. Ganz im Gegensatz zu seinem unfruchtbaren Cousin Francis Galton, dessen eugenische Träume in seiner privaten Praxis zum Scheitern verurteilt waren.)

In diesem und dem folgenden Kapitel möchte ich einen Teil der Debatten in der Biologie über Evolution und natürliche Selektion beleuchten, die Darwins ureigene Theorie zu den Mechanismen der Evolution begleitet haben. Ich will, genau wie am Beispiel des Begriffs „Gen", versuchen zu zeigen, daß die naiven Gedankengänge, die dieser Tage oftmals unter dem Namen „Neodarwinismus" angestellt werden, für die ich selbst jedoch die Bezeichnung *Ultra-Darwinismus* bevorzuge, unvollständig oder irrig sind. Ich möchte überdies anregen, daß es möglicherweise an der Zeit ist, Darwin aus den Fängen seiner übereifrigen modernen Freunde zu befreien, wenn ihm und der Rolle, die er und seine Ideen für die Geschichte der Biologie und für unser Verständnis von Lebensprozessen gespielt haben, Gerechtigkeit – und nicht mehr als das – widerfahren soll. Um diesen Fragen einen Zusammenhang zu verleihen, ist es jedoch notwendig, nicht mit Darwin selbst, sondern mit seinen Vorgängern zu beginnen. Anschließend werde ich mich Darwins eigener Lehre widmen und den drei Hauptproblemen, die zu lösen seinen Nachfolgern obliegt – den Ursprüngen und der Erhaltung von Vielfalt, Anpassung und Artbildung. Eine Betrachtung der Alternativen zum Ultra-Darwinismus soll dem folgenden Kapitel vorbehalten bleiben.

Die große Kette des Daseins

Vor Darwin war die Interpretation irdischen Lebens einer Denkweise verhaftet, die auf biblischen Traditionen fußte. Bloße Betrachtung lehrt, daß die lebendige Welt in verschiedene Arten von Tieren unterteilt ist und daß diese Unterschiede über Generationen erhalten bleiben. Löwen paaren sich untereinander und bringen Löwenjunge hervor, Schafe paaren sich und bringen Lämmer hervor. Löwenjunge und Lämmer wachsen zu Löwen und Schafen heran, die sich, wenn die Zeit an ihnen ist, wiederum paaren. Aber Löwen paaren sich nicht mit Schafen, sie fressen sie. Bestenfalls ruhen sie wie in der paradiesischen Vision der Bibel friedlich Seite an Seite. Und wenn sich auch so ähnliche Tierarten wie Pferd und Esel paaren können, so ist das Resultat daraus dennoch eine sterile Kreuzung, in diesem Falle ein Maulesel. Ähnliches gilt für Pflanzen: Brunnenkressesamen bringen Brunnenkresse hervor, Haselnüsse Haselnußsträucher. Jede Sorte oder Art wurde demnach als qualitativ unterschiedlich betrachtet, deren Vermehrung reinerbig verläuft – eine natürliche Art im platonischen Sinne also. Der biblischen Erzählung zufolge begann das Leben auf der Erde mit den sieben Tagen der Schöpfung, in denen Gott ein Ahnenpaar für jede Art schuf. Diese vermehrten sich bis zur Zeit der Sintflut, vor deren Anbruch Noah ein Paar von jeder Art an Bord der Arche brachte, das, solchermaßen vor dem Ertrinken bewahrt, nach dem Absinken der Flut mit der Neubesiedelung der Erde beginnen konnte.

Das achtzehnte Jahrhundert war in Europa das Zeitalter der Aufklärung, die Ära der großen Systematiker und Klassifizierer. Die Franzosen arbeiteten an ihrer riesigen *Encyclopédie*. In Schweden begann der Botaniker Carl von Linné (genannt Linnaeus) mit dem großen Werk, alle lebenden Arten zu klassifizieren. Eine Art (Spezies) wurde definiert als eine geschlossene Gruppe von Geschöpfen, die einander ähnelten und in der Lage waren, sich untereinander erfolgreich fortzupflanzen. Offensichtlich ähneln manche Arten einander mehr als andere, so daß sie sich zu übergeordneten Gruppen zusammenfassen lassen; beispielsweise zu Primaten (zu denen Gorillas und Schimpansen gehören) oder zu Huftieren (zu denen unter anderem Schafe und Kühe gehören). Beide, sowohl Primaten als auch Huftiere, haben mit vielen anderen Arten die Eigenschaft gemeinsam, ihre Jungen lebend zu gebären (das macht sie zu Säugetieren), mit noch weit mehr anderen teilen sie das Merkmal Rückgrat (was sie zu den Wirbeltieren oder Vertebraten zählen läßt). Und so weiter. Verwandte Organismen lassen sich zu entsprechenden Gruppen zusammenfassen: Arten zu einer Gattung von vielen innerhalb einer Familie, die mit weiteren Familien eine Ordnung bildet, Ordnungen bilden Klassen, diese Stämme und diese schließlich die großen Reiche der Tiere, Pflanzen und Pilze (Bakterien wurden erst später klassifiziert). Sämtliche Arten jedoch, so nahe verwandt sie auch sein mochten, galten als unveränderlich. Sie hatten von Anbeginn der Zeit an bestanden und würden bis zum Ende der Zeiten weiterbestehen. Hinzu kam, daß sich all das zu einer absoluten Skala, einer *Hierarchie der Vollkommenheit*, einer großen Kette des Seins anordnen ließ, die mit dem niedersten begann und mit jener Krone göttlicher Schöpfung endete – dem Menschen.

Evolution

Das Klima der Aufklärung sollte jedoch nicht anhalten. Mit dem sich rasch beschleunigenden Schritt der Industriellen Revolution lag Veränderung in der Luft. Menschlicher Erfindergeist, so wurde klar, konnte das Aussehen von Arten verändern, neue Schaf-, Hunde- und Rinderrassen entstehen lassen, wobei auch Vertreter von Rassen mit überaus bizarren Unterschieden (Dackel und Dänische Doggen zum Beispiel) dennoch imstande sind, sich erfolgreich fortzupflanzen, wie unbequem sich diese Prozedur in der Praxis auch ausnehmen mag. Dies war auch eine Zeit des intensiven Interesses an der Geologie, nicht zuletzt durch deren Bedeutung für die Kohle und Eisen abbauende Industrie. Indes die Geologen die Erdoberfläche erforschten und die merkwürdigen Gebilde studierten, die ihnen die Bergleute aus den Tiefen mit nach oben brachten, begannen sie, Fossilien zu unterscheiden – die versteinerten Überreste mysteriöser Organismen, auf seltsame Weise denen ähnlich, die heute auf der Erde leben, und auch wieder nicht. Ihr Vorkommen in definierten Gesteinsschichten machte es möglich, ihnen bestimmte Daten zuzuordnen, Zeitspannen, die viele Millionen Jahre zurückreichten. Vielleicht waren Arten überhaupt nicht stabil. Manche lebenden Formen, die in der Vergangenheit existiert hatten, gab es nicht mehr. Konnten sie jedoch Vorfahren heute lebender Formen und ganz allmählich in diese übergegangen sein? Damit hätten sich all jene vertrauten Ähnlichkeiten erklären lassen können, die durch die Linnésche Klassifizierung systematisiert worden waren.

Evolution bedeutet nichts anderes als „Veränderung im Laufe der Zeit". Und zu Beginn des neunzehnten Jahrhunderts hatten sich die

Argumente dafür, daß Arten in der Tat auf eine Evolution zurückblicken, das heißt sich mit der Zeit entwickelt haben, und daß heute lebende Arten sowohl miteinander als auch mit ihren fossilen Vorfahren verwandt sind, bereits relativ weitläufig durchgesetzt, zumindest unter den freigeistigen Intellektuellen. Auch Erasmus Darwin, Charles Darwins Großvater, ein wohlhabender Landarzt, Amateurdichter und Botaniker, hatte diesen Standpunkt vertreten. Und vor allem der Pariser Naturforscher und Philosoph Jean-Baptiste Lamarck. Lamarck ging noch weiter und versuchte einen Mechanismus vorzuschlagen, der evolutionären Veränderungen zugrunde liegen könnte. Er sah ihn in den individuellen Lebenserfahrungen des Einzelorganismus. Jedes Geschöpf kämpft um sein Überleben, und deshalb muß es danach streben, seine Möglichkeiten und Fähigkeiten zu verbessern. Das heißt, man muß sich, um sein eigenes berühmtestes Beispiel zu zitieren, vorstellen, daß ein früher Vorfahr der Giraffe, dem noch ein relativ kurzer Hals beschieden war, sich reckte, um die weiter oben wachsenden Blätter seines Futterbaumes zu erreichen, und damit seinen Hals kaum wahrnehmbar verlängerte. Diese so gut wie unsichtbare Verlängerung sollte dann an die Nachkommen der Giraffe weitergegeben werden, und im Laufe vieler Generationen wüchsen dann Giraffen mit noch längeren Hälsen heran.[2]

Lamarcks Mechanismus ist, den periodischen Bemühungen flexiblerer Geister unter den Biologen zum Trotz, die versucht haben, ihn wiederzubeleben oder gar zu testen, seit nunmehr einem Jahrhundert unter Darwins Anhängern immer wieder zur Zielscheibe grausamer Witze und beißenden Spotts geworden. Der Punkt, an dem er scheitert, ist die Tatsache, daß es noch nie gelungen ist, reproduzierbare Beweise dafür zu finden, daß ein Merkmal, das ein Organismus im Laufe seines Lebens erworben hat, tatsächlich auf diese Weise weitergegeben werden kann, außer bei gewissen recht zweifelhaften und mit starken Einschränkungen versehenen Reagenzglasexperimenten. Als Kind recht orthodoxer jüdischer Eltern wurde ich, wie dies seit vielen Generationen allen anderen jüdischen und muslimischen Männern widerfährt, bei der Geburt beschnitten. Die Tatsache jedoch, daß meine männlichen Vorfahren seit über viertausend Jahren und über rund zweihundert Generationen hinweg beschnitten worden sind, hat (soweit ich weiß) keinerlei Auswirkungen auf die Länge meiner Vorhaut gehabt. Das ist die Art von Beispiel, die normalerweise herangezogen wird, um Lamarck zu widerlegen, ist aber, da ein acht Tage alter jüdischer Junge nicht direkt danach lechzt, sich die Vorhaut entfernen zu lassen, auch nicht das, was Lamarck im Sinn gehabt hatte. Sein Modell setzt gewisse positive Anstrengungen seitens des Tieres voraus. Nichtsdestotrotz, es ist das Scheitern des Lamarckismus, was sich hinter Cricks Formulierung des zentralen Dogmas verbirgt: Ist die Information erst einmal im Protein verankert, *kann sie es nicht mehr verlassen.*

Natürliche Selektion

Charles Darwin hat die Evolution weder erfunden noch nachgewiesen, wenngleich er davon ausging, daß sie stattgefunden haben mußte.[3] Seine Leistung – und die der gleichzeitigen Erkenntnisse seines Zeitgenossen Alfred Russell Wallace – bestand darin, eine plausiblere Erklärung dafür zu geben, wie Evolution abgelaufen sein könnte, als es Lamarck ein halbes Jahrhundert zuvor fertiggebracht hatte.[4] Beide, Darwin wie Wallace, waren vor allem große Beobachter der lebenden Welt und bereicherten ihre Beobachtungen durch Reisen in Länder, die den meisten Europäern bis dahin unbekannt gewesen waren. Wallace hatte ein Einkommen, das es ihm erlaubte, der Leidenschaft wohlhabender viktorianischer Großbürger zu frönen und tropische Vögel und Schmetterlinge zu sammeln, die ausgestopft und präpariert nach Hause versandt wurden. Darwins fünfjährige Reise als Naturforscher und Reisegefährte des Kapitäns Robert FitzRoy an Bord der *Beagle* führte ihn in die formenreichen Wälder Südamerikas, auf das Galapagos-Archipel und die Inseln des Südpazifik. Schließlich ließ er sich in der Nähe von London nieder und verbrachte die zweite Hälfte seines Lebens in regem Briefwechsel mit Pflanzen- und Tierzüchtern, die ihn alles lehrten, was es über die Prozeduren und Ergebnisse ihrer künstlichen Selektionsmethoden zu wissen gab.

Darwin lernte von den Züchtern, daß die Nachkommen von zwei verpaarten Tieren einander zwar ähnlich, keineswegs aber identisch waren. Wies ein Tier im Wurf ein Merkmal auf, das die Züchter interessierte, und verpaarten sie dieses Tier mit einem anderen, das ein ähnliches Merkmal besaß, so bestand eine gewisse Chance dafür, daß das selektionierte Merkmal in der nächsten Generation häufiger auftrat, und trieb man die Selektion entsprechend weiter, ließ es sich sogar verstärken. Wenn die Natur genauso vorging wie die Züchter und sich Giraffen mit überdurchschnittlich langen Hälsen über viele Generationen hinweg nur mit anderen langhälsigen Giraffen paarten, könnte die Natur auf diese Weise für Giraffen nicht dasselbe tun wie die Züchter für Spaniel und Turteltauben?

Der letzte Hinweis auf den Mechanismus soll sich – zumindest für Darwin – aus der Lektüre jenes einflußreichen Aufsatzes über die menschliche Bevölkerung ergeben haben, den der melancholische Pastor Thomas Malthus erstmals im Jahre 1798 – und danach in etlichen Neuauflagen, die sechste erschien 1826 – publiziert hatte. Darwins Aufzeichnungen zufolge las er im Jahre 1838 diese sechste Auflage und erkannte sofort ihre Bedeutung.[5]

Malthus' Aufsatz war seinem Wesen nach eine moralische Abhandlung. Die menschliche Bevölkerung, so führte er aus, hat die Möglichkeit, in geometrischer Folge zu wachsen. Wenn daher jedes Paar vier Kinder bis ins Erwachsenenalter großzieht, dann werden in der zweiten Generation aus den vier sechzehn, in der dritten vierundsechzig und so weiter. Demgegenüber aber ginge aus den historischen Aufzeichnungen hervor, daß die menschlichen Bestrebungen zur Erhöhung der Nahrungsmittelproduktion in der Landwirtschaft allenfalls eine Steigerung in arithmetischer Folge erlaube (aus zwei wird vier, daraus sechs, acht und so weiter). Die Verfügbarkeit von Nahrung müsse also unausweichlich hinter der Zahl der zu stopfenden Mäuler zurückfallen, und daraus ergäbe sich ein erbarmungsloser und zunehmend verzweifelter Existenzkampf.

Malthus sah dies als Folge des unausweichlichen Versagens von Wohlfahrtsmaßnahmen, Armengesetzen und anderen mildtätigen Versuchen, das Los der Armen zu lindern, weil diese allenfalls deren ungezügelte Fortpflanzung förderten (in den gegenwärtigen Parolen gegen „welfare mums" in Großbritannien und den Vereinigten Staaten klingen eindeutig Malthusianische Untertöne mit). Für Darwin aber ergab sich daraus der fehlende Schritt in seiner logischen Reihe, dem Herzstück seiner berühmten Theorie:

1. Gleiches bringt – mit Variationen – Gleiches hervor.
2. Einige dieser Variationen sind (für den Züchter oder die Natur) vorteilhafter als andere.
3. Die Zahl der Nachkommen ist bei allen Geschöpfen zu hoch, als daß alle von ihnen lange genug überleben könnten, um sich fortzupflanzen.
4. Die vorteilhafter ausgestatteten Varianten überleben mit erhöhter Wahrscheinlichkeit lange genug, um sich fortzupflanzen.
5. Damit wird es in der nächsten Generation mehr Vertreter mit vorteilhafteren Anpassungen geben.
6. Aus diesem Grunde durchlaufen Arten im Laufe der Zeit eine Evolution.

Dies ist der Prozeß der natürlichen Selektion, wie Darwin ihn beschrieben hatte. Als Syllogismus ist er von einer zwingenden Logik: Wenn 1, 2 und 3 zutreffen, dann folgen 4, 5 und 6 automatisch. Das ist der Grund dafür, daß Philosophen wie Dennett die natürliche Selektion als einen universalen Mechanismus beschreiben können, der immer gilt, gleichgültig, ob man von lebenden Organismen spricht oder von Computerviren. In dieser Formulierung bildet er eines der wenigen spezifisch biologischen Gesetze und rangiert neben den großen Universalien der Physik. Und das ist der Grund dafür, daß Huxley sich dafür hätte ohrfeigen könne, daß er dies nicht vorher bemerkt hatte.

Daß Darwins Ideen unter Biologen oder Geologen nicht auf unmittelbare und universale Zustimmung stießen, war nur zum Teil auf die Bedrohung zurückzuführen, als die es die orthodoxe und vor allem die christliche Sichtweise empfinden mußte, den Menschen, wie entfernt auch immer, in die Nähe anderer, lebender Primaten gerückt zu sehen.[6] Trotz aller Sorgfalt, mit der Darwin seine Argumente ausbreitete, und trotz der Flut der Beobachtungen, die er zu präsentieren vermochte, verblieben im Kern seiner Theorie ein paar größere theoretische Probleme. Mag die natürliche Selektion als Vernunftschluß auch unantastbar sein, so blieben doch drei zentrale Fragen offen. Die erste betraf den Mechanismus der Übertragung sowohl von Ähnlichkeiten als auch von Variationen. Bei der zweiten handelt es sich um das klassische Argument des Designs: Wie konnten allmähliche Veränderungen in scheinbar derart perfekt angepaßten Strukturen wie dem Auge gipfeln? („Welchen Nutzen hätte ein halbes Auge", fragten die Kritiker.) Die dritte dreht sich um das Problem der Artbildung. Erstere ist heute keine Frage mehr. Die zweite wirft eine Reihe wichtiger theoretischer Probleme auf, und vor der dritten stehen wir noch immer. Zur selben Zeit werden, wie weiter unten in diesem und im nächsten Kapitel deutlich werden wird, unaufhörlich neue Debatten über Gehalt und Bedeutung Darwinscher Mechanismen losgetreten.

Was der Darwinismus bewirkt hat

Bevor wir uns mit den Problemen beschäftigen, sollten wir uns die Leistungen der Evolutionstheorie und die von Darwin geforderten Mechanismen klarmachen, denn diese werden auch heute noch fortwährend mißverstanden. Erstens zerstörte er für alle Zeiten die Vorstellung von der Unveränderlichkeit von Arten und, wichtiger noch als das, die Vorstellung von einer großen Kette des Daseins. Menschen bilden nicht mehr den Höhepunkt der Schöpfung. Vielmehr lassen sich, um Darwins eigene Metapher zu verwenden, die Beziehungen zwischen den Formen des Lebens als Äste und Zweige eines Baumes darstellen (Abbildung 7.1). Die Menschen bilden das Ende eines Zweiges, alle anderen Lebensformen die Enden anderer. Manche, wie Schimpansen und Gorillas, sind nur einen oder zwei Äste von uns entfernt. Andere, wie Nacktschnecken, Wespen, Pilze und Amöben, sind von uns durch viele Zweige getrennt. Aber es gibt keinerlei Handhabe, irgendeine der gegenwärtigen Lebensformen in der Evolution als „mehr" oder „weniger" weit fortgeschritten zu betrachten. Interessant ist in diesem Zusammenhang, daß Stephen Jay Gould in seinem Buch *Zufall Mensch* die hier in Abbildung 7.1. dargestellte konventionelle Art der Versinnbildlichung durch eine baumähnliche Darstellung mit der Begründung kritisiert hat, diese beschreibe eine Welt von zunehmender evolutionärer Vielfalt, gerade so, als sei die Erde zu Beginn von nur sehr wenigen Lebensformen bevölkert gewesen. Es sei immerhin durchaus möglich, daß jeweils nur ein kleiner Bruchteil der zu irgendeiner Zeit lebenden Formen zu Vorfahren anderer wird – Linien, Arten, ganze Stämme können aussterben, ohne Nachkommen zu hinterlassen –, aber dies bedeutet nicht notwendigerweise die Zunahme an Vielfalt, wie sie die Baumdiagramme umreißen.

Jeder von uns, die wir heute leben – eine Amöbe ebenso wie ein Mensch –, ist damit gleich in dem Sinne, daß wir alle zu den gegenwärtig existierenden Produkten, den erfolgreichen Überlebenden der evolutionären Historie gehören. Trotz aller umgangssprachlichen Gepflogenheiten – Relikte aus vor-evolutionsbiologischer Zeit – gibt es keine „Lebensleiter", auf deren Basis man einige der gegenwärtig lebenden Formen im Rahmen der Evolution als „geringer" und andere als „höher" oder als mehr oder weniger „erfolgreich" abtun könnte. Die Tatsache, daß wir, Eichen und Cholerabakterien alle miteinander existieren, bedeutet, daß wir alle Überlebende sind: Es gibt kein Aufrechnen zwischen uns, keine taxonomische Rangfolge der Verdienste, die uns Menschen über den Rest erhebt. Ich zucke jedesmal zusammen, wenn ich in einem Biologielehrbuch lese, in dem lässig mit Begriffen wie „weiter unten" und „weiter oben" auf der „evolutionären Leiter" hantiert wird.

Manchmal wird eine alternative „Von-oben-nach-unten"-Skala bemüht – eine Rangfolge der Komplexität. Mögen wir auch in der Evolution alle gleich komplett dastehen, so herrscht doch kein Zweifel daran, daß Menschen komplexer sind als einzellige Lebensformen und komplexere Formen des Sozialverhaltens entwickelt haben als Bazillen. Das scheint intuitiv einzuleuchten, dennoch ist die Definition von Komplexität in diesem Sinne nicht einfach. Ein interessanter Versuch in diesem Zusammenhang wurde von dem Entwicklungsbiologen John Tyler Bonner unternommen, der vorschlug, die relative Komplexität eines Organismus an der Zahl seiner unterschiedlich spezialisierten Zellarten festzumachen. So betrachtet, rangieren wir Menschen mit unseren über 250 unterscheidbaren Körperzellarten sehr viel weiter oben als Ringelwürmer, in deren Körperbauplan sich dieselbe begrenzte Anzahl an Zellen ein ums andere Mal wiederholt, und auch höher als riesenhafte Bäume, die uns an Masse um ein Vielfaches übertreffen, jedoch auf zellulärer Ebene weit einfacher strukturiert sind.[7]

Es ist sogar argumentiert worden, daß Evolution notwendigerweise stets in Richtung zunehmender Komplexität ablaufe, doch es gibt eine Menge Lebensformen, die mit recht einfachen Körperbauplänen und einer geringen Zahl an verschiedenen Zellen bestens zurechtkommen.[8] Weder Komplexität noch Gehirnen läßt sich nachsagen, daß sie unabdingbare Produkte evolutionärer Entwicklungswege seien, doch, wie ich in Kapitel 3 bereits erwähnte, sobald eine Art auch nur einen kleinen, vorsichtigen Schritt auf dem Weg zu Nervensystem und Gehirn unternommen hat, sieht sie sich einem beträchtlichen evolutionären Druck ausgesetzt, diesen Weg weiterzugehen.

Ein weiterer entscheidender Aspekt des Darwinismus ist die Tatsache, daß er die Rolle des Zufalls in einer Weise berücksichtigte, die man aus früheren wissenschaftlichen Theorien nicht gekannt hatte. Dies ist einer der Gründe dafür, daß er manchem von Darwins Zeitgenossen in der wissenschaftlichen Welt des viktorianischen England als Ketzerei erschien, waren diese doch erzogen, die Ordnung zu respektieren, die Chemie und Physik der Welt zu verleihen scheinen. „Die Theorie des Drunter und Drüber" nannte sie der große alte Mann der viktorianischen Wissenschaft, John Herschel.[9] Natürliche Selektion nahm der Evolution und damit, wie mancher es empfand, auch dem menschlichen Leben selbst jeden Aspekt des Sinns. Spätere Generationen religiös motivierter Evolutionsbiologen suchten daher dem Evolutionsprozeß erneut Sinn und Richtung zuzuschreiben. Klassisches Beispiel hierfür war der Katholik Pierre Teilhard de Chardin mit seinem „Omega-Punkt", dem alles Leben zustrebe.[10] Der Ethologe William Thorpe faßte das Problem des Einklangs mit der christlichen Lehre 1978 im Titel seines Buches präzise zusammen:

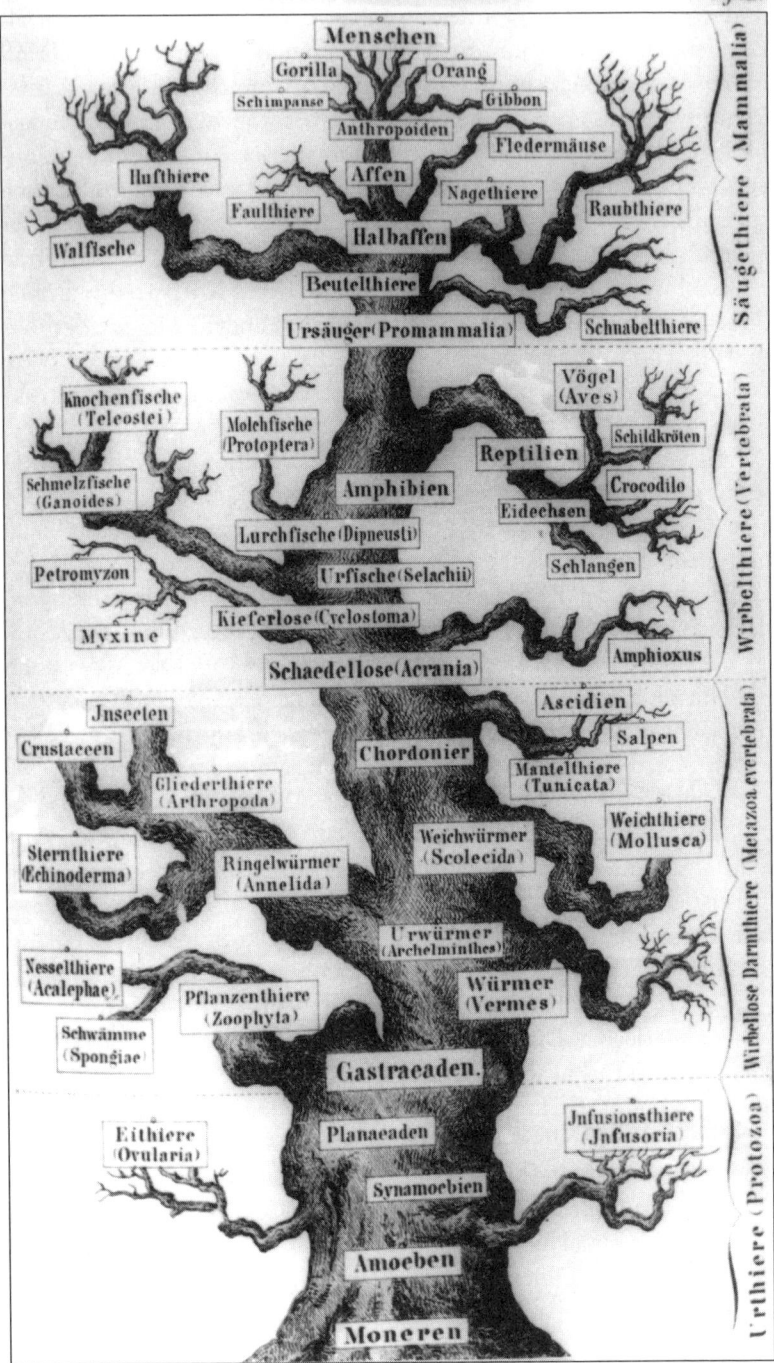

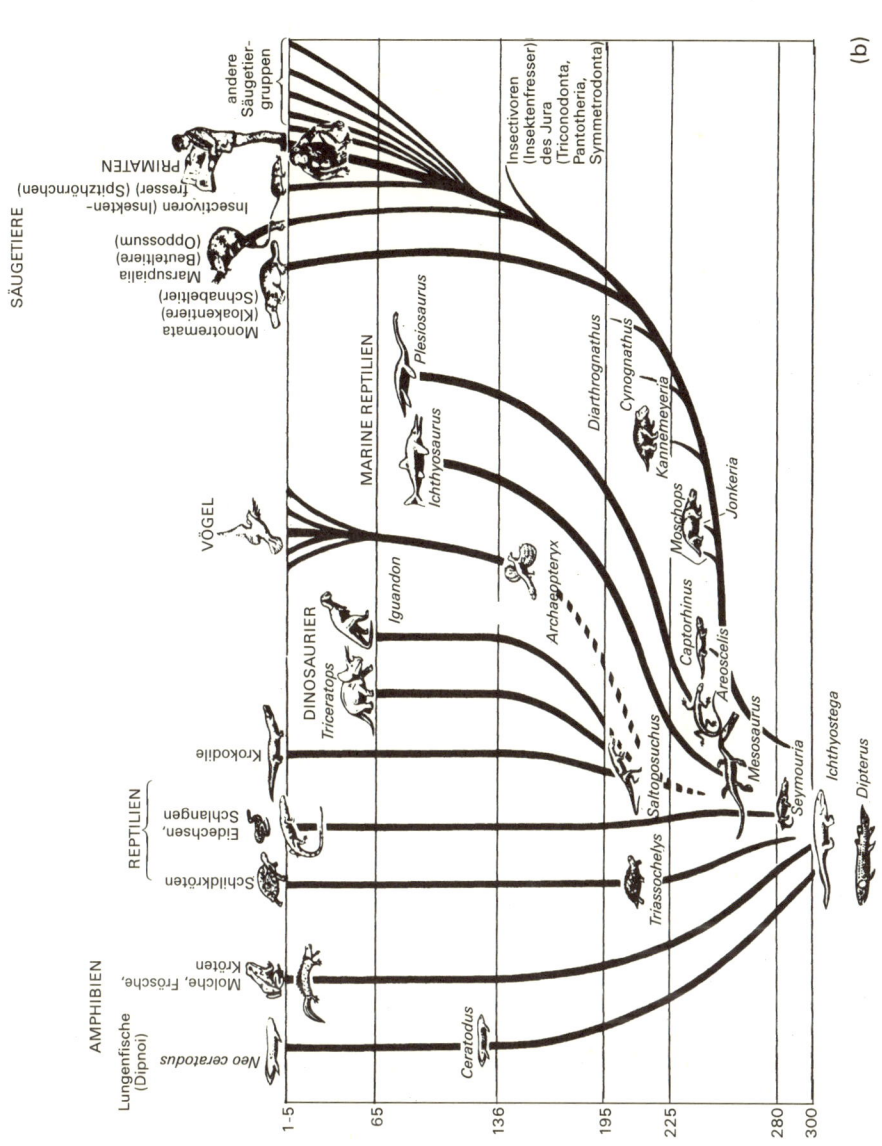

Abbildung 7.1: Evolutionäre Stammbäume, alt und modern:
(a) Ernst Haeckels ‚Stammbaum des Menschen' von 1874,
(b) eine Darstellung von J. Z. Young aus dem Jahre 1971

Purpose in a World of Chance.[11] Andere freilich begrüßten die asketische Würde einer Weltsicht, in der Sinn sich einzig durch den Menschen und nicht durch die Natur selbst ergibt – vielleicht niemand mehr als Jacques Monod in seinem Buch *Zufall und Notwendigkeit*.[12] Ich will hier nicht bei diesem Thema verweilen, werde aber im nächsten Kapitel darauf zurückkommen, und zwar im Zusammenhang mit Poppers Gegenüberstellung von passivem und aktivem Darwinismus. Für den Augenblick lassen Sie mich zu den Schwierigkeiten zurückkommen, die Darwins Theorie seinen Nachfolgern bereitete.

Wurzeln und Bewahrung von Vielfalt

Mag auch das erste Problem, die Frage nach dem Mechanismus der Weitergabe von Merkmalen, Darwins Zeitgenossen und Nachfolgern viel Kopfzerbrechen bereitet haben, heute gibt es darauf eine rundum zufriedenstellende Antwort. Seinerzeit stellte sie sich zwangsläufig, denn von Genen hatte man noch keinerlei Vorstellung. Züchter konnten für günstige Resultate sorgen, indem sie ihre Populationen nach den von ihnen gewünschten Varianten durchkämmten und deren Verpaarung kontrollierten. Doch selbst wenn sich eine solche vorteilhafte Variante in der Natur gelegentlich zufällig ergeben mochte, so wäre es doch höchst unwahrscheinlich, daß sie auf einen Partner mit derselben günstigen Konstitution treffen sollte. Und wenn sich die Merkmale im Verlauf der Paarung vermischten, wie dies Galtons Untersuchungen zufolge offenbar geschah, dann müßten ungewöhnliche Varianten – so begehrenswert ihre Eigenschaften auch sein mochten – rasch ausgedünnt werden.

Der Darwinismus bestand auf allmählicher Veränderung: Für Darwin konnte es nur minimale Variationen geben. Veränderungen fanden nicht durch plötzliche große Sprünge statt. Viele seiner Befürworter drängten ihn, solche großen Sprünge (einschneidende Mutationen, wie man sie heute nennen würde) als einzige Möglichkeit zur Rettung seiner Theorie zu akzeptieren, doch er blieb standhaft. Veränderungen mußten allmählich und schrittweise erfolgen: Schließlich hatte man es mit Evolution und nicht mit einer Revolution zu tun. Ja, in Ermangelung anderer Alternativen begann er gegen Ende seines Lebens, als er daranging, die endgültige Ausgabe von *Die Entstehung der Arten* vorzubereiten, sogar über Lamarcksche Mechanismen nachzusinnen. Das Problem der Bewahrung vorteilhafter Merkmale blieb bis zur Wiederentdeckung der Mendelschen

Arbeiten zwei Jahrzehnte nach Darwins Tod ungelöst, zu jener Zeit war die Theorie von der natürlichen Selektion allerdings zunehmend in Mißkredit geraten, eben weil sie diese Problematik nicht zu lösen vermochte.

Wie ich in Kapitel 1 bereits erwähnt habe, feierte Mendel seine Triumphe in den ersten Jahrzehnten des zwanzigsten Jahrhunderts, und es sollte bis in die dreißiger Jahre hinein dauern, bis sich eine akzeptable Synthese der Darwinschen und Mendelschen Theorien abzeichnete. Wenn geringfügige Variationen das Ergebnis von Veränderungen Mendelscher Determinanten waren, dann mußten sie erhalten blieben. Und wenn sie dominant waren, mußten sie in folgenden Generationen erneut auftreten. Selbst wenn sie rezessiv waren, gingen sie nicht verloren, sondern blieben latent erhalten, bis zwei Individuen mit denselben rezessiven Anlagen aufeinandertrafen; in diesem Falle konnten sie bei einem Teil ihrer Nachkommen phänotypisch exprimiert werden. Richtig verstanden, lieferten Mendels Erkenntnisse und das Auftreten von Mutationen die Erklärung für den Mechanismus der Weitergabe und Bewahrung vorteilhafter Veränderungen, den Darwin benötigte. Der Neodarwinismus oder die „Moderne Synthese", wie man diese Theorie auch nannte, wurde in mehr oder weniger gleichzeitig erscheinenden Büchern des britischen Statistikers Ronald Fisher, dem ebenfalls britischen Physiologen, Biochemiker und Genetiker J. B. S. Haldane und dem Amerikaner Sewall Wright in mathematische Form gegossen. Wie im nächsten Kapitel deutlich werden wird, besteht zwischen dem, wie Fisher und Haldane sich der Synthese annäherten, und der Art und Weise, wie Wright dabei vorging, ein entscheidender Unterschied. Die Konsequenzen dessen wirken bis heute nach und bestimmen maßgeblich die gegenwärtigen Dispute darüber, auf welcher Basis Selektion stattfinden kann.

Ein Abstecher zur Frage des Grades der Erblichkeit (Heritabilität)

Fisher arbeitete an einem Institut für Pflanzenforschung in Rothampsted, und hinter seiner Synthese von Darwinismus und Mendelianismus liegt das Bestreben, das Wesen und die Ursprünge der Vielfalt innerhalb einer Population zu verstehen. Pflanzen Sie einen Acker mit einer genetisch homogenen Weizenvarietät an und lassen Sie verschiedenen Teilen des Feldes verschiedene Kombinationen von Düngemitteln, unterschiedliche Bodenqualitäten, Bewässerungsmengen und so weiter zukommen, so wird Ihr Ertrag ebenfalls variieren. Welcher Anteil an dieser Bandbreite ist auf genetisch bedingte Unterschiede zurückzuführen und welcher auf die unterschiedlichen Umweltbedingungen? In einer absolut einheitlichen Umgebung freilich ließe sich – wenn es so etwas gäbe – die gesamte Varianz auf Gene zurückführen, bei absolut identischen Genen hingegen wäre die Umwelt für alles verantwortlich.

Aber so etwas kommt nie vor. Genotypen und Umwelt variieren beide, und der Sinn aller sogenannten Heritabilitätsschätzungen (siehe unten) besteht in dem Versuch, beides auseinanderzudividieren. Während man, wie aus den Argumenten der vorangegangenen Kapitel deutlich geworden sein müßte, nicht fragen kann, inwieweit das Wachstum einer einzelnen Pflanze das Ergebnis von Genen und inwieweit es Ergebnis der Umwelt ist, läßt sich eine ähnliche Frage in bezug auf Unterschiede zwischen den Individuen innerhalb einer Population durchaus stellen.

Zu diesem Zweck ist es jedoch unerläßlich, zuvor einige vereinfachende Vermutungen anzustellen. Zuallererst muß dem Begriff der Varianz seine statistische Definition zugeordnet werden, damit sich die Art und Weise beschreiben läßt, wie ein bestimmter Ausprägungsgrad eines Merkmals innerhalb einer Population um den entsprechenden Mittelwert herum verteilt ist. Hierzu nimmt man an, daß die Varianz aus einer genetischen und einer von der Umgebung beigesteuerten Komponente besteht, die sich zu einem Gesamtwert von fast 100 Prozent addieren lassen. Der Rest, der, damit die Mathematik stimmt, einen relativ geringen Anteil am Ganzen haben muß, soll als Produkt die Wechselwirkung zwischen Genen und Umwelt darstellen. Um es in Form einer Gleichung zu bringen, gilt bei einer Varianz V, dem genetischen Beitrag G und dem Umwelteinfluß E:

$$V = G + E + (G \times E)$$

Wenn die Verteilung unterschiedlicher Genotypen in einer Umwelt zufällig ist, läßt sich damit ein Wert für die Erblichkeit eines Merkmals, eine Größe namens *Heritabilität*, berechnen, die den Anteil der Varianz definiert, der genetisch bedingt ist. Eine Heritabilität von 1,0, beziehungsweise von 100 Prozent, deutet darauf hin, daß in diesem speziellen Umfeld alle Varianz genetisch bedingt ist, eine Heritabilität von 0,0 hingegen, daß allein die Umwelt eine Rolle spielt. Die Mathematik funktioniert aber nur, wenn zuvor alle notwendigen vereinfachenden Annahmen getroffen wurden. Besteht ein hohes Maß an

Wechselwirkungen zwischen Genen und Umwelt – das heißt, verhalten sich Gene entsprechend der Dobzhanskyschen Vision von einer Reaktionsnorm, treten sie miteinander in Wechselwirkung und fallen diese Beziehungen nicht linear und additiv, sondern interaktiv aus –, so fällt der gesamte mathematische Apparat der Heritabilität in sich zusammen. Wie J. B. S. Haldane bereits im Jahre 1946 erkannte, gilt im allgemeinen, daß „m Genotypen unter n verschiedenen Umweltbedingungen $(mn)!/m!n!$ Möglichkeiten der Interaktion produzieren".[13] Für den Nichtmathematiker will ich es bei drei Genotypen und drei Umweltkonstellationen bewenden lassen. In diesem Falle wäre mn gleich 9, womit $(mn)!$ (das heißt $9 \times 8 \times 7 \times 6 \ldots$) auf 362 880 käme; $m!$ und $n!$ betrügen jeweils $3 \times 2 \times 1$, also 6, und die Zahl der möglichen Interaktionen läge damit bei 10 080.

Nach alldem, was ich in den vergangenen beiden Kapiteln vorgebracht habe, ist leicht einzusehen, daß die sinnvolle Anwendung von Heritabilitätsschätzungen ebenso wie die der Mendelschen Gesetze nur in ganz speziellen Fällen möglich ist und daß die Mehrzahl der Merkmale, die außerhalb der eingeschränkten Welt der künstlichen Selektion von Interesse sind, mit großer Wahrscheinlichkeit nicht dazu gehört. Außerdem ist – ohne dabei in die technischen Details der Mathematik gehen zu wollen – der für die Heritabilität errechnete Wert seinerseits umweltabhängig. Das heißt, wenn Sie die Umwelt verändern, verändert sich auch Ihre Heritabilitätsschätzung. Diese Einschränkungen helfen zu verstehen, weshalb Heritabilitätsschätzungen mehr als jeder andere Aspekt der Genetik so beharrlich mißverstanden worden sind, von Biologen ebenso wie insbesondere von jenen Psychologen, deren Ziel darin besteht, menschlichen Merkmalen präzise Maße zuzuordnen (den sogenannten Psychometrikern), von der breiten Öffentlichkeit ganz zu schweigen.[14] Die Schätzung funktioniert nur, wenn die vereinfachenden Annahmen gelten; der resultierende Wert gilt nicht für ein Einzelwesen, sondern für Unterschiede *innerhalb* einer sich zufällig untereinander fortpflanzenden Population und läßt sich nicht auf Unterschiede zwischen zwei Populationen anwenden;[15] er geht von der Annahme aus, daß die Genotypverteilung innerhalb einer Umwelt zufällig ist, und der Wert ändert sich, sobald sich die Umwelt verändert.

Warum schlägt man sich also damit herum? Die Antwort lautet: Weil Ihnen so etwas wertvolle Informationen liefern kann, wenn Sie beispielsweise Pflanzen- oder Tierzüchter sind und etwas über Ihren Nutzpflanzen- oder Milchertrag wissen wollen. Völlig irreführend wird es nur, wenn man versucht, dieselbe Art von Schätzung auf menschliches Verhalten anzuwenden. Der Milchertrag ist ein Phänotyp, der sich relativ einfach und problemlos messen läßt. Aber Intelligenz? Politische Neigungen? Die Wahrscheinlichkeit, sich scheiden zu lassen? Religiosität? Zufriedenheit am Arbeitsplatz? Erregbarkeit? Bereitschaft zum Schließen von Freundschaften? Geschmack in Kleiderfragen?

Und wenn schon solche Arten von Phänotypen problematisch sind, was bedeutet dann in diesen Gleichungen der Begriff „Umwelt"? Wie ich bereits erläutert habe, läßt sich die „Umwelt" eines Gens auf verschiedenen Ebenen verstehen: auf der Ebene des übrigen Genoms, der Zelle, des sich entwickelnden Organismus oder auf der Ebene der natürlichen – im Falle des Menschen auch der sozialen – Welt, in die der Organismus eingebettet ist. Nichts von alledem interessiert diejenigen, die darauf bestehen, Heritabilitätsgleichungen anzuwenden. Für sie ist „Umwelt" schlicht ein undefinierter Schubladenbegriff, der lebendigen Realität ebenso weit entrückt wie die „Gene", denen er gegenübergestellt wird.

Seit den Tagen Fishers haben Psychometriker und Verhaltensgenetiker die oben beschriebenen Heritabilitätsstatistiken auf menschliche Merkmale anzuwenden versucht. Da man mit menschlichen Populationen nicht ohne weiteres in derselben Weise hantieren kann wie bei Züchtungsexperimenten mit Weizen und Rindern, ist man darauf angewiesen, sich mit dem zu bescheiden, was Natur und Gesellschaft einem in den Schoß legen. Der Standardansatz besteht darin, Merkmale bei Geschwistern und anderen Familienmitgliedern zu vergleichen, die etliche Gene gemeinsam haben, und, vor allem anderen, Vergleiche anzustellen zwischen eineiigen und zweieiigen Zwillingen. Eineiige Zwillinge verfügen über prinzipiell denselben Genotyp, zweieiige Zwillinge sind einander nicht ähnlicher als jedes andere Geschwisterpaar. Wie steht es hier mit der Umweltvariabilität? Das Problem ist natürlich, daß die meisten Geschwister eine gemeinsame familiäre Umgebung teilen, Ähnlichkeiten zwischen ihnen sind also unausweichlich das Ergebnis von Genen und Umwelt.

Die „ideale" experimentelle Situation ist der relativ seltene Fall, daß eineiige Zwillinge bei der Geburt getrennt und einzeln aufgezogen werden, etwas, das sich bei Laborratten leichter bewerkstelligen läßt als bei Menschen. Die nächstbeste ist eine Adoptionsstudie, in der man die Eigenschaften des adoptierten Kindes mit denen seiner Adoptiveltern und denen seiner leiblichen Eltern vergleicht. Die Kontroversen um derartige Studien gehen weit über die Frage hinaus, ob die berühmtesten darunter – publiziert in den dreißiger und fünfziger

Jahren von Cyril Burt – auf gefälschten Daten beruhten (die allgemein verbreitete Ansicht hierzu ist, jenem einflußreichen revisionistischen Versuch aus den achtziger Jahren zum Trotz, mit dem man Burt zu rehabilitieren versuchte, daß seine Daten, höflich formuliert, nicht übermäßig verläßlich sind[16]).

Die Problematik hierbei ist vielschichtig. Um nur zwei Aspekte zu nennen: Getrennt aufgezogene Zwillinge wachsen recht häufig unter ganz ähnlichen Verhältnissen heran, die oftmals kaum als „getrennt" gelten können, denn im Gegensatz zu den naiven Mutmaßungen der Psychometriker sind Adpotiveltern nur selten imstande, ihr angenommenes Kind „genauso" wie ein leibliches Kind zu behandeln, sondern tendieren weit eher dazu, sorgsam Ausschau nach Anzeichen dafür zu halten, daß das Kind nach irgendwelchen unerwünschten Merkmalen seiner leiblichen Eltern „kommt". Derartige Alltagsprobleme werden im Zuge der Manipulation erhaltener Daten, mit denen man diese den komplexen statistischen Verfahren anzupassen sucht, aus denen sich anscheinend objektive Heritabilitätsschätzungen ablesen lassen, einfach beiseite gewischt.

Die umfassendsten Zwillingsstudien basieren gegenwärtig auf der von Thomas Bouchard und dessen Mitarbeitern in Minneapolis-St. Paul angefertigten Kartei (ein recht passender Standort übrigens, wenn man bedenkt, daß diese beiden Städte als Zwillingsstädte gelten und ihre Einwohner mit großem Stolz auf ihre Baseballmannschaft, die „Twins", blicken).[17] Aus dieser Art von Studien stammen die relativ hohen Heritabilitätsschätzungen (über 35 Prozent) für so vielschichtige Merkmale wie die Haltung des Betreffenden zur Frage der Todesstrafe, der Eheschließung zwischen Cousins und Cousinen und erwerbstätigen Müttern, zu Sabbatgehorsam, militärischem Drill und der Überlegenheit der weißen Rasse, zu Monarchie, Apartheid, Abrüstung, Pressezensur, Notlügen, Jazz, Scheidung und konservativer Kleidung.[18] Selbst FKK-Lager und weibliche Richter gehen mit einer Heritabilität von 25 Prozent aus dieser Statistik hervor, wobei es, wie ich finde, einigermaßen überrascht, daß die Erblichkeit für den Hang zu „Pyjama-Parties", Zwangsjacken und zur Koedukation tatsächlich null betragen soll.

Der vorsichtigste Kommentar zu dieser bizarren Ansammlung von statistischen Aussagen wäre der, daß diese ein gutes Beispiel dafür bietet, wie ungeeignet der Versuch ist, eine zum Zwecke der Tier- und Pflanzenzucht erstellte mathematische Formel auf derartig dubiose Merkmale und Charakterzüge wie die große Bandbreite menschlichen Sozialverhaltens und menschlicher Ansichten anzuwenden.

Und, wie bereits betont, selbst bei den phänotypischen Merkmalen, auf die diese Formeln sich wirklich anwenden lassen, geben die Schätzungen definitionsgemäß ein Maß für die Varianz *innerhalb einer Population* an. Im Prinzip wäre es möglich, daß die gesamte Varianz innerhalb jeder der beiden Populationen genetisch, die Unterschiede zwischen beiden Populationen ausschließlich umweltbedingt sind. Diese Möglichkeit wird auch von jenen Genetikern nicht bestritten, die Schätzungen zur Heritabilität mehr Glauben schenken als ich. Strenggenommen gibt es keinerlei Möglichkeit, die Erblichkeit von Unterschieden zwischen zwei Populationen abzuschätzen. Diejenigen, die versuchen, solche Schätzungen auf diese Weise einzusetzen, mißbrauchen Wissenschaft im Interesse mehr oder minder gut verhüllter rassistischer Absichten.[19] Tatsache ist, daß solche Schätzungen – solange die Menschheit nicht in einer Gesellschaft ohne soziale Barrieren lebt, die die Beziehungen zwischen Angehörigen verschiedener ethnischer und sozialer Gruppierungen einschränken – wissenschaftlich bedeutungslos sind, allerdings sind sie von einem erheblichen sozialen und politischen Gefahrenpotential.

Dessenungeachtet argumentieren manche Psychometriker und Verhaltensgenetiker, daß selbst derart hohe Werte für die Heritabilität noch den tatsächlichen Einfluß der Gene unterschätzen. In seiner Version des Dawkinsschen Arguments vom „erweiterten Phänotyp" bietet Bouchard die Erklärung an, daß unsere Gene uns dazu „prädisponieren", eine Umwelt aufzusuchen, die unseren genetischen Vorgaben entspricht.[20] Damit wird Umwelt durch Gene bestimmt und hört, was immer der Begriff „Umwelt" auch im einzelnen bedeuten mag, auf, eine unabhängige Variable der Heritabilitätsgleichungen zu sein. So werden Gene zur Hauptursache für jedes Ereignis vom Unfall im Kindesalter bis zur Scheidung in mittleren Jahren, die jeweils als zu 50 Prozent erblich gelten. Denn die Gene bringen ihren Besitzer dazu, sich Situationen auszusetzen, in denen die Wahrscheinlichkeit für einen Unfall oder eine Scheidung erhöht ist. Ersetzt man die genozentrische Betrachtung der Welt durch die von mir zuvor dargestellte Perspektive der Vernetzung von individuellen Lebenswegen mit der unmittelbaren Umgebung der Organismen, dann bildet der Standpunkt, daß Organismen ihre eigene Geschichte schreiben, einen getreuen Widerhall meiner eigenen Argumentation. Aber sie tut dies, genau wie die Forderung nach einem „erweiterten Phänotyp", indem sie das vierdimensionale Universum der Lebenswege samt und sonders in die DNA-Doppelhelix zwängt.

Schätzungen zur Heritabilität sind und bleiben damit ein Tribut an die fortdauernde Macht reduktionistischer Denkungsart innerhalb mancher Bereiche der Populationsgenetik und an das politische Klima, das diese nährt.[21] Solche Schätzungen, wie sehr der Rahmen, innerhalb dessen sie errechnet werden, biologisch und soziologisch auch verarmt und wie unangemessen ihre Anwendung sogar innerhalb des ihnen eigenen eingeschränkten Geltungsbereichs auch sein mag, erhalten dadurch, daß sie sich mathematisch ausdrücken lassen, einen vermeintlich wissenschaftlichen Glanz und damit eine scheinbar unantastbare Qualität. Der Respekt vor der Mathematik, oder eher die Hochachtung vor Zahlen, greift einmal mehr. Das eigentliche biologische Thema liegt jenseits all dessen, und ich werde auf das Thema Heritabilität in diesem Buch nicht mehr zurückkommen.

Anpassung und Design

Für Darwin und seine Zeitgenossen war die Frage der Anpassung sogar noch problematischer als die der Weitergabe von Merkmalen, und für eine Reihe der gegenwärtigen fundamentalistisch-religiösen Kritiker der Evolutionstheorie hat sich daran nichts geändert. Das Problem hat mit einem Argument aus den Tagen vor Darwin zu tun. Es wird oft in seiner ursprünglichen Form wiedergegeben, so wie es William Paley ganz zu Anfang des neunzehnten Jahrhunderts in seinem Buch *Natural Theology* formuliert hatte: Angenommen, Sie stolperten auf einem Spaziergang in freier Natur über eine Taschenuhr, die am Wegesrand liegt, so genügte Ihnen ein kurzer Augenblick, um Sie davon zu überzeugen, daß diese nicht zufällig entstanden sein kann. Die Uhr und ihre inneren Mechanismen sind eindeutig Ausdruck durchdachten Designs, wie aber kann es Design ohne Designer geben? Wenn dies bereits für den relativ grobschlächtigen Mechanismus einer Taschenuhr gilt, um wieviel mehr muß es dann für so phantastische Strukturen wie das Auge gelten? Darwin selbst gestand den Schrecken, der ihn befiel, als er versuchte, über die Evolution des Auges nachzudenken. Bei näherer Betrachtung erledigt sich dieses scheinbare Problem allerdings.

Dawkins geht diese Frage in seinem Buch *Der blinde Uhrmacher* und dessen Nachfolgern frontal an: „Wozu ist ein halbes Auge gut?" fragt er, und er antwortet: „Ein halbes Auge ist genau ein Prozent besser als 49 Prozent eines Auges, und das wiederum ist besser als 48 Prozent, und der Unterschied ist von Bedeutung."[22] Das Problem an diesem Argument ist, daß es keine Möglichkeit gibt herauszufinden, ob sich 50 Prozent von einem Auge unter unseren evolutionären Vorfahren tatsächlich im Darwinschen Sinne – das heißt im Hinblick darauf, ob dieser Wert in signifikantem Maße zum Reproduktionserfolg beigetragen hat oder nicht – als signifikant besser erwiesen haben als 49 Prozent. Das würde zum einen davon abhängen, was es den Organismus gekostet hat, diesen einprozentigen Vorteil zu erreichen, und zum anderen davon, in welchem Maße Augen zu seinem Erfolg bei der Nahrungssuche, seinen Chancen bei der Flucht vor Räubern und damit zum Erfolg bei Partnerwahl und Fortpflanzung beigetragen haben. Natürlich läßt sich ein solcher Beweis nicht erbringen, und so muß diese Aussage eine nicht beweisbare Behauptung bleiben, wenngleich eine, die die meisten Biologen in vernünftigem Maße überzeugend finden werden. Dawkins fährt fort, indem er Beweise dafür anführt, daß neben „dem" Auge, unter dem wir die lichtsensitiven und abbildenden Mechanismen, die der Mensch mit den meisten seiner unmittelbaren evolutionären Verwandten teilt, verstehen, im Laufe der Evolution in verschiedenen Invertebratengruppen mindestens vierzigmal funktionstüchtige, abbildende Augen entstanden sein müssen.[23]

Wie viele Generationen mögen vonnöten sein, um ein solches Auge durch Evolution aus einer ursprünglich flachen Retina über einer flachen Pigmentschicht, die von einer schützenden lichtdurchlässigen Schicht überlagert ist, entstehen zu lassen? Dawkins zitiert ein Computermodell von Dan Nilsson und Susanne Pelger, das dieses in unter einer halben Million Generationen leisten kann. Bei einer Generationsdauer von einem Jahr bedeutete dies nur 500 000 Jahre, was sich mit der Anwesenheit von Leben auf dieser Erde problemlos vereinbaren läßt. Die nötigen Voraussetzungen lauten, daß jeder Schritt erblich und in seinen Auswirkungen digital sein muß und daß er dem Organismus, der diese Variation aufweist, einen selektiven Vorteil verschaffen muß.

Diese Voraussetzungen zu akzeptieren setzt ohne Frage so etwas wie einen Glaubensakt voraus (und, wie ich im weiteren Text erläutern werde, es gibt Gründe für eine geringere Leichtgläubigkeit, als Dawkins sie an den Tag legt), aber trotz alledem sehe ich angesichts des hier beschworenen allgemeinen Prinzips keine größeren Probleme. Im klassischen Popperschen Sinne sind solche Evolutionsstories nicht falsifizierbar, wie wir gesehen haben. Das einzige, was wir tun können, und das einzige, was wir tun sollen, besteht darin, denjenigen, die einen Prozeß oder eine Struktur aus *a priori* bestehenden

Gründen für unmöglich halten, plausible Erklärungen dafür zu liefern, wie dieser Prozeß abgelaufen sein und die betreffende Struktur sich entwickelt haben könnte. Wenn ich übrigens, was ich die ganze Zeit über tue, das Argument vertrete, daß Leben ein Gutteil komplexer sei als die dem Computer entsprungenen Biomorphe, die Dawkins als Nebenprodukt seines Schreibens produziert, sollte dies keineswegs jene bestärken, die auf dem Standpunkt stehen, Leben sei ein Produkt von etwas, das über das Wirken materieller, mit den Methoden einer (nicht unbedingt reduktiven) Wissenschaft potentiell erklärbarer Kräfte in einem materiellen Universum hinausgeht.

Nochmals: Das Problem der Anpassung ist – zumindest wie Darwin es sich stellte – kein unlösbares. Er vermutete, daß es sich, so man ihm hinreichend evolutionären Raum und Zeit ließe, würde lösen lassen, und damit hatte er vollkommen recht. Später werde ich darauf zurückkommen, wie sich das Problem in seiner modernen Form neu stellt.

Grenzen der natürlichen Selektion

Das dritte Problem, vor dem Darwin stand und das er mit seiner Theorie in ihrer einfachen Form nicht hatte lösen können, war das Problem der Artbildung (Speziation). Es mag unglaublich erscheinen, aber der darwinsche Syllogismus der natürlichen Selektion, wie ich ihn auf Seite 198 dargestellt habe, liefert keinen Mechanismus für die Bildung neuer Arten, obwohl dieses doch letzten Endes das zu sein schien, worum es in *Die Entstehung der Arten* überhaupt ging. Das einzige, was hierzu in dem Werk gesagt wird, ist, daß unter beliebigen Umständen die äußeren Bedingungen (Natur, Umwelt) das Fortbestehen von Varietäten begünstigen werden, die ihre Arteigenheiten ein bißchen besser ausleben können als der Rest. Antilopen beispielsweise werden von Löwen gejagt. Jede Antilope, die durch die Evolution dahingehend begünstigt wurde, daß sie ein bißchen schneller zu rennen vermag als die anderen ihrer Herde, hat eine geringfügig größere Chance, dem Löwen zu entkommen, womit sich die Wahrscheinlichkeit für ihr Überleben entsprechend erhöht. Ähnliches gilt für Löwen, die ein bißchen schneller rennen können, oder solche, die kooperative Techniken entwickeln, ihre Beute zu stellen, auch sie werden ihre Überlebenschancen erhöhen. Das allein wandelt Antilopen, Löwen oder deren Nachkommen jedoch nicht zu neuen Spezies.

Es gibt ein lebendes Beispiel für diesen Prozeß. Man findet es in allen Lehrbüchern, und zwar allein deshalb, weil es eines der bestdokumentierten Beispiele für eine Gestaltveränderung innerhalb einer Art ist, die sich tatsächlich der natürlichen Selektion zuschreiben läßt (im Gegensatz zu einigen der Reagenzglasexperimente an Bakterien). Der in Großbritannien weit verbreitete Birkenspanner verbringt einen Großteil seines Lebens auf Baumstämmen. In seiner normalen Form ist dieser Falter von relativ heller Grundfarbe und leicht dunkel gesprenkelt, doch es gibt auch eine seltenere, schwarze Varietät, die erstmals um die Mitte des neunzehnten Jahrhunderts in der Nähe von Manchester beobachtet wurde. Der britischen Leidenschaft für Naturbeobachtungen ist es zu danken, daß dieser Falter über viele Jahre hinweg unter aufmerksamer Beobachtung stand und daß es genaue Aufzeichnungen über das Zahlenverhältnis der beiden Unterarten zueinander gibt. Aus diesen Aufzeichnungen geht hervor, daß der Anteil der dunkleren im Verhältnis zur helleren Form im Verlauf des zwanzigsten Jahrhunderts in Industriegebieten stetig zugenommen hat. Die Falter werden heftig von Vögeln gejagt, und die einleuchtende Erklärung für die Verschiebung lautete, daß ohne industrielle Luftverschmutzung die helle, gefleckte Form auf den Birkenstämmen weniger leicht gesehen wird als die dunklere. Sobald die Baumrinde jedoch durch Ruß geschwärzt war, fiel die hellere Form den Vögeln stärker ins Auge, während die dunklere besser getarnt war.

Im Jahre 1955 überprüfte H. B. D. Kettlewell diese Hypothese und konnte zeigen, daß die dunkle Form des Falters in rußbelasteten Gegenden tatsächlich über einen Selektionsvorteil verfügte, sprich weniger gejagt wurde.[24] Erwartungsgemäß gilt in nicht verschmutzten Gegenden das Gegenteil. Zugegebenermaßen ist dies eigentlich kein richtiges Beispiel für die natürliche Selektion durch die Konkurrenz um seltene Ressourcen, den ursprünglichen Darwinschen Motor der Evolution, aber wir können es dennoch zulassen. Was es so besonders aufschlußreich macht, ist die Tatsache, daß im Zuge der Verlagerung auf weniger luftverschmutzende Energiequellen, durch die der Rußgehalt der Luft erneut reduziert wird, die dunkle Form des Falters ab- und die helle, gefleckte Form wieder zunimmt. Noch vor wenigen Jahren lag das Verhältnis zwischen schwarzen und hellen Faltern bei über 2 zu 1, inzwischen haben sich die Zahlen wieder umgekehrt, und die Tage der dunklen Form scheinen gezählt.

Die natürliche Selektion *kann* also auf die Veränderung von Populationen hinwirken und den Grad der Anpassung einzelner Organismen innerhalb einer Population erhöhen. Vorteilhafte Varietäten werden erhalten, ihre Verteilung innerhalb der Population ändert sich daher mit der Zeit. Das Beispiel des Birkenspanners demonstriert darüber hinaus einen weiteren entscheidenden Aspekt der natürlichen Selektion. Eine „vorteilhafte Varietät" ist definitionsgemäß eine, die *unter den gegenwärtigen Umständen* von Vorteil ist. Evolution durch natürliche Selektion kann nur auf die derzeitige Situation reagieren – sie vermag nicht, die Zukunft vorherzusagen. An irgendeinem Punkt der Zeitreise dieser Art hatte die gefleckte Form die größeren Überlebenschancen, etwas später die schwarze und wiederum später erneut die gefleckte Form. Umweltbedingte Veränderungen geschehen, und die natürliche Selektion folgt ihrer Spur nach, sie folgt und reagiert, aber sie ist ihr nie voraus und vermag nichts vorauszusagen.

Diese Unfähigkeit, künftige Vorteile vorherzusehen und sich im vorhinein anzupassen, gilt für die Lebensdauer eines Einzelwesens genauso. Eine Mutation, die eine erwachsenen Antilope schneller rennen läßt, aber womöglich gleichzeitig bedeutet, daß das Tier langsamer heranwächst und daher während eines längeren Zeitraums hinweg dem Angriff der Löwen schutzlos preisgegeben ist, hätte nur wenig Gelegenheit, sich in der Antilopenpopulation durchzusetzen.

Sexuelle Selektion

In der Geschichte um evolutionäre Anpassungen gibt es noch zwei weitere wichtige Wendungen. Die erste betrifft die Sexualität. Wenn alle Anpassung der Erhöhung von Überlebenschancen dient, wieso haben dann so viele Tiere – insbesondere Männchen – Merkmale, die einem langen, erfolgreichen Leben allem Anschein nach im Wege zu stehen scheinen? Die Federn eines Pfauenschwanzes sind das klassische Beispiel dafür. Wie und warum entwickelt sich in der Evolution ein solches allem Anschein nach funktionsloses Etwas, von derart betörender Schönheit für das menschliche Auge?

Diese Frage plagte Darwin derart, daß sie ihn zur Formulierung einer ganzen Zusatztheorie der Selektion veranlaßte: zur Theorie der sexuellen Selektion. Um ihre Gene weitergeben zu können, müssen Weibchen und Männchen sich paaren, und bei allen untersuchten Arten verläuft die Partnerwahl, vorausgesetzt, es besteht die Möglichkeit zur Auswahl (außerhalb des Standardkäfigs im Labor also), nicht zufällig. Potentielle Partner konkurrieren auf verschiedenste Weise mit anderen Angehörigen ihres eigenen Geschlechts und wählen aus dem jeweils anderen Geschlecht ihren Partner aus einem ganzen Spektrum an potentiellen Kandidaten. Was diktiert den Erfolg dieser beiden Unternehmungen?

Darwins Ansicht lautete, daß es im großen und ganzen die Weibchen einer Art sind, die die Auswahl besorgen. Er ging sogar so weit, Tieren einen Sinn für Schönheit zuzuschreiben, aufgrund dessen sie den Hang hätten, sich für den schönsten aller potentiellen Partner zu entscheiden. Beurteilten Pfauenhennen die Schwanzfedern des Hahns ebenso wie wir Menschen, dann müßten sie sich für das Männchen mit dem schönsten Rad entscheiden. Doch selbst wenn man die Möglichkeit einer ästhetischen Entscheidung (oder zumindest die einer ästhetischen Beurteilung, die sich mit der des Menschen deckt, denn die geschlechtsspezifischen Verzierungen vieler Männchen im Tierreich werden dem menschlichen Beobachter häufig eher bizarr oder seltsam denn schön erscheinen) verwirft, genügt als einzige Voraussetzung für das Funktionieren der Theorie von der sexuellen Selektion die Annahme, daß Pfauenhennen sich irgendwann einmal zu Hähnen mit buntem fächerähnlichem Schwanzgefieder hingezogen fühlten. Damit würde dieses Merkmal selektioniert und breitete sich in der männlichen Population aus, wobei das Gefieder sich zu immer aufwendigeren Dimensionen entwickeln würde.

Einer leicht abgewandelten Theorie der sexuellen Selektion zufolge setzt die Entwicklung eines aufwendigen Schwanzgefieders einen beträchtlichen Energieaufwand voraus, und da es überdies ein klares Handicap für das Überleben darstellt – macht es den Vogel doch auffälliger und im Falle eines Angriffs langsamer und weniger beweglich –, muß jedes Männchen, das mit einer solchen Last das Erwachsenenalter erreicht, in anderer Hinsicht besonders fit sein. In diesem Bild werden die Pfauenfedern zu einer Art Indiz dafür, daß sein Träger für seinen potentiellen Partner eine gute Wahl sein muß.

Es hat nie ein Mangel an Leuten bestanden, die versucht haben, diese Theorie – in welcher Version auch immer – zurechtzubiegen, um eine evolutionäre, „darwinistische" Erklärung für menschliche sexuelle Präferenzen zu finden. Im allgemeinen wird dabei, wie so oft bei dem reduktionistischen Ansatz der neuen Genetik und Soziobiologie, eine Metapher zur Homologie verbogen. Die Konkurrenz bei der Partnerinnenwahl unter Männern wird dabei als Makroversion dessen gesehen, was man auf Mikroebene als Konkurrenz zwischen einzelnen Spermien betrachtet, die darum wetteifern, „derjenige, welcher" zu sein, der also letztlich erfolgreich in die Eizelle eindringt und sie befruchtet. Männer und ihre Spermien konkurrieren, Frauen und ihre Eizellen erwarten ergeben, welches Los ihnen beschieden sein mag.

Das Problem besteht darin, daß solche Darstellungen wie die meisten anderen Übertragungen evolutionärer Mechanismen auf den Menschen, nur in noch extremer Form, der Vielfalt und Bandbreite menschlicher Erfahrung nicht angemessen Rechnung tragen. Statt dessen fallen sie zurück in herkömmliche, oftmals sexistische Karikaturen, die zuweilen derart grobschlächtig sind, daß sich ein Groschenroman dagegen wie ein soziologischer Aufsatz liest. Soziobiologen ignorieren in hohem Maße historische und anthropologische Belege für die zeitliche und räumliche Variabilität sozialer Gepflogenheiten und tun so, als seien die gegenwärtig gültigen westlichen Normen (oder eher die pathetischen Neuformulierungen dessen, was sie für diese Normen halten, denn diese Leute erweisen der Soziologie ebensowenig Respekt wie der Geschichte und Anthropologie), als seien diese menschliche Universalien.[25]

So gibt es zum Beispiel die ausgiebig publizierte Behauptung, daß es so etwas wie einen allgemeingültigen menschlichen Schönheitsstandard gäbe. Diese Behauptung basiert auf einem kulturübergreifenden Vergleich der Beurteilung computererzeugter Porträts durch westliche und japanische Männer.[26] Daß diese beiden Kulturen sich seit etlichen Generationen einander annähern, per Kino, Fernsehen und Werbung verbreitete visuelle Eindrücke gemeinsam konsumieren, ist diesem Drang nach evolutionärem Universalismus offenbar in keinerlei Hinsicht im Wege. Allem Anschein nach genießt die Symmetrie der Erscheinung einen hohen Stellenwert, und man unterhält uns mit Geschichten, die sich auf Beweise gründen, über die jedes Gericht lachen würde, wohnte diesen nicht ein fasziniert, leicht lüsterner Beigeschmack bei, wenn es beispielsweise heißt, Frauen hätten mehr Orgasmen beim Geschlechtsverkehr mit Männern, deren Körper symmetrisch ist.[27] Man muß dazu freilich sagen, daß die Bedeutung dieser Beobachtung für die Frage, ob aus derlei genüßlichen Beziehungen mehr Nachwuchs hervorgeht – letztlich das einzig relevante Darwinsche Kriterium –, gänzlich ungeklärt ist. Andererseits, so wird behauptet, bestehe bei außerehelichen Beziehungen eine höhere Chance auf eine Schwangerschaft als bei ehelichen.[28]

Und was die sexuelle Selbstdarstellung betrifft: Demonstrieren Porsche und Rolex – auch heute noch die beeindruckenden Accessoires finanziell erfolgreicher Männer und ein sicher angemessenes Äquivalent zu den prächtigen Schwanzfedern eines Pfaus – bewundernden Weibchen nicht überzeugend die genetische Fitneß ihres Besitzers? Das Dumme ist nur, daß Reichtum kein Maß für die genetische Fitneß darstellt und wohl vererbt, aber doch nicht vermittels der Gene weitergegeben wird und daß es überdies kaum Beweise dafür gibt, daß er in einer größeren Zahl von Nachkommen resultiert. Wieder wird hier das vermeintlich darwinistische Gebot von Grund auf mißachtet. Die Theorie der sexuellen Selektion mag einen wichtigen Mechanismus zur Erklärung anderweitig höchst unwahrscheinlicher Merkmale liefern, angefangen vom Anatomischen, dem Kehllappen eines Truthahns beispielsweise, bis hin zur Verhaltensbiologie, dem Balzverhalten von Vögeln – und tut dies vermutlich auch –, doch wir sollten uns von ihren leidenschaftlichen Verfechtern nicht blenden und von näherliegenden Erklärungen für die Komplexität menschlicher Sexualbeziehungen ablenken lassen.

Altruismus

Hiermit kommen wir zu dem, was im Zusammenhang mit den genetischen Mechanismen und der evolutionären Bedeutung altruistischen Verhaltens diskutiert wird, und damit befinden wir uns im Herzen soziobiologischen Denkens. Das Problem, das sich dem Evolutionstheoretiker stellt, ist rasch formuliert. Verhaltensbiologen kennen viele Beispiele dafür, daß Tiere sich auf eine Art und Weise gebärden, die nicht im Einklang mit ihren genetischen Interessen zu stehen scheint. Mit anderen Worten: Wenn wir davon ausgehen, daß Organismen bestrebt sind, ihren Fortpflanzungserfolg zu maximieren und so viele Gene wie irgend möglich an die nachfolgenden Generationen weiterzugeben, wie können wir dann das Verhalten von Vögeln erklären, die beim Anblick eines Räubers durch warnende Rufe dessen Aufmerksamkeit auf sich ziehen, um den übrigen Schwarm auf diesen aufmerksam zu machen und zu warnen? Sollten sie statt dessen nicht versuchen, sich so unauffällig wie möglich zu verhalten, um das Risiko, aufgespürt zu werden, so gering wie möglich zu halten?

In den sechziger Jahren versuchte V. C. Wynne-Edwards ein anderes Beispiel für offenkundig altruistisches Verhalten zu ergründen. Wie wird die Größe einer Tierpopulation reguliert, wenn Revier und Nahrungsvorräte begrenzt sind? Eine Möglichkeit wäre, daß alle Tiere für die größtmögliche Zahl an Nachkommen sorgen und nur die „fittesten" den anschließenden Konkurrenzkampf um ausreichende Nahrungsmengen überleben. Wynne-Edwards wartete mit einer anderen Erklärungsmöglichkeit auf, die er unter anderem auf Untersuchungen an Moorhühnern gründete. Er vertrat den Standpunkt, daß Moorhühner über ein besonderes Balzverhalten verfügten, das sie über die Populationsgröße informiere, und daß die einzelnen Tiere dann mit einer Art Selbstverleugnung auf das Problem der Überbevölkerung reagierten, indem sie die Zahl der eigenen Nachkommen zum Wohle der Gemeinschaft als Ganzes beschnitten. Er bezeichnete diese Art von Verhalten als *Gruppenselektion*.[29] Evolutionsbiologen waren rasch bei der Hand, die vermeintlichen Fehler in dem von ihm vorgeschlagenen Mechanismus aufzuzeigen. Selektion, so ihr Argument, könne nur auf der Ebene des Einzelwesens stattfinden, und die Maximierung der eigenen Nachkommenzahl sei für jedes Geschöpf alleinige darwinistische Triebkraft. Wenn also die meisten Moorhühner die Anzahl ihrer Nachkommen beschränkten, würde die Selektion jene Variante begünstigen, die auf die tugendsame Selbstbeschränkung aller übrigen spekulierte und „schummelte". Die Zahl der „Betrüger" würde sich also rasch über die gesamte Population ausbreiten, während die Zahl derjenigen, die sich selbst beschränkten, sinken müßte. Gruppenselektion auf dieser Basis war ein Fehlstart, obwohl Wynne-Edwards seinen Standpunkt gegen das vorherrschende Klima der Meinungen vertrat.

Wie also könnte sich offenkundig altruistisches Verhalten entwickeln? Der Schlüssel hierzu stammt dem Vernehmen nach aus einer beiläufigen Bemerkung von J. B. S. Haldane, der einst erklärte, aufgrund der Anzahl an Genen, die er mit seinen nächsten Verwandten gemeinsam habe, müßte er eigentlich bereit sein, sich für zwei Brüder oder für acht Cousins zu opfern. Das heißt, unter der Annahme, daß Lebensprozesse sich um nichts anderes drehen als um die Weitergabe der eigenen Gene an die nächste Generation, liegt eine gewisse genetische Vernunft darin, daß ein Einzelwesen sein eigenes Leben riskiert, wenn es dadurch das Überleben und damit den Fortpflanzungserfolg einer hinreichenden Zahl derer sichern kann, die mit ihm einen gewissen Anteil an Genen gemeinsam haben. Diese Feststellung war ein typisches Bravourstück Haldanes, der zeitlebens überaus stolz auf die Tatsache war, daß er sich für viele seiner gefährlicheren physiologischen Experimente selbst zum Versuchskaninchen gemacht hatte: bei der Einnahme größerer Mengen an Ammoniumchlorid zur Bestimmung der Auswirkungen eines veränderten Säuregehalts im Blut beispielsweise oder bei der Bestimmung der Überlebensdauer in der geschlossenen Atmosphäre eines U-Boots.

Wie dem auch sei, Haldanes beiläufiger Bemerkung wurde im Jahre 1964 von William Hamilton ernsthafte mathematische Form verliehen, und sie erhielt den Namen *Verwandtenselektion*.[30] E. O. Wilson war es, der dieses im Jahre 1975 in den Blickpunkt nicht nur hauptberuflicher Biologen, sondern einer sehr viel breiteren Öffentlichkeit rückte. In Anspielung auf die „moderne Synthese" von Darwin und Mendel in den dreißiger Jahren nannte er sein Buch *Sociobiology: The New Synthesis*.[31] Der Begriff aber, der letztlich im Bewußtsein der Allgemeinheit verankert bleiben sollte, ging nicht auf Hamilton zurück, sondern auf Dawkins, der im darauffolgenden Jahr sein Evangelium der ultradarwinistischen und soziobiologischen Theorie publizierte: *Das egoistische Gen*.[32] An dieser Stelle soll nochmals klargestellt werden, daß es sich bei Darwins egoistischen Genen nicht um Gene handelt, die ihren Träger egoistisch werden lassen, in dem Sinne etwa, wie man es von Schwulengenen oder Agressivitätsgenen angeblich zu erwarten hat. Sie sorgen vielmehr dafür, daß ihr Träger beziehungsweise ihre Trägerin alles tut, was nötig ist, damit die eigenen Gene repliziert und in die nächste Generation weitergegeben werden können. Dazu kann unter Umständen natürlich auch kooperatives Verhalten gehören.

Die Theorie der Verwandtenselektion ist wie die Theorie der sexuellen Selektion ein Modell, eine mathematische Formel, die, sobald man ihre Grundannahme akzeptiert (das heißt die Ansicht, daß Lebensformen in erster Linie zur Weitergabe ihrer Gene existieren), einen ebenso zwingenden Syllogismus ergibt wie die ursprüngliche Darwinsche Formulierung der Theorie der natürlichen Selektion. Wenn ich auch keinen Anlaß sehe, das Prinzip anzuzweifeln, so scheint es mir doch sehr schwer, seine Gültigkeit in irgendeinem speziellen Falle nachzuweisen. Sicher kommt es unter Tieren, die in Gruppen leben, zu Verhalten, das sich als altruistisch definieren ließe, obschon es andererseits auch keinen Mangel an Hinweisen darauf gibt, daß diese Tiere auch miteinander konkurrieren. Die empirische Frage lautet, ob gezeigt werden kann, daß allem Anschein nach altruistisches Verhalten in erster Linie den Verwandten des Altruisten und nicht der Gruppe insgesamt zugute kommt. Man hat seit 1975 eine ganze Menge an Beweisen für diese Annahme gesammelt, doch das Problem ist, daß diese in den meisten Fällen trotz aller Entschlossenheit der Verfechter der Verwandtenselektion, die Daten ihrem theoretischen Rahmen einzupassen, auch andere Interpretationen zulassen. Vielleicht war es dieser relative Mangel an experimentellen Beweisen für die theoretisch so überaus anziehende Verwandtenselektion, die Robert Trivers dazu veranlaßte, eine Unterscheidung zwischen zwei Formen des Altruismus zu treffen. Die eine Form gälte damit der Wahrnehmung eines möglichen genetischen Vorteils, die andere bezeichnete er als *reziproken Altruismus* – eine altruistische Handlung, die nicht verwandten Individuen zum Vorteil gereicht, aber in Erwartung einer Gegenleistung dennoch ausgeführt wird – kratz du mir den Rücken, dann kratz ich dir deinen (wie es die gegenseitige Fellpflege bei so vielen Affenarten vorlebt).[33]

Wie im Falle der sexuellen Selektion gab es auch hier keinen Mangel an Leuten, die sich selbst als Humansoziobiologen bezeichneten und auf dem Standpunkt standen, die hinsichtlich des scheinbar altruistischen Verhaltens von Tieren vertretenen Argumente ließen sich auch auf uns selbst anwenden. Womöglich sprängen Sie in einen Fluß, um einen Ertrinkenden zu retten, auch wenn dieser nicht mit Ihnen verwandt ist, weil Sie annehmen müßten, daß dieser Sie anschließend auch retten würde, falls Sie einmal beim Schwimmen in Schwierigkeiten gerieten. So unwahrscheinlich dieses Szenario auch sein mag, es gehört zu denen, die die Verfechter der Soziobiologie zur Beschreibung von reziprokem Altruismus heranziehen.[34] Auch hier wurde wiederum eine metaphorische Beziehung in den Stand einer Homologie erhoben.

Gibt es also irgend etwas in den Annalen menschlichen Verhaltens, das sich als Beispiel heranziehen ließe, damit die soziobiologische Rechnung aufgeht? Wie in so vielen anderen Fällen stehen die wissenschaftlichen Belege auf zu wackligen Beinen, als daß man sie komplett ernst nehmen könnte. Wie sollte man beispielsweise zeigen, daß Eltern in ihre Kinder um so mehr „Pflege" investieren, je mehr Gene sie mit ihnen gemeinsam haben (das heißt, je altruistischer sie im Sinne der Verwandtenselektion zu sein hätten)? Eltern können mehr als die Hälfte ihre Gene mit ihren Kindern gemeinsam haben. Man bezeichnet dieses Phänomen als „assortative Paarung" (eine Art selektive Partnerwahl, die unter dem Aspekt phänotypischer Gemeinsamkeiten zustande kommt). Im folgenden, wiederum als Syllogismus, eine soziobiologische Argumentationsfolge:

1. Es gibt Belege für die Erblichkeit politischer Ansichten.
2. Ein Paar, das bei Wahlen für dieselbe Partei stimmt, hat sich vermutlich aufgrund einer entsprechenden Partnerwahl gefunden.
3. Ein Maß für die elterlichen Investitionen in ein Kind besteht beispielsweise darin, ob Eltern dessen Ausbildung privat bezahlen oder es auf eine staatliche Schule schicken.
4. Deshalb besteht bei Eltern, die bei Wahlen für die gleiche Partei stimmen, eine höhere Wahrscheinlichkeit dafür, ihr Kind auf eine Privatschule zu schicken, als bei Paaren, die unterschiedlich stimmen.

Ich wünschte, es wäre ein Scherz, aber das ist es nicht. Auf einer Tagung der renommierten *Association for the Study of Animal Behaviour at London Zoo* habe ich mit eigenen Ohren einen mit vollem Ernst vorgetragenen Bericht zweier Soziobiologen über diese Befunde gehört. Sie berichteten, daß Elternpaare, bei denen beide Partner konservativ stimmten, ihr Kind mit größerer Wahrscheinlichkeit auf eine Privatschule schickten als Paare, bei denen ein Partner die konservative Partei und der andere Labour wählte – was zu beweisen war. Außer mir fand, glaube ich, niemand auf der Konferenz die Behauptung verwunderlich, daß es sich hierbei um ein Beispiel für den Mechanismus der Verwandtenselektion handeln solle. Zu der Zeit, als seine lässige Bemerkung einen derart steilen Weg in die wissenschaftliche Diskussion gefunden hatte, war Haldane bereits seit vielen Jahren tot, doch in Erinnerung an seine vehement vertretenen sozialistischen und wissenschaftlichen Grundsätze bezweifle ich sehr, daß er darüber belustigt gewesen wäre.[36]

Ein schlechtes Beispiel wirft nicht eine ganze Theorie um, und, wie ich bereits gesagt habe: wenn man sich die genozentrische Betrachtung der Welt zu eigen macht, auf die sich dieses Denkgebäude gründet, dann ist der Syllogismus der Verwandtenselektion unangreifbar. Die Frage ist nicht, ob es sie gibt, sondern vielmehr, ob sie zusammen mit der nicht minder genozentrischen Betrachtungsweise der Wurzeln und Erhaltung sozialer Organisation, die sie impliziert, hinreicht, um die reiche Vielfalt an Verhaltensweisen zu erklären, auf die wir in der menschlichen und der tierischen Welt treffen. An diesem Punkt haben wir es nicht mehr nur mit einem universalen Darwinismus zu tun, sondern mit einem universalen Ultra-Darwinismus.

Die Entstehung von Arten

Nun zu Darwins drittem großen Problem: der Frage, wie es zur Entstehung von Arten kommt. Adaptionistische Überlegungen erklären, wie Arten „besser" werden können: Man denke an das Beispiel des Birkenspanners oder auch daran, wie sich ganz allmählich interaktive Formen des Sozialverhaltens entwickeln können. Solche Evolutionsprozesse können eine Art zweifelsohne mit der Zeit so verändern, daß sie nicht mehr imstande wäre, sich mit ihren Vorfahren zu paaren (wenn einer dieser Vorfahren irgendwie wieder zum Leben erweckt werden könnte). Auf diese Weise können Arten sich allmählich wandeln, und zwar durch Prozesse der natürlichen Selektion, die

1. Geospiza magnirostris.   2. Geospiza fortis.
3. Geospiza parvula.   4. Certhidea olivacea.

Abbildung 7.2: Vier von Darwins Galapagos-Finken.
Man beachte die unterschiedliche Schnabelgröße und -form
bei den hier abgebildeten Arten, die der jeweiligen Ernährungsweise
der Vögel angepaßt sind.

stetig mit umweltbedingten Veränderungen Schritt zu halten versuchen. Das aber erklärt noch nicht, wie die natürliche Selektion allein, im rein neodarwinistischen Sinne und auf der Basis der im vorhergehenden von mir diskutierten Mechanismen, dazu führen kann, daß sich eine bereits existierende Art in zwei aufspaltet. Hierzu bedarf es weiterer Mechanismen. Seit jener Zeit, als Darwin dieses Problem erkannt hatte, schlagen sich die Evolutionsbiologen mit diesem Paradoxon herum. Doch Darwins eigene Beobachtungen an den Vogelarten der Galapagosinseln lieferte auch eines der besten Beispiele dafür, wie Artbildung vonstatten gegangen sein könnte. Im Laufe seiner Reise an Bord der *Beagle* besuchte er auch die Inseln vor der Pazifikküste von Ecuador. Ihm fiel auf, wie reichhaltig die Vogelwelt dort war, und er schoß und sammelte zahlreiche Exemplare. Als er, wieder in London, versuchte, diese zu bestimmen, gelangte er schließlich zu dem Schluß, daß die gesamte Sammlung aus etwa zwölf verschiedenen, eng miteinander verwandten Finkenarten bestand, die jeweils mehr oder weniger auf eine einzige Insel der Galapagos-Gruppe beschränkt waren. Neuere Analysen sehen die Anzahl der verschiedenen Arten bei 13 bis 14 Arten. Einige Finken leben am Boden, andere in den Bäumen; einige ernähren sich von Insekten, andere sind Vegetarier und leben von Samen und Kakteen. Eine Art vermag Löcher in Holz zu bohren. Jede Art besitzt einen charakteristisch geformten Schnabel, der ihrer speziellen Art der Ernährung und Lebensweise genau angepaßt ist (siehe Abbildung 7.2).

Weder der Grad der Anpassung jeder einzelnen Art an deren jeweilige Inselbedingungen noch die übergreifenden Ähnlichkeiten zwischen den einzelnen Vögeln ließen sich ignorieren. Darwin sah sich zu der Schlußfolgerung gezwungen, daß alle diese Inselfinken von derselben Festlandart abstammten, deren Vertreter aufs offene Meer geflogen oder vom Wind dorthin verschlagen worden waren und schließlich die einzelnen Inseln besiedelt hatten. Auf jeder Insel breiteten sich die Varianten in der Population aus, die den jeweiligen Bedingungen, und insbesondere den jeweiligen potentiellen Nahrungsquellen, am besten angepaßt waren, und da es aufgrund der räumlichen Trennung zu keiner Kreuzung zwischen den Vögeln der einzelnen Inseln kommen konnte, wurden die Abweichungen zwischen den einzelnen Arten schließlich so groß, daß diese nunmehr auf jeder Insel eine neue, eigenständige Spezies bildeten.[37]

Damit eine Art sich aufspalten kann, ist also mehr notwendig als die natürliche Selektion allein: Beide Subpopulationen müssen zudem über eine gewissen Zeit hinweg so getrennt sein, daß eine Kreuzung zwischen beiden unmöglich ist. Die Galapagosinseln ermöglichten diese räumliche Trennung, und man geht heute allgemein davon aus, daß die einfachste Art einer solchen reproduktiven Trennung die geographische Isolation ist; Barrieren wie Gebirgszüge, Wüsten und Meere sind potentielle Isolatoren.

Vorausgesetzt, daß jede Population über ein gewisses Maß an genetischer Variation verfügt, wird sich jede Handvoll Individuen, die es über die geographische Barriere in ein neues potentielles Zuhause schafft und es dort als kleiner Ausschnitt aus der ursprünglichen Population fertigbringt, sich in der neuen Umgebung fortzupflanzen, selbst ohne einen neuen Selektionsdruck durch Umweltfaktoren rasch von ihrer Ursprungspopulation wegentwickeln. Binnen relativ weniger Generationen werden sich die beiden Populationen in ihren Merkmalen derart unterscheiden, daß eine fruchtbare Paarung zunehmend schwieriger und schließlich unmöglich wird. Selbst wenn die beiden Populationen schlußendlich wieder aufeinandertreffen sollten, werden sie dies als zwei verschiedene, in reproduktiver Hinsicht voneinander getrennte Arten tun.

Dieser sogenannte *Gründereffekt* mag einer der Hauptmechanismen der Artbildung sein, er ist sicher nicht der einzige. Katastrophale

Ereignisse – die Zerstörung einer lokalen Umwelt durch Klimaveränderungen, Feuer, Erdbeben – oder auch ein riesenhafter Meteorit, wie man ihn als Ursache für den Niedergang der Dinosaurier ansieht, können einen so großen Anteil einer Population zerstören, daß sich irgendwelche übriggebliebenen zufälligen Varianten unausweichlich ausbreiten werden. Aber kann das alles sein? Für den orthodoxen Neo- oder Ultra-Darwinisten gibt es nichts weiter. Es ist dem nächsten Kapitel vorbehalten, sich über die restriktiven Bande dieses Ultra-Darwinismus hinauszuwagen.

8

Jenseits des Ultra-Darwinismus

Eine Maus können Sie einen tausend Meter tiefen Minenschacht hinunterwerfen, unten angekommen, wird sie einen leichten Schock haben und anschließend davonmarschieren. Eine Ratte wird tot sein, ein Mensch zerschmettert, ein Pferd zerschellt.
J. B. S. Haldane, On Being the Right Size and Other Essays

Ultra-Darwinismus

Lassen Sie mich mit einer Zusammenfassung dessen beginnen, was ich als die ultradarwinistische Position bezeichne. Ich werde sie in ihrer direktesten und unverblümtesten Form darstellen, wenngleich mir klar ist, daß ich dabei Gefahr laufe, sie zu karikieren. Dennoch ist solche Schwarzweißmalerei von unbestreitbarem heuristischem Wert, liefert sie doch den Hintergrund für meine Darstellung jener Positionen, die den Ultra-Darwinisten ihren Raum streitig machen. So, wie ich es sehe, gründet sich der Ultra-Darwinismus auf ein metaphysisches Fundament, aus dem im wesentlichen zwei grundlegende Annahmen erwachsen. Das metaphysische Fundament liegt auf der Hand: Der Zweck (*telos*) allen Lebens besteht in der Reproduktion, und zwar in der Reproduktion der in jene „schwerfälligen Roboter" namens „lebende Organismen" eingebetteten Gene. Dieses Ziel kann auf unterschiedlich geistvolle Weise formuliert werden, am direktesten klang es vielleicht in jener Titelgeschichte des *Time*-Magazins, die im Jahre 1995 feststellte: „[die Notwendigkeit,]... Gene in die nächste Generation zu hieven, war, ob es uns gefällt oder nicht, das Kriterium, das den menschlichen Geist geformt hat."[1] Jeder Lebensprozeß ist damit auf die eine oder andere Art und Weise diesem großen Ziel gewidmet.

Die beiden theoretischen Grundvoraussetzungen ergeben sich aus dieser metaphysischen Basis mehr oder minder zwangsläufig. Die eine beschreibt einen Gegenstand, die andere einen Vorgang. Erstere stellt fest, die Einheit des Lebens, die minimale Lebensform also, sei das einzelne Gen. Diese Gene sind jedoch nicht die Gene des Molekularbiologen: jene von Histonen umgebenen, ineinander verzwirbelten DNA-Stränge, die sich mit anderen zellulären Komponenten in dynamischem Austausch befinden und so ein in stetem Fluß befindliches Genom entstehen lassen. Vielmehr kommen sie ein bißchen dem gleich, was Atome in den Tagen vor der Kernphysik waren: solide, undurchdringliche und unteilbare Billardbälle, deren Art der Wechselwirkung miteinander und mit ihrer Umgebung auf eine Kollision mit anschließendem Rückstoß beschränkt ist. Die einzige Aktivität und das einzige Ziel dieser Gene besteht darin, entweder in eine Zelle eingepackt oder in Gestalt eines sich fortpflanzenden Organismus die geeigneten Bedingungen für ihre eigene Replikation zu schaffen, das heißt, die Produktion identischer Kopien ihrer selbst sicherzustellen. Die Gene steuern Entwicklung und physiologische Funktionen des Organismus. Wie sie funktionieren, mag durch Zufallsmutationen beeinflußt werden, aber kein Ereignis in der Lebenserfahrung des Körpers, den sie bewohnen und kontrollieren, kann auf sie zurückwirken, um die Kopien ihrer selbst, die sie der folgenden Generation weitergeben, zu verbessern. Um es zu wiederholen: „Sobald ‚Information' im Protein verankert ist, *gibt es kein Zurück mehr.*"

Die zweite Grundannahme beschreibt einen Vorgang, und zwar den der Anpassung. Jeder beobachtbare Aspekt im Phänotyp eines Organismus – seine Biochemie, seine Form, sein Verhalten – ist auf die eine oder andere Weise adaptiv – angepaßt und selektioniert worden durch die erbarmungslosen Kräfte der natürlichen Selektion, die rücksichtslos jeden Aspekt des Phänotyps abschleifen, der sich als weniger „fit" erwiesen hat (das heißt als weniger gut in der Lage, die Überlebensmaschine zu unterhalten, die Gene befähigt, sich zur rechten Zeit selbst zu kopieren). Natürlich ist diese Aussage auf der Stelle zu modifizieren, denn es werden zwar die meisten schädlichen Mutationen eliminiert, doch bleiben einige in der Population erhalten, obwohl sie einen weniger vollkommenen Phänotyp zur Folge haben, vielleicht deshalb, weil sie gleichzeitig irgendeinen unerwarteten Vorteil mit sich bringen.

Dafür gibt es verschiedene Beispiele, das bestbekannte darunter ist jene Hämoglobinanomalie bei der Sichelzellenanämie, die durch ein rezessives Gen kodiert wird. Zwar sind *homozygote* Individuen (Menschen mit zwei Kopien des fehlerhaften Gens) schwerst beeinträchtigt, doch man nimmt an, daß *heterozygote* Personen (die nur eine Kopie des Gens besitzen) zu einem gewissen Grad Schutz vor

Malaria genießen. Die Mutation, entstanden in einer menschlichen Population in malariagefährdeter Umgebung, bleibt daher trotz all der Probleme, mit denen homozygote Patienten zu kämpfen haben, erhalten. Dazu ist allerdings zu sagen, daß diese Sorte von Argumenten oftmals weit über die Grenzen aller Glaubwürdigkeit hinaus bemüht wird. Etwa wenn Wilson erklärt, „Gene für Homosexualität" würden innerhalb einer Population womöglich erhalten bleiben, weil sie ihre Träger dazu veranlaßten, als Onkel oder Tanten besonders kooperativ bei der Aufzucht von Kindern in ihrer Verwandtschaft mitzuwirken, womit sie das Fortbestehen ihrer eigenen Gene indirekt sicherten, da sie selbst nur mit äußerst geringer Wahrscheinlichkeit eigene Kinder bekämen. (Wilson verteidigt diese Hypothese gegen jede Art von Einwand mit der Feststellung, solche Gene seien, wenn es sie gäbe, „mit an Sicherheit grenzender Wahrscheinlichkeit von unvollständiger Penetranz und in ihrem Ausprägungsgrad variabel".[2])

Natürlich gibt es keinerlei empirische Beweise für Wilsons Behauptung. Weder ist erwiesen, daß homosexuelle Männer und Frauen notwendigerweise weniger Kinder haben als heterosexuelle, zumal wenige von ihnen ausschließlich der einen oder der anderen Kategorie angehören, noch gibt es Belege dafür, daß Homosexuelle sich wirklich besonders hilfreich an der Erziehung ihrer Neffen und Nichten beteiligen. Auch gibt es meines Wissens trotz verschiedener Versuche, dies an Tieren in Gefangenschaft zu zeigen, kaum Hinweise darauf, daß homosexuelles Verhalten bei sozial lebenden Tieren verbreitet wäre, und das sollte es, wenn an jenem Argument vom genetischen Vorteil etwas dran ist.

Eine alternative Hypothese zur These von den genetischen Wurzeln der Homosexualität, die ganz und gar auf Spekulation beruht, nichtsdestotrotz aber in einer zwar kleinen, aber durchaus renommierten biologischen Zeitschrift publiziert wurde, lautet, daß die heterozygoten Träger des „Homosexuellen-Gens" ähnlich wie im Falle der Sichelzellenanämie irgendeinen selektiven Vorteil genießen, der ihre Spermien auf irgendeine Weise „fitter" und daher erfolgreicher im Wettstreit mit anderen Spermien macht, denen dieses Gen fehlt.[3] Wie Dick Lewontin, Leo Kamin und ich bereits in *Die Gene sind es nicht* geschrieben haben, beschleicht einen, wenn man derartiges Zeug liest, manchmal das erdrückende Gefühl, Zeuge der abseitigen sexuellen Phantasien von Biologenkollegen zu sein.

Die genetische Metaphysik

Es gibt zwei Aspekte an dieser Metaphysik, die eine Verknüpfung mit philosophischen Positionen herstellen, die schon lange vor ihrer Zeit bestanden haben. Der erste kombiniert die Ansichten des politischen Moralphilosophen Thomas Hobbes mit denen des Ökonomen Adam Smith. Hobbes sah menschliches Leben bekanntermaßen als elend, trist und kurz – ein Krieg des „Jeder gegen jeden", der nur durch staatliche Kontrolle in den Griff zu bekommen ist. Das gleiche gilt für die kompetitiven egoistischen Gene, die der Ultra-Darwinismus fordert. Doch wie läßt sich in diesem Zustand rücksichtslosen Konkurrenzkampfs so etwas wie ein harmonisch funktionierender Organismus erreichen? Zur Erklärung der scheinbar wohlabgestimmten Arbeitsweise einer kompetitiven Gesellschaft bemühte Smith die „unsichtbare Hand des Marktes", die, wenn jedes Einzelwesen allein seinem eigenen Interesse gemäß handelte, in eine scheinbar unreglementierte Gesellschaft münden müßte, die dennoch so arbeitete, daß sie jedermann zum Besten gereichte. Dasselbe gilt für die egoistischen Gene des Ultra-Darwinismus, die aus kompetitivem Individualismus höhere Ordnung – sogar Kooperation – entstehen lassen.

Das zweite Merkmal der ultradarwinistischen Metaphysik ist deren – wissenschaftlich umkleidete – Neuformulierung einer der vielen christlichen Theologien: der Lehre von der Prädestination. Wir sind das Produkt unserer Gene, die ihrerseits das Produkt vorangegangener Gene sind, die wiederum Produkt waren von... Die Reihe ließe sich beliebig weiterführen, wenn schon nicht auf Adam, so doch zumindest auf eine mitochondriale Eva und deren namenlosen Partner, jene mutmaßliche Ur-Ur-Urahnin von uns allen. Wir sind nichts als die Überbringer dieser kostbaren genetischen Essenz. Unsere Aufgabe ist es, sie unsererseits zu bewahren und weiterzugeben, doch wiewohl sie uns formt, so sind wir doch unfähig, sie zu verändern. Wir leben einzig ihre genetischen Anweisungen aus, allerdings in einer Umgebung, die nicht (ganz) das Umfeld ihrer Wahl ist. Die theologische Botschaft ist klar. Aber wie wir sehen werden, bringt diese auf die Einheit „Gen" fixierte Weltsicht, ebenso wie die Vorstellung von einer genetischen Marktwirtschaft, nur zu rasch Probleme mit sich.

Es steht außer Frage, daß Gene, die in dieser Weise erhalten werden, die Gene des Soziobiologen sind und nicht die des Biochemikers, wie ich sie in Tabelle 5.1 (Seite 144) dargestellt habe. Die Gene des

Biochemikers sind DNA-Moleküle, die metabolisch verknüpft sind mit all den vielen Prozessen der Transkription und Translation. Wenn sich die Doppelhelix öffnet und an jedem ihrer beiden Helices enzymatisch ein passender, neuer komplementärer Nukleotidstrang gebildet wird, dann ist das resultierende Molekül zur Hälfte neu. Im Laufe der vielen Zellteilungen, die zwischen Empfängnis und der Entstehung reifer Keimzellen stattfinden, wird die „Original"-DNA, die von den Eltern auf den Nachwuchs übergeht, durch neu synthetisierte Moleküle Millionen Male verdünnt worden sein und ist, sogar wenn sie der Gefahr, in der Zwischenzeit degradiert zu werden, entkommen wäre, vermutlich nur noch in homöopathischen Mengen vorhanden. Bis zu dem Zeitpunkt, an dem der junge Erwachsene Nachkommen haben wird, ist die Chance dafür, daß die DNA, die diese erben werden, irgendeinen Teil eines Moleküls enthalten könnte, die bereits bei der Empfängnis der Eltern vorhanden war, unvorstellbar gering geworden.

Was also ist dann mit der Konservierung und Weitergabe von Genen gemeint? Zweifellos nicht das Fortbestehen der DNA-Moleküle selbst, sondern eher die Replikation der Form, unabhängig von deren Zusammensetzung. Es gibt keine chemische oder physikalische Kontinuität. So gesehen, haben wir es hier mit einer Parallele zum Fortbestehen der Form eines Organismus zu tun, der die Tatsache, daß jedes Molekül und (beinahe) jede Zelle in dessen Körper unablässig abgebaut und durch andere, mehr oder minder identische ersetzt werden, ebenfalls nichts anhaben kann. Die Metapher „Replikation" täuscht über die beteiligten biochemischen Prozesse hinweg. Auch nur metaphorisch davon zu reden, daß DNA ein „Interesse" an ihrer eigenen exakten Replikation habe, hieße, die Komplexität biochemischer Prozesse zu verleugnen und eine metaphysische Vorstellung von „dem Gen" zu kreieren, die die chemischen Strukturen der DNA Lügen strafen.

Die Rebellion gegen tyrannische Replikatoren

Aus der ultradarwinistischen Metaphysik und den mit ihr assoziierten Grundannahmen ergibt sich, daß die Primärfunktion eines jeden lebenden Organismus darin bestehen muß, den Anweisungen seiner Gene gehorchend die ihm eigene Fitneß zu maximieren: das heißt, die größtmögliche Verbreitung seiner eigenen Gene und der seiner nächsten Verwandten in zukünftigen Generationen zu sichern. Das wirft im Zusammenhang mit uns Menschen ein ganz besonderes Paradoxon auf. Selbst der hartleibigste Ultra-Darwinist führt erwiesenermaßen kein Leben nach ultradarwinistischen Maximen, denen zufolge er keine Anstrengungen scheuen sollte, seine ihm eigene Fitneß zu optimieren. Wie stehen die Ultra-Darwinisten selbst zu diesem offenkundigen genetischen Versagen ihrerseits? Lassen Sie es Dawkins erklären:[4]

„Ein Körper ist in Wirklichkeit eine von ihren eigennützigen Genen blind programmierte Maschine..., aber wir haben die Macht, uns unseren Schöpfern entgegenzustellen. Als einzige Lebewesen auf der Erde können wir uns gegen die Tyrannei der egoistischen Replikatoren auflehnen."

Woher diese Macht? Wilson zufolge kommt sie daher, daß Gene Kultur zwar „an der Leine halten", dies aber „an langer Leine" tun.[5] An diesem Argument findet sich etwas zutiefst Unbefriedigendes. Entweder sind wir, wie alle anderen Lebensformen auch, das Produkt unserer Gene, oder wir sind es nicht. Wenn ja, dann müßten unsere Gene nicht nur egoistisch sein, sondern auch rebellisch, lassen sie doch jene phänotypischen Strukturen entstehen, die unserem Gehirn und unserer Kultur die Macht verleihen, den Anweisungen einiger der anderen Replikatoren zu widerstehen, die in unseren Körper eingebettet sind. Und da unsere Gehirne das Produkt von Evolution und weder unversehens vom Himmel gefallen noch durch einen höchst undarwinistischen dramatischen Mutationssprung hervorgebracht worden sind, steht zu erwarten, daß auch in den Genen unserer nächsten evolutionären Nachbarn noch zumindest ein Körnchen von Rebellentum vorhanden sein müßte. Damit hat sich die Lehre vom genetischen Egoismus in ihrer eigenen Schlinge gefangen.

Wenn andererseits unsere Gene aber nicht rebellisch sind, welche anderen Optionen stehen dann zur Verfügung? Dawkins sagt es nie ausdrücklich, aber seine Argumentation impliziert, daß es eine nichtmaterielle, nichtgenetische Macht gibt, die unser eigenes Verhalten modifiziert. Damit begibt er sich in gefährliche Nähe zu Descartes und seiner These von Verstand oder Seele mit Sitz in der Zirbeldrüse, von wo aus der gesamte Mechanismus des Körpers gesteuert werden soll. Für Descartes sind nichtmenschliche Tiere selbstverständlich nichts weiter als reine Maschinen, und ich nehme an, daß er sich mit Dawkins aufs beste verstanden hätte. Trotz Dawkins' leidenschaftlich vertretenem Atheismus muß man ihm den Vorwurf machen, daß er (und seine ultradarwinistischen Anhänger) bei aller Religionsfeindlichkeit ihr eigenes genetisches Argument nicht zu seiner logischen Konsequenz führen, die da lauten müßte, daß es unsere Gene sind, die uns „frei" und zu „Rebellen" machen und uns somit auch die Plastizität verleihen müßten, unsere Kultur zu beeinflussen, an welcher Leine auch immer sie gehalten sein mag. Die Folge davon ist, daß die Ultra-Darwinisten durch die Hintertür einen Dualismus wieder einführen. Einen Dualismus, wie er der christlichen Theologie zentral zu eigen ist, in anderen Religionen wie dem Buddhismus oder dem Konfuzianismus jedoch fehlt. Brian Goodwin hat ein bißchen boshaft darauf hingewiesen, daß dieser ultradarwinistische Syllogismus dadurch, daß er letztlich eine Form der Rettung durch gute Taten einräumt, allen antireligiösen Schwüren und Äußerungen seiner Verfechter zum Trotz in bemerkenswerter Weise den christlichen Mythen von Sündenfall und Erlösung ähnelt.[6] Frei nach Hamlets Erkenntnis, „daß eine Gottheit unsre Zwecke formt, wie wir sie auch entwerfen". Man lese „Gene" statt Gottheit.

Gegen den Ultra-Darwinismus

Es ist an der Zeit, die wissenschaftlichen Argumente gegen den Ultra-Darwinismus genauer zu beleuchten. Sie gründen sich auf folgende Aussagen:

1. Das einzelne Gen ist nicht die einzige Ebene der Selektion.
2. Die natürliche Selektion ist nicht die einzige Kraft, die evolutionäre Veränderungen bewirkt.
3. Organismen sind Veränderungen gegenüber nicht unendlich flexibel: Selektion funktioniert nicht frei *à la carte*, sondern eher nach einer Art Tageskarte.
4. Organismen sind selektiven Kräften nicht passiv unterworfen, sondern beteiligen sich aktiv an der Gestaltung ihrer Zukunft.

Ich werde jeden dieser Punkte untersuchen. Lassen Sie mich zuvor jedoch nochmals klarstellen, daß meine Kritik sich in keiner Weise gegen die *Tatsache* richtet, daß unter den Organismen, die unseren Planeten bewohnen, eine Evolution stattgefunden hat, und auch nicht gegen den von Darwin vorgeschlagenen Mechanismus der natürlichen Selektion. Kreationisten, religiöse Fundamentalisten und New-Age-Mystiker werden hier keinen Trost von mir erfahren. Mein Hauptangriffsziel ist die dogmatische, genozentrische Sicht der Welt, die der Ultra-Darwinismus vertritt. Leben und evolutionäre Veränderung bergen mehr, viel mehr in sich, als die ultradarwinistische Philosophie sich träumen ließe. Wie im Verlaufe meiner Argumentation klarwerden wird, kann diese ihre Position nur auf der Basis der Vermutung halten, daß vom Gen zum erwachsenen Genotyp eine direkte und relativ unbeeinflußbare Linie führt. Das Modell läßt keinen Raum für Entwicklungsprozesse oder für die inneren physiologischen Abläufe, die einen Organismus definieren. Die Diskussion hierum wird uns im nächsten Kapitel zu einer erneuten Betrachtung des metaphysischen Fundaments des Ultra-Darwinismus zurückführen, in diesem Falle betreffs dessen Ansatz zum Ursprung des Lebens.

Ebenen der Selektion: Gene oder Genome?

Aus dem, was sich aus modernen Darstellungen von Genen als relativ unbestimmten DNA-Abschnitten – die, von nichtkodierenden Regionen unterbrochen, in der Lage sind, ihre Information auf verschiedenste Weise zu prozessieren, zu editieren und zu lesen, bevor die von ihnen kodierten Proteine letztlich in ihre vielfältigen zellulären Aufgaben entlassen werden – heraushören läßt, geht eindeutig hervor, daß das metaphysische Konzept des Ultra-Darwinisten, der Gene als festumrissene, undurchdringliche und isolierte Einheiten sieht, nicht zutreffen kann. Jedes einzelne Gen kann nur vor dem Hintergrund des gesamten übrigen Genoms exprimiert werden. Gene produzieren Genprodukte, die ihrerseits andere Gene beeinflussen, an- oder abschalten, ihre Aktivität und Funktion modulieren. Wenn also die Selektion letztlich bestimmt, ob ein bestimmtes Gen überlebt oder nicht, so kann sie dies nur im Zusammenhang tun. Um auf ein Beispiel im letzten Kapitel zurückzukommen: Ein Gen, das „dafür sorgt", daß Antilopen schneller rennen, wird nicht zusammen mit einem anderen Gen selektiert werden, das gleichzeitig dazu führt, daß die Tiere länger in einem verwundbaren Jugendstadium verharren, bevor sie zu schnell rennenden Erwachsenen werden.

Doch schon durch die Verwendung dieser Sprache stolpert man in die ultradarwinistische Falle, der zufolge Gene Entitäten sind, die irgendwelche phänotypischen Eigenschaften verleihen, und nicht die materiellen Gegenstände biochemischer Forschung. Das heißt, „ein" Gen wird nur selektiert, wenn es sich in einer selektionierbaren phänotypischen Veränderung manifestiert. Was aber nötig ist, um eine solche Veränderung Realität werden zu lassen, ist nicht einer, sondern sind viele biochemisch greifbare DNA-Abschnitte von Genlänge. Ein Gen allein wird nicht das breite Spektrum an Veränderungen von Körpergröße, Metabolismus, Knochenstruktur und ähnlichem produzieren können, das letztlich eine schnellere Antilope ausmacht.

Das allerdings ist bereits lange vor den Tagen der modernen Molekularbiologie erkannt worden, und zwar von dem dritten im Bunde jener Genetiker, deren „moderne Synthese" in den dreißiger Jahren die Erkenntnisse Darwins mit denen Mendels vereinigt hatte: dem amerikanischen Populationsbiologen Sewall Wright. Während Fisher und Haldane die Eigenschaften einzelner Gene im Auge gehabt hatten, beharrte Wright darauf, daß das gesamte Genom in Betracht zu ziehen sei. Der Ansatz von Fisher und Haldane wurde genau deshalb als „Beanbag"-Genetik verlacht, weil er sich seiner Mathematik zuliebe auf die Annahme stützen mußte, daß jedes Gen eine isolierte Einheit darstelle, die, unabhängig von allen anderen, wie eine Murmel im Beutel geschüttelt, herumgeschoben und ausgesucht werden kann.

Die Konzentration auf das Gesamtgenom und die Betrachtung aktuell stattfindender Evolutionsprozesse an natürlichen Populationen – im Gegensatz zu den kontrollierten experimentellen Situationen von Rothamsted – charakterisierte auch die Blütezeit der Genetik in der jungen Sowjetunion, bis deren Wissenschaft gegen Ende der dreißiger Jahre durch Stalin und seinen Schützling Trofim Lysenko überaus wirksam zerstört wurde.[7] Theodosius Dobzhansky, der Ende der zwanziger Jahre von Rußland nach Amerika übersiedelte, wurde zum Erben früher sowjetischer Traditionen einerseits und des Sewall Wrightschen Ansatzes andererseits und trug entscheidend dazu bei, daß die so unterschiedlichen Traditionen britischer und amerikanischer Populationsgenetik seither wesentlich durch den Gegensatz zwischen „Beanbag"-Denken und genomischem Denken geprägt worden sind (außer unter den Verhaltensgenetikern und Psychometrikern, die, gleichgültig auf welcher Seite des Atlantik sie sich befinden, stets in „beanbags" denken).[8]

Ebenen der Selektion: Gene, Zellen und Entwicklung

Dem Ultra-Darwinismus und auch den Weismannschen Prinzipien zufolge ist das Genom, das Sie geerbt haben – von jenem Herumgeschiebe im Laufe sexueller Fortpflanzungsprozesse einmal abgesehen – dasselbe wie das, das Sie vermittels Ihrer eigenen Gene in Ihren Keimzellen (oder Gameten) auch an Ihre Nachkommen weitergeben.

Zu Veränderungen kommt es allein durch das großzügige Wirken von Mutationen in diesen Genen. Stimmt das so? Gibt es irgendeine Möglichkeit, wie die Erfahrungen, die ein Individuum im Laufe seines Lebens macht, Eingang in seine Gene finden könnten? Das heißt, könnten auf zumindest einige Aspekte der Evolution Lamarcksche Mechanismen Anwendung finden? Diese für Antidarwinisten unverändert anziehende Spekulation läuft natürlich Cricks zentralem Dogma zuwider, und genaugenommen ist die Antwort sicher „Nein". Doch es häufen sich die Hinweise darauf, daß es zumindest bei Bakterien in der Tat adaptive Mutationen geben kann. Mutationen heißt das, die auf die eine oder andere Weise durch Umweltfaktoren gesteuert werden und demzufolge unter Umständen, unter denen sie zum Überleben des Organismus beitragen könnten, sehr viel häufiger auftreten, als man es auf einer rein zufälligen Basis erwarten könnte.[9]

Bei vielzelligen Eukaryonten (Organismen, deren Zellen über einen Zellkern und über Membranen verfügen) liegt die Situation weit komplexer, steht die Replikation hier doch nicht allein im Dienste der Sexualität, sondern in entscheidendem Maße im Dienste von Entwicklung. Einige Aspekte von Entwicklungsprozessen aber lassen allem Anschein nach einen gewissen Raum für adaptive, nicht allein zufallsbedingte Mutationen. Die Entwicklungsbiologen schlagen sich seit Jahrzehnten mit dieser Frage herum. In gewisser Hinsicht geht das Argument zurück auf Darwins beharrliche Weigerung, Evolutionssprünge zu akzeptieren, mit der er viele seiner sonst überaus leidenschaftlichen Anhänger, darunter auch Francis Galton, vor den Kopf stieß. In den dreißiger Jahren unseres Jahrhunderts äußerte der Evolutionsgenetiker Richard Goldsmith, daß signifikante adaptive Veränderungen durch einen Prozeß der Präadaptation vonstatten gehen könnten, durch den es zur Entstehung dessen komme, was er als „hoffnungsträchtige Monster" bezeichnete. Geschöpfe, die mit den notwendigen Mutationen für irgendeine der Situation angemessene, tiefgreifende Veränderung ausgestattet seien und nur auf die entsprechenden Umweltbedingungen warteten, um den Sprung zu tun.

Goldsmiths Ideen wurden unter Evolutionsbiologen und Genetikern nie akzeptiert. Einen alternativen Weg aus dem Dilemma zeigte der von den Arbeiten des *Theoretical Biology Club* in Cambridge aus den dreißiger Jahren stark beeinflußte theoretische Biologe Conrad (Hal) Waddington aus Edinburgh auf. Er vertrat den Standpunkt, daß entwicklungsbiologische Prozesse bei vielzelligen Organismen dazu beitragen könnten, potentiell günstige Mutationen zu steuern und zu „kanalisieren", wie er es ausdrückte. Waddingtons Ideen, in den sechziger Jahren durch die Organisation einer Reihe einflußreicher Tagungen und Veröffentlichungen auf den Punkt gebracht, trugen dazu bei, evolutionären Veränderungen eine neue entwicklungsbiologische Perspektive zu verleihen.[10] Empirische Beweise für solche Prozesse sind schwer zu erbringen, doch der Entwicklungsbiologe John Tyler Bonner aus Harvard hat seine Übelegungen auf Waddingtons Ideen aufgebaut und stellte fest, daß die Weismannsche Trennung (siehe unten) aus zwei Gründen nicht so fest sein könne, wie der Ultra-Darwinismus es verlange.[11] Der erste ist eher wenig augenfällig und betrifft nur Pflanzen und eine relativ begrenzte Gruppe kleiner Invertebraten, der zweite ist von allgemeiner Gültigkeit.

Um den weniger offenkundigen Grund zuerst zu nennen: Das *Weismannsche Prinzip* besagt, daß die Keimzellen (Weismanns Keimplasma) von den frühesten Entwicklungsstadien an vom Rest des Körpers (dem *Soma*) getrennt sind und daher von den Faktoren, die letzteren beeinflussen, unbeeinflußt bleiben müssen. Bonner stellt dazu fest, daß dies zwar für komplexere Tiere (das heißt für Tiere mit einer größeren Zahl unterschiedlicher Arten von Körperzellen) im großen und ganzen gelte, nicht aber für Pflanzen und weniger komplexe Tiere wie den kleinen Süßwasserpolypen *Hydra*. Seine Zellen behalten ebenso wie Pflanzenzellen die Fähigkeit, sowohl zu somatischen Zellen zu differenzieren als auch totipotent zu bleiben. Den totipotenten Zellen aber verbleibt auch nach einer unbegrenzten Zahl von Zellteilungen die Fähigkeit, zu Gameten zu differenzieren – und das bedeutet, daß jede genetische Variation, die während dieser Zellteilungen stattfindet, erblich ist (siehe Abbildung 8.1). Weismanns Barriere gilt hier nicht.

So wichtig dieses Argument auch sein mag, um dem Würgegriff des Weismannschen Prinzips zu entkommen, so schien es doch bis vor kurzem so, als würde es sich nicht auf komplexere Tiere anwenden lassen. Dies scheint durch die neuesten Fortschritte der Gentechnologie allerdings mehr und mehr in Zweifel gezogen zu werden. Im Jahre 1996 war es der Arbeitsgruppe von Ian Wilmut in Edinburgh gelungen, Schafe aus Embryonalzellen zu klonieren, und im darauffolgenden Jahr verkündete sie in einem weltweit vielbeachteten Artikel in *Nature*, daß ihnen dieselbe Prozedur mit DNA gelungen sei, die sie aus dem Euter eines erwachsenen Schafs extrahiert hatten.[12] Die ethischen Fragen, die dieses Experiment aufgeworfen hat, und das ungeheure Medieninteresse sind in dem hier diskutierten Zusammenhang nicht von unmittelbarem Interesse. Aus der Perspektive der

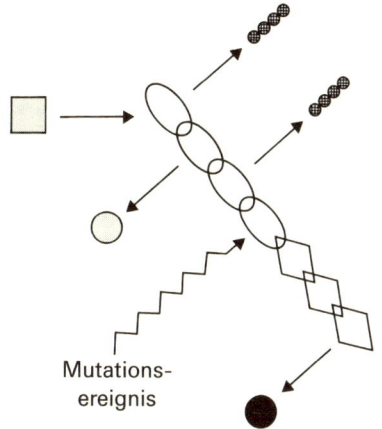

Abbildung 8.1: Totipotenz: Wie es nach John Tyler Bonner ohne ein rigides Weismannsches ‚Keimplasma' zu genetischer Variation in Zellen kommen kann. Aus der ursprünglichen Keimzelle (graues Quadrat) geht eine Reihe von Stammzellen hervor (Ellipsen), die zu spezialisierten Körperzellen (schraffierte Kreise) oder zu Gameten (graue Kreise) werden können. Eine Mutation in einer der Stammzellen (Rauten) brächte damit eine mutierte Keimzelle (schwarzer Kreis) hervor.

Beweisführung in diesem Kapitel besteht der relevante Punkt darin, daß die DNA aus erwachsenen Schafen stammt und daß die Zellen, denen sie entnommen wurde, totipotent geblieben sind. Damit ist die Weismannsche Barriere wahrlich durchbrochen.

Es gibt jedoch noch einen anderen, tiefgreifenderen Aspekt, auf den Bonner in seiner Argumentation verweist. Er bezieht sich auf frühere Erkenntnisse des schottischen Biologen und Philosophen Lancelot Law Whyte, der beschrieb, was er als „interne Faktoren" der Evolution bezeichnete.[13] Ursprünglich totipotente Zellen teilen sich im Verlauf der Entwicklung, werden determiniert und wandern im sich entwickelnden Embryo an die entsprechenden Positionen. Wie im vorhergehenden bereits besprochen, hängt Migration von komplexen Faktoren ab, unter anderem von den inneren Eigenschaften der Zellen selbst, dem Vorhandensein geeigneter Gewebe oder Oberflächen, auf denen sie sich bewegen können, von Informationen, die ihnen im Verlauf ihrer migratorischen Reise von ihren Nachbarzellen in Gestalt von sekretierten Chemikalien übermittelt werden, und von „trophischen Faktoren", die ihnen aus ihren Zielorganen entgegendiffundieren und damit die Richtung weisen, in die sie sich zu bewegen haben.

Dieser Prozeß hat zur Folge, daß zwischen den Zellen des sich entwickelnden Organismus eine Art von kompetitiv-selektivem Mechanismus greift. Im Verlauf der Embryogenese werden weit mehr Zellen gebildet, als letzten Endes überleben können. Die Zellen, die die migratorische Reise nicht erfolgreich absolvieren können oder zu spät ankommen, sind verloren, werden keine Nachkommen, keine Tochterzellen hinterlassen. Wodurch werden Erfolg oder Versagen auf dieser Reise bestimmt? Kooperative Beziehungen sowohl unter den wandernden Zellen als auch zwischen diesen und den Zielorganen, von denen sie durch die Ausschüttung trophischer Faktoren angezogen werden, werden Teil des Mechanismus sein. Kontingenz – bloßer Zufall – ist vielleicht ein anderer.

Aber es könnte auch Unterschiede zwischen den einzelnen Zellen geben, die eine Selektion im streng Darwinschen Sinne zulassen, so wie wir sie im Zusammenhang mit Edelmans Selektionshypothese bereits diskutiert hatten. Dieser Entwicklungsprozeß, der, wie Bonner es nennt, „solide Bauanweisungen" voraussetzt, muß seinerseits einem starken Selektionsdruck ausgesetzt sein, wird jedoch andererseits das Endergebnis, den reifen, reproduktiv kompetenten Phänotyp, einschränken. Das sollte uns nicht überraschen. Jede große Organisation muß in ihren Beziehungen zur Außenwelt sowie in Kooperation und Wettbewerb mit ihren Zeitgenossen einerseits als kohärente Einheit dastehen, während sie andererseits zur selben Zeit Schauplatz interner Machtkämpfe, von Postengerangel und persönlichen Ambitionen ihrer einzelnen Mitglieder ist. Auch diese Komplexität geht der eindimensionalen Welt des Ultra-Darwinismus ab.

Ebenen der Selektion: Gene und Phänotypen

Selektion wirkt somit also auf Gene, Genome und Zellen, und dies vor allem im Verlauf von Entwicklungsprozessen. Im Falle vielzelliger Organismen aber ist es letztlich der Organismus selbst, der sich als integrale Einheit fortpflanzt, das heißt Kopien seiner Gene an künftige Generationen weitergibt oder nicht. Die natürliche Selektion in dem Sinne, wie Darwin sie ursprünglich verstanden hatte, kann also allein durch die Handlungen und Eigenschaften des gesamten Organismus – seinen Phänotyp – wirken. Für Ultra-Darwinisten ist das kein Problem: Der Phänotyp ist gleichbedeutend mit den in ihm enthaltenen Genen, er ist das Mittel, mit dem Gene Kopien ihrer selbst herstellen. Das aber impliziert eine direkte Eins-zu-eins-Beziehung zwischen Gen und Phänotyp, was natürlich genau dem entspricht, wie ein Ultra-Darwinist die Dinge sieht, und auch der Grund dafür ist, daß für den Molekularbiologen Organismen im Grunde aufhören zu existieren – außer vielleicht als Sonde zum Auffinden von Genen. Aus beinahe jedem Satz von Richard Dawkins' Buch *Und es entsprang ein Fluß in Eden* schreit Ihnen diese rhetorische Formel entgegen.

Eine solche Einstellung ignoriert gänzlich die Entwicklung und die komplexen Prozesse, durch die Gene, die nur an einer bestimmten räumlichen und zeitlichen Station im Lebenslauf eines Organismus aktiv sind, an- und abgeschaltet werden, und auch die Tatsache, daß das Überleben eines jeden Gens bis zu dem Zeitpunkt, an dem der Organismus reif genug ist, sich selbst fortzupflanzen, vom „Wohlwollen" anderer Gene abhängt. Sie ignoriert auch das Vorhandensein der sogenannten „egoistischen" DNA, jener scheinbar genetisch bedeutungslosen Introns (wie sie in Kapitel 5 beschrieben sind), die den Hauptanteil des Genoms ausmachen. Wenn Kopien all dieser DNA-Abschnitte Generation um Generation mitgetragen werden, ohne daß sich auf der Ebene des Organismus irgendein augenfälliger phänotypischer Effekt ergibt, dann wird die Ursache-Wirkungs-Linearität, wie sie der Ultra-Darwinismus für die Genotyp-Phänotyp-Beziehung sieht, massiv verletzt. Der einzige „Phänotyp" solcher „egoistischen" Gene ist die DNA, aus der sie bestehen. Damit sind 98 Prozent der DNA im menschlichen Genom auf der Ebene des einzelnen ohne phänotypische Bedeutung (wenngleich es ein interessantes Experiment wäre, mit den modernen Methoden der Gentechnologie einmal nachzuschauen, was passiert, wenn man ein Chromosom ohne seine scheinbar nutzlosen Introns konstruierte).

Solche Spekulationen einmal beiseite gelassen, ignoriert die Forderung nach Spezifität die Gegenseitigkeit der Gen-Umwelt-Beziehungen: So können bestimmte Phänotypen beispielsweise entweder das Produkt spezieller Gene oder das Produkt spezieller Umgebungen (eines besonderen Lebensumfelds) sein. Und sie ignorieren die Tatsache, die ich das ganze Buch über unablässig wiederholt habe: daß es nur eine Ebene gibt, auf der sich der Begriff Gen beschreiben läßt, während der Begriff der „Umwelt" ungemein vielschichtig ist und vom Intrazellulären bis zum Globalen reicht. Ein geringer Anteil der Fälle von Brustkrebs oder Alzheimerscher Krankheit mag auf bestimmte „Haupt"-Gene zurückzuführen sein, in den meisten Fällen fehlen diese Gene. Statt dessen führen im großen und ganzen unbekannte Umweltfaktoren zum selben Endergebnis. Die meisten

Genetiker akzeptieren dies als Tatsache. Obwohl inzwischen eine Hardliner-Position zunehmende Verbreitung erlangt, der zufolge das, was ein „umweltbedingter" Effekt zu sein scheint, in Wirklichkeit auf „genetische" Risikofaktoren zurückzuführen ist, zu denen viele „Neben"-Gene beitragen, von denen ein jedes über ein gewisses Potential verfügt, das Endergebnis durch Wechselwirkungen untereinander oder mit verschiedenen Umweltfaktoren zu beeinflussen und so die Krankheit entstehen zu lassen.[15] Diejenigen, die derartige „Neben-Gen"-Alternativen anbieten, beharren dennoch auf der Vorrangigkeit genetischer Erklärungen und akzeptieren die Möglichkeit umweltbedingter Determinanten nur mehr oder weniger zähneknirschend. Um die Unterlegenheit umweltbedingter Erklärungen genetischen gegenüber zu unterstreichen, wird in solchen Situationen häufig von „Phänokopien" gesprochen. Da die genetischen Ursachen in diesen Fällen augenscheinlich in der Minderheit sind, ziehe ich es vor, die Terminologie umzukehren und statt dessen von „Genokopien" zu sprechen. Von dieser kleinen ideologischen Wortklauberei einmal abgesehen, liegt die Sache auf der Hand: Es gibt keine einfache Eins-zu-eins-Beziehung zwischen einem Gen und seiner phänotypischen Expression auf der Ebene des reifen, vollentwickelten Organismus, und es kann sie auch nicht geben. Die zahlreichen Ebenen der Interaktion und der Komplexität, die bloße DNA-Stränge von individuellen Lebensläufen trennen, sorgen dafür.

Eine der Hauptursachen für Mutationen auf DNA-Ebene ist die Intensität der kosmischen Strahlung (energiereicher subatomarer Partikel, die vom Weltraum in die Erdatmosphäre eindringen), eine mehr oder wenige stete Quelle der Variabilität. In der Fachliteratur spielt sich eine lebhafte technische Debatte darüber ab, warum die Mutationsrate bei verschiedenen Arten, die derselben Strahlenbelastung ausgesetzt sind, so unterschiedlich ist, doch das soll uns in diesem Zusammenhang nicht interessieren. Die für das Thema Genotyp-Phänotyp-Beziehungen relevante Frage lautet, ob es bei einer relativ konstanten DNA-Mutationsrate eine entsprechende Veränderung des Phänotyps gibt, wie man es bei einer Eins-zu-eins-Beziehung zwischen Genotyp und Phänotyp erwarten sollte. Natürlich hängt dies zum Teil davon ab, wie man die zu untersuchende phänotypische Ebene definiert. Wenn der Phänotyp des Gens die DNA selbst ist, dann lautet die Antwort selbstverständlich, daß es eine solche Veränderung gibt. Ist der Phänotyp aber der gesamte Organismus und sind die Mutationen überdies Ursache phänotypischer Variationen, auf die die Selektion wirken kann, so gestaltet sich die Antwort um einiges komplizierter. Wenn Lebensläufe aber, wie ich in Kapitel 6 dargelegt habe, auf vielen Organisationsebenen der Ordnung basieren, dann wird es auf jeder dieser Ebenen zu einem Prozeß der Dämpfung kommen, vermittels dessen das System bestrebt ist, die Auswirkungen kleinerer Variationen zu minimieren, es sei denn, die Variationen erreichen eine Größenordnung – beziehungsweise haben sie erreicht –, die eine autopoietische Struktur in einen neuen Zustand der Stabilität zu erheben vermag. Zwei Arten von empirischen Beobachtungen bestätigen diese Überlegung.

Die erste ergab sich, als man während der siebziger Jahre begann, bestimmte Methoden der Auftrennung von Proteinen auf Probleme der Populationsgenetik anzuwenden. Sobald Proteine sich hinsichtlich ihres Molekulargewichts oder ihrer elektrischen Ladung auch nur in geringstem Maß unterscheiden, lassen sie sich durch Gelelektrophorese voneinander trennen (genauer beschrieben ist das Verfahren in Kapitel 3). Das Prinzip besteht, wie Sie sich vielleicht erinnern, darin, daß man ein Tröpfchen seiner Proteinlösung auf das eine Ende einer dünnen Gelplatte aus Stärke (oder heutzutage eher aus Polyacrylamid) aufträgt, an die man (der Länge nach) eine elektrische Spannung anlegt. Die Proteine bewegen sich durch die Wirkung des elektrischen Feldes im Gel, ihre Geschwindigkeit hängt dabei von ihrer Ladung und ihrem Molekulargewicht ab. Wenn man den Strom nach einigen Stunden ausschaltet und das Gel in eine Farbstofflösung oder ein Substratgemisch für verschiedene Enzyme legt, durch die einzelne Proteinfraktionen angefärbt werden, sieht man die Proteine in ihrer Spur, auf dem Gel verteilt wie Sprinter auf einem Zielphoto.

Im Jahre 1966 wandte Richard Lewontin, ein Genetiker Dobzanskyscher Tradition, diese Technik auf Proteine an, die er aus *Drosophila*-Populationen gewonnen hatte. Er stellte fest, daß eine beträchtliche Variabilität besteht im Hinblick auf die Anzahl und Verteilung an sogenannten *Isoenzymen* (als Isoenzyme bezeichnet man Enzyme von unterschiedlicher Proteinstruktur, die dennoch dieselbe Reaktion katalysieren). Diese Unterschiede bestanden nicht nur zwischen Populationen aus verschiedenen Regionen Nordamerikas, sondern innerhalb jeder beliebigen Fliegenpopulation.[16] Somit ist also, selbst wenn die Populationen aus Organismen relativ ähnlichen Phänotyps zu bestehen scheinen, offenbar trotzdem ein beträchtliches Maß an verborgener Variation vorhanden. Die unterschiedlichen Isoenzyme könnten jeweils das Produkt unterschiedlicher Allele sein, sie können aber auch durch unterschiedliche Spleiß- und Editionsverfahren aus demselben DNA-Abschnitt hervorgehen, ihre bloße Anwesenheit aber weckt Zweifel an irgendwelchen vereinfachten Vorstellungen von einer Eins-zu-eins-Beziehung zwischen Genotyp und Phänotyp.

Die Entdeckung dieser Bandbreite ließ Populationsgenetiker und Evolutionsbiologen fragen, ob bestimmte Kombinationen von Isoenzymen ihrem Besitzer einen Selektionsvorteil verschaffen – was bedeuten würde, daß die Unterschiede adaptiv sind und eine Basis darstellen, auf deren Grundlage die natürliche Selektion wirken kann – oder ob es sich bei ihnen um historische Zufälle handelt, die grundsätzlich selektionsneutral sein sollten. Im letztgenannten Falle erhielte sich Vielfalt allein deshalb, weil sie bereits vorhanden war, so ähnlich, wie sich in den Introns „egoistische DNA" hält. Ich werde zu gegebener Zeit auf diese Frage zurückkommen.

Weitere Zweifel an der unmittelbaren Verknüpfung von Genotyp und Phänotyp kamen durch die Paläontologen Stephen Jay Gould und Niles Eldredge auf. Die beiden untersuchten die fossilen Überreste von Trilobiten, einst häufigen, heute jedoch ausgestorbenen Arten. Felsschichten mit versteinerten Trilobiten lassen sich eine außerordentlich lange Zeitspanne der Evolution – nicht weniger als sechzig Millionen Jahre – hindurch nachweisen. Gould und Eldredge wiesen auf das scheinbare Paradoxon hin, daß die fossilen Körperformen der Organismen trotz der vermutlich gleichmäßigen Mutationsrate der Trilobiten-DNA im Laufe dieser langen Periode erstaunlich konstant geblieben sind: phänotypische Stabilität trotz genotypischer Variabilität. Wo es doch zu phänotypischen Veränderungen gekommen ist, schienen diese explosionsartig, innerhalb relativ kurzer Episoden geologischer Zeit, erfolgt zu sein. Seit dem neunzehnten Jahrhundert predigt der orthodoxe Darwinismus das allmähliche Fortschreiten evolutionärer Veränderungen. Die Theorie von Gould und Eldredge hingegen betonte den Erhalt einer phänotypischen Stabilität über lange Zeiträume hinweg, die nur von relativ kurzen Episoden massiver phänotypischer Veränderungen unterbrochen wurden. Sie bezeichneten dies als *durchbrochenes Gleichgewicht.*[17]

Trotz allen Respekts, der den beiden Autoren von einem Großteil der Paläontologengemeinschaft entgegengebracht wird, kann man der These vom durchbrochenen Gleichgewicht kaum nachsagen, daß sie unter Evolutionsbiologen allgemeine Anerkennung erfahren habe. Maynard Smith erklärte beispielsweise, daß es von der Perspektive des Geologen abhinge, ob man eine Periode evolutionärer Veränderungen als kurz oder lang betrachte. Für Paläontologen sind eine Million Jahre kaum mehr als ein Augenblick. In solchen Zeitdimensionen ist Goulds und Eldredges durchbrochenes Gleichgewicht vielleicht gar keine so große Häresie.[18] Hinzu kommt, daß wir, da uns fossile Zeugnisse in erster Linie etwas über konservierte harte Strukturen und nichts über Proteine oder Verhalten sagen, nicht wissen können, wie sich möglicherweise die Lebensweise der Trilobiten trotz deren scheinbar unveränderter Gestalt verändert haben mag. Innerhalb des in früheren Kapiteln dargelegten Schemas einer vielschichtigen Ordnung erscheint die Überlegung, daß genetische Variation überspielt und in ihren Auswirkungen so lange neutral gehalten werden kann, bis sie sich irgendwann zu hinreichenden Ausmaßen entwickelt hat, um die nächste Generation von Organismen in einen neuen stabilen Zustand zu kippen, durchaus vorstellbar.

Ebenen der Selektion: Gene, Populationen und Arten

Die in den vorangegangenen Kapiteln vorgebrachten Argumente gegen den Ultra-Darwinismus hatten sämtlich vor allem den Organismus zum Gegenstand. Sie lassen sich vielleicht folgendermaßen zusammenfassen: Da Gene sich in Genomen befinden, diese sich in sich entwickelnden Zellen und diese wiederum in vielzelligen Organismen, ist die Beziehung zwischen Gen A und Phänotyp A nicht linear. Jede Ebene der Organisation, ja jeder Augenblick der Entwicklungsreise eines einzelnen Organismus gibt der Selektion Gelegenheit zu wirken. Um Wilsons Sicht zu zitieren – und sich damit sogar mit jener vereinfachenden Kausalkette zu arrangieren, von der zu distanzieren ich mich die ganze Zeit über so sehr bemüht habe –, Gene halten nicht nur die Kultur, sie halten auch Phänotypen an einer langen Leine.

Aber das ist nicht alles. Organismen existieren nicht in Isolation, sondern gehören Populationen an – Populationen, die in ökologischen Lebensgemeinschaften existieren, in denen viele hundert oder tausend verschiedene Arten in Beziehungen eingesponnen sind, die sowohl kompetitiv als auch kooperativ sein können. Ökologen sagen, Arten besetzen eine *Nische*, einen Bereich, in dem sie – wie die verschiedenen Finken auf den Galapagosinseln – ihren Lebensunterhalt aufgrund ihrer speziellen Eigenschaften bestreiten können. Die Nische einer jeden Art aber ist definitionsgemäß ein Lebensraum, der von allen anderen Arten mitgeformt wird, die mit ihm in Berührung kommen. Zwei Arten können einander Räuber und Beute, Parasit und Wirt sein, mutualistisch – in gegenseitiger Abhängigkeit voneinander – leben oder auch nur Kommensalen sein – denselben Lebensraum teilen. Doch da alle Arten eine Evolution durchlaufen, wird die Evolution jeder einzelnen Art durch die aller anderen geformt und eingeschränkt.

Innerhalb einer jeden Population und in vollem Einklang mit dem darwinistischen Rahmen ist die adaptive Koexistenz von Artangehörigen mit sehr unterschiedlichem Phänotyp erklärbar. John Maynard Smith war es, der Doyen des Darwinismus, der diese Überlegung am elegantesten vertreten hat. Es ist offensichtlich, daß Populationen in der Lage sind, ein relativ stabiles Verhältnis von Organismen mit unterschiedlichem Genotyp und unterschiedlichem Phänotyp zu unterhalten. Das augenfälligste Beispiel ist das nahezu ausgeglichene Zahlenverhältnis der beiden Geschlechter. Es gibt, ursprünglich von Fisher formulierte und später von Maynard Smith ausgeweitete, überzeugende mathematische Gründe dafür, daß dies so sein muß, trotz der so unterschiedlichen Beiträge, die jedes der beiden Geschlechter zum Fortpflanzungserfolg leistet, aus denen man schlußfolgern könnte, daß es – zumindest bei Säugetieren – mit weit weniger Männchen als Weibchen getan sein sollte.[19]

Es gibt allerdings auch weniger augenfällige Beispiele, die sich aus Aspekten des Sozialverhaltens herleiten und für die Maynard Smith mit Hilfe der Mathematik der Spieltheorie nach Modellen gesucht hat. Die Spieltheorie beschreibt die möglichen Resultate der verschiedenen Strategien, die zwei Spielern bei Spielen mit einfachen Regeln wie „Schere, Stein, Papier" zur Verfügung stehen. Maynard Smith verwendet diesen Ansatz, um relativ abstrakte Modelle von tierischen Sozialkonflikten zu betrachten. So kann eine Tierpopulation beispielsweise „Falken" enthalten, die mit wachsender Heftigkeit kämpfen, bis sie verletzt sind oder ihr Gegner sich zurückzieht, oder „Tauben", die sich aus einem Konflikt zurückziehen, bevor sie verletzt werden. Die Mathematik prophezeit, daß sich in einer Population aus lauter Tauben die Falken-Mutation erfolgreich durchsetzen und ihre Zahl vergrößern wird, während sich umgekehrt in einer reinen Falkenpopulation die Tauben erfolgreich durchsetzen werden. An welchem Punkt sich das Gleichgewicht zwischen Tauben und Falken einstellen wird, hängt von den jeweiligen Zahlen ab, die man in die Gleichungen einsetzt, aber im wesentlichen besteht das Ergebnis in einem relativ stabilen Verhältnis von Falken zu Tauben. Dies, so Maynard Smith, ist eine „evolutionsstabile Strategie (EES)".[20]

Man mag einwenden, daß solche abstrakten Beispiele vom wirklichen Leben weit entfernt seien, aber sie zeigen, wenn auch in stark vereinfachter Form, daß es zwischen Artangehörigen mit sehr unterschiedlichen Verhaltensweisen zu einem Gleichgewicht kommen kann. Evolutionsstabile Strategie bedeutet, daß selektive Prozesse bei sozial lebenden Tieren in eine „gegenseitige Evolution" münden können. In einer solchen Population ist es nicht sinnvoll, den selektiven Vorteil eines einzelnen Gens oder Genotyps zu betrachten, wenn man diesen nicht vor dem Hintergrund sämtlicher Genotypen innerhalb dieser Population sieht – ähnlich wie es, wie im vorhergehenden bereits festgestellt, sinnlos ist, den selektiven Vorteil eines einzelnen Gens zu betrachteten, ohne dabei gleichzeitig das Gesamtgenom des betreffenden Organismus im Auge zu haben. Damit haben wir ein weiteres Selektionsniveau: die Ebene der Population. Unter diesen Umständen an „dem Gen" als einziger Einheit und Ebene der Selektion festzuhalten, wie Maynard Smith und die Ultra-Darwinisten es tun, scheint verrückt, ein Umstand, den der Nachfolger in Dobzhanskys Fußstapfen, Ernst Mayr, in seinem großen Werk zu Vielfalt, Evolution und Vererbung mit großem Nachdruck vertritt.[21] Die Folgen dieser Logik bestehen im wesentlichen darin, daß Gruppenselektionsmechanismen erneut auf der Tagesordnung moderner Evolutionstheorien erscheinen, wenngleich sicher nicht in der gleichen Form, in der sie ursprünglich formuliert worden waren.[22]

Dieses Argument der Koevolution ist jedoch nicht notwendigerweise auf die Mitglieder einer einzelnen Art beschränkt, muß es doch auch die vielfältigen Beziehungen zwischen Angehörigen verschiedener Arten berücksichtigen, die denselben Lebensraum miteinander teilen. Manche dieser Beziehungen sind leicht nachzuvollziehen. Bedenken Sie beispielsweise die gegenseitige Abhängigkeit zwischen Pflanzen und den sie bestäubenden Insekten. Pflanzen bringen Blüten hervor, die Bienen und andere Insekten anlocken. Diese sammeln während ihres Aufenthalts Pollen, die sie dann zur nächsten Blüte tragen, wodurch sie diese befruchten. Die Bienen erhalten Nahrung – Nektar –, die Pflanzen gelangen zur Fortpflanzung. In einem anderen, etwas komplizierteren Beispiel für Koevolution legen parasitische Wespen ihre Eier in Raupen ab, die daraufhin gelähmt bleiben, bis aus den Eiern Wespenlarven geschlüpft sind. Die Wespen finden ihre Opfer vermittels flüchtiger chemischer Substanzen, die sie über große Entfernungen hinweg wahrnehmen können. Diese Substanzen entströmen dem Kot der Raupen, aber überraschenderweise auch Pflanzen, von denen sich diese Raupen ernähren können. Die Pflanzen haben im Laufe ihrer Evolution einen Mechanismus entwickelt, mit dessen Hilfe sie dieses Substanzen ausschütten und die Wespen anlocken können, wenn sie – die Pflanzen – von den Raupen angegriffen werden![23] Dieses System der gegenseitigen Vorteilsnahme muß das Produkt einer Koevolution sein, bei der Wespen und Pflanzen, zwei sehr unterschiedliche Lebensformen also, mehr oder weniger parallel selektioniert wurden.

Dies sind Beispiele einer Koevolution durch die gegenseitige Kooperation von Individuen innerhalb einer Population beziehungsweise zwischen zwei Arten. In logischer Konsequenz aber beinhalten auch Beziehungen zwischen gegnerischen Arten – Räuber und Beute zum Beispiel – Aspekte der Koevolution. Wenn helle Birkenspanner durch dunkle ersetzt werden, begünstigt der Selektionsdruck unter den Drosseln und Braunellen, die sich von ihnen ernähren, womöglich Tiere mit einem verbesserten Sehvermögen, die die dunklen Falter auf der rußgeschwärzten Rinde besser erkennen – oder auch solche, die alternative Beuteorganismen suchen und fressen. Oder beides. Wie bei so vielem in der Biologie: Es kommt immer darauf an. Als die Viruserkrankung Myxomatose in den fünfziger Jahren die britischen Kaninchenpopulationen dramatisch schrumpfen ließ, nahmen auch die Populationen der Tiere ab, die Kaninchen jagten. Füchse, Dachse, Wiesel, Hermeline und Bussarde hatten einen deutlichen Rückgang zu verzeichnen. Dasselbe galt für den Stierkäfer, dessen Larven sich vom Dung der Kaninchen ernähren, den Steinschmätzer, der in Kaninchenlöchern nistet, und den Triel, der auf überweideten Ödlandflächen lebt, die von Kaninchen kahlgefressen wurden. Bei den Konkurrenten der Kaninchen, dem Feldhasen beispielsweise, stand hingegen zu erwarten, daß sie an Zahl zunahmen.[24]

Nichts an den Beziehungen in und zwischen Populationen ist einfach, und nur sehr wenig läßt sich vorhersagen. Wie diese Veränderungen der Kaninchenpopulation innerhalb weniger Brutzyklen die Genhäufigkeiten innerhalb der Population verschoben haben, ist nicht geklärt. Doch nach wenigen Jahren tauchten die ersten myxomatoseresistenten Kaninchenstämme auf, und ihre Zahl wuchs erneut dramatisch an, so daß sie heute mindestens so zahlreich sind, wie sie es vor dem Ausbruch der Krankheit gewesen waren. Der Punkt ist, daß der Selektionsdruck sich permanent ändert und die Evolution nicht mehr tun kann, als den veränderten Umweltbedingungen mit allen an jenem interaktiven Netz beteiligten Arten Rechnung zu tragen. Das Konzept des „Gleichgewichts in der Natur" mit der ihm innewohnenden unausgesprochenen Botschaft von einer unerschütterlichen Stabilität ist ein gründliches Mißverständnis, ähnliches gilt für das Prinzip der Homöostase. Denn evolutionäre Veränderungen erfolgen natürlich in Reaktion auf veränderte Umweltbedingungen, ohne daß hier irgendeine Möglichkeit zur Vorhersage bestünde, denn evolutionäre Kräfte können nur auf gegebene Umstände reagieren, nicht auf mögliche und zufällige Begebenheiten. Aus diesem dynamischen Netz einen einzelnen Faktor, sei dieser nun ein Gen oder ein Organismus, als alleinige Ursache von Veränderung zu isolieren, ist ebenso problematisch wie die Isolierung eines einzelnen Enzyms aus dem metabolischen Netzwerk Zelle. Jeder derartige Versuch der Isolation zeugt von einem Reduktionismus, bei dem Methode und Theorie verwechselt worden sind.

Der Mutualismus läßt sich noch um einiges weiter treiben. Was vor wenigen Jahren noch als häretische Idee galt, vertreten vor allem von der Evolutionsbiologin Lynn Margulis, zählt inzwischen zum Lehrbuchgrundwissen. Lange war es Biochemikern ein Rätsel gewesen, warum Mitochondrien, jene intrazellulären Strukturen, die die Hauptschauplätze der Energieproduktion innerhalb der Zelle bilden, ihre eigene DNA enthalten sollten. DNA, die für eine relativ geringe Anzahl an Proteinen kodiert und sich von der des Zellkerns deutlich unterscheidet. Margulis beeindruckten die strukturellen Gemeinsamkeiten zwischen Mitochondrien und einigen Formen freilebender Bakterien. Sie entwickelte die These, daß sich relativ früh in der Geschichte der Eukaryontenevolution eine enge Beziehung entwickelt haben könnte zwischen primitiven Eukaryontenzellen, denen die unseren heutigen Mitochondrien eigene Fähigkeit fehlte, die oxidativen Prozesse zur ATP-Bildung ablaufen zu lassen, und Bakterien, die dazu in der Lage waren. Die von ihr geforderte Symbiose gipfelte darin, daß die eukaryontische Zelle eine solche protomitochondriale Bakterienzelle in sich aufnahm und sich damit die Fähigkeit zum oxidativen Metabolismus aneignete. Die Bakterien tauschten ihrerseits ihre unabhängige Lebensweise gegen den Vorteil der geschützten inneren Umgebung einer Eukaryontenzelle, in der sie eine quasiautonome Existenz führen konnten.

Margulis dehnte ihre These auch auf Chloroplasten (die Photosynthese bei treibenden Substrukturen grüner Pflanzenzellen) und viele andere zelluläre Substrukturen, insbesondere auf Mikrotubuli und Cilien, aus – was allerdings nicht unumstritten ist – und erweckte damit einen bereits bestehenden, älteren Begriff wieder zum Leben, der den Prozeß der koevolutiven Entwicklung als *Symbiogenese* bezeichnete.[25]

In Margulis' Augen repräsentieren die vielzelligen Organismen unserer Tage – sowohl im Pflanzen- als auch im Tierreich – das Evolutionsergebnis eines langen Prozesses immer enger werdender gemeinsamer Lebensbande zwischen ursprünglich unabhängigen Lebensformen. Der Kommensalismus als Lebensgemeinschaft innerhalb eines gemeinsamen Umfelds wird buchstäblich zur Koexistenz innerhalb desselben inneren Raumes.

Man muß Margulis in ihren Ansichten über vielzellige Organismen, die trotz aller Anziehungskraft doch auch zu einem gewissen Teil spekulativ bleiben, nicht hundertprozentig folgen, um dennoch deren Bedeutung für Diskussionen zum Wesen selektiver Prozesse angemessen zu würdigen. Evolutionsstabile Strategien innerhalb einer einzelnen und zwischen verschiedenen Populationen setzen, gleichgültig, ob sie in einer Symbiogenese kulminieren oder nicht, voraus, daß die „Selektionseinheit" nicht mehr ein einzelner Genotyp oder auch nur ein Phänotyp ist, sondern die *Beziehung zwischen* Genotypen und Phänotypen. Damit haben wir uns ein gutes Stück weit von jenen einzelnen „egoistischen Genen" und deren „erweitertem Phänotyp" entfernt.

Die natürliche Selektion zufälliger Variationen ist nicht die einzige Triebkraft evolutionärer Veränderungen

Bislang habe ich mich nur mit dem Wesen der Selektionseinheit befaßt und das Wesen der Selektion selbst außer acht gelassen. Ich habe bereits darauf verwiesen, daß die einfache Malthussche Deutung des Darwinschen Prinzips – der Selektion durch Kompetition um knappe Ressourcen – nur ein Teilmechanismus der evolutionären Veränderung sein kann, wie sogar Darwin selbst sehr wohl erkannt hatte. Mit eingerechnet werden müssen, auf welcher Ebene die Selektion auch stattfindet, sexuelle Selektion und Verwandtenselektion, die Selektion durch Gründereffekte, die Expansion von Populationen in neue Umgebungen oder potentielle ökologische Nischen, wie wir sie bei den Darwin-Finken kennengelernt haben, selektives Jagdverhalten wie im Falle der Kettlewellschen Falter und die Koevolution von Populationen und Arten. Zudem bedeutet Selektion auf einer beliebigen Ebene der Hierarchie von einzelnen Genen bis hinauf zum Ökosystemen nicht automatisch Selektion und evolutionäre Veränderung auf einer anderen. Lebende Systeme verfügen über hinreichende Flexibilität und Redundanz, um eine solch enge Verknüpfung überflüssig zu machen.

Doch ist Selektion, auf welcher Ebene auch immer, wirklich der einzige Motor von Veränderungen? Damit sind wir bei der zweiten fundamentalen Lehre des Ultra-Darwinismus, um die die große Debatte kreist. Wenn dem so wäre, müßte gezeigt werden können, daß jedes phänotypische Merkmal eines Organismus auf die eine oder andere Weise adaptiv ist, das heißt, seinem Träger innerhalb der Population irgendeinen Vorteil über andere, alternative Formen verschafft hat, auf den die „Darwinistische Maschine" wirken kann.

Reflektieren die relativen Konzentrationen der einen oder anderen Form von Lactatdehydrogenase – einem weitverbreiteten Enzym des Energiestoffwechsels bei den Angehörigen einer *Drosophila*-Population – Unterschiede in der relativen Fitneß, oder sind sie selektiv neutral? Sind die Variationen im Bandenmuster auf einem Schneckenhaus reiner Zufall, oder verändern sie die Überlebenschancen der Schnecke?

Für den Ultra-Darwinisten ist es unerläßlich, daß jedes dieser Attribute ein Merkmal repräsentiert, das entweder selektioniert worden ist oder der Selektion einen Angriffspunkt bietet. Drift oder Kontingenz sind inakzeptabel, es sei denn, sie liefern eine materielle Variabilität, auf die Selektion wirken kann. Für seine Anhänger ist der Ultra-Darwinismus zu einem Credo geworden, in dem strikter Adaptionismus das „Gesetz des Drunter und Drüber" ersetzt und die Kontingenz eingeschränkt ist. Seine Auswirkungen sind ebenso vorhersagbar wie die Tatsache, daß der Zufallsprozeß des radioaktiven Zerfalls Isotope hervorbringt, deren Halbwertszeit mathematisch zu bestimmen ist und die, wenn man sie in hinreichende Nähe zueinander bringt, in einer Kernexplosion resultieren. Die Ultra-Darwinisten versuchen, Darwin zu übertreffen.

Wie immer können die Einwände gegen diese Art von Ultra-Darwinismus verschiedene Form annehmen, vom Empirischen und Molekularen bis hin zum Theoretischen und Systemischen.[26] Die umfassendste Kritik am adaptionistischen Standpunkt attackiert den Ultra-Darwinismus, indem sie die Rolle von Zufall und Kontingenz, dem echten „Gesetz des Drunter und Drüber" innerhalb der Evolution, betont. Das einzige, was Evolutionsprozesse nicht zu leisten imstande sind, ist, wie bereits gesagt, die Vorwegnahme umweltbedingter Veränderungen, wobei jede Population wohl eine hinreichende Bandbreite an Variabilität enthalten kann, um sicherzustellen, daß einige Varianten auch durchaus dramatische unvorhergesehene Bedrohungen überstehen können. Man denke nur an die schwarzen Ausgaben von Kettlewells Faltern. So konnte es geschehen, daß eine hervorragend angepaßte Dinosaurierpopulation ausstarb, als einst ein riesiger Meteorit auf die Erde stürzte und eine dramatische Kli-

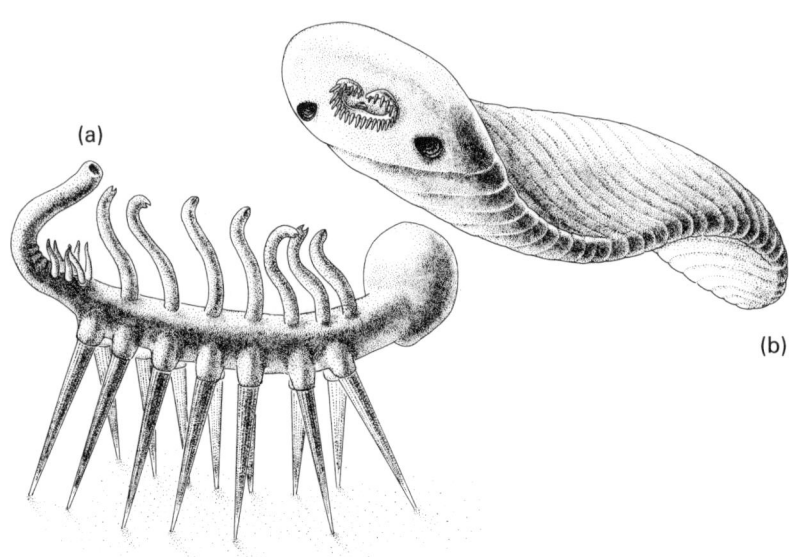

Abbildung 8.2: Rekonstruktionen zweier fossiler Organismen aus dem Burgess-Schiefer: (a) *Hallucigenia*, ein mysteriöses Geschöpf mit sieben Stelzenpaaren, über deren Funktion man nichts weiß; (b) *Odontogriphus*, ein abgeflachtes schwimmendes Tier mit einer von Tentakeln umgebenen Mundöffnung

maveränderung hervorrief, und das Feld den Urahnen unserer heutigen Säugetiere überließ.

Dieses Argument kommt aus der Ecke der Verfechter der Rolle des Zufalls und wurde in brillanter Weise von Gould in *Zufall Mensch* ausgeführt. Seine Darstellung stützt sich auf ein reiches Fossilienvorkommen in einer besonderen Felsformation der kanadischen Provinz British Columbia, dem sogenannten *Burgess-Schiefer*. Die in diesem Schiefer vorhandenen Fossilien sind einzigartig. Sie weisen nur wenig Ähnlichkeit mit heute lebenden Formen auf und haben Körperbaupläne, die einigermaßen seltsam, beinahe unpraktisch erscheinen (Abbildung 8.2). Sie sind, wie Gould es ausdrückt, von einer „erstaunlichen Seltsamkeit: *Opabinia* mit seinen fünf Augen und dem frontalen ‚Rüssel'; *Anomalocaris*, das größte Tier seiner Zeit, ein gräßlicher Räuber mit einem kreisbogenförmigen Gebiß; *Hallucigenia* mit einer Anatomie, die dem Namen alle Ehre macht". [27] Sie alle sind heute ausgestorben, allem Anschein nach ausgelöscht durch eine ähnliche Katastrophe wie die, die den Dinosauriern den Garaus gemacht hat.

Wären sie nicht ausgestorben, so grübelt Gould, wie würden die heutigen Nachfahren dieser frühen Lebensformen aussehen? Wenn es wirklich purer Zufall ist, daß sie nicht überlebt haben, dann ist es in höchstem Maße unwahrscheinlich, daß die Evolution ein zweites Mal Menschen oder auch nur Säugetiere hervorbrächte, wenn wir, um einmal mehr jene häufig gebrauchte Phrase zu bemühen, den Lebensfilm zurückspulen könnten. Weit davon entfernt, die zwangsläufigen Produkte eines strikt adaptionistischen Programms oder gar Ergebnis einer zielgerichtet fortschreitenden Evolution zu sein, sind wir und alle unsere Werke nichts als ein Zufall der Geschichte. Selbst Darwin ging bei seiner Entthronung des Menschen als Gotteskind nicht so weit. Goulds Argument hat weitreichende Folgen, wenngleich es mehr oder minder reine Spekulation seinerseits ist, daß die seltsamen Körperbaupläne jener Organismen aus dem Burgess-Schiefer in der Tat hätten überleben können und daß sie wirklich so gut angepaßt waren wie jene uns vertrauteren Organismen, die überlebten und zu unseren unmittelbaren, wenn auch entfernten Vorfahren wurden. Bei Licht betrachtet, wirken die Geschöpfe aus dem Burgess-Schiefer in der Tat ein wenig unpraktisch. Kann es beispielsweise wirklich effizient sein, fünf statt zwei Augen zu besitzen? Da wir einfach nicht wissen, warum hier ganze Stämme ausgestorben sind, entbehrt das Argument, dies sei nicht auf mangelhafte Anpassung zurückzuführen, sondern vielmehr reiner Zufall, ebenso des Beweises wie die in diesem Zusammenhang kritisierten adaptionistischen Lehrsätze.

Womit sich unmittelbar die Schlußfrage dieses Abschnitts ergibt: Worin besteht „eine Anpassung", auf die sich eine Selektionsdebatte stürzen könnte? Kritiker haben die adaptionistische Argumentation als „panglößiesk" bezeichnet. Frei nach Voltaires Figur des Dr. Pangloß, für den alles, was in der Welt um ihn herum geschah – und mochte es auch noch so dramatisch und offenkundig negativ sein, wie jenes katastrophale Erdbeben von Lissabon, das die glücksverheißende Philosophie der Aufklärung im achtzehnten Jahrhundert erschütterte –, nur „zum Besten der besten aller möglichen Welten diente". Diese Überzeugung hat sowohl theoretische als auch ideologische Gestalt angenommen. Die theoretischen Aussagen ergaben sich auf den Gebieten der Populationsgenetik und der Evolutionsbiologie.

Eine Ansicht lautete zum Beispiel, daß Populationen im großen und ganzen genetisch homozygot seien und jede existierende Heterozygotie genau wie im Falle einer evolutionsstabilen Strategie das Ergebnis einer gleichgewichtsorientierten Selektion sei. Wenn dies der Fall wäre, müßte der größte Teil aller Variation als adaptiv gelten, und das Pangloßsche Paradigma bliebe gültig. Alle Populationen befänden sich auf der Evolutionsstraße zur Vollkommenheit. Die alternative Sicht ist die, daß zu einem beträchtlichen Grad der Zufall regiert. Kontingenz, Mutation und genetische Drift lassen in jeder Population eine Vielfalt an neutralen Mutationen bestehen, die auch ohne ersichtlichen Selektionsvorteil erhalten bleiben.[28] Denken Sie an die erblichen Variationen im Anteil der verschiedenen Isoenzyme bei verschiedenen *Drosophila*-Populationen oder die erblichen Unterschiede im Streifenmuster auf Schneckenhäusern. Läßt sich jeder dieser Unterschiede und sein Fortbestehen innerhalb der Population mit der Begründung erklären, daß dieser einer bestimmten Funktion dient, oder haben wir es nur mit einer Fortführung eines ursprünglich zufälligen genetischen Ereignisses zu tun, das keinerlei Auswirkungen auf das Überleben hat?

Die ideologischen Konsequenzen machen diesen theoretischen Disput zu einer humanitären Angelegenheit. Ihren ersten Höhepunkt erreichte diese während der ersten Runden der durch das Erscheinen von E. O. Wilsons Buch im Jahre 1975 losgetretenen Debatte um die Soziobiologie. Als strikter Adaptionist und Anhänger der Theorie der Verwandtenselektion argumentierte Wilson, daß bestimmte Aspekte der menschlichen Gesellschaft, die er als Universalien betrachte – angefangen bei Inzesttabus und dem Machtverhältnis zwischen männlichem und weiblichem Geschlecht bis hin zu persönlichem Neid und „Indoktrinierbarkeit" –, Ergebnis eines selektiven Evolutionsdrucks seien.

Bereits vor dem Erscheinen von Wilsons Buch hatten zuerst Dobzhansky und später Lewontin davor gewarnt, daß die Annahme, für Organismen gäbe es „Standardtypen", einen Wildtyp, demgegenüber alle anderen Varianten als fehlerbehaftete Mutationen gälten – Platons „natürliche Art" des Menschen oder jeder anderen Spezies also –, typologisierendem, wenn nicht gar rassistischem Denken Tür und Tor öffne. Den polemischen Tönen in Wilsons Ausführungen ist es allerdings auch zu danken, daß das gesamte adaptionistische Paradigma von dessen Kritikern neu überdacht wurde. Hierzu gab es zwei Argumentationsketten. Erstens, die Forderungen nach dem Bestehen von Selektionsvorteilen stützen sich auf Legenden wie Rudyard Kiplings *Genau-so*-Fabeln darüber, „Wie der Elefant zu seinem Rüssel kam" oder „Die Katze, die von selbst läuft". Zur Untermauerung solcher Legenden gibt es keinerlei Beweise, und das, was an Daten vorliegt, ist verschiedenen Interpretationen zugänglich. Ein gutes Beispiel hierfür ist Wilsons bereits zuvor beschriebener Versuch zur Erklärung von Homosexualität, doch dieses Thema geht über menschliche Populationen hinaus, und adaptionistische *Genau-so*-Geschichten gelten selten ohne alternative Erklärungen.

Der Punkt ist, daß man sich, da „ein Phänotyp" auf allen Ebenen von der Zelle bis hinauf zur Population repräsentiert sein kann, darüber im klaren sein muß, welches Merkmal und welche Ebene man wählt, um seine adaptionistische Geschichte zu erzählen. Zur polemischsten Charakterisierung des Panglußschen Standpunkts kam es während einer Tagung der Royal Society zum Thema Evolution im Jahr 1979. Die ersten Sitzungen waren in relativ großer Eintracht und Selbstzufriedenheit verlaufen, und man hatte die vielen Triumphe der modernen darwinistischen Synthese aufgelistet. Die vorletzte Sitzung jedoch wurde mit einem Vortrag von Gould und Lewontin eröffnet, der den inzwischen berühmt gewordenen Titel trug: „The Spandrels of San Marco and the Panglossian Paradigm" („Die Gewölbezwickel von San Marco und das Panglußsche Paradigma").[29] (Genaugenommen wurde er von Gould präsentiert, denn zu jener Zeit durchlebte Lewontin gerade eine Periode der Flugangst und überließ es seinem Co-Autor, die Tagung zu besuchen und die Argumentation vorzustellen; nichtsdestotrotz besaß der Artikel den ganzen Schwung und die optimistische Unbekümmertheit, die so typisch war für den Stil dieser beiden radikalen Kritiker herkömmlicher Gelehrsamkeit.)

Gould quälte seine Zuhörerschar mit einer langatmigen Diskussion zur Architektur dieser berühmtesten aller Kathedralen Venedigs. „Blicken Sie zu ihren Dachgewölben auf", forderte Gould die anwesenden Biologen auf, „Ihre Aufmerksamkeit wird unweigerlich von jenen verschwenderischen, dekorativen Mosaiken angezogen werden, die in den ‚Zwickeln' – der architektonisch korrekte Begriff hierfür lautet übrigens *Pendentif* – prangen und diese ausschmücken. Ein adaptionistisches Argument wird bestrebt sein, ein solches Pendentif (ähnlich wie bei der Adaptation Pfauenschwanz) als Teil eines architektonischen Entwurfs zu erklären, dessen Ziel unter anderem darin besteht, auf Dachhöhe Oberflächen zu schaffen, die Platz für geeignete religiöse Inschriften bieten. Ein Pendentif aber", so Gould, „ist keine Option, sondern ein notwendiges Strukturelement einer auf Bögen errichteten Kuppel. Es ist eine Begleiterscheinung des Entwurfs; das Dach wurde keineswegs um die Anpassung Pendentif herum gebaut, sondern um die Anpassung Gewölbe." Solches gälte, so die Autoren, für viele mutmaßliche Anpassungen: Sie sind nicht selbst selektioniert worden, sondern lassen sich vielmehr als notwendige Konsequenzen anderer Merkmale des Organismus verstehen. Pangloßsche *Genau-so*-Geschichten müssen mit großer Wahrscheinlichkeit in die Irre führen.

Der Vortrag verärgerte viele der Anwesenden. Angegriffen wurde er allerdings in erster Linie wegen seiner Respektlosigkeit und der vermeintlich marxistischen Grundhaltung seiner beiden Autoren denn seines Inhalts wegen. Nur Arthur Cain, ein langjähriger Fachmann für die Evolution von Schnecken, reagierte darauf mit der Versicherung, daß jedes der mannigfaltigen Streifenmuster auf seinen Schnecken adaptiv sei, nichts sei Zufall. Dennoch schien Lewontins und Goulds Hauptaussage unwiderlegbar, und bis vor kurzem hat niemand auch nur versucht, sie zu entkräften. Eine Ausnahme ist Dennett, der in seinem neuen Buch den größten Teil eines Kapitels, das in Anspielung auf eines der Bücher Goulds (*Der Daumen des Panda*, Frankfurt/M. 1989) den Titel *Der Daumen des Zwickels* trägt, auf einen diesbezüglichen Versuch verwendet und argumentiert, ein Pendentif sei alles andere als eine zwangsläufige Struktur. Vielmehr gäbe es eine Vielfalt an möglichen raumfüllenden Strukturen, derer sich ein Architekt, der eine Kathedrale zu bauen gedenkt, hätten bedienen können.[30] Ein Pendentif sei demnach keine unumgängliche, sondern eine absichtlich gewählte Struktur, die der Architekt zum Zwecke der Darstellung erhebender biblischer Szenen geschaffen habe.

Mit dieser Argumentationsweise zielt Dennett zwar auf den richtigen Punkt, trifft aber völlig daneben. Er hätte ebensogut argumentieren können, daß keinerlei architektonische Notwendigkeit für die Art und Weise bestünde, wie ein Pendentif im Einzelfall verziert ist. Daß diese Gemälde den religiösen Bedürfnissen der Gemeinschaft „angepaßt" sind, für die die Kathedrale erbaut wurde, steht außer Zweifel. Goulds und Lewontins Anliegen besteht aber gar nicht hierin, sondern in dem Argument, daß, sobald die Entscheidung für eine auf (im Falle von San Marco orthogonalen) Bögen gemauerte Kuppel gefallen ist, die Entstehung des Strukturelements Pendentif unausweichlich wird. Ein Pendentif ist eine zwangsläufige Folge der Konstruktion eines kombinierten Gewölbes mit Druckring, und *in situ* nehmen diese gewölbten dreiseitigen Elemente einen beträchtlichen Teil der Druckverteilung auf, die durch die Last der Kuppel entsteht.[31] Die Tatsache, daß dem Architekten ein gewisser, eingeschränkter Spielraum für die genaue Form des Pendentifs bleibt (ob es mit der Kuppel verschmelzen oder in einer Zierleiste enden soll beispielsweise) oder daß ihm auch ein anderes Strukturelement zu Gebote stünde – ein Stützbogen, der die Gewölbebögen verbindet und so eine eher ringförmige Lastverteilung der Kuppel gewährleistet –, entspricht genau dem, wie man sich eine Analogie zur Illustration der Stärken und Schwächen des Adaptionismus wünschen würde. In diesem Falle heißt das, die Adaption ist in ihrem Radius durch die Architektur eingeschränkt. Durch Einschränkungen also, die ihr durch Kräfte auferlegt werden, welche sich außerhalb der Kontrolle historischer Kontingenz befinden. Dieser sogar noch grundlegenderen Kritik ungezügelten adaptionistischen Denkens will ich mich nun zuwenden.

Selektion funktioniert nicht *à la carte*

Die folgenden Argumente ergeben sich wie viele andere in diesem Kapitel aus meiner Beschreibung des Wesens von Lebenswegen in Kapitel 6. Im Rahmen des adaptionistischen Programms wird der Weg, den eine Lebensbahn einschlagen kann, letzten Endes nur durch die Frage eingeschränkt, ob er adaptiv ist oder nicht. Natürlich ist Evolution kumulativ und muß sich mit dem zufriedengeben, was gerade zur Hand ist. Um also bei adaptiven Strukturen, Verhaltensmustern oder molekularen Eigenschaften anzulangen, muß ein vorgezeichneter Weg eingeschlagen werden: von dem System, wie es jetzt und hier ist, zu einem höchstwahrscheinlich besser angepaßten Status andernorts. Dieser Weg kann nicht durch eine Art adaptives Tal zwischen dem gegenwärtigen Gipfel und dem in der Ferne führen. Das heißt, die Straße zwischen *hier* und *dort* muß stets über Formen verlaufen, die mindestens so gut angepaßt sind wie jene, die bereits erfolgreich waren, sonst hat die Selektion keinen Angriffspunkt. Als Beispiel können jene Worträtsel gelten, bei denen man von, sagen wir, CAT zu DOG gelangen muß, indem man in jeder Zeile nur einen Buchstaben ändert, wobei sich dadurch aber immer wieder ein sinnvolles Wort ergeben muß (in diesem Falle CAT, COT, COG, DOG). Aus diesem Grunde scheinen manche der Strukturen, die man am Ende in der Hand hält, so problematisch und nicht gerade dem zu entsprechen, was ein Ingenieur unter „gutem Design" verstehen würde. Die lichtempfindliche Retina des menschlichen Auges ist ein gutes Beispiel. Sie wirkt, als sei sie verkehrt herum angeordnet, das Licht erreicht sie erst, nachdem es zuvor mehrere Schichten aus nicht lichtempfindlichen Zellen durchlaufen hat. Ein Ergebnis der evolutionären und entwicklungsbiologischen Historie, über die jeder Kamera-Designer den Kopf schütteln würde. Wir tragen die Bürde unserer Vergangenheit mit uns. Dennoch wird, unter der Dawkinsschen Annahme, daß 50 Prozent von einem Auge besser sind als 49 Prozent, die Adaptation es am Ende schaffen. Für Ultra-Darwinisten ist die dem sich anpassenden Organismus und seiner Art zur Verfügung stehende Auswahl im Prinzip unendlich.

Der entgegengesetzte Standpunkt wird am besten von Brian Goodwin und seinem langjährigen Mitarbeiter Gerry Webster dargestellt, die beide stark von Waddington beeinflußt sind. Für sie ist Evolution nur im Lichte der *Morphogenese* zu deuten: der Entwicklung von Form und Gestalt des jeweiligen Organismus. Und die Morphogenese wird bestimmt – oder zumindest eingeschränkt – durch das, was die beiden in Anlehnung an eine biologische Tradition, die weit in die Tage vor Darwin zurückreicht, als „Gesetze der Form" bezeichnen.[32] Letztere besagen im weitesten Sinne, daß sich aus den Gesetzen der Physik und der Chemie gewisse Beschränkungen ergeben, durch die die potentiellen Freiheitsgrade beschnitten werden, die der adaptiven Selektion offenstehen. Einige dieser Einschränkungen habe ich bereits in Kapitel 6 beschrieben.

Um das einfachste Beispiel anzuführen: Es gibt eine Obergrenze für die Größe eines einzelligen Organismus, sie ergibt sich aufgrund der physikalischen Tatsache, daß Volumen in der dritten Potenz des Radius zunimmt, die Oberfläche aber nur quadratisch. Alle Organismen leben mit ihrer Außenwelt in gegenseitigem Austausch, beispielsweise, indem sie Nährstoffe und Sauerstoff aufnehmen, Abfallprodukte und Kohlendioxid hingegen ausscheiden. Dieser Austausch kann nur über die äußere Zellmembran verlaufen. Mit zunehmendem Volumen der Zelle werden das Problem der Diffusion von Ausscheidungsprodukten aus dem Zellinneren nach außen und das der begrenzten Fläche der zur Ausscheidung nutzbaren Zellmembran unüberwindlich. Die Obergrenze für die Größe eines einzelligen Organismus ist damit durch Chemie und Physik gleichermaßen festgelegt.

Ähnliche Beschränkungen begrenzen die Größe vielzelliger Landtiere. Die Stoffwechselrate eines Organismus nimmt im Verhältnis zur Masse des Körpers exponentiell mit dem Exponenten $\frac{3}{4}$ zu, für den Herzschlag gilt als Exponent $-\frac{1}{4}$. Die Zirkulationsdauer des Blutes, das embryonale Wachstum und die Lebenserwartung variieren bezüglich der Körpergröße in der Potenz $+\frac{1}{4}$.[32] Derartige allgemeingültige Beziehungen bezeichnet man als *allometrisch*. Die knöchernen Skelette der Tiere müssen mit zunehmender Körpergröße unverhältnismäßig stark zulegen, um dem Körpergewicht standhalten zu können. Es sei denn, die Organismen begeben sich ins Wasser und verringern so die Belastung. Genau deshalb ist der Blauwal, das größte Säugetier, das je gelebt hat, kein Landtier, sondern ein Meeresbewohner. Umgekehrt kommen mit abnehmender Größe andere Einschränkungen ins Spiel: Die Körpergröße wird im Verhältnis zum Volumen relativ groß, dadurch ergeben sich ernsthafte Probleme für den Energiehaushalt. Das Herz eines Kolibris muß im Verhältnis zu dessen Gesamtgröße relativ groß sein, andernfalls müßte es extrem rasch schlagen.

Fortbewegungsgeschwindigkeit, Größe, Effizienz der Energieversorgung und damit das Verhalten sind sämtlich durch physikalische Einschränkungen geformt: So muß ein Elefant beispielsweise im Stehen schlafen. Legte er sich hin, so müßten ihm durch sein eigenes Gewicht die Rippen brechen. Je nach Körpergröße werden unterschiedliche physikalische Kräfte mehr oder weniger wichtig. Beobachten Sie einmal, wie ein Wasserläufer auf der Wasseroberfläche eines Tümpels seine Bahnen zieht: Sie haben einen Organismus vor sich, dessen ganzes Überleben von der Oberflächenspannung des Wassers abhängt, das ihn trägt. (Verringern Sie die Oberflächenspannung durch ein paar Tropfen Spülmittel, wird der Wasserläufer untergehen.) Schwerkraft ist für ihn ein relativ unbedeutendes Problem, für uns aber ist sie ungemein wichtig, wohingegen wir es uns leisten können, der Oberflächenspannung relativ gleichgültig gegenüberzustehen. In noch kleineren Dimensionen kämpfen einzellige Organismen mit der Brownschen Molekularbewegung von Molekülen und Ionen in der Flüssigkeit, die ihren Lebensraum ausmacht, eine Art von Kraft, mit der wir kaum je eigene Erfahrungen werden machen können. Andererseits ist es höchst unwahrscheinlich, daß Wasserläufer oder Einzeller während einer Reise im Weltraum irgendwelche Probleme mit der Schwerelosigkeit haben werden, für sie würde sich gegenüber der Erde nicht allzuviel ändern.

J. B. S. Haldane faßte diese Unterschiede 1927 in seinem berühmt gewordenen Aufsatz „Von der richtigen Körpergröße", aus dem das Eingangszitat zu diesem Kapitel stammt, in höchst denkwürdiger Form zusammen. Werfen Sie ein Pferd, einen Menschen und eine Maus in einen Minenschacht: Das Pferd würde bereits im Fallen verformt werden und am Grunde „zerschellen", um es mit Haldanes Worten zu sagen. Der Mensch läge zerschmettert, und die Maus rappelte sich auf und marschierte davon. Derartige Einschränkungen bezüglich der Gültigkeit von Adaptionen sind keineswegs trivial. Es ist nicht allein die Ursünde, die uns Menschen davon abhält, zu Engeln zu werden. Eine Kombination von Muskeln und tragfähigen Knochen, die Orga-

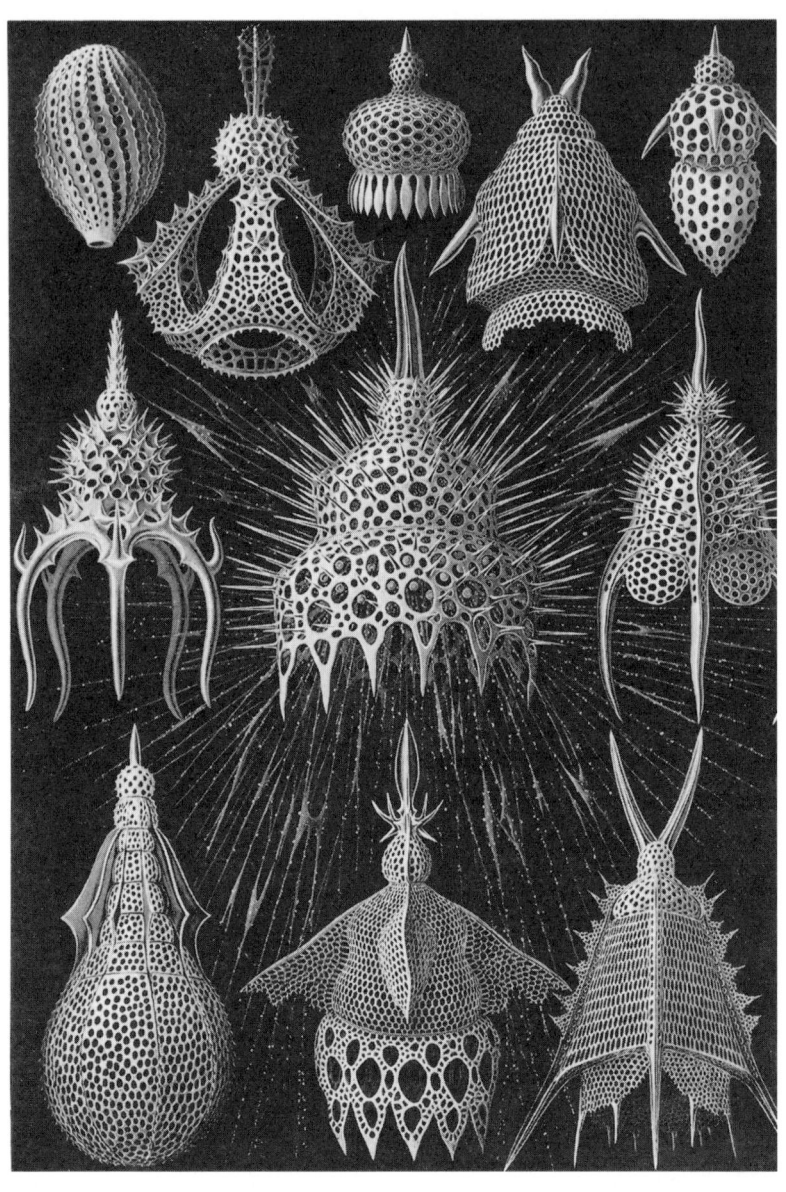

Abbildung 8.3: Radiolarien, von Ernst Haeckel gezeichnet.
Man beachte die regelmäßigen geometrischen Formen dieser winzigen,
quasikristallinen Strukturen.

nismen unserer Größe und unseres Gewichts Flügel wachsen und uns fliegen lassen könnte, ist schlicht unmöglich. Wie sehr die Evolution sich auch bemühte, sie könnte uns nicht dahin bringen.

Die hier beschriebenen Einschränkungen sprechen mehr oder minder für sich, die Idee, die hinter den Gesetzen der Form steht, aber geht sehr viel tiefer. Ein Artikel aus dem Jahre 1995 im *New Scientist* berichtet mit einigem Staunen darüber, daß Chemiker begonnen haben, kristallähnliche Strukturen zu synthetisieren, die den phantastischen feingliedrigen Formen ähneln, die einigen der winzigen Vertreter aus der Ordnung der Strahlentierchen (Radiolaria) eigen ist (Abbildung 8.3). Solch eine Ähnlichkeit überrascht kaum. In seinem bahnbrechenden Buch *On Growth and Form*, das im Jahre 1917 erstmals publiziert wurde, lenkte der Biologe D'Arcy Thompson erstmalig die Aufmerksamkeit auf die Tatsache, daß die Radiolarienstrukuren diese Formen nicht als Ergebnis einer Selektion angenommen hätten, sondern infolge bestimmter mathematisch notwendiger Bedingungen kristallinen Wachstums.[35]

Um sich zu verdeutlichen, wie solche Bedingungen aussehen, betrachten Sie einen einfacheren Fall, die Honigwabe – ein Modellbeispiel für eine regelmäßige geometrische Struktur –, von der man im achtzehnten Jahrhundert zum großen Erstaunen all jener, die sich damit beschäftigten, feststellte, daß sie eine Hälfte dessen bildet, was man unter Kristallographen als Rhombendodekaeder kennt. Eine sogenannte *raumfüllende Form*, die die wiederholte dichte Packung vieler Lagen von Zellen ermöglicht. Wie ließ sich die Vollkommen-

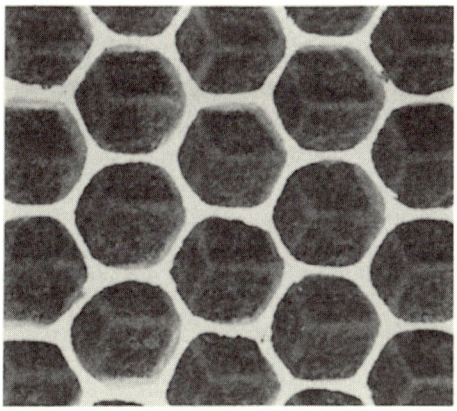

Abbildung 8.4: Honigwaben

heit dieser Struktur erklären? Für René Réaumur war dies um die Mitte des achtzehnten Jahrhunderts ein klares Beispiel für die Planung und Weitsicht der Bienen:

„Überzeugt davon, daß die Bienen die pyramidenförmige Gründung verwenden, welche in der Tat den Vorzug verdient, vermutete ich, daß der Grund, oder einer der Gründe, der sie sich so entscheiden ließ, darin lag, daß sie Wachs zu sparen gedachten. Daß unter allen Zellen gleicher Größe, die sich auf einer Pyramidenbasis errichten ließen, diejenige, die sich mit der größtmöglichen Wirtschaftlichkeit in bezug auf Material oder Wachs herstellen ließ, jene war, deren einzelne Rhomboide über je zwei Winkel von 110° und 70° verfügten."[36]

In den Augen Réaumurs ist es also das mathematische Wissen der Bienen, das diese veranlaßt, diese vollkommenen Strukturen entstehen zu lassen. Jeder Ultra-Darwinist unserer Tage würde dies, kombiniert mit der Forderung nach einem adaptiven Gen für eine solche rhomboedrische Konstruktion, bereitwillig nachsprechen. Doch halt, nur zwanzig Jahre nach Réaumur sah sich der große Biologe Comte de Buffon in der Lage, das Phänomen ganz anders zu erklären:[37]

„Füllen Sie einen Topf mit Erbsen oder irgendeinem anderen runden Saatgut, gießen Sie so viel Wasser hinzu, wie es die Zwischenräume zwischen den einzelnen Samen zulassen, und schließen Sie den Deckel. Kochen Sie das Wasser, und alle Zylinder werden zu sechsflächigen Säulen. Der Grund ist durch und durch mechanischer Natur und liegt auf der Hand: Jeder zunächst zylindrische Samen wird bei bei seiner Ausdehnung in einem gegebenen Bereich so viel Raum wie möglich für sich beanspruchen, daher werden sie durch den gegenseitigen Druck notwendigerweise alle hexagonal. Jede Biene versucht, in einem gegebenen Bereich ein Maximum an Raum auszufüllen. Da der Körper der Biene zylindrisch ist, ist es aus denselben Gründen der Verteilung entgegengesetzter Kräfte notwendig, daß die einzelnen Waben hexagonal werden."

Was ich damit sagen will, ist, daß etwas, das wie eine Adaption wirkt, in Wirklichkeit das unumgängliche Ergebnis physikalischer Kräfte ist, die auf unbeseelte und lebende Objekte gleichermaßen wirken. D'Arcy Thompson verallgemeinert das Argument: Die Tatsache, daß viele biologische Formen einfachen mathematischen oder geometrischen Regeln zu gehorchen scheinen, ist ein Hinweis darauf, daß das Vor-

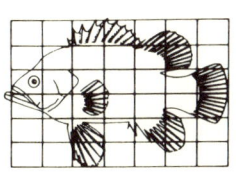 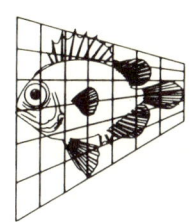 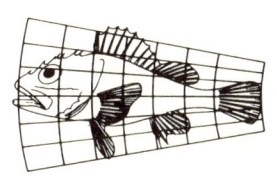 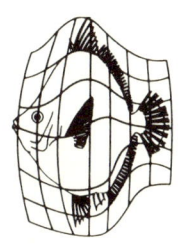

Abbildung 8.5: Topologische Transformationen
zwischen vier verwandten Fischarten

handensein von wachstumsbeschränkenden Kräften eine weniger aufwendige Erklärung bietet als die natürliche Selektion. Allometrische Formeln, die beschreiben, in welchem Maße verschiedene Teile eines Organismus bei verschiedenen Arten unterschiedlicher Größe ihren Bezug zueinander beibehalten, bieten ein gutes Beispiel hierfür. In seinen bekanntesten Beispielen zeigt Thompson, daß sich, wie in Abbildung 8.5 dargestellt, bei Fischspezies von ganz unterschiedlicher äußerer Erscheinung durch relativ einfache topologische Transformationen eine Strukturverwandtschaft zeigen läßt. Der Körperbauplan der Fische ist eindeutig ihrer Lebensweise angepaßt, doch die adaptiven Kräfte, die zu seiner Entstehung beitrugen, waren ohne Zweifel dadurch eingeschränkt, daß es nur eine endliche Zahl an topologischen Transformationen gibt, die in eine sinnvolle Lösung münden.

In anderen Fällen versagt die adaptive Erklärung gänzlich. Was würde ein Adaptionist beispielsweise aus der Tatsache machen, daß die spiralig angeordneten Schuppen eines Tannenzapfens oder die Samen eines Blütenkopfes sich zueinander den Zahlen einer berühmten mathematischen Reihe entsprechend verhalten, und zwar nach der Fibonacci-Reihe (so benannt nach jenem Florentiner Mathematiker, der sie als erster definierte), in der jede neue Zahl aus der Summe ihrer beiden Vorgänger gebildet wird (also 1, 1, 2, 3, 5, 8, 13, 21, ...)? Eine Reihe übrigens, die auch einige außerordentliche Beispiele moderner Kunst inspiriert hat (Abbildung 8.6). Wie Brian Goodwin erklärt hat, ist dies ein Muster, das im Rahmen eines relativ geradlinigen morphogenetischen Feldes problemlos entstehen kann.[38] Selbst wenn man eine phantasievolle *Genau-so*-Geschichte fände, mit deren Hilfe sich das Muster erklären ließe, müßte die sinnvolle Schlußfolgerung lauten, daß die Adaption um die strukturellen Gegebenheiten herum entstanden ist und nicht umgekehrt.

Erklären solche vermeintlich mathematischen Regelmäßigkeiten auch andere charakteristische Aspekte der Morphologie lebender

(a) (b)

Abbildung 8.6: Das regelmäßige Muster spiralig nach den Regeln einer Fibonacci-Reihe angeordneter Komponenten. (a) ein Kiefernzapfen, (b) die Blüte einer Margerite

Organismen? Goodwin und Webster plädieren dafür und verweisen zum Beweis dessen zum Beispiel auf die charakteristische Gliedmaßenform der Vierfüßer, die allen Wirbeltieren eigen ist. Ein augenfälliges Merkmal dieser Gliedmaßen ist die Tatsache, daß sie alle mit nur einem einzigen Knochen – dem Oberarm- beziehungsweise dem Oberschenkelknochen – an Schulter oder Hüfte ansetzen. Keines der bekannten Fossilien und kein lebender Vertebrat hatte je zwei dieser Knochen, obwohl eine solche Struktur für Vögel, die für ihre Flügel eine flache, leichte starke Struktur benötigen, vermutlich sehr praktisch wäre, denn zwei Streben können tragfähiger sein als eine. Modelle zur Entstehung von Tetrapodengliedmaßen liefern eine mögliche Erklärung dafür, warum diese stets mit einem einzelnen Knochen beginnen. Goodwin argumentiert, es handle sich hierbei um ein gutes Beispiel für ein solches „Gesetz der Form" in Aktion, aus der die charakteristischen Tetrapodengliedmaßen als stabil etablierte Struktur hervorgehen, die adaptiven Spielereien einen nur geringen Spielraum lassen. Sehen Adaptionisten im kaleidoskopischen Spektrum an Lebensformen nur ein Muster, so ist Goodwin derjenige, der das Kaleidoskop schüttelt und ein anderes, nicht minder plausibles Muster entstehen läßt.

Aufreizender – und für mich inakzeptabel – erklärt Webster, daß das Endziel seines Ansatzes zum Problem der biologischen Form darin besteht, gänzlich den historischen Aspekt zu eliminieren, der durch die Evolution entsteht, und diesen voll und ganz durch „Gesetze der Form" zu ersetzen. Selektion wäre damit weit davon entfernt, *à la carte* vorzugehen, und bliebe auf die eingeschränkte Auswahl an Gerichten begrenzt, die die mathematische Tageskarte ihr anbietet. Evolutionsbiologie verkäme damit, um es in seinen Worten zu sagen, zu einer „reinen Antiquariatsveranstaltung", einem trivialen Herumpicken an den Resten der Reste all jener Auswahlessen, die vergangene Esser auf dem Fest des Lebens hinterlassen haben. Ich bin nicht überzeugt. Noch immer würde ich auf meiner modifizierten Version von Dobzhanskys Ausspruch beharren: „Nichts in der Biologie ergibt einen Sinn, so man es nicht im Lichte der Geschichte betrachtet." Halt, ja, aber einer Geschichte, die weit reichhaltiger ist als jene, die uns ein bloßer Adaptionismus anbieten kann.

Organismen als aktive Gestalter ihres eigenen Geschicks

Als Karl Popper sich seinerzeit den Zorn der auf jener in Kapitel 4 beschriebenen Tagung der Royal Society versammelten Evolutionsbiologen zuzog, tat er dies, indem er gegenüberstellte, was er als „aktiven" und „passiven" Darwinismus bezeichnete. Ich habe ihn so verstanden, als wolle er damit andeuten, Organismen täten mehr, als lediglich passiv auf den Druck ihrer Umwelt zu reagieren. Und falls er das nicht gemeint haben sollte, so ist es doch immerhin ganz bestimmt das, was ich meine. Der Ultra-Darwinismus ordnet Organismen eine inhärente Passivität zu: Einerseits werden sie zwischen den großen und kleinen Mühlsteinen ihrer genetischen Ausstattung hilflos zermahlen, andererseits sind sie der gnadenlos siebenden Gewalt der natürlichen Selektion unterworfen. Die gesamte Metapher von der natürlichen Selektion ist durchdrungen von der Vorstellung, daß die „Natur" eine Reihe von Hürden aufstellt, denen Organismen entweder gewachsen sind, in welchem Falle sie das Privileg genießen, Kopien ihrer Gene an die nächstfolgende Generation weitergeben zu dürfen. Oder an denen sie scheitern, in diesem Falle hinterlassen sie einzig die materielle Substanz ihres Körpers zur Wiederverwertung und als Herausforderung und Ressource für andere, aasfressende Organismen. Wie Darwin es ausdrückte: die Natur unterwirft Lebensformen einer permanenten, erbarmungslosen „Prüfung".

Das Bild, das ich hier zu zeichnen versucht habe und das sich auf die in Kapitel 6 beschriebenen autopoietischen Eigenschaften von

Lebenssystemen gründet, läßt Organismen im Gegensatz hierzu nicht geduldig darauf warten, daß die Natur oder „die Umwelt" sie sichten, sondern zeigt sie als aktiv an der Auswahl und Veränderung ihrer Umwelt Beteiligte, die diese ihren eigenen Bedürfnissen entsprechend formen und anpassen. *Autopoiese*, Organismen als aktiv Beteiligte, haben wir genauso dort vor Augen, wo ein Einzeller eine versiegte Nährstoffquelle verläßt und sich einer reichhaltigeren zuwendet, wieso dort, wo ein wachsendes Bündel von Axonen aus der Retina einer Katze ihre Zielneuronen im Geniculatum laterale sucht, findet und modifiziert; ebenso in der symbiotischen Beziehung zwischen einer Leguminose und den stickstoffixierenden Knöllchenbakterien an ihren Wurzeln und ebenso in den Entschlüssen eines verarmten Mexikaners, der die Grenze nach Kalifornien überquert, oder denen eines arbeitslosen Maurers aus Newcastle, den es nach Düsseldorf zieht.[39] Hierbei handelt es sich nicht um ein passives Akzeptieren von irgend etwas, das der Große Selektor ihnen in den Weg legt, sondern um einen entscheidenden Aspekt ihres Wesens als lebendige Organismen. Natürlich ist es ebensowenig eine Aussage über absichtliche und bewußte Versuche, Evolutionsvorgänge zu lenken; ich will nicht Teilhard de Chardin oder irgendwelche anthroposophischen Prinzipien erneut zum Leben erwecken, und wenn es das gewesen sein sollte, was Popper mit aktivem Darwinismus gemeint hat, so läge dies derart weit außerhalb meiner Absichten, wie es weiter kaum sein könnte. Aber es ist mein Anliegen, die Rolle zu betonen, die einzelne Organismen bei der Gestaltung ihrer eigenen Zukunft spielen: wie es kommt, daß, wenn Biologie tatsächlich Schicksal ist, dieses Schicksal die Gestalt einer eingeschränkten Freiheit hat.

Es sollte zum gegenwärtigen Zeitpunkt überdies klargeworden sein, daß „Umwelten" keineswegs statisch und unveränderlich sind, sondern ihrerseits konstanten Veränderungen unterliegen, die ihnen durch die Auswirkungen eben jener Lebensprozesse entstehen. Das ist der Grund dafür, daß Dawkins in seiner „genozentrischen" Art, die Welt zu sehen, imstande ist, eine Umgebung als den erweiterten Phänotyp der sie bewohnenden Organismen zu bezeichnen. In gewisser Hinsicht ist diese Vorstellung gar kein schlechtes Konzept. Vorausgesetzt, man erkennt, daß es in sich den Keim der Zerstörung seiner individualistischen „genozentrischen" Betrachtungsweise trägt, denn ein solchermaßen umweltbezogener Phänotyp ist *per definitionem* der gemeinsame Phänotyp vieler Genotypen.

Nichts entspricht der Wahrheit weniger als das von vielen Environmentalisten gezeichnete Bild einer natürlichen Welt, die sich, gäbe es keine menschlichen Interventionen, in einem Zustand harmonischer Stasis, auf immer „im Gleichgewicht" befände. Homöostase – das „natürliche Gleichgewicht" – ist als Metapher zur Beschreibung einer konkreten Umwelt ebenso ungeeignet wie zur Beschreibung von Organismen: Homöodynamik ist die Ordnung aller Existenz. Lebensräume haben ihre eigene Entwicklungsgeschichte – eigene Lebensläufe, wenn man ein begeisterter Anhänger der Gaia-Metapher von James Lovelock ist –, werden unablässig transformiert, nicht nur durch die Folgen der unbeseelten Kräfte von Wetter, Temperatur und kosmischer Geschichte, sondern vor allem anderen durch die Interaktionen ihrer Myriaden Lebensformen.

Über den Ultra-Darwinismus hinaus

Um das Bisherige zusammenzufassen: Die Metaphysik des Ultra-Darwinismus gründet sich auf Voraussetzungen, die eine Theorie der Prädestination mit dem Glauben an die unsichtbare Hand des Marktes *à la* Adam Smith zu einer Panglißschen Vision kombiniert. In der ein Konkurrenzkampf des „Jeder gegen jeden" auf der Ebene einzelner Gene eine reiche Vielfalt und relative homöodynamische Ruhe einer Lebewelt hervorbringt, die weiter nichts ist als der erweiterte Phänotyp dieser egoistischen Gene. Meine Argumentation lautet dagegen folgendermaßen:

1. Das einzelne Gen ist nicht die einzige Ebene, auf der Selektion wirkt.
2. Die natürliche Selektion ist nicht der einzige Motor evolutionärer Veränderungen.
3. Organismen sind Veränderungen gegenüber nicht unbegrenzt flexibel; die Selektion muß sich zumindest zu einem gewissen Grad auf die „Tageskarte" beschränken und kann nicht frei *à la carte* wählen.
4. Organismen sind keine passiven Erdulder selektiver Kräfte, sondern nehmen aktiv Einfluß auf ihr eigenes Schicksal.

Im nächsten Kapitel will ich erörtern, wie diese alternative Betrachtung von Lebensprozessen unser Verständnis von unseren eigenen modernen Schöpfungsmythen beeinflußt. Was ist Leben, und wie entstand es auf der Erde?

9

Schöpfungsmythen

Was war zuerst da, das Huhn oder das Ei?
Volkstümliches Rätsel

Hühner und Eier

In gewisser Weise handelt dieses ganze Buch einzig und allein von Hühnern und Eiern: Hühner als Mittel, mit dem ein Ei ein anderes erzeugt, beziehungsweise Eier als das Mittel, mit dem ein Huhn ein anderes erzeugt. Ultra-Darwinisten sind sich einig – den Vorrang hat das Ei. Ein Großteil der Argumentation in den vergangenen Kapiteln hat dazu gedient, die Position des Huhns gegen den Druck der offenkundig vorherrschenden biologischen Lehrmeinung zu stärken.

Spekulationen über den Ursprung des Lebens gehen natürlich weit in die Zeit vor der heutigen Biologie zurück. In den allermeisten Kulturen sind sie fester Bestandteil der Schöpfungsmythen: die ersten Menschen als aus Lehm geformte Gebilde, denen ein Schöpfergott Odem einbläst. Bis in die vergangenen paar Jahrzehnte gab es eine seltsame Kontinuität zwischen solchen Mythen und dem, wie die Biologie sich den Ursprung des Lebens vorstellte. Ein Lebewesen war laut Definition ein atmendes, metabolisierendes, seine Umwelt wahrnehmendes und auf diese Wahrnehmung reagierendes Geschöpf. Die meisten Molekularbiologen unserer Tage aber haben mit solchen Vorstellungen nichts im Sinn. Für sie besteht die Grundfunktion von Leben in erster Linie in der Fähigkeit zur Replikation, und die Grundeinheit des Lebens ist folglich ein Molekül, das diese Fähigkeit besitzt. Ein nacktes Nukleinsäurepolymer. In Anbetracht dessen, daß sich die Bedeutung eines Replikators sehr eng definieren läßt als die in einer Nukleotidbuchstabenreihe enthaltene Botschaft, könnte es zu einem gewissen theologischen Ohrenklingeln kommen. Was die Replikatorgeschichte uns recht unverblümt mitteilt, lautet, mit den Worten des Evangeliums nach Johannes:

„Im Anfang war das Wort, und das Wort war bei Gott, und Gott war das Wort. Dasselbe war im Anfang bei Gott. Alle Dinge sind durch dasselbe gemacht, und ohne dasselbe ist nichts gemacht, was gemacht ist. In ihm war das Leben..."[1]

Ersetzen Sie Gott durch die vier Buchstaben der DNA: ACGT. Im jüdischen Glauben, in dem ich erzogen wurde, gilt es als Sakrileg, den verborgenen Namen Gottes auszusprechen. Einzige Ausnahme ist das geheiligte Versöhnungsfest Jom Kippur. Die heutigen Molekularbiologen aber haben in all ihrer Frankensteinschen Unbekümmertheit keinerlei Skrupel, die geheiligten Buchstaben nicht nur auszusprechen, sondern sie manipulieren sie sogar. Schluß mit dem Lehm, aus dem der Töpfer Leben formt, sie haben sich selbst an die Stelle des Töpfers gesetzt. Trotz dieser unterschwelligen Beinahe-Theologie genießt der Standpunkt, der den nackten Replikator unmittelbar mit den Ursprüngen des Lebens verknüpft sieht, die Gunst so renommierter Molekularbiologen wie Francis Crick und Leslie Orgel, von all den Philosophen und Populisten, die auf ihren Spuren wandeln, ganz zu schweigen, und es scheint ein beträchtliches Maß an Sturheit zu erfordern, dem widersprechen zu wollen.

Nukleinsäurereplikatoren

Natürlich ist das Problem zu einem gewissen Grad semantischer Natur. Wenn Sie die grundlegenden Eigenschaften lebender Systeme als die Fähigkeit definieren, exakte Äquivalente ihrer selbst zu reproduzieren, wird die Aufmerksamkeit automatisch auf jene molekularen oder supramolekularen Strukturen gelenkt, die derart genaue Kopien herzustellen vermögen. Eine solche Definition läßt die Diskussion zwangsläufig um den Ursprung von Nukleinsäuren als Mittelpunkt kreisen, denn soweit man weiß, besitzen unter all den verschiedenen Arten von Molekülen und Makromolekülen allein sie die Fähigkeit zu einer solch originalgetreuen Replikation. Bis vor wenigen Jahren hielt man DNA für die Nukleinsäure von vorrangiger Bedeutung. Heutzutage hat sich eine einflußreiche Gegenschule etabliert, die für die Vormachtstellung von RNA argumentiert. Aus Gründen, die in biochemischer Hinsicht einen gewissen Sinn ergeben, glaubt man inzwischen, daß der heutigen DNA-Welt eine „RNA-Welt" vorangegangen sein muß.

DNA und RNA sind, wie ich bereits ausgeführt habe, für sich

genommen stabile, reaktionsträge (inerte) Moleküle. Kopien eines DNA-Moleküls herzustellen setzt nicht nur die DNA-Vorlage voraus, sondern auch das Vorhandensein einer Vielfalt an Enzymen, die auf engstem Raum und in einer relativ strikt kontrollierten Umgebung zusammenkommen müssen. Dasselbe gilt im Prinzip für RNA, doch im Gegensatz zu DNA ist diese einzelsträngig, und so ist es möglicherweise leichter vorstellbar, daß sie auch in relativ wenig aufwendigen Systemen synthetisiert werden kann. Überdies wirft die Erkenntnis, daß manche Formen von RNA – sogenannte *Ribozyme* – die Funktion eines Enzyms haben können (vgl. Kapitel 3), die faszinierende Möglichkeit auf, daß der erste „lebendige" Replikator womöglich ein RNA-Molekül gewesen sein könnte, das die enzymatische Eigenschaft besaß, die Herstellung von Kopien seiner selbst veranlassen zu können. Man könnte es als Auto-Ribozym bezeichnen. Sobald sich diese Fähigkeit zur „Selbstkopie" etabliert hatte, kam der sich selbst am Laufen haltende Motor der natürlichen Selektion ganz von selbst in Gang und stellte sicher, daß die Auto-Ribozyme, die sich unter den jeweils herrschenden Bedingungen am raschesten und genauesten kopieren konnten, überleben und sich vervielfältigen konnten. Der Rest wäre, zumindest in diesem Szenario, Geschichte.

Könnte ein solches System funktionieren? Ist es möglich, daß Leben seinen Anfang mit einem Auto-Ribozym nahm, das sich sozusagen am eigenen Schopf aus dem Ursumpf ziehen konnte? Nun, Experimente im Reagenzglas haben gezeigt, daß die natürliche Selektion in der Evolution von RNA-Sequenzen gipfeln kann. Man nehme eine geeignete Mischung an Vorläufermolekülen, „RNA-Ausgangssequenzen" (Primern) und Enzymen, unter anderem die alles beherrschende RNA-Polymerase, und gestatte der RNA-Synthese, ihren Lauf zu nehmen. Nach einer gewissen Zeit stoppe man die Reaktion, isoliere die RNAs und wähle nur Moleküle von einer bestimmten Kettenlänge aus. Mit diesen starte man die nächste Runde. Man wiederhole den Selektionsschritt einige Male, und am Ende hält man ein RNA-Synthese-Gemisch in der Hand, das vorwiegend RNA von der zuvor bestimmten und ausgewählten Kettenlänge produziert.

Trotz aller Faszination des Experiments: Diese Versuche beantworten die Frage nach dem Ursprung genausowenig, wie die von Pflanzen- und Tierzüchtern angewandten Methoden der künstlichen Selektion das Problem der natürlichen Selektion lösen. Die biochemischen Systeme, die eine solche Evolution der RNA-Synthese erlauben, sind bereits relativ komplex. Sie müssen in einem Reagenzglas

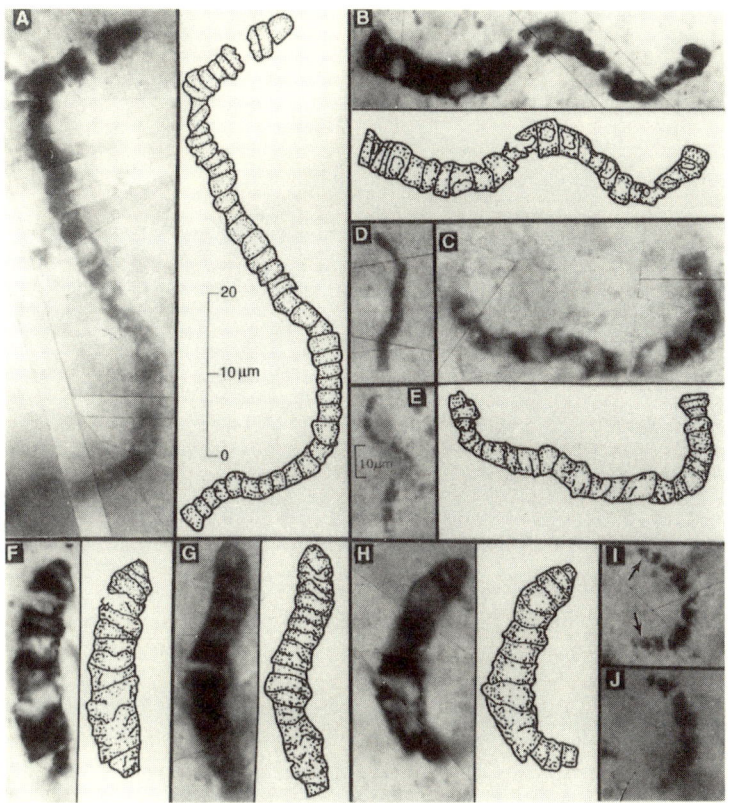

Abbildung 9.1: Fossile Zellen, 3,4 Milliarden Jahre alt.
Jeder Photographie ist eine zeichnerische Rekonstruktion beigefügt

vonstatten gehen, das als Zellersatz dient und die notwendige Mischung an Enzymen, Ionen und kontrollierter Temperatur auf engstem Raum enthält. Die Strukturen unserer Tage, die dem nackten Replikator am nächsten kommen, sind DNA- und RNA-Viren, und diese können natürlich endlos lange als kristallines Pulver in einem Reagenzglas vorliegen, ohne jemals die Fähigkeit zu erlangen, sich selbst zu replizieren. Bloße Reinheit ist steril.

Daraus ergibt sich, daß eine akkurate Replikation erst lange nach der Entwicklung zellähnlicher Strukturen entstanden sein kann, die in der Lage waren, so wichtige Lebensvorgänge wie Metabolismus, Wachstum und Zellteilung zu unterhalten. Die Erde soll um die 4,5 Milliarden Jahre alt sein. Die frühesten zellähnlichen Strukturen, die man bislang kennt, lassen sich etwa 3,5 Milliarden Jahre zurück-

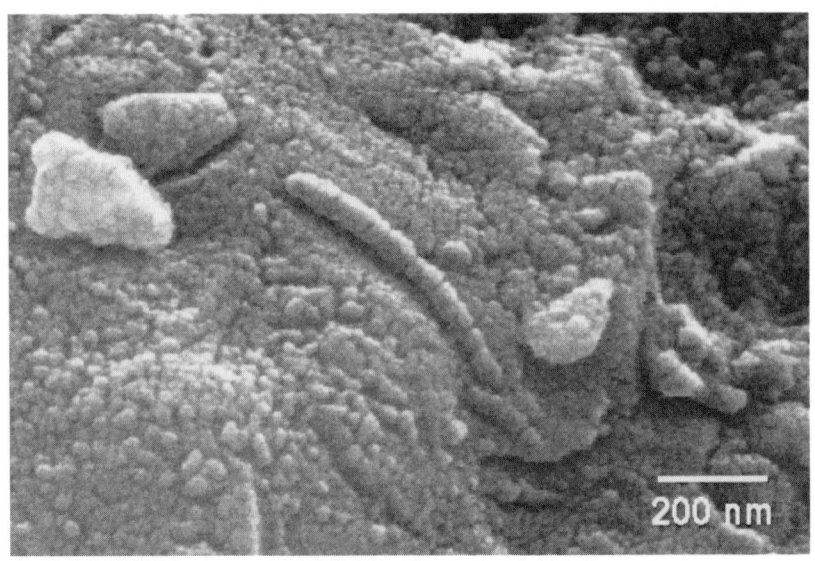

Abbildung 9.2: Strukturen in einem Meteoriten vom Mars, die angeblich als fossiler Beweis für primitives Leben gewertet werden können

datieren – knappe 300 Millionen Jahre, nachdem sich die Erdkruste unter den Siedepunkt von Wasser abgekühlt hatte –, und sie sehen ziemlich genauso aus wie unsere heutigen Bakterien (Abbildung 9.1).[2] Wenn es bislang auch keinerlei Möglichkeit gibt herauszufinden, ob diese urtümlichen Zellen Nukleinsäurereplikatoren enthalten, so gibt es doch ein Merkmal, das sie in erster Linie auszeichnet: das Vorhandensein einer Zellmembran, einer Abgrenzung zwischen dem Zellinneren und der Außenwelt. Und es ist interessant, daß es gerade diese in fossiler Form enthaltene Abgrenzung war, die die NASA-Experten bei der Interpretation der winzigen Einschlüsse in einem Marsmeteoriten dazu veranlaßten, diese als ein – und sei es auch noch so unsicheres – Zeichen für das Vorhandensein von Leben auf dem Mars zu sehen (Abbildung 9.2).[3]

Ich will mich im folgenden auf den Standpunkt konzentrieren, daß es das Vorhandensein dieser Abgrenzung namens *Zellmembran* ist und nicht die Replikation, die den ersten entscheidenden Schritt zur Entwicklung von Leben aus Nichtleben gebildet haben muß, denn sie ist es, die es möglich macht, daß sich eine kritische Masse an organischen Bestandteilen zusammenfindet und ein enzymkatalysiertes Netz aus Stoffwechselreaktionen errichtet. Die akkurate Replikation auf der Basis von Nukleinsäuren hat sich erst danach entwickeln können.

Chemischer Zufall oder Notwendigkeit?

Wie also kann man von einer unbestreitbar leblosen, sich allmählich abkühlenden Erde zum Ursprung von Zellen gelangen? Die ersten Versuche, dieses Problem systematisch durchzudenken, stammen aus den zwanziger Jahren und wurden von dem Biochemiker Alexander Oparin in der damaligen Sowjetunion und jenem Renaissance-Menschen der britischen Biologie, J. B. S. Haldane, unternommen.[4,5] Eines der Schlüsselmerkmale lebender Systeme, das jede Theorie zu deren Ursprüngen zu erklären in der Lage sein muß, ist die Frage, weshalb in Anbetracht der Unmengen an möglichen organischen Molekülen und der zahllosen mit ihrer Beteiligung vorstellbaren Reaktionen bei sämtlichen bisher untersuchten Arten nur ein winziger Bruchteil der möglichen Biochemie beteiligt ist. Die Verwendung von Zuckern – insbesondere von Glucose – als Hauptenergiequelle, die Folge von Reaktionen, durch die diese umgesetzt werden, und die Synthese von ATP als unmittelbar verfügbarer Energiequelle sind beinahe universal. Nur gelegentlich spielt statt Glucose ein anderer Zucker oder statt ATP eine andere „energiereiche" Verbindung eine größere metabolische Rolle. Von all den vielen Aminosäuren kommen nur gut zwanzig in der Natur vor, wo sie als Bausteine für Proteine dienen. Hinzu kommt, daß sowohl Zucker als auch Aminosäuren in zwei nahezu identischen Formen – sogenannten optischen Isomeren – vorliegen können, die man als D- und L-Form bezeichnet. Diese Terminologie geht zurück auf eine Beobachtung von Louis Pasteur und bezieht sich auf die Richtung, in die reine Kristalle des jeweiligen Isomers die Ebene von einfallendem polarisiertem Licht ablenken. Natürlich vorkommende Zucker aber gehören alle der D-Form an, natürlich vorkommende Aminosäuren hingegen der L-Form. Wie soll man diese Ausschließlichkeit erklären?

Wendet man sich den Makromolekülen zu, so ist das Feuerwerk der Möglichkeiten, die der biochemischen Natur zu Gebote stehen, sogar noch verblüffender. Die Zahl der möglichen Proteine, die sich aus diesen zwanzig Aminosäuren zusammenfügen ließen, übersteigt jegliches Vorstellungsvermögen. Ein mittleres Protein mit einem Molekulargewicht von um die 34 000 und einer Kombination aus nur zwölf der natürlich vorkommenden Aminosäuren könnte 10^{300} mögliche Formen annehmen, und wenn von jeder Form auch nur ein einziges Molekül existierte, ergäbe sich eine Masse von 10^{280} Gramm. Zum Vergleich: Die Masse des gesamten Universums wird einer

Quelle zufolge auf 10^{55} Gramm geschätzt! Das Mögliche übersteigt das Tatsächliche in unvorstellbarem Maße. Und doch ist bei aller Vielfalt an Möglichkeiten, die ihnen offenstünden, die Anzahl an Proteinen, die sich in so unterschiedlichen Organismen wie Bakterien und Blauwalen finden lassen, in Wirklichkeit recht gering. Mag auch niemand ihre tatsächliche Anzahl kennen, da nur ein Bruchteil aller Arten jemals biochemisch untersucht worden ist, so wäre es doch mehr als überraschend, wenn sie sich auf mehr als maximal ein paar hunderttausend verschiedene Proteingattungen beliefe. Von den um die hunderttausend verschiedenen Proteinen des Menschen beispielsweise lassen sich die meisten mit leichten Variationen (deren Ausmaß von der Geschwindigkeit der molekularen „Mutationsuhr" und der Zeitspanne abhängt, die seit der Aufspaltung der Art aus einem gemeinsamen Vorfahren verstrichen ist) in beinahe allen anderen untersuchten Tieren finden.

Diese überraschende Beobachtung hat eine Reihe von tiefgreifenden Konsequenzen. Gegner der Evolutionstheorie wie der Kosmologe Fred Hoyle und die amerikanischen Kreationisten erklären unter Berufung auf sie, daß Leben unmöglich durch rein physikalisch-chemische Zufallsprozesse entstanden sein könne. Hoyle hat die Chancen dafür, daß auf diese Weise ein bestimmtes Protein entsteht, mit der Wahrscheinlichkeit verglichen, mit der ein Hurrikan einen Jumbo Jet aus dessen im Hangar ausgebreiteten Einzelteilen zusammenfügen würde.[6] Seit der Bildung der Erde sei einfach nicht genug Zeit verstrichen, als daß diese Prozesse als Resultat zufälliger Synthesen hätten entstehen können. Hoyle und andere fühlen sich deshalb von der Idee angezogen, daß bereits im Weltraum vorhandene Lebensformen auf unserem Planeten „ausgesät" worden sein könnten, die möglicherweise über Kometen oder Meteoriten zu uns gelangt sind. Man bezeichnet diese Überlegung als „Panspermie"-Hypothese.

Ich habe diese Annahme immer für albern gehalten, ungeachtet dessen, daß sie aus der Feder eines Francis Crick stammt.[7] Denn es hilft überhaupt nicht weiter, wenn man die Frage nach den Ursprüngen von Leben um so viele Jahrmilliarden zurückverlegt, wie sie die Panspermie-Idee der Evolution zubilligen würde. Die Chancen gegen eine Zufallsbegegnung, egal, wo im Universum, wären noch immer viel zu groß. Das Argument ist *im Prinzip* bestechend, genau wie die von Dawkins beschriebene Sache mit dem „halben Auge". Es ist, als suchten diese modernen Antievolutionäre, nachdem sie sich von Paleys Konzept des physiologisch oder anatomisch durchdachten Designs gelöst haben, Zuflucht in biochemischer Komplexität, in der exquisiten Koordination metabolischer Abläufe und Enzyminteraktionen.[8] Die Verlagerung des Problems von der Anatomie auf die Biochemie aber trägt nicht wesentlich dazu bei, die Thematik, um die es geht, ihrem Wesen nach zu verändern, und diese lautet schlicht und einfach, daß Evolutionsprozesse nicht *à la carte* ablaufen, sondern durch chemische und physikalische Eigenschaften eingeschränkt werden.

Zunächst einmal gibt es ganz sicher Einschränkungen in bezug auf das Spektrum der für Lebensprozesse verfügbaren Bausteine, die mit jeden Zoll ebenso bedeutsam sind wie die strukturellen Einschränkungen, die ich im letzten Kapitel diskutiert habe, von der Wissenschaft jedoch gegenwärtig nahezu vollkommen ignoriert werden. So könnte es beispielsweise sein, daß die natürlich vorkommenden Aminosäuren solche sind, die beziehungsweise deren nahe Verwandte besonders bereitwillig abiotisch synthetisiert werden. Ihre Existenz in nur einem der ihnen möglichen optisch isomeren Zustände bedarf einer sehr scharfsinnigen chemischen Erklärung, denn die meisten abiotischen Synthesen lassen beide Formen zu gleichen Teilen entstehen. Klar ist allerdings, daß, sobald eine der beiden möglichen Formen entstanden war, diese rasch universale Verbreitung gefunden haben muß. Durch die große molekulare Ähnlichkeit der optischen Isomere können die „unnatürlichen" Varietäten leicht an die aktiven Zentren von Enzymen binden, die normalerweise die Umsetzung der natürlichen Formen katalysieren. Einmal gebunden, verstopfen sie das aktive Zentrum des Enzyms und wirken so als Stoffwechselgifte. In einer Welt, in der alle Organismen für ihr Überleben auf die biochemische Kompatibilität untereinander angewiesen sind, müßten Organismen, die „unnatürliche" Formen produzieren, rasch aussterben. Es sei denn, sie setzten diese als hochspezifische Toxine ein.

Was Proteine betrifft, so ist die Anordnung ihrer Aminosäuren kein zufälliges Zusammenfügen irgendeiner alten Ordnung durch die hilfreiche Wirkung eines Hurrikans. Bestimmte Sequenzen werden bevorzugt, da sie sich selbst zusammenfinden können und wie in Kapitl 6 beschrieben zu einer geeigneten dreidimensionalen Konfiguration falten. In den meisten Proteinmolekülen gibt es Teile, die im Verlauf der Evolution hoch konserviert zu sein scheinen, was darauf schließen läßt, daß sie entweder einer Konfiguration von minimaler Energie entsprechen (in diesem Falle hängt ihre „Selektion" im Verlauf der Evolution von physikalisch-chemischen Beschränkungen ab, wie wir sie in früheren Kapiteln besprochen haben) und (oder) daß sie für die enzymatischen oder strukturellen Funktionen des Proteins essentiell sind, so daß Mutationen schädlich oder gar letal wären. Ein

Beispiel ist der in Kapitel 2 erwähnte Aminosäureaustausch Valin gegen Glutaminsäure bei der Sichelzellenanämie. Andere Regionen der Aminosäuresequenz von Proteinen sind dagegen relativ stark variabel, sowohl innerhalb eines Organismus als auch bei verschiedenen Vertretern derselben Art – den bereits erwähnten Isoformen – oder zwischen verschiedenen Arten. Das läßt vermuten, daß es wie bei der Intron-DNA jede Menge historische Zufälle geben kann, die funktionell ohne größere Bedeutung sind und daher nicht der chirurgischen Präzision bedürfen, auf der Hoyles Analogie fußt.

Die Folgen solcher biochemischen Sparsamkeit, sprich der für meine These hier so bedeutsamen Beschneidung des Tatsächlichen im Vergleich zum Möglichen, sind ganz andere: Worin auch immer die bekannten oder vermuteten physikalisch-chemischen Einschränkungen bestehen mögen, die die Parameter geliefert haben, innerhalb derer die urtümlichen Moleküle entstanden sind: der Großteil der biochemischen Evolution, deren Erben wir heutigen Menschen ebenso sind wie alles andere Leben auf der Erde, muß stattgefunden haben, *bevor* unsere entfernten evolutionären Vorfahren sich in jene großen Reiche unterschiedlicher Morphologie aufgetrennt haben. Der Grad der Gemeinsamkeit unserer Biochemie mit der von Eichen, Bakterien und Hefezellen reflektiert echte Homologie – eine gemeinsame Abstammung. Welche organischen Substanzen die primitive Atmosphäre auch enthalten haben mag, an irgendeinem Punkt vor der großen Aufspaltung muß es ein evolutionäres Nadelöhr gegeben haben, das alle potentiellen chemischen Bausteine zellulären Lebens bis auf einige wenige ausgeschlossen hat.

Ist schon die Bandbreite der organischen Chemie, mit der wir Biologen uns zu beschäftigen haben, so außerordentlich ökonomisch berechnet, so muß die Beschränkung der Zahl an eingesetzten anorganischen Chemikalien vielleicht noch mehr verwundern. Leben besteht in erster Linie aus verschiedenen Arrangements der Elemente Kohlenstoff, Wasserstoff, Sauerstoff und Stickstoff sowie kleinerer Mengen an Phosphor, Schwefel und Calcium-, Magnesium-, Natrium-, Kaliumionen plus einigen Schwermetallen wie Wismut, Zink und Kupfer: alles in allem um die fünfzehn Elemente.

Der Chemiker R. J. P. Williams hat kürzlich, basierend auf der beobachteten Vielfalt an Elementen auf der Erde und deren chemischen Eigenschaften, die evolutionären Konsequenzen dieser Beschränkung in einem bahnbrechenden Buch durchdacht, das den provokanten Titel trägt: *The Natural Selection of the Chemical Elements*.[9] Er führt darin aus, daß Wasserstoff, Kohlenstoff, Stickstoff und Sauerstoff nicht nur im Überfluß vorhanden und verfügbar sind, sondern daß die aus ihnen gebildeten Verbindungen spezielle Eigenschaften besitzen, die für Lebensprozesse von besonderer Bedeutung sind. Vorausgesetzt, es sind geeignete Energiequellen verfügbar, kombinieren diese Substanzen nämlich besonders leicht zu thermodynamisch instabilen Verbindungen, die in wäßriger Lösung von relativ hoher Lebensdauer sind. Sie fangen verwertbare Energie bereitwillig in Gestalt von Zuckern ein und bilden leicht lange Kettenmoleküle: Lipide, Polysaccharide, Proteine und Nukleinsäuren. Die Beteiligung von Phosphor und Schwefel erweitert das Spektrum verfügbarer Verbindungen und das Ausmaß ihrer Wechselwirkungen gewaltig, ebenso der Zusatz von Metallionen, und Williams postuliert eine evolutionäre Sequenz von zunehmend komplexer werdenden chemischen Interaktionen, die im Inneren von Protozellen möglich wurden und abliefen. Für ihn hat die Frage nach den Ursprüngen von Leben weniger mit der Entstehung von Replikatoren zu tun als vielmehr mit der Entstehung von Zellen, in deren Innerem und mit deren Biochemie solche Replikatoren erst möglich wurden.

Sogar anorganische Materie ist, so scheint es, zu Synthesereaktionen in der Lage, aus denen komplexe Formen hervorgehen können. Manche Leute sind der Ansicht, daß sich Konzepte wie Morphogenese, Replikation, Selbstorganisation und Metamorphose auf der Grundlage von Micellen, Vesikeln und Schaum auf solche chemischen Synthesen anwenden lassen (siehe Abbildung 9.3).[10]

Abiotische Synthesen

Natürlich war, als Oparin und Haldane ihre These verkündeten, das biochemische Wissen längst nicht so umfassend wie heute. Doch die Probleme, vor denen sie standen, waren auch so schwerwiegend genug. Erstens: Wenn Leben aus Nichtleben entstehen sollte, so mußten die Bedingungen für die abiotische Synthese organischer Verbindungen vorhanden sein, welche später als Grundlage für die Zellentstehung dienen sollten. Diese Forderung aber belebte einen metaphysischen Disput neu, von dem die Biologen angenommen hatten, er habe sich erledigt, nachdem Louis Pasteur ein halbes Jahrhundert zuvor die Möglichkeit einer spontanen Entstehung von Leben überzeugend hatte widerlegen können. *Ex ovo omnia* hatte William Harvey (für die westliche Medizin der Entdecker der Blutzirkulation) drei Jahrhunderte zuvor bekräftigt, doch es bedurfte der Experimen-

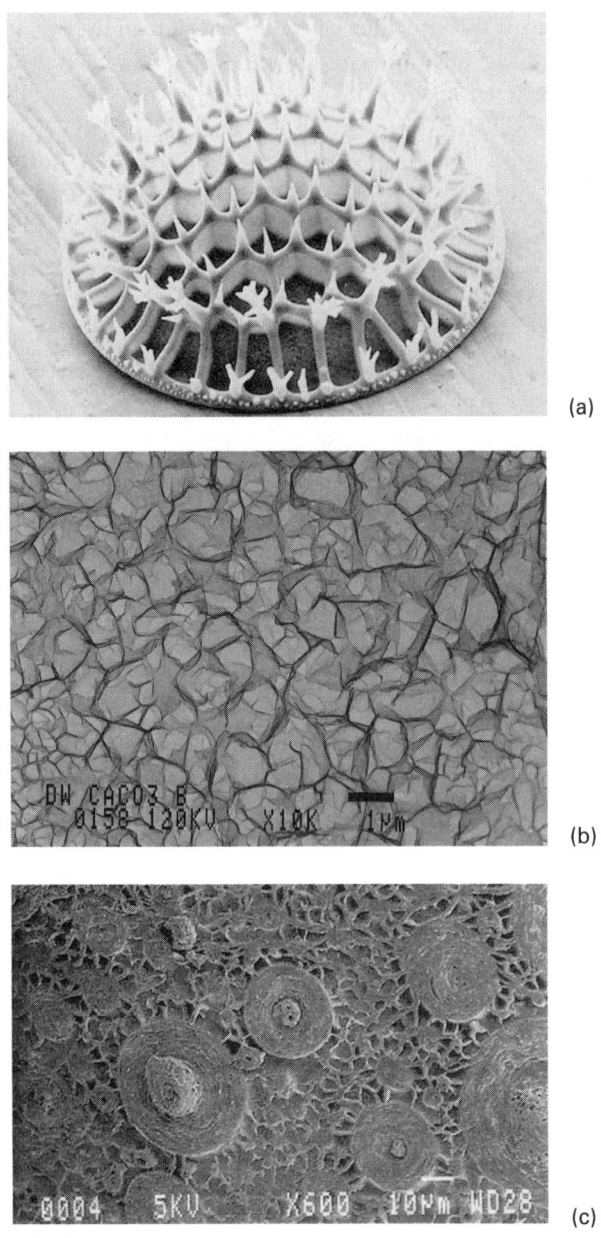

Abbildung 9.3: (a) Schale einer Diatomee (Kieselalge).
(b) Eine Calciumcarbonat-Membran, wie sie sich auf einem Öl/Wasser-Schaum bildet. (c) Aluminiumphosphat-Vesikel, die sich zu komplexen synthetischen Mustern zusammenlagern

te Pasteurs, um dieses Argument zu erhärten: Pasteur hatte zeigen können, daß die chemischen Voraussetzungen, die normalerweise Gärung oder das Auftreten von Bakterien und Schimmelpilzen begünstigten, unter sterilen Bedingungen und unter Ausschluß jeglicher Verunreinigungen diese Prozesse nicht mehr ermöglichten.[11] Doch wenn alles Leben aus Leben hervorgeht, wie konnte dann – außer durch göttliches Eingreifen – erstes Leben entstehen?

Darwin selbst erkannte die Notwendigkeit, dieses Paradoxon zu umgehen, und spekulierte, daß die abiotischen Vorläufer der „Lebenschemikalien" jederzeit in einem kleinen warmen Tümpel, dem trockenfallenden Rand eines Meeres vielleicht, synthetisiert werden könnten. Was Darwin als Nichtchemiker nicht realisierte, war, daß solche Synthesen auf einer Erde, deren Atmosphäre derart viel Sauerstoff enthielt, nahezu unmöglich ablaufen konnten. Eine oxidierende Umgebung ist ziemlich toxisch – außer für Lebensformen wie uns, die wir die besondere Fähigkeit entwickelt haben, in ihr zu leben. Was benötigt wird, ist eine Atmosphäre, wie sie die Sonde Galileo auf dem Jupiter beobachtet hat – ein reduzierendes Gemisch aus Wasserstoff, Ammoniak und Methan –, und ein gehöriges Maß an Kohlendioxid. Und dies waren, wie Oparins erkannte, genau die Bedingungen, die auf der jungen Erde herrschten. Die heutige Atmosphäre hat die primitive durch das Wirken des Lebens selbst, durch die Tausende von Jahrmillionen während Photosynthesearbeit der Pflanzen, abgelöst. Diese Erkenntnis, die Einsicht, daß Leben die Macht hat, die chemischen und physikalischen Bedingungen der Erde zu verändern, ergab sich lange vor James Lovelocks in den sechziger und siebziger Jahren entwickelten Gaia-Metapher, damals natürlich eingebettet in ein ganz anderes Weltbild.[12]

Moderne Pflanzen nehmen Kohlenstoff auf und verwenden ihn, um daraus die Kohlenstoffgerüste der von ihnen benötigten Zucker und Lipide zu produzieren, im Laufe dieses Vorgangs setzen sie Sauerstoff frei. Die Stickstoffquelle für ihre Proteine und Nukleinsäuren sind Ammoniumsalze, in denen atmosphärischer Stickstoff durch Pflanzen und Bakterien „fixiert" worden ist. In einer Atmosphäre, die reich an Kohlendioxid, Methan und Ammoniak ist, wären solche Synthesen relativ leicht zu bewerkstelligen, doch mit zunehmenden Mengen an „fixierten" organischen Verbindungen mußte sich die Atmosphäre verändern, allmählich sauerstoffreich und kohlendioxidarm werden. Dieser Prozeß hat die vergangenen dreieinhalb Milliarden Jahre des Lebens auf der Erde kontinuierlich stattgefunden (und wird nun zum Teil durch die Folgen der Industrialisierung und das

Freisetzen von Treibhausgasen, Kohlendioxid vor allem, in die Erdatmosphäre teilweise rückgängig gemacht).

In einer Diskussion über diesen Prozeß hat Lynn Margulis ihn mit der Fähigkeit einzelner Organismen zu Autopoiese und Selbstorganisation gleichgesetzt und als Ökopoiese beschrieben.[13] Genau wie Organismen ihre eigene Organisation bewirken (sich selbst konstruieren) und die Evolution Arten hervorbringt, sind auch Ökosysteme homöodynamisch reguliert. Erst als photosynthetisierende Organismen die Erdatmosphäre verändert hatten, begann die Evolution sauerstoffverbrauchender Organismen, die, wie wir und alle anderen Tiere es tun, ihr Leben auf dem Rücken des Photosynthesearbeit leistenden Pflanzenreichs bestreiten. Der entscheidende Punkt aber ist, daß die biochemische Vielseitigkeit, die sämtlichen gegenwärtig vorhandenen Lebensformen zu Gebote steht – deren Fähigkeit zur Reproduktion eingeschlossen –, sich nur auf der Grundlage bereits wohletablierter und ausgefeilter metabolischer Netze und Enzyme in der Evolution hat entwickeln können.

In den warmen Meeren der jungen Erde konnten sich unter dem Einfluß einer reduzierenden Atmosphäre und einem Bombardement aus Gewittern wildester elektrischer Entladungen vielfältige organische Chemikalien bilden, die allerdings zunächst noch in geringen Konzentrationen gelöst waren. Erst viele Jahre später, in den fünfziger Jahren, wurde dieser theoretischen Überlegung in Kalifornien eine gewisse experimentelle Substanz zuteil. In einem berühmt gewordenen Experiment vereinigte Stanley Miller ein Gasgemisch aus Wasserstoff, Methan und Ammoniak in einem verschlossenen Gefäß, erwärmte dieses und ließ – in Nachahmung urtümlicher Gewitterstürme – über mehr als zwanzig Stunden hinweg elektrische Entladungen auf dieses Gemisch einwirken.[14] Am Ende dieses Zeitraums befanden sich in seinem Gefäß Aminosäuren und andere organische Säuren, die potentiellen Bausteine des Lebens. Spätere Konstrukteure solcher Modelle abiotischer Synthesen wie Sydney Fox verlegten sich auf alternative Synthesewege – Trockensynthesen zum Beispiel – und stellten die Bedingungen nach, die sich beispielsweise ergeben, wird ein solches Gemisch in der Hitze eines Vulkans verfeuert. Auch unter solchen Bedingungen stellte man fest, daß die entstehenden Teerklumpen einfache organische Verbindungen und sogar einige Peptide und ATP enthalten konnten. Regengüsse lösten diese trockenen Chemikalien und spülten sie in Tümpel.

Ganze Tagungen zum Thema „Ursprünge des Lebens" leben von den Diskussionen der jeweiligen Protagonisten dieser verschiedenen

Alternativen. Da ich mir nicht sicher bin, ob es vorstellbar ist, daß diese Debatte jemals ein Ende findet, bin ich eher versucht, sie mit dem Streit zwischen Swifts Spitz- und Stumpfendianern in Lilliput und Blefuscu zu vergleichen, bei dem es um die korrekte Art und Weise ging, wie ein gekochtes Ei zu öffnen ist. Wie dem auch sei, für meine Absichten hier spielt es überhaupt keine Rolle, welche der beiden richtig ist oder ob gar beide zutreffen. Das Entscheidende ist lediglich, daß abiotische Synthesen der grundlegenden chemischen Bestandteile von Leben möglich sind und somit eine schlüssige, streng materialistische Betrachtung dessen erlauben, wie Leben auf der Erde entstanden sein könnte.

Keiner der beiden Wege kann allerdings zu Vorläufern des Lebens führen, wenn es nicht gelingt, die schwach konzentrierten Lösungen auf die eine oder andere Weise zu konzentrieren. Die allmählich trocken fallenden Ränder der Meere böten eine Möglichkeit hierzu, wobei die Oberflächen von metallionenhaltigen Felsen und Tonmineralien als katalytische Plattform dienen könnten, auf der Verbindungen sich in hinreichendem Maße anzureichern vermöchten, auf daß metabolische Umformungen ihren Lauf nehmen könnten. Der Chemiker A. G. Cairns-Smith gründete ein überzeugendes Gedankengebäude auf die chemischen Eigenschaften der Tone und demonstrierte eindrucksvoll, auf welche Weise diese die benötigten Oberflächen und katalytischen Fähigkeiten hätten zur Verfügung stellen können.[15] Vielleicht ist im Hinblick auf die Schöpfung die Metapher von Lehm, Töpfer und Scheibe ja gar nicht so unzutreffend.

Coacervate

Doch wie gelangt man von dort aus zu Zellen? An diesem Punkt wird Oparins zweite Erkenntnis wichtig. Die Chemie und Physik großer Moleküle wie Lipide und Proteine waren noch nicht allzu gut verstanden, als er seine Theorie aufstellte, ihr merkwürdiges Verhalten in Lösung wurde vielmehr unter der Bezeichnung Kolloidchemie studiert. Man wußte, daß Lösungen, die solche großen Moleküle enthalten, die bemerkenswerte Tendenz haben, zu kleinen Tröpfchen zu aggregieren, in denen die Polymere in konzentrierter Form vorliegen, so daß das umgebende Medium relativ frei von gelösten Substanzen ist. In der Lösung vorhandene Salze und organische Moleküle von geringem Molekulargewicht werden in diese Tröpfchen größtenteils mit „hineingesogen". Vielleicht wären solche Tröpfchen sogar in der

Lage, Tonkörnchen mit ihren katalytischen Oberflächen in sich aufzunehmen. Dieses Phänomen, für die heutigen Chemiker von weit geringerem Interesse als für ihre Kollegen zu Beginn dieses Jahrhunderts, wird (nach dem lateinischen Begriff *coacervare* – zusammenfügen) als Bildung von *Coacervaten* bezeichnet.

Oparin vertrat den Standpunkt, daß sich solche Coacervate in verdünnten Lösungen, die organische Polymere enthalten, von selbst bilden müßten. Vorhandene organische Materie würde in ihrem Inneren konzentriert und machte so die Entstehung einer kritischen Masse möglich, in der es zu metabolischen Wechselwirkungen zwischen den einzelnen Verbindungen kommen könnte. Einige dieser Tröpfchen könnten als Folge solcher Reaktionen instabil werden und zerfallen, andere blieben stabiler und zögen immer mehr Material an, bis sie irgendeine kritische Größe erreichten, ab der sie sich in zwei Tochtertropfen aufspalteten, die jeweils in etwa dieselbe Mischung von Substanzen enthielten wie ihre Elternzelle. Damit hätte man eine Replikation ohne Replikator erreicht.

Coacervate und Kolloidchemie sind heutzutage trotz der Attraktivität der Oparinschen Mechanismen definitiv aus der Mode gekommen. Und seine Tröpfchen haben noch nicht einmal eine sie außen umschließende Membran, wie ich sie als das *sine qua non* allen zellulären Lebens gefordert habe. Solche Membranen aber lassen sich ebenfalls abiotisch schaffen. So etwas passiert jedesmal, wenn ein Öl- oder Lipidtropfen in Wasser fällt. Je nach der Menge des Öls im Verhältnis zu der des Wassers bildet dieses entweder einen dünnen Film auf der Oberfläche, oder es koaguliert zu einem kleinen Tropfen, indem die Lipidmoleküle sich genau so ausrichten, wie sie es in der Außenmembran einer Zelle auch tun. Dieser Eigenschaft sogenannter Liposomen bedient man sich heutzutage, um nackte DNA-Stränge zu verpacken, die im Verlauf gentechnologischer Experimente in Zellen eingebracht werden sollen (beispielsweise zur Behandlung der durch ein defektes Gen verursachten Krankheit Mukoviszidose). Die Liposomen, die, wie man hofft, die heilenden Gene enthalten, verschmelzen mit der äußeren Zellmembran der Zielzellen und entleeren ihren Inhalt ins Zellinnere. Die Zellmembranen, wie sie auf den in Abbildung 9.1 gezeigten mikroskopischen Bildern von dreieinhalb Milliarden Jahre alten Bakterien dargestellt sind, könnten auf genau dieselbe Art und Weise entstanden sein.

Die Bildung von Coacervaten könnte also die Konzentration von anorganischen Ionen, organischen Chemikalien und einfachen Polymeren aus einer verdünnten Salzwasserlösung heraus bewerkstelligen, um diese herum bildete sich eine Liposomenmembran. Die ersten Protozellen wären entstanden. Solche Zellen besäßen noch eine andere Eigenschaft, die für das Leben offenbar von entscheidender Bedeutung ist: Die Verteilung elektrisch geladener Ionen wie den positiv geladenen Natrium-, Kalium- und Calciumionen und dem negativ geladenen Chlorid (die allesamt in Meerwasser vorhanden sind) über ihrer Membran gestaltete sich aus grundlegenden physikalisch-chemischen Gründen asymmetrisch (Abbildung 9.4). Und diese Asymmetrie garantierte die allem Anschein nach universal verbreitete Fähigkeit lebender Zellen, gegenüber der Außenwelt eine Spannung von 65 bis 95 Millivolt aufrechtzuerhalten. Die Bedeutung dieses elektrochemischen Gradienten für die Konzentration bestimmter Substanzen innerhalb der Zelle sowie für den Ausschluß anderer kann gar nicht hoch genug eingeschätzt werden.

Katalytische Netzwerke

Der nächste Evolutionsschritt bestünde in der Stabilisierung der Myriaden möglicher chemischer Reaktionen, die in diesen Protozellen ablaufen könnten. Dieser Prozeß wurde kürzlich von Stuart Kauffman in einem Modell nachempfunden.[16] Er stellte in diesem Zusammenhang eine Reihe von plausiblen Vermutungen über das

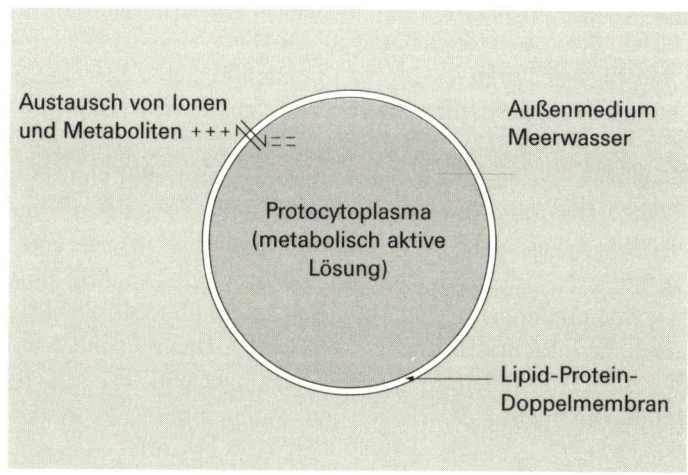

Abbildung 9.4: Mögliche Gestalt einer Protozelle

Verhalten einer solchen Chemikaliensuppe auf. Bei einer hinreichenden Zahl verschieden konzentrierter, von einer Lipidmembran umschlossener Verbindungen wäre auch ohne die möglicherweise vorhandene Verstärkung durch katalytische Oberflächen, wie sie von anorganischen Verbindungen wie den Tonen geliefert würde, eine minimale Anzahl der vorhandenen Moleküle imstande, als Katalysatoren für Reaktionen zwischen anderen Komponenten zu wirken. In manchen Fällen käme es zur Autokatalyse, bei der eine Substanz ihre eigene Umsetzung oder Synthese katalysiert; in anderen zu gegenseitiger Katalyse, bei der eine Substanz die Bildung einer anderen betreibt, die wiederum die Synthese der ersten unterhält. Man kennt tatsächlich einige Peptide mit derartigen autokatalytischen Eigenschaften.[17] Computermodelle solcher Abläufe zeigen, daß ein zufällig zusammengewürfeltes Chemikaliengemisch sich unter derartigen katalytischen Bedingungen rasch zu einem soliden autopoietischen metabolischen Netz von der Art zusammenfindet, wie ich es in Kapitel 6 beschrieben habe, in dem sich ein stabiles Gleichgewicht der einzelnen Bestandteile einstellt (Abbildung 9.5). Die Konsequenz ist Homöostase: die notwendige Vorbedingung für die Erreichung von Homöodynamik. Der Verkehr über die Zellmembran wird neue Materialien in die Zelle hinein und Abfallprodukte aus ihr heraus schleusen, und ähnlich wie bei einem Coacervat werden Zellen sich ab einer bestimmten Größe einfach zu zwei Tochterzellen aufspalten.

Bis hierher sind wir ganz und gar ohne einen Replikator ausgekommen. Die Bildung von Zellen, ihre Teilung und sogar eine ausgewogene metabolische Stabilität wurden allesamt durch ursprünglich abiotische Prozesse erreicht, und die für Lebensprozesse charakteristischen Eigenschaften sind nicht in einem einzigen Molekül gefangen, sondern in das ganze System Zelle gebannt. Man kann sogar noch weiter gehen. Das metabolische Netz muß über die einzelnen Protozellen hinausgegangen sein und die gesamte Population lebender Protozellen umfaßt haben. Genau dieselbe Zwangsläufigkeit, die dazu geführt hat, daß ein bestimmtes optisches Isomer von Aminosäuren und Zuckern zur Standardform werden mußte, sobald es einmal entstanden war, gilt auch für das unübersehbare Meer an Bestandteilen des metabolischen Netzwerks. Denn wenn Chemikalien durch Ingestion (Aufnahme von Nahrungspartikeln) oder Teilung zwischen Zellen ausgetauscht werden sollten, mußten die Reaktionen innerhalb jeder Zelle dazu tendieren, sich einander anzugleichen, sozusagen kompatibel werden. Die spezifischen Toxine und Gifte, die manchen Lebensformen heutzutage zum Schutz dienen, müssen einen

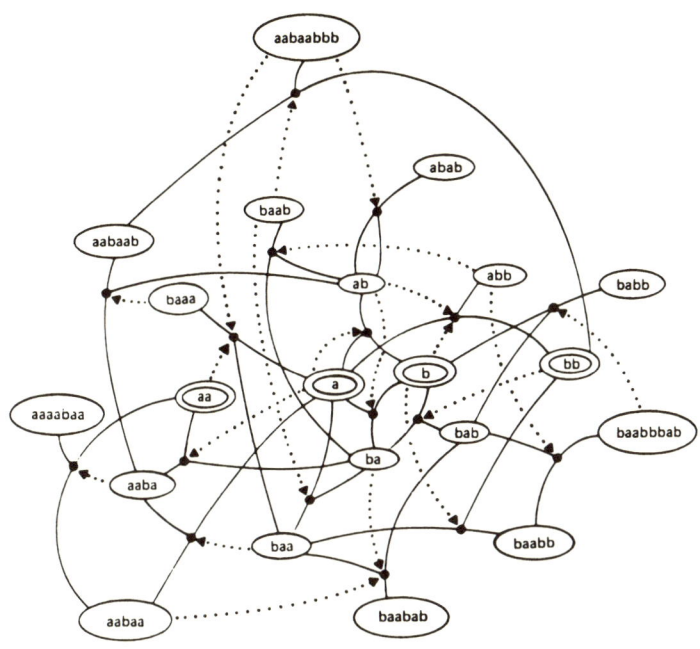

◎ = Nährstoffmoleküle
○ = andere Chemikalien
≻— = Reaktionen
◂······ = katalytische Abläufe

Abbildung 9.5: Ein autokatalytisches System.
Nährstoffmoleküle (a, b, aa, bb) sind zu einem sich selbst erhaltenden
Netzwerk verflochten. Reaktionen sind als Punkte dargestellt,
die große Moleküle mit ihren Abbauprodukten verbinden,
gepunktete Linien stehen für Katalyseprozesse

relativ spät entstandenen, seltenen und spezialisierten Mechanismus darstellen. Evolutionsstabile Strategien, um John Maynard Smiths Ausdruck zu verwenden, neigen dazu, sich auch in Abwesenheit replizierender Moleküle zu entwickeln; sie bilden eine notwendige homöodynamische Eigenschaft des superorganismischen Netzwerks lebender Systeme insgesamt. In molekularer Hinsicht sind wir wahrhaft voneinander abhängig.

Energiequellen

Bereits bevor die Frage der akkuraten Replikation gelöst war, muß ein anderes, weitaus drängenderes Problem bestanden haben, und zwar das der Energiegewinnung. Eine Replikation macht im Gegensatz zu einer reinen Aufspaltung membranumgebener Tröpfchen die Synthese von Nukleinsäuren und Proteinen notwendig. Die synthetischen Reaktionen, die solche Makromoleküle entstehen lassen, setzen einen Energieinput voraus (man nennt sie *endergonische* Reaktionen). Die Energie zu ihrer Unterhaltung läßt sich – den speziellen Fall elektrischer Gewitter und Vulkanausbrüche einmal beiseite gelassen – nur durch die Kopplung dieser Reaktionen an andere, energiefreisetzende (*exergonische*) Reaktionen erreichen. Ich habe bereits früher auf den Kontrast hingewiesen zwischen den heutigen Molekularbiologen mit ihrer intensiven Betonung der Rolle von Information in lebenden Systemen und jenen Biochemikern, deren Blütezeit vor Watson und Crick lag und die sich mit der Problematik des Energieflusses befaßten. Frühe Lebensformen, in Liposomen oder auf der Oberfläche katalytisch wirksamer Tone konzentrierte Protozellen, waren möglicherweise in der Lage, abiotisch synthetisierte Substanzen auf Kohlenstoff- und Stickstoff-Grundlage zu absorbieren, aber diese abiotischen Lager wären irgendwann erschöpft gewesen, und damit hätte ein evolutionäres Nadelöhr bestanden, bis das Problem der Energiegewinnung gelöst werden konnte. Dies muß entweder zur selben Zeit oder kurz vor dem Auftauchen verläßlicher Replikationsmechanismen geschehen sein.

Die heutigen Lebensformen lassen sich in zwei große Kategorien einteilen: solche, die ihre Energie beziehen, indem sie nichtlebende Quellen anzapfen (*autotrophe Organismen*), und solche, die Energie in abgepackter Form – in Supermarktmanier sozusagen – in Gestalt handlicher Moleküle wie Zucker oder Fette benötigen (*heterotrophe Organismen*). Zucker und Fette können, wie in den Kapiteln 5 und 6 bereits besprochen, zu Kohlendioxid und Wasser abgebaut – oxidiert – werden. Diese Abbaureaktionen verlaufen exergonisch, und ihr schrittweiser Ablauf innerhalb der Zelle garantiert, daß die in ihnen enthaltene Energie in so kontrollierter Weise freigesetzt wird, daß sie sich einfangen und in die Bildung von ATP einbinden läßt, das seinerseits für ein breites Spektrum an zellulären Aktivitäten – von der Protein- und Nukleinsäure-Synthese bis hin zu Muskelkontraktion und der Übertragung von Nervensignalen – genutzt werden kann.

Auch für autotrophe Organismen hat die bequemste Form von abgepackter Energie die Gestalt von Zucker- oder Fettmolekülen, ihr erster Schritt bei der Nutzung abiotischer Energiequellen besteht daher darin, aus atmosphärischem Kohlendioxid Zucker zu synthetisieren. Heterotrophe Organismen können sich dann dieser eingefangenen Energie bedienen, entweder indem sie die autotrophen Organismen selbst verspeisen oder indem sie andere Heterotrophe erlegen, die sich ihrerseits von Autotrophen ernähren.

Ein sehr früher Schritt in der Geschichte des Lebens auf der Erde muß also in der Entwicklung autotropher Mechanismen zum Einfangen von Energie bestanden haben. Grundsätzlich ist hierzu auf der Grundlage einfacher thermodynamischer Überlegungen und der verfügbaren Chemie eine Vielfalt an Mechanismen denkbar; manche davon werden tatsächlich noch immer von einigen Spezialisten, wie sie am Rande schwefelhaltiger Vulkantümpel leben, betrieben. Die geläufigste Energiequelle von universaler Verfügbarkeit aber ist die Sonne, und die Entwicklung der Mechanismen zu ihrer Nutzung in Gestalt der Photosynthese muß ein entscheidender Evolutionsschritt gewesen sein. Die grünen Pflanzen unserer Tage verfügen über Zellen, die in intrazellulären Organellen namens *Chloroplasten* ausgeklügelte Systeme zum Einfangen von Sonnenenergie beherbergen. Daraus resultiert die Attraktivität der These von Lynn Margulis, derzufolge Chloroplasten die Nachfahren einstmals freilebender photosynthetisierender Bakterien sein könnten, die ihrer Unabhängigkeit zugunsten der Sicherheit einer symbiotischen Existenz in einer vielzelligen Lebensform entsagt haben. Eine solche Artenzusammenführung muß nach der Erfindung einer Replikation auf DNA-Basis erfolgt und kann ihr nicht vorausgegangen sein, denn Chloroplasten enthalten genau wie Mitochondrien ihre eigene DNA. Und so können diese primitiven Chloroplasten-Gene, wie die der Mitochondrien auch, nur alles andere als „egoistisch" im Dawkinschen Sinne gewesen sein, sondern müssen weit eher zur „Selbstaufgabe" geneigt haben, indem sie ihre individuellen Verbreitungsrechte und die des Proto-Chloroplasten den Interessen des Organismus unterordneten. Die *kooperative Symbiogenese*, durch die Leben, wie wir es heute kennen, in der Evolution entstanden sein muß, bietet eine wichtige alternative Perspektive zu der unbarmherzig individualistischen, wettbewerbsorientierten Metapher, wie sie der ultradarwinistischen, replikatororientierten Sichtweise der Welt zugrunde liegt.

Endlich treten die Replikatoren auf den Plan!

Und so muß – einige Zeit nach der Entwicklung effizienter Mechanismen zur Gewinnung und Nutzung von Energie, mit ziemlicher Sicherheit jedoch vor der Entwicklung der modernen zellulären Einbindung von Chloroplasten und Mitochondrien – die Replikation auf Nukleinsäurebasis entstanden sein. Die Synthese einfacher Nukleinsäuren hat sich in den bereits beschriebenen abiotischen Reagenzglasexperimenten erreichen lassen, und sobald diese in das metabolische Netz der Zelle eingebettet waren, brachten sie ein breites Spektrum an neuen Eigenschaften mit sich. Sie machten nämlich ein Niveau an Originaltreue von Kopie und Reproduktion möglich, das sich ohne sie durch eine rein zufällige Aufteilung nie hätte erreichen lassen. Aus den bereits besprochenen Gründen ist es wahrscheinlich, daß RNA, das einfachere Molekül, vor der DNA vorhanden war. Und da RNA katalytische Eigenschaften aufweisen kann, ist es gut möglich, daß die ersten Enzyme nicht auf Proteinen, sondern auf RNA basierten – Ribozyme waren. Dieses Szenario ist, wie ich bereits berichtet habe, von Theoretikern, die sich mit den Ursprüngen des Lebens befassen, auf den Namen *RNA-Welt* getauft worden.

Sobald nukleinsäure-, möglicherweise ribozymhaltige Zellen entstanden waren, bargen diese die Rudimente eines zu originalgetreuen Kopien fähigen Mechanismus. Eine Fähigkeit, die, soweit man bis heute weiß, einzig Nukleinsäuren eigen ist. Wie aber dieser Mechanismus sich zu seiner gegenwärtigen Gestalt – jener Dreieinigkeit aus DNA, RNA und Protein – entwickelt hat, bleibt wilden Spekulationen anheimgegeben. Zu Zeiten ist angenommen worden, daß es spezielle konformationsbedingte – das heißt durch die dreidimensionale Form diktierte – Gründe dafür gäbe, daß ein spezielles Basentriplet in einem RNA-Molekül eine bestimmte unter den über zwanzig natürlich vorkommenden Aminosäuren erkennen kann, aber diese Überlegung hat man inzwischen verworfen. Kontingenz und nicht die Gesetze molekularer Form und Anpassung scheinen diesen Punkt der Geschichte zu regieren. Sobald eine spezielle Kombination von Nukleinsäure-Aminosäure-Entsprechungen entstanden war, ist es wahrscheinlich, daß die dem Netzwerk eigene Tendenz zur Konvergenz dazu beitrug, deren Universalität zu sichern. In jedem Falle ist der entscheidende Punkt der, daß, sobald Zellen entstanden waren, die diesen Mechanismus beinhalteten, diese sich rasch vermehren und alle anderen überwuchern mußten, da nur sie exakte Kopien ihrer selbst herzustellen imstande waren. Nachdem die Evolution Nukleotidpolymere im Inneren primitiver Zellen hatte entstehen lassen, hatte sie nunmehr auch einen verläßlichen Mechanismus zu deren Vervielfältigung hervorgebracht, der sie binnen kurzem die Welt erobern lassen sollte. Ein weiterer Grund dafür, daß sich die Prozesse, die zur Entstehung der ersten Lebensformen geführt haben, wie auch immer sie ausgesehen haben mögen, zumindest was das Leben auf diesem Planeten angeht, nicht wiederholen können. So, wie Organismen, die auf die falschen optischen Isomere von Aminosäuren oder Zuckern bauen, heute nicht mehr entstehen können, ergeht es auch allen, die über keinen Hi-Fi-Replikationsmechanismus verfügen.

An diesem Punkt der Geschichte hat mit der Entwicklung originalgetreu kopierender Replikationssysteme und der energiegewinnenden Mechanismen zu deren Unterhaltung Leben seinen Anfang genommen – sowohl in der Definition eines Molekularbiologen als auch nach meiner eigenen. In meiner Version der Geschichte aber ging es ohne die Hilfe unerklärlicher nackter Replikatoren ab. RNA, und später DNA, spielten in der Zelle eine überaus wichtige, entscheidende, aber keine stur deterministische Rolle. So gesehen war das Huhn vor dem Ei da. Und in diesem Sinne vertrete ich auch den Standpunkt, daß Leben unabdingbar autopoietisch, sich selbst generierend, organisierend und entwickelnd ist und seine eigene Evolution betreibt. Die detaillierten Wege, die von dieser spekulativen, früh replikativen Welt zu den gegenwärtigen dreißig Millionen – oder wieviel auch immer – Arten geführt haben, sind großenteils unbekannt und werden es zu einem beträchtlichen Teil auch bleiben. Wir tragen die Geschichte dieser langen Reise in uns, eingemeißelt in jede Zelle unseres Körpers. Um einen Sinn in uns selbst zu sehen, müssen wir sie zumindest in ihren Umrissen verstehen.

Im Gegensatz aber zur Heiligen Schrift der Molekularbiologen war im Anfang nicht das Wort, das Nukleinsäure-Skript: Es kam erst später ins Spiel, als es bereits Zellen (Organismen) gab, die bereit waren, es zu empfangen und nutzbar zu machen. Natürlich ist von dem, was folgte, sobald das Wort entstanden war, wahrhaft zu sagen, daß es Geschichte ist, und wenn auch nur, weil es sich aus den periodisch wechselnden Inschriften in den mutierenden Genomen zahlloser einer Evolution unterworfener Organismen in gewissem Maße wie aus einem Buch herauslesen läßt. Aber das Skript ist nur eine Chronik. Es verkörpert nicht selbst die Geschichte des Lebens, denn diese handelt von Organismen und nicht von Molekülen.

10

Über die Unzulänglichkeit des Reduktionismus

> *[Ein Mann...] mit einem Lineal und einer Waage und dem gedruckten Einmaleins in der Tasche, Sir – von früh bis spät in der Tasche, Sir. Allezeit bereit, ein jegliches Stücklein der Menschennatur zu wiegen und zu messen und einem auf's genaueste auf der Stelle zu sagen, was es ausmacht und warum es not ist. Es ist eine bloße Ziffernfrage, ein einfaches Rechenexempel...*
> *[In Coketown] nahm die Zeit denselben Gang wie seine Maschinen: soviel Rohstoff verarbeitet, soviel Brennstoff verbraucht, soviel Kraft abgenutzt, soviel Geld gemacht.*
>
> Charles Dickens in seiner Beschreibung
> des Thomas Gradgrind und des Industriellen Bounderby
> in *Harte Zeiten*

Der Aufstieg des neurogenetischen Determinismus

Es ist nun an der Zeit, einen anderen Gang einzulegen. Die vorhergehenden Kapitel dieses Buches haben sich mit jener genozentrischen Sichtweise der Biologie auseinandergesetzt, die derzeit in Mode ist und lebende Organismen als nichts weiter begreift denn als „schwerfällige", aus Organen, Geweben und Chemikalien zusammengesetzte „Roboter", geschaffen und regiert durch die Anweisungen eines Mastermoleküls, dessen Ziel die Replikation seiner selbst ist. Ich habe im Gegensatz hierzu eine alternative Sichtweise der Biologie vertreten, in der den autopoietischen Funktionen von Organismen, ihren Lebenswegen in Raum und Zeit, zentrale Bedeutung beigemessen wird. Damit habe ich das Thema Reduktionismus so gehandhabt, als sei dies in erster Linie ein internes Problem der Biologie (und vielleicht noch der Philosophie), das sich mit der Frage befaßt, wie Experimente zu entwerfen und zu interpretieren, wie Lebensvorgänge zu verstehen und zu interpretieren sind. Ich habe zu zeigen versucht, warum reduktionistische Erklärungen zugleich so verführerisch und doch so unzulänglich bei der Betrachtung der Komplexität von Leben sind. Ich möchte mich nun dem letzten und in mancher Hinsicht polemischsten Stadium der Diskussion zuwenden und mich mit dem auseinandersetzen, was ich mit *Reduktionismus als Ideologie* überschreiben möchte. Ich meine damit die in den letzten Jahren sehr ausgeprägte Tendenz, beharrlich auf der Vorrangigkeit reduktionistischer Erklärungen gegenüber allen anderen zu bestehen und die Betrachtung sehr komplexer Fragen tierischer – und in erster Linie eben auch menschlicher – Verhaltensmuster und Sozialstrukturen in jener gefahrenträchtigen reduktionistischen Manier anzugehen, bei der man mit einer sozialen Frage beginnt und mit einem Molekül – lieber noch mit einem Gen – endet. Um auf meine Fabel von den fünf Biologen und dem hüpfenden Frosch zurückzukommen: so zu tun, als gäbe es nur den Molekularbiologen und die Chemie von Aktin und Myosin.

Die Fragen, die diese beiden gegensätzlichen Sichtweisen aufwerfen, beschränken sich keineswegs auf esoterische Dispute zwischen Akademikern in ihren Elfenbeintürmen. Ich habe bereits darauf hingewiesen, welche ideologische Macht der modernen Biologie und ihrem Anspruch innewohnt, die menschliche Situation interpretieren und beurteilen sowie Erklärungen und Heilmittel für unsere sozialen Krankheiten anbieten zu können. Seit ihren Baconschen Anfängen ging es der modernen Wissenschaft sowohl um Wissen als auch um Macht: vor allem um die Macht, Natur – insbesondere die menschliche Natur – kontrollieren und beherrschen zu können. Nirgends ist dieser Faustsche Pakt so ausdrücklich beim Namen genannt wie in jenem Programm, das die Molekularbiologie seit ihren Anfängen geformt hat. Sein Name wurde in den dreißiger Jahren von Warren Weaver von der *Rockefeller Foundation* geprägt und sollte Programm werden für eine umfassende Forschungspolitik eines der Hauptgeldgeber auf diesem Gebiet. Ziel dieser Politik war es – gestützt auf die damals vorherrschenden eugenischen Überzeugungen hinsichtlich der Notwendigkeit, durch selektive Zucht „die Rasse zu verbessern" –, eine „Wissenschaft vom Menschen" zu etablieren, die gleichzeitig zu einer Wissenschaft der sozialen Kontrolle werden sollte.[1] Wie einer der ersten Direktoren der Stiftung es im Jahre 1934 ohne Umschweife formulierte, war seine Politik,

„... auf das allgemeine Problem des menschlichen Verhaltens gerichtet mit dem Ziel einer Kontrolle durch Verstehen. Die Sozialwissenschaften beispielsweise werden sich mit der Umsetzung sozialer Kontrollen auseinanderzusetzen haben; medizinische und naturwissenschaftliche Forschung sollen eine eng koordinierte

Analyse der Wissenschaften liefern, die dem Verstehen und der Kontrolle persönlicher Eigenschaften... (und hier insbesondere) den Problemen psychischer Erkrankungen zugrunde liegen."[2]

Zu diesem Zweck konzentrierte die *Rockefeller Foundation* seine Mittel in der von Weaver geschürten unerschütterlichen Überzeugung, daß eine solche Kontrolle sich durch die Analyse der „allerkleinsten Dinge" ergeben werde, auf die Wissenschaftsbereiche Psychobiologie und Vererbung. Wie ich in den Anfangskapiteln bereits betont habe, ist die Art und Weise, wie Biologen – oder Wissenschaftler im allgemeinen – die Welt sehen, nicht allein das Ergebnis dessen, daß sie der Natur einen wirklichkeitsgetreu reflektierenden Spiegel vorhalten, sondern sie wird geformt durch die Geschichte unseres Forschungsgegenstandes, durch die vorherrschenden sozialen Erwartungen und das Verteilungsmuster bei den Forschungsmitteln. Die bloße Macht und Größenordnung der Vision der *Rockefeller Foundation* mit ihrem nun einmal durch viele hundert Millionen Dollar gestärkten Rücken stellten sicher, daß jedwedes alternative Biologieverständnis im Keim erstickt wurde. Dieses Schicksal war beispielsweise dem in den dreißiger Jahren im englischen Cambridge um John Needham gegründeten *Theoretical Biology Club* beschieden, dessen nichtreduktionistische Ansätze zu Fragen des Metabolismus, der Entwicklung und Evolution vom Rockefeller-Angebot zur alleinigen Förderung ausdrücklich reduktionistischer Programme zur biochemischen Forschung vom Tisch gewischt wurden.[3]

Ohne Zweifel war die Rockefeller-Strategie unglaublich produktiv, sowohl was die Anhäufung von wissenschaftlichen Kenntnissen anging als auch in bezug auf die Entwicklung neuer Technologien, der Produkte dieses Baconschen Bündnisses. Heute können wir ihr Erbe in den zahllosen Biotechnologiefirmen, die in den Vereinigten Staaten, Japan und Europa wie Pilze aus dem Boden schießen, ebenso beobachten wie im *Human Genome Projekt* und der *Decade of the Brain* der neunziger Jahre. Doch diese Strategie zu verinnerlichen, als sei sie die einzige Möglichkeit, die Welt zu verstehen, ihre explizit formulierten Ziele der sozialen Kontrolle und ihre stillschweigend implizierten eugenischen Anliegen zu ignorieren heißt, die Richtung zu verkennen, in die sie uns führt, und so zu tun, als sei moderne Wissenschaft über all die Ideologien hinausgewachsen, die sie in der Vergangenheit geformt haben. Die moderne Molekularbiologie ist, wie unreflektiert auch immer, Erbe ihrer Vergangenheit und kann diese nicht einfach abschütteln. So sind die dramatischen wissenschaftlichen Fortschritte der vergangenen Jahrzehnte von der immer lauter werdenden Behauptung begleitet, die neue Genetik, Molekularbiologie und Neurobiologie seien im Begriff, das menschliche Wesen insgesamt erklären und es in naher Zukunft sogar modifizieren zu können. Womit die neue Ära einer, wie es ein leidenschaftlicher Befürworter der neuen Biologie vor ein paar Jahren einmal nannte, „psychozivilisierten Gesellschaft" eingeläutet sei:

> „... auf der Stirn eines jeden jungen Menschen sollte ein Symbol tätowiert sein, das den Besitz eines Sichelzellen-Gens oder anderer, ähnlicher Gene anzeigt... Ich bin der Ansicht, daß man auf dieser Linie – Pflichtuntersuchung vor dem Eingehen einer Ehe und irgendeine Form der öffentlichen oder halböffentlichen Kenntlichmachung eines entsprechenden Befundes – eine Gesetzgebung entwerfen sollte."[5]

Das Datum dieses nationalsozialistisch anmutenden Vorschlags? Nicht die dreißiger Jahre, sondern 1968. Und der Autor? Ein Held der Antikriegsbewegung und alternativer Gesundheitsbewegungen, zweimaliger Nobelpreisträger, einmal im Fach Chemie, einmal für den Frieden: Linus Pauling.

Woche um Woche berichten Zeitungen über Dinge, die als wichtiger Durchbruch für das biologische oder medizinische Verständnis gelten. Hier eine wahllose Zusammenstellung: „Streß, Angst, Depression: Die neue Wissenschaft der Evolutionspsychologie macht die Wurzeln moderner Übel in den Genen aus", lautete die Titelgeschichte des *Time Magazine* vom 28. August 1995. „Genjäger sind schwer faßbaren und komplexen Charakterzügen auf der Spur", behauptete die *New York Times* am 31. Oktober 1995. „Untersuchungen stellen einen Zusammenhang zwischen einem Gen und einer besonderen Persönlichkeitsstruktur her", hatte der *Talahassee Democrat* im Januar 1996 zu bieten. Im Juli 1993 verkündete die Londoner *Daily Mail*, es bestehe „Abtreibungshoffnung nach Auffinden des ‚Schwulengens'". Den Londoner *Independent* zierte ein Artikel mit der Überschrift: „Wie Gene den Geist formen" (1. November 1995). Ein bißchen vorsichtiger beschrieb der Londoner *Guardian* am 1. Februar 1996 Robert Plomins Jagd nach „Intelligenzgenen" als die „Suche nach den ‚Schlaumachsachen'" und setzte diejenigen, denen solche Gene fehlen, auf die Liste der „Verlierer in der Lebenslotterie". (Robert Plomin war zu jenem Zeitpunkt soeben aus den Vereinigten Staaten auf eine Professur am Londoner Maudsley Institute of Psychiatry berufen worden.)

Man hat nicht nur Gene „für" Krankheiten wie Brustkrebs lokalisiert, sondern auch Gene „für" Homosexualität, Alkoholismus, Kriminalität, und einer inzwischen berühmt gewordenen – und nur zur Hälfte scherzhaft gemeinten – Spekulation des damaligen Herausgebers einer der führenden Wissenschaftszeitschriften der Welt, *Science*, Daniel Koshland, zufolge gibt es möglicherweise sogar Gene für Obdachlosigkeit.[6] Zur selben Zeit machen Medikamente zur Verlängerung des Lebens, zur Verbesserung der Gedächtnisleistung und zur Verhinderung von „Konsumzwang" Schlagzeilen. Universitätswissenschaftler berufen Pressekonferenzen ein, auf denen sie verheißungsvoll verkünden, man sei den biologischen Ursachen von Sexualität oder Gewalt in der modernen Gesellschaft auf der Spur. „Zwillingsstudien lassen vermuten, daß sogar unser Temperament in den Genen festgeschrieben ist", behauptete eine Pressemitteilung der University of Wisconsin im Februar 1994. Ein Jahr darauf berief die in London ansässige medizinische Wohlfahrtseinrichtung der *CIBA Foundation* eine Pressekonferenz ein, auf der verkündet wurde, man werde die Tagung eines kleinen Kreises von Verhaltensgenetikern fördern, deren Forschungsergebnisse auf einen „biologischen" Ursprung für die Neigung zu Gewaltverbrechen schließen lassen.[7]

Die Synthese von Genetik und Neurowissenschaften – die *Neurogenetik* – und deren philosophischer und politischer Nachlaß, den man als *neurogenetischen Determinismus* bezeichnen könnte, verheißen die Aussicht auf die Identifizierung, die kausale Verknüpfung und letzten Endes die Veränderung von Genen, die Gehirn und Verhalten beeinflussen: neurogenetische Forderungen, denen zufolge man in der Lage sein wird, eine Antwort auf die Frage zu liefern, wo in einer Welt voll individuellen Schmerzes und sozialen Unfriedens wir suchen sollten, um unsere Situation nicht nur erklären, sondern darüber hinaus sogar verändern zu können. Obgleich vermutlich nur der extremste Reduktionist auf die Idee käme, daß wir die Ursachen des Bosnien-Konfliktes in gewissen Störungen des Neurotransmitterhaushalts im Gehirn von Dr. Radovan Karadzic zu suchen hätten und eine Heilung durch den massenhaften Einsatz von Prozac zu erreichen wäre, so sind doch viele der Argumente, mit denen der neurogenetische Determinismus aufwartet, von solchen Extremen nicht weit entfernt: Soziale Erklärungen sind gut und schön, doch in letzter Konsequenz sind die bestimmenden Faktoren garantiert biologischer Natur. Und überdies verfügen wir über ein gewisses Verständnis und verschiedene Möglichkeiten der Intervention in biologische Abläufe vermittels Medikamenten, Abtreibungen oder Gentherapie, während soziale Interventionen – so dieser unverdrossene Determinismus – im Gegensatz hierzu offenkundig ohne Erfolg geblieben sind.

Gewalt in den Städten, Obdachlosigkeit und psychische Belastungen sind verzweifelt ernst zu nehmende Begleiterscheinungen des Lebens im heutigen Europa und den Vereinigten Staaten, und es muß nach Lösungen gesucht werden. Das Argument gegen die Jagd nach neurogenen Erklärungen lautet daher nicht, daß es unmoralisch oder ethisch fragwürdig sei, diese zu suchen. Das Argument lautet einfach, daß die Neurogenetik, aller verführerischen Macht des Reduktionismus zum Trotz, die falsche Ebene der disziplinären Pyramide aus Abbildung 1.1 (Seite 23) darstellt, wenn man versuchen will, Antworten auf die vielen Probleme zu finden, mit denen wir konfrontiert sind. Und dann führt solches Bemühen im besten Falle zu einem unangemessenen Einsatz ohnehin schon knapper menschlicher und finanzieller Ressourcen, im schlimmsten Falle zum Ersatz für soziales Handeln. Ich muß dies mit allem Nachdruck wiederholen, finde ich es doch immer wieder so beharrlich, ja böswillig mißverstanden. Mich erschüttert die Arroganz, mit der manche Biologen für ihre – unsere – Disziplin eine erklärende und interventionistische Macht in Anspruch nehmen, die dieser mit Sicherheit nicht zukommt, und wie sie lässig jeglichen Gegenbeweis ignorieren.

Schmetternde Gene

Diese Debatte ist nicht neu. Sie ist – mindestens seit Darwins Zeit – in jeder Generation aufs neue geführt worden, in jüngster Zeit in Gestalt polemischer Dispute über die Erklärungskraft der Soziobiologie aus den siebziger und achtziger Jahren.[8] Ich habe nicht vor, dieses alte Thema wieder aufzurühren.[9] Was neu ist in unseren Tagen, ist jedoch die Art und Weise, in der die Mystik der neuen Genetik als Bestärkung eines rein reduktionistischen Standpunktes angesehen wird. Im einfachsten Falle argumentiert der neurogenetische Determinismus für eine direkte Kausalbeziehung zwischen Genen und Verhalten. Ein Mann ist homosexuell, weil er ein „Schwulengehirn" hat, das seinerseits Produkt eines „Schwulengens" ist; eine Frau leidet unter Depressionen, weil sie Gene „für" Depressionen in sich trägt.[10,11,12] Auf den Straßen gibt es Gewalt, weil die Menschen „Gewalt-" oder „Kriminalitätsgene" in sich tragen, Menschen betrinken sich, weil sie ein Gen „für" Alkoholismus besitzen.[13,14] In einer solchen Aussagen gegenüber aufgeschlossenen politischen Umgebung, die großenteils bereits an dem Versuch verzweifelt ist, auf soziale Probleme mit sozialen Lösungen zu antworten (wenngleich andererseits meines Wissen allerdings bisher niemand nach den genetischen Ursachen für Menschenverachtung, Rassismus oder Wirtschaftsverbrechen forscht), werden solche vermeintlich wissenschaftlichen Behauptungen durch Presse und Politiker aufgebauscht. Die Wissenschaftler mögen vielleicht klagen, daß ihre weitaus zurückhaltenderen Formulierungen weit über ihre Absichten hinaus übertrieben werden, man denke an Han Brunners Dementi zum Thema „Aggressivitätsgene", auf das ich im folgenden näher eingehen werde. Solches aber ist schwer einzuordnen, wenn die Wissenschaftler selbst so viel Wert auf verkaufsträchtige Formulierungen legen. Die Pressemitteilungen zur Publikation von Simon LeVays Buch *Keimzellen der Lust*, in dem dieser auf der Basis seiner Untersuchungen an Autopsiematerial aus dem Gehirn an AIDS verstorbener, homosexueller Männer behauptete, eine besondere Gehirnregion gefunden zu haben, die bei vermeintlich schwulen und angeblich heterosexuellen Männern unterschiedlich sei, oder Dean Hamers Artikel aus dem Jahre 1993, in dem dieser für sich in Anspruch nahm, ein „Schwulengen" gefunden zu haben, waren bereits in einer Sprache gehalten, die den Medien kaum mehr Raum für Übertreibungen ließ.

Der unbezweifelbare Erfolg der Molekularbiologie seit der Entdeckung der DNA-Doppelhelixstruktur im Jahre 1953 nährte unter den Genetikern jene Art von solidarisch-übereifrigem Triumphgefühl, wie man es seit den Hochtagen der Physik in den zwanziger und dreißiger Jahren nicht mehr erlebt hatte: den Glauben, ihre Wissenschaft vermöge alles zu erklären, was es über die menschliche Natur zu erklären gebe, und könne, wenn man es nur zuließe, die Menschheit in einem neuen Bilde wiedererstehen lassen: „Gebt mir ein Gen, und ich bewege die Welt!" Auch ist die Biologie bislang von der Philosophie nur unzureichend bedient worden, ist diese doch weit mehr daran gewöhnt, kritische Analysen der Meta-Aussagen einfacherer Wissenschaften wie der Physik zu verfassen. Es scheint, als stehe sie den anmaßenden biologischen Ansprüchen an ihre Art des Denkens völlig verwirrt gegenüber. Die Physik hat schließlich nie versucht, die Philosophie zu vereinnahmen, sondern war lediglich bemüht, mit ihr in Frieden zu leben. Die einleitenden Sätze von Wilsons *Sociobiology* hingegen nehmen genau das für die neue Biologie in Anspruch, erklären Humanwissenschaften wie Soziologie, Ökonomie, Politik und Psychologie für überflüssig.

Als Reaktion darauf haben sich viele Philosophen zurückgezogen, andere sind zu einem neuen Typ, sogenannten Bioethikern, mutiert und denken über die moralischen Zwickmühlen nach, die sich durch das Wirken der Biologie – oder zumindest der Genetik – zukünftig allem Anschein nach auftun werden. Doch selbst dieser Raum wird den Philosophen verweigert, denn die neuen Molekularbiologen wollen nicht nur ihre Wissenschaft betreiben, sondern möchten auch die Kontrolle über deren Verwendung ausüben. Wilson beispielsweise befürwortet einen ethischen Codex, der „genetisch zutreffend und somit vollkommen fair" ist.[17] Wenige professionelle Philosophen scheinen darauf vorbereitet, solche ethischen Ansprüche einer gründlichen Analyse zu unterziehen, Mary Midgley macht hier eine rühmliche Ausnahme.[18] Das heutige Schlagwort lautet Ultra-Darwinismus und ist von universeller Geltung.

Reduktionismus als Ideologie

Der Anspruch, so unterschiedliche Phänomene wie die sexuelle Orientierung, psychische Probleme, Erfolg im Leben – gemessen an den Leistungen in Schule, Arbeit und Einkommen – und die Gewalt auf den Straßen unserer Großstädte erklären zu wollen, ist alles andere als belanglos. Wir alle wollen wissen, wo wir nach Erklärungen für unseren persönlichen Erfolg oder Mißerfolg, für unsere Stärken und Schwächen zu suchen haben. Ganz zu schweigen von den chronischen Krisen, von denen die Welt um uns herum geschüttelt wird. Wir haben für solche Fragen die Wahl zwischen gesellschaftlichen und individuellen Erklärungen. Bemühen wir soziale Erklärungen, können wir Lösungen durch soziale Aktionen zu erreichen suchen, die wirtschaftlichen Verhältnisse verbessern, Gesetze ändern oder daran arbeiten, die sozialen Strukturen von Macht und Privilegien zu verändern. Bemühen wir persönliche Erklärungen, können wir, möglicherweise auf dem Wege einer Psychoanalyse, unsere eigene individuelle Lebensgeschichte erforschen. Oder wir bemühen die biologische Variante und stellen uns auf den Standpunkt, daß die Wurzeln des Problems in der Gehirnstruktur des einzelnen, seiner Biochemie und Genetik zu suchen sind. Wenn die Ursachen unserer Freuden und Schmerzen, unserer Stärken und Schwächen in erster Linie im Reich der Biologie zu suchen sind, dann ist es die Neurogenetik, bei der wir um Erklärungen nachzusuchen, sind es Pharmakologie und Medizin, an die wir uns auf der Suche nach Lösungen zu wenden haben.

Wie ich wiederholt betont habe, ist diese Vereinfachung zusammen mit der ihr innewohnenden Botschaft, die Welt sei in miteinander unvereinbare Kausalitätsreiche aufgeteilt, in der Erklärungen entweder sozialer *oder* „biologischer" Natur sind, und der ungemein verführerischen Dichotomie von angeboren und erworben, Gen oder Umwelt, irreführend. Die Phänomene des Lebens sind immer und unabdingbar zu gleichen Teilen dem Angeborenen *und* dem Erworbenen verpflichtet, die Phänomene menschlicher Existenz gleichzeitig biologisch *und* sozial bedingt. Angemessene Erklärungen müssen beides beinhalten.[19] Natürlich ist es für jeden ernsthaften Naturwissenschaftler ebenso normal, die Bedeutung des Sozialen zugunsten des Biologischen herunterzuspielen, wie es für einen Politiker normal ist, zu leugnen, daß er der Partei die Priorität vor den Interessen des Landes einräumt; jeder von uns ist Interaktionist. Bei jeder Suche nach Erklärungen und Interaktionsmöglichkeiten ist es notwendig, die geeignete Ebene zu finden, auf der sich mit aussagekräftigen Ergebnissen rechnen läßt. Dennoch stellt man wieder und wieder fest, daß reduktionistische Aussagen in unqualifizierter Weise Schlagzeilen machen und Forschungsprogramme beeinflussen.

Der neurogenetische Determinismus, so behaupte ich, basiert auf einer fehlerhaften reduktiven Sequenz, deren einzelne Schritte man folgendermaßen benennen könnte: Reifikation (Verdinglichung), willkürliche Zusammenführung, unzulässige Quantifizierung, dem unerschütterlichen Glauben an eine statistisch abgesicherte „Normalität", fehlerbehaftete Lokalisation, falsch verstandene Kausalität, dichotome Kategorisierung in genetische und umweltbedingte Ursachen und der Verwechslung von Metapher und Homologie. Wie deutlich werden wird, ist keiner dieser Schritte für sich allein von vornherein ein Fehltritt, nur ist das Parkett sehr glatt, und man gerät leicht ins Schleudern. Worum es hier geht, sind weniger die formalphilosophischen Erwägungen, die ich in Kapitel 4 angesprochen habe, sondern es geht vielmehr um die Frage, welche Ebene der Organisation von Materie die geeignete ist, nach kausal wirkenden Faktoren für das Verhalten des einzelnen und der Gesellschaft insgesamt zu suchen. Die Struktur des Arguments verändert sich nur unwesentlich, ob sich die Diskussion nun um Intelligenz, Sexualität oder Gewalt dreht, und ich werde mich in meiner Analyse vorwiegend an diese Themen halten.

Reifikation

Der erste Schritt in diesem Prozeß besteht in der *Reifikation*, einer manchmal gefährlichen, da nicht immer angemessen reflektierten Form der Verdinglichung. Durch sie wird ein dynamischer Prozeß zu einem statischen Phänomen. Gewalt ist der Begriff, mit dem man bestimmte Abfolgen von Interaktionen zwischen verschiedenen Personen oder auch zwischen Personen und ihrer nichtmenschlichen Umgebung beschreibt. Es handelt sich hierbei um einen Vorgang. Durch Reifikation verwandelt sich dieser Vorgang in ein greifbares Ding namens *Aggression*, das sich aus dem interaktiven dynamischen System, dem es angehört, abstrahieren und in Isolation, gleichsam im Reagenzglas, untersuchen läßt. Das ist die Art von Denken, die dazu geführt hat, daß Aggressivität als phänotypisches Merkmal gilt, welches sich mit den modernen Gegenstücken Mendelscher Methoden analysieren läßt.

In Kapitel 5 habe ich auf die Schwierigkeiten hingewiesen, die es mit sich bringt, will man auch nur ein allem Anschein nach ganz einfaches Merkmal eines Organismus, wie die Farbe einer Erbse oder eines Auges, als einheitliches „Merkmal" betrachten. Einen Verhaltensaspekt als isolierbares Merkmal zu betrachten ist noch weit problematischer. In Kapitel 2 habe ich beschrieben, welche Sorgfalt vonnöten ist, wenn man in einem methodologisch bereits so eingeschränkten Rahmen wie dem eines Ethogramms das Verhalten auch nur eines einzelnen, relativ isoliert gehaltenen Wesens abstrahieren und definieren will. Wenn sich also eine Aktivität, wie sie beispielsweise mit Begriffen wie „Gewalt", „Altruismus" oder „Sexualität" umschrieben wird, nur in der Interaktion zwischen Individuen ausdrücken läßt, dann beraubt man sie ihrer Bedeutung, wenn man den Vorgang abstrahiert und so tut, als sei er irgendein Merkmal, das sich isoliert untersuchen ließe. Es ist, als betrachte man den hüpfenden Frosch, ohne die Schlange in seine Erwägungen mit einzubeziehen.

Willkürliche Einordnung

Die willkürliche Agglomeration (Zusammenführung) treibt die im obigen Abschnitt beschriebene Reifikation einen Schritt weiter, indem sie ganz verschiedene, reifizierte Interaktionen in einen Topf wirft, als seien sie allesamt Beispiele für das eine Merkmal. So wird *Aggressi-*

vität zu einem Begriff, der für so verschiedene Dinge benutzt wird, wie für einen Mann, der seine Geliebte oder sein Kind mißhandelt, für Streikende, die der Polizei Widerstand leisten, Rassisten, die sich an ethnischen Minoritäten vergehen, für Bürgerkriege und Kriege zwischen verschiedenen Nationen. Eine Zusammenführung wird vollzogen, wenn davon ausgegangen wird, daß jeder dieser sozialen Abläufe nichts weiter ist als eine Manifestation irgendeiner zugrundeliegenden gemeinsamen Eigenschaft der betreffenden Individuen, an deren Entstehung oder als deren Ursache identische biologische Mechanismen wirken.

Das Ganze wird sehr gut deutlich an einem Artikel, der im Jahre 1993 in *Science* veröffentlicht wurde. Er stammte von einer Arbeitsgruppe unter der Leitung von Han Brunner und beschrieb eine niederländische Familie (genauer, einen Familienstammbaum), in der es Berichten zufolge einige Männer von ungewöhnlicher Aggressivität gegeben haben soll.[20] Insbesondere wiesen acht Männer, die zu verschiedenen Zeiten in verschiedenen Teilen des Landes gelebt hatten, einen „abnormen Verhaltensphänotyp" auf. Zu den berichteten Verhaltensweisen gehörten „Aggressionsschübe, Brandstiftung, versuchte Vergewaltigung und Exhibitionismus". Können derart unterschiedliche Verhaltensweisen, die so unverfroren aus ihrem sozialen Kontext herausgerissen wurden, mit Fug und Recht in die gemeinsame Rubrik Aggression eingeordnet werden? Es ist nicht sehr wahrscheinlich, daß eine solche Aussage, würde sie im Rahmen einer Studie zu nichtmenschlichem, tierischem Verhalten getroffen, näherer Betrachtung standhielte (ich käme bestimmt nicht damit durch, wollte ich in einer Untersuchung eine derartige Bandbreite von Verhaltensweisen mit acht Hühnern belegen!). Und doch wurde Brunners Artikel in einer der prestigeträchtigsten Zeitschriften der Welt publiziert und erlangte beträchtliche Publizität. (Nebenbei bemerkt ist es erstaunlich, wie viele dieser sensationsheischenden, wissenschaftlich oft eher zweifelhaften Artikel über die angebliche Auffindung bestimmter genetischer Ursachen für menschliche Probleme in *Science* erschienen sind. Die rivalisierende Zeitschrift *Nature* ist hier sehr viel vorsichtiger.)

Der Artikel erregte jede Menge Aufmerksamkeit, berichtete er doch, daß jede dieser „gewalttätigen" Personen eine Mutation in genau jenem Gen enthielt, das für das Enzym Monoaminoxidase kodiert (MAOA), welches unter anderem mit dem Metabolismus eines bestimmten Neurotransmitters assoziiert ist und für den Angriffspunkt einer Reihe von Psychopharmaka gehalten wird.

Konnte diese Mutation womöglich die „Ursache" für die berichtete Gewalttätigkeit sein? Brunner selbst wies eine direkte Verbindung zurück, er distanzierte sich auch von allen öffentlichen Behauptungen der Art, seine Gruppe habe ein „Gen für Aggressivität" ausfindig gemacht, und stellte diese als rein journalistische Verzerrung dar.[21] Trotzdem wird diese Aussage inzwischen in weiten Teilen der Forschungsliteratur zitiert, wobei das, was Brunner in seinem Titel als „abnorm" bezeichnet hatte, nunmehr zu „aggressivem" Verhalten mutiert ist.

So geschah es, daß zwei Jahre nach Brunners Publikation ein Artikel in *Science* erschien, der mit diesen beiden Worten reüssierte und in dem es um Mäuse ging, denen das Enzym Monoaminoxidase A fehlte. Den Autoren, einer in erster Linie französischen Arbeitsgruppe unter der Leitung von Oliver Cases, zufolge erschienen die Jungmäuse „zitternd, mit großen Schwierigkeiten beim Aufrechtstehen und verängstigt..., sie rannten ziellos umher und fielen häufig um,... zeigten Schlafstörungen..., den Hang, den Experimentator zu beißen,... und eine geduckte Körperhaltung..."[22] Von all diesen Kennzeichen gestörter Entwicklung nahmen die Autoren lediglich „Aggressivität" in den Titel ihres Artikels auf und schlossen ihre Betrachtung mit der Schlußfolgerung, diese Ergebnisse könnten gewertet werden als Untermauerung „der These, daß das besonders aggressive Verhalten jener wenigen bekannten Männer mit einem MAOA-Mangel... eine unmittelbare Folge des MAO-Mangels ist". Als ich in einem Brief an *Science* darauf hinwies, daß das, was Cases' Artikel als Aggression vermarktete, nur ein untergeordneter, im Grunde wenig überraschender Nebenaspekt dieses schwer gestörten Entwicklungsmusters sei, rief mich einer der Autoren an und erklärte, man habe Aggression nur deshalb so herausgestellt, weil es die beste Möglichkeit schien, den Ergebnissen die entsprechende Aufmerksamkeit zukommen zu lassen.

Besorgniserregender als in diesem Falle wird diese Sorte von Beweis, wenn sie, so mager sie auch offenkundig ist, beispielsweise Teil des Arsenals von Argumenten wird, die sich eine Vereinigung wie die amerikanische *Federal Violence Initiative* zu eigen macht. Diese Organisation zielt darauf ab, Stadtkinder aufzuspüren, bei denen ein vermeintliches Risiko dafür besteht, daß sie im späteren Leben aufgrund irgendwelcher prädisponierender biochemischer und genetischer Faktoren gewalttätig werden könnten. Dieses Programm – ursprünglich ins Leben gerufen vom Direktor des *US National Institute of Mental Health*, Frederick Goodwin – stieß ursprünglich aufgrund seiner als potentiell rassistisch zu bewertenden Untertöne in den wiederholten versteckten Hinweisen auf die „high-impact inner city"-Jugend auf die feindselige Ablehnung der Öffentlichkeit. Nicht lange danach verließ Goodwin seinen Direktorenposten, und Pläne für ein Treffen, auf dem seine Vorschläge diskutiert werden sollten, wurden wiederholt fallengelassen.[23] Dessenungeachtet werden jedoch in den USA, und hier insbesondere in Chicago, Teile des Forschungsprogramms ausgeführt.[24]

Wie bei jedem Schritt der reduktionistischen Kaskade, die ich hier beschreibe, ist das Problem nicht darin zu sehen, daß wir als Forscher innerhalb der uns zu Gebote stehenden Methodologie klassifizieren und dabei oftmals ganz unterschiedliche Arten von Beobachtungen unter einem gemeinsamen Gesichtspunkt zusammenfassen müssen. Das ist nicht notwendigerweise ein unzulässiger Schritt, wie ich am Beispiel meiner eigenen Untersuchungen zum Pickverhalten von Küken als Ausdruck einer Gedächtnisleistung zu erklären versucht habe. Wissenschaft geht nicht selten so vor, daß man abwechselnd verschiedene Phänomene unter dem Aspekt des Gemeinsamen zusammengruppiert und dann nach den Unterschieden zwischen ihnen sucht. Doch Brandstiftung und Exhibitionismus als Beispiele für eine „natürliche Art" namens „Aggression" in eine gemeinsame Gruppe einzuordnen ergibt vermutlich weder in den Augen eines Kriminologen noch denen des Gerichts oder einer Jury allzuviel Sinn.

Um diese Schwierigkeit zu umgehen, haben einige Forscher solche Fälle in jüngster Zeit umbenannt, so daß sie nunmehr nicht länger als Beispiele für „Gewalt" gelten, sondern eine neue Kategorie namens „asoziales Verhalten" bilden, die nun ebenfalls als „natürliche Art" anzusehen ist.[25] Weit davon entfernt, das Problem zu lösen, macht diese Neubenennung es nur schlimmer. Was die Agglomeration an unterschiedlichen Aktivitäten zusammenfaßt, läßt sich dessenungeachtet zur selben Zeit, je nach den herrschenden Umständen, als sozial verträgliches oder unverträgliches Handeln sehen. Ein Regierungsgebäude im Feindesland zu bombardieren kann Ihnen gesellschaftliches Lob einbringen, wenn Sie Pilot sind und Ihr Land sich im Krieg befindet; wenn Sie andererseits Mitglied der Gesellschaft sind, deren Gebäude Sie bombardieren, machen Sie sich eines asozialen Verhaltens namens Terrorismus schuldig. Vergleichen Sie die Orden der amerikanischen Piloten aus dem Golfkrieg mit der Anklage gegen die Bombenleger von Oklahoma City.

Das vielleicht eindringlichste Beispiel bietet womöglich eine nordirische Episode aus dem Jahre 1990. Der britische Soldat Lee Clegg hatte Dienst auf einem Kontrollposten seiner Armee. Plötzlich raste ein gestohlenes Auto durch die Straßensperre. Soldat Clegg hob sein Gewehr und erschoß einen der Fahrzeuginsassen, ein junges Mädchen, das ohne Führerschein gefahren war. Er wurde angeklagt und wegen Mordes – dem wohl asozialsten aller Verhalten – verurteilt. Die Armee war außer sich und startete, von der englischen Regenbogenpresse in schrillen Tönen unterstützt, eine heftige und letztlich erfolgreiche Kampagne für seine Freilassung und Wiedereinstellung. Er habe, so wurde argumentiert, nur seine Pflicht getan, schließlich hätten in dem Auto auch IRA-Terroristen und keine schwarzfahrenden Teenager sitzen können – in diesem Falle hätte er einen Orden bekommen. Im Jahre 1997 suchte er, inzwischen zum Obergefreiten ernannt, um eine Abfindung für seine ungerechtfertigte Verhaftung und den Gefängnisaufenthalt nach.

Dasselbe Tun kann somit einerseits als sozial verträglich und andererseits als asozial definiert werden, und beides hängt nicht von dem Akt des Handelns selbst ab, sondern von der Auffassung derer, die es beobachten. Wie kann so etwas die Basis für eine biologische, individuell gültige Kategorisierung bilden, mit der wir, um herauszufinden, was passiert ist, nach ungewöhnlichen Genen suchen, die irgendwelche Enzyme des Neurotransmitterhaushalts in Lee Cleggs Gehirn kodieren? Asoziales Verhalten ist eindeutig keine „natürliche Art".

Unangebrachte Quantifizierung

Die *unzulässige Quantifizierung* vertritt den Standpunkt, daß solchermaßen reifizierten und kategorisierten Merkmalen numerische Werte zugeordnet werden können. Daß man, wenn jemand gewalttätig oder intelligent ist, fragen könne, wie gewalttätig oder wie intelligent er im Vergleich zu anderen Personen ist. Diese Annahme, daß jedes beliebige Phänomen sich messen und mit einem bestimmten Wert ausdrücken läßt, reflektiert die von mir bereits angesprochene Überzeugung, daß die Mathematisierung von etwas in gewisser Weise heißt, dieses greifbar und kontrollierbar zu machen. Das bestbekannte Beispiel in diesem Zusammenhang ist die Verwendung einer IQ-Skala zur Messung und Beschreibung von Intelligenz. Wie viele andere habe ich in der Vergangenheit über die Geschichte dieser Skala und einige der mit ihrem Gebrauch verbundene Mißverständnisse geschrieben, und es besteht keine Notwendigkeit, die Argumente hier im Detail zu wiederholen.[26]

Am Anfang stehen dieselben Schritte der Reifikation und der willkürlichen Agglomeration, wie ich sie auch im Falle der Gewalttätigkeit beschrieben habe. „Intelligentes Verhalten", ein seinem Wesen nach interaktiver Prozeß zwischen einem Einzelwesen und einem anderen beziehungsweise der sozialen, belebten und unbeseelten Welt, wird zu einem Einheitsmerkmal zementiert. Viele verschiedene Beispiele solchen Verhaltens werden dann als Manifestation von etwas zusammengefaßt, das man, gleichsam, als wolle man Dynamik zu Statik einfrieren, als „kristallisierte Intelligenz" bezeichnet, und mit einem besonderen Symbol versehen. Dieses Symbol namens „g" war ursprünglich von dem Psychologen Charles Spearman in den zwanziger Jahren eingeführt worden. (Ob es reiner Zufall ist, daß dieser Buchstabe auch eine der heiligsten physikalischen Kräfte – die Schwerkraft nämlich – symbolisiert?) Anschließend werden Tests entworfen, mit denen sich diese theoretisch hergeleitete, obskure Größe messen läßt. Testpersonen wird eine Reihe von Fragen gestellt, die vermeintlich nicht von Schulbildung, Klassenzugehörigkeit oder Kultur abhängen, sondern dazu dienen sollen, grundlegende absolute Fertigkeiten wie das Zuordnen von Mustern oder das Erkennen der Logik in einer Folge von Zahlen oder Wörtern zu bewerten. Das Abschneiden des Kandidaten in diesem Test wird dann mit dem der Allgemeinbevölkerung (oder, bei Kindern, mit anderen derselben Altersgruppe) verglichen, und den daraus resultierenden Vergleichswert nennt man IQ. Von den vielen Annahmen und Voraussetzungen, die in diesen Prozeß eingesponnen sind, möchte ich im Augenblick nur eine herausgreifen: die außerordentlich erstaunliche Überzeugung, daß die multiplen Aspekte von Verhalten (von reifiziertem und kategorisiertem Verhalten überdies), die allesamt zu dem beitragen, was wir womöglich als Intelligenz empfinden – die Geschwindigkeit und Treffsicherheit unserer Reaktion auf neue Informationen, die Fertigkeit, undurchsichtigen sozialen Situationen die richtige Bedeutung beizumessen, die Innovationsfähigkeit in neuer Umgebung und vieles andere –, sich sämtlich auf eine einzige Zahl reduzieren lassen sollen, vermittels derer die gesamte menschliche Bevölkerung sich genauso bewerten läßt, als reihe man sie der Größe nach auf.

Natürlich ist es, um diese Art der mathematischen Reduktion zu erreichen, in vielen Fällen notwendig, etliche der reich vernetzten menschlichen Fertigkeiten über Bord zu werfen, wenn auch die meisten Menschen vermutlich der Ansicht sind, daß gerade sie zu den auffallendsten Aspekten dessen zählen, was man als Intelligenz bezeichnen könnte. Doch solche Psychometriker ziehen sich in eine private, nur von Liebhabern der Kunst des Zählens bevölkerte Welt zurück. Ihnen fällt es bereits schwer, sich mit anderen Gehirn- oder Verhaltensforschern auszutauschen, die die Ergebenheit der Psychometriker in ihre Zahlenkunde großenteils eher scheel beäugen. (In der Praxis bedeutet dies, daß die einzige andere Disziplin, auf die sie sich beziehen können und mit der die Psychometrie eine historische Verknüpfung verbindet, ein bestimmtes Untergebiet der Verhaltensgenetik ist. Beide, Psychometrie und Verhaltensgenetik, sind Kinder der Eugenikbewegung des frühen zwanzigsten Jahrhunderts.[27]) Diese unbeschwerte und unbedingte Hinwendung zu einer an Willkür kaum zu übertreffenden Reduktion von Intelligenz springt einem bereits im ersten Kapitel des von Herrnstein und Murray verfaßten Buches *The Bell Curve* ins Auge, in dem die Autoren alle Kritik an einer derartigen Reduktion von Intelligenz auf eine einzige Zahl vom Tisch wischen. Intelligenz, so beharren sie, sei nicht zu verwechseln mit Talent, Einsicht, Kreativität oder der Fähigkeit, Probleme zu lösen und Schwierigkeiten aufzulösen, genausowenig, wie sie mit musikalischen, räumlichen, mathematischen oder kinästhetischen Fähigkeiten, Sensitivität, Charme oder Beredsamkeit zu tun hat:

> „Es gibt so etwas wie einen allgemeinen Faktor für kognitive Fähigkeiten, durch den sich menschliche Wesen unterscheiden. Sämtliche standardisierten Tests auf akademische Eignung oder Leistung messen zu einem gewissen Grad diese Fähigkeit, IQ-Tests aber, die eigens zu diesem Zweck angelegt sind, messen sie am genausten.
> Der IQ-Wert bezeichnet in hohem Maße das, was die Leute meinen, wenn sie in der Alltagssprache das Wort *intelligent* oder *schlau* verwenden."[28]

Somit ist das, was Intelligenztests messen, Intelligenz, und wenn andere, auf andere Prinzipien gegründete Tests damit nicht übereinstimmen und somit kein mit dieser vereinheitlichten Sichtweise kompatibles Maß für g liefern, so kommen sie einfach nicht in Betracht.

Statistik und Norm

Der Glaube an eine *statistische Norm* geht davon aus, daß die Verteilung solcher Verhaltenswerte in jeder beliebigen Population die Form einer Gaußschen Verteilung, jener berühmten Glockenkurve (Abbildung 10.1) also, einnimmt.

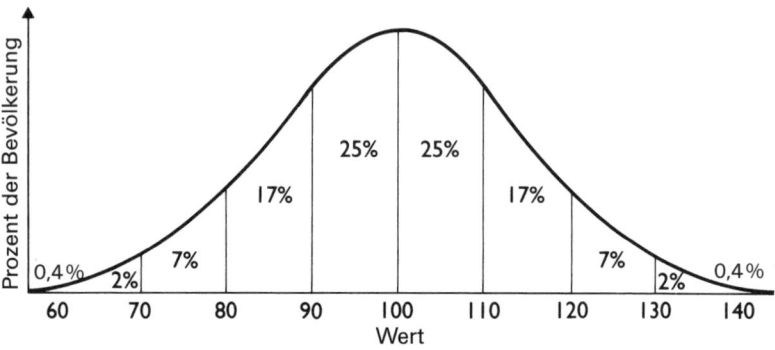

Abbildung 10.1: Die Glockenkurve

In der Statistik kennt man diese Verteilung als „Normalverteilung". Eines der bekanntesten Anwendungsbeispiele in diesem Zusammenhang ist der Intelligenzquotient, zu dessen Messung Generationen von Psychometrikern an ihren Tests gefeilt haben, bis ihre Ergebnisse (ungefähr) der allgemein akzeptierten statistischen Form genügten. Das heißt, Tests, die am Ende keine der Kurve entsprechende Verteilung innerhalb der Bevölkerung ergaben, wurden verworfen, beziehungsweise die Testfragen wurden verändert, bis das Ganze jener Kurve gehorchte, einer Errungenschaft aus der Zeit zwischen den beiden Kriegen und Ergebnis vieler Revisionen des ursprünglich in den zwanziger Jahren entwickelten Stanford-Binet-Tests. Die Kurven-Freunde verstrickten sich noch in ein weiteres Problem. Wenn sie darauf schauten, wie Männer und Frauen (Mädchen und Jungen) in ihren Tests abschnitten, waren die Mädchen den Jungen bei einigen Themen überlegen und erhielten dementspechend höhere IQ-Werte. Da die Tester davon ausgingen, daß sich beim IQ-Wert keinerlei geschlechtsspezifische Unterschiede zu ergeben hätten, wurden Fragen, in denen beide Geschlechter unterschiedlich gut abschnitten, so lange einander angeglichen, bis es im Durchschnitt keine Unterschiede mehr zwischen beiden gab. Als die Testbögen aber unterschiedliche Durchschnittswerte bei Personen aus Arbeiterklasse und Mittelstand oder gar zwischen Weißen und Schwarzen ergaben, glaubte man, daß diese „echte", grundlegende Unterschiede im Intelligenzgrad reflektierten. In Wirklichkeit ist es möglich, Tests zu entwerfen, bei denen Kinder aus der Arbeiterklasse besser abschneiden als Kinder des Mittelstands, aber diese werden nicht eingesetzt.

Mein verstorbener Kollege Brian Lewis hat einem solcher Tests das Argument zugrunde gelegt, daß Kinder aus unteren sozialen Schichten mit mehr „Desinformation" – Lügen – zurechtkommen müßten als Kinder aus dem Mittelstand. Er entwarf daher einen Test, in dem Schulkinder aus einer Mischung von wahren und irreführenden Aussagen eine Strategie entwickeln sollten. Die Kinder aus den unteren sozialen Schichten schnitten in diesen Tests sehr viel besser ab. (Moderne Tester bemühen gelegentlich sogenannte „kulturfaire" Tests, wobei sie allerdings die Tatsache ignorieren, daß diese bereits gegen den Stanford-Binet-Test standardisiert worden sind und daher mit großer Wahrscheinlichkeit die in früheren Tests enthaltene Befangenheit fortführen werden.)

Dieses Verfahren macht deutlich, wie die ideologische Vorbelastung des Forschenden in die Konstruktion einer Biologie münden kann, von der die Betreffenden am Ende annehmen werden, sie hätten sie lediglich der Natur abgelauscht. Schlimmer noch als das aber ist die Annahme, daß sich die gesamte Population in eine eindimensionale Verteilung pressen lassen müsse, denn hier wird ein biologisches Phänomen mit einer statistischen Manipulation verwechselt. Es besteht keinerlei biologische Notwendigkeit für eine solche eindimensionale Verteilung, und es besteht auch keinerlei Anlaß dafür, daß eine Population einer derartig handlichen Verteilung gehorchen sollte. Es ist durchaus möglich, Testfragen zu entwerfen, in denen jeder 100 Prozent erreicht. Die Vorliebe britischer Universitäten, in ihren Examen 10 Prozent Spitzennoten (*first class degrees* – *summa cum laude*), 10 Prozent mit dem Urteil „ausreichend", 10 Prozent „nicht bestanden" und alle anderen hübsch in der Mitte gruppiert zu haben, ist eine Konvention, kein Naturgesetz (Abbildung 10.2).

Die Macht einer solchen reifizierenden Statistik aber sollte man dennoch nicht unterschätzen. Sie verschmilzt auf bequeme Weise zwei Arten von „Normalität". Im statistischen Sinne des Wortes kommt diesem Begriff keine Bewertung zu: „Normal" beschreibt lediglich einen bestimmten Kurvenverlauf, dem das besondere Merkmal eigen ist, daß sich 95 Prozent der durch ihn eingeschlossenen Fläche in einer bestimmten Entfernung – sprich um zwei Standardabweichungen – von deren Mittelwert befinden. In der Umgangssprache aber bedeutet der Begriff in Wirklichkeit „normativ". Er beschreibt nicht, wie die Dinge sind, sondern wie sie sein sollten: Sich mehr als zwei Standardabweichungen vom Mittelwert einer Gaußschen Verteilung zu befinden heißt, abnormal sein, mit allen Konsequenzen. Als Herrnstein und Murray ihr Buch *The Bell Curve* betitelten, spielten sie auf genau diese Doppelbedeutung einer statistisch geschönten Normalität an.

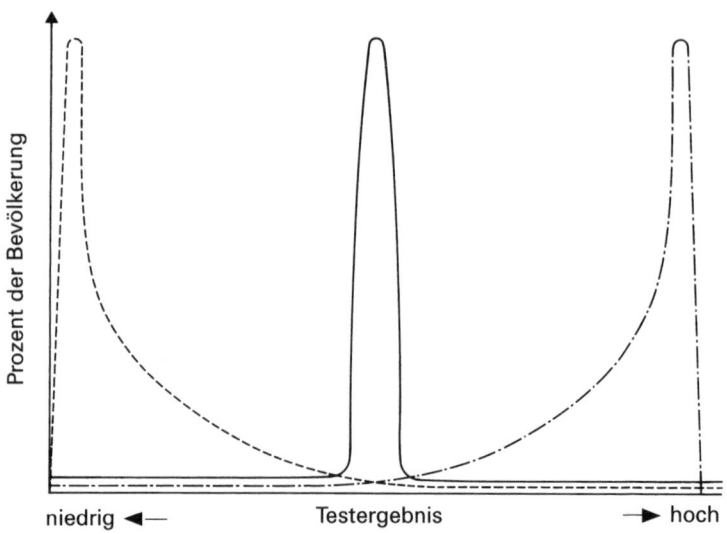

Abbildung 10.2: Mögliche Verteilung von Testergebnissen innerhalb einer Population. Es sind drei denkbare Verteilungen abgebildet, die allesamt nicht der Form der Glockenkurve gehorchen; je nach Anlage des Tests kann jede davon (und jede andere dazwischen auch) gegeben sein.

Falsche Bezüge

Nach der Reifikation von Abläufen zu Objekten und deren willkürlicher Quantifizierung hören diese Objekte auf, im Besitz ganzer Individuen zu sein, sondern werden nunmehr Teilen des Individuums zugeschrieben. Daher die Tendenz, beispielsweise von einem schizophrenen Gehirn oder von schizophrenen Genen zu sprechen – statt von einem Gehirn oder von Genen, die einer Person gehören, bei der man Schizophrenie diagnostiziert hat. Natürlich sollte jedermann wissen (und tut dies auch – zumindest an Sonntagen, da an solchen Tagen jedermann ein soziales Wesen ist), daß es sich hierbei um eine Abkürzung handelt, aber der Anklang, den egoistische Gene finden, leistet mehr als die Verkaufszahlen der Bücher ihrer wissenschaftlichen Erfinder zu steigern: Er reflektiert und sanktioniert die Denk- und Erklärungsweise, die dem neurogenetischen Determinismus zugrunde liegen, denn die Begriffe zerreden die komplexen Eigenschaften von Individuen zu isolierten, eng umgrenzten Brocken Biologie.

So hat sich in den letzten Jahren unter verschiedenen Neuroanatomen eine ungewöhnlich polemische Debatte über „den tatsächlichen" Sitz der Homosexualität im Gehirn abgespielt, die eher an die frühen Tage der Phrenologie im neunzehnten Jahrhundert erinnert denn an moderne Forschung. Vor allem bei zwei Hirnregionen wurde gezankt, welcher von beiden die Ehre zukomme, die sexuellen Neigungen des Mannes zu bestimmen: zum einen jenes große Bündel von Nervenfasern, das die beiden Hirnhälften miteinander verbindet, der sogenannte „Balken" oder Corpus callosum, zum anderen ein Häufchen Gehirnzellen tief innen im Gehirn, ein Teil des Hypothalamus. Nach Ansicht von Laura Allen aus Kalifornien weist das Corpus callosum, wenn man es unter einem bestimmten Winkel mißt, bei Männern und Frauen eine unterschiedliche Dicke auf, wobei homosexuelle Männer, wie könnte es anders sein, hübsch ordentlich zwischen heterosexuellen Männern und Frauen liegen.[29] Dick Swaab aus Amsterdam hingegen und Simon LeVay aus Kalifornien haben den Hypothalamus im Visier, jeder von beiden sieht allerdings bei einem anderen Teil dieser komplexen Struktur einen Volumenunterschied zwischen schwulen und vermeintlich nicht schwulen Männern.[30, 31] LeVays Studie machte vor allem deshalb Schlagzeilen, weil er erstens Autopsiematerial von Männern verwandt hatte, die an AIDS gestorben waren, zweitens, weil er seinem Artikel ein Buch mit dem Titel *Keimzellen der Lust* folgen ließ, und drittens, weil er selbst bekennender Schwuler ist. Er argumentierte, das Auffinden einer Gehirnstruktur für Homosexualität habe etwas Befreiendes, denn es befreie die Betreffenden vom Stigma der Unmoral und lindere die von einigen Angehörigen des nicht schwulen Lagers gehegten Ängste, sie könnten sich diese sexuelle „Krankheit" womöglich bei einem Aufenthalt in falscher Gesellschaft durch Ansteckung zuziehen.

Ich will mich hier nicht in eine detaillierte Analyse der empirischen Belege dieser drei Neuroanatomen verstricken oder gar der Befunde des Genetikers Dean Hamer von den *National Institutes of Health* in Bethesda, Maryland, der die soeben beschriebenen anatomischen Studien im Jahre 1993 nicht mit der Entdeckung eines „Schwulengehirns", sondern eines Markers für ein „Schwulengen" haushoch überbot.[32] Diese Untersuchungen sind übrigens in jüngster Zeit Gegenstand einer detaillierten empirischen Kritik durch Anne Fausto-Sterling gewesen, und es hat offenbar Probleme gegeben, Hamers Befunde an anderen Proben zu wiederholen.[33] Mein Thema hier ist einmal mehr die Struktur des Arguments derer, die den Versuch unternehmen, Homosexualiät in einem Gehirnabschnitt oder einem aberranten Gen zu lokalisieren, denn dieses Bestreben offenbart sämtliche Mißverständnisse, die ich bereits für Versuche beschrieben habe, sich auf Kriminalität, Intelligenz, und was dergleichen mehr ist, zu konzentrieren. Eine gleichgeschlechtlich orientierte Vorliebe ist kaum als stabile Kategorie zu bezeichnen, das gilt sowohl für das Leben eines Einzelwesens als auch in historischen Dimensionen – ja, die Tatsache, daß „homosexuell" als Begriff zur Beschreibung einer einzelnen aus einem ganzen Spektrum von jedermann offenstehenden sexuellen Aktivitäten und Vorlieben verwendet wird, scheint sogar eine relativ moderne Entwicklung zu sein.[34] Die reduktionistische Art zu argumentieren bemächtigt sich der Beschreibung einer sexuellen Aktivität oder Vorliebe, reißt sie aus ihrem Zusammenhang als ein Aspekt unter vielen in der Beziehung zwischen zwei Individuen, reifiziert sie und verwandelt sie in ein phänotypisches „Merkmal", Resultat eines oder mehrerer abnormer „Schwulen"gene. Wie immer wird der Begriff aller persönlichen, sozialen oder historischen Bedeutung enthoben, so als habe eine gleichgeschlechtliche Beziehung im Griechenland Platons dasselbe bedeutet wie im viktorianischen England oder im San Francisco der Sechziger.

So wie Homosexualität im Hypothalamus wurde Aggressivität in einer anderen Gruppe von Gehirnstrukturen lokalisiert, dem sogenannten limbischen System, und hier insbesondere im Mandelkern (*Amygdala*). In den siebziger Jahren warteten zwei Gehirnchirurgen mit der Idee auf, man solle gegen die Gewaltszene in den Innenstädten vorgehen, indem man die militanten Bandenführer amerikanischer Städte „amygdalectomiere" – das heißt ihnen den Mandelkern operativ entferne. Das klingt ein bißchen so wie in jener biblischen Mahnung, die einen dazu anhält, sich das Auge auszureißen, wenn es einen ärgert. Ich hatte geglaubt, heutzutage würden die Dinge ein bißchen zivilisierter gehandhabt, doch eine Fernsehdokumentation aus dem Jahre 1995 belehrte mich eines Besseren. Sie zeigte den kalifornischen Psychologen Adrian Raine mit zwei Gehirnaufnahmen, die mittels Positronenemissionstomographie (PET) hergestellt worden waren. Das eine, so erklärte er, sei das Gehirn „eines Mörders" und weise im Vergleich zum anderen, „normalen" Gehirn im Stirnbereich der Großhirnrinde eine „geringe Aktivität" auf.[36] Mir dämmerte unheilvoll, daß die Tage des italienischen Kriminologen Cesare Lombroso, der im neunzehnten Jahrhundert die Überzeugung vertrat, man könne Diebe, Mörder und Hochstapler anhand der jeweiligen Kopfform auseinanderhalten, nicht gar so lange zurücklagen.

Raine theoretisierte, daß die Funktion der „in der Evolution höher entwickelten" Großhirnrinde beim Menschen dazu da sei, das „primitive" limbische System in Schach zu halten, und daß in Fällen, bei denen die Gehirnaktivität im Stirnbereich gering ist, die Amygdala und andere Teile des limbischen Systems außer Kontrolle gerieten, sich selbst überlassen blieben und ihren Besitzer zu Gewalttätigkeiten veranlaßten. Aus seinen Ausführungen ging nicht hervor, ob eine ähnliche Aussage auch für die Kriegshelden gilt, die für einige der größten Massaker moderner Zeiten verantwortlich zeichnen: Stormin' Norman und die Angriffe auf fliehende irakische Truppen auf der Straße nach Basra im Jahre 1991 oder Ratko Mladic und die Massengräber muslimischer Männer in Srebenica aus dem Jahre 1995. Sicher ist, daß die Sichtweise, das Gehirn bestehe aus im Laufe der Evolution mehr und weniger weit gediehenen Strukturen, eine weitere jener evolutionären Phantasien darstellt. Natürlich sind es Arten, die eine Evolution durchlaufen, und nicht die Teile eines Organismus, und im Laufe einer solchen Evolution erhalten alte Strukturen neue Funktionen. Bei Menschen und anderen Säugern hat sich der größte Teil der Großhirnrinde im Verlauf der Evolution aus dem äußeren Bereich des Riechhirns entwickelt, bei Reptilien ist dieser Teil des Gehirns noch mehr oder weniger in seiner ursprünglichen Form vorhanden. Das heißt aber nicht, daß wir durch Riechen denken.

Raines Aussagen bringen uns zu einer älteren Tradition der „Lokalisation" reifizierter Eigenschaften zurück. Heutzutage hat diese räumliche Zuordnung in vielen Fällen weniger die Gestalt einer Gehirnstruktur, sondern kommt vielmehr als Anomalie im Haushalt irgendeiner Gehirnchemikalie – eines Neurotransmitters oder eines Enzyms – daher beziehungsweise des für deren Produktion verantwortlichen Gens. Die fragliche Substanz tendiert dazu, sich nach dem jeweils gerade aktuellen Molekül des Tages zu richten. So wurde vor wenigen Jahren einem speziellen Neurotransmitter namens Gammaaminobuttersäure (GABA) viel Aufmerksamkeit zuteil, als man ihn seinerzeit zu einem gewissen Grad mit aggressivem Verhalten gleichsetzen zu können glaubte. Heutzutage wird eher eine Störung im Stoffwechsel des Neurotransmitters Serotonin für die „Ursache" aggressiven Verhaltens gehalten (genauer, der Wiederaufnahme des ausgeschütteten Neurotransmitters durch bestimmte Zellen des Gehirns). Anomalien bei den Mechanismen zur Wiederaufnahme von Serotonin werden für alles mögliche verantwortlich gemacht – angefangen von Depressionen und Selbstmord bis hin zu „impulsivem Verhalten" und Gewalt. Das Allheilmittel ist Prozac, ein Präparat aus einer ganzen Medikamentenfamilie, das die Serotonin-Wiederaufnahme selektiv hemmt.

Falsch verstandene Kausalzusammenhänge

An dieser Stelle kommt der falsch gelagerte Sinn des Neurodeterminismus für Kausalzusammenhänge ins Spiel. Natürlich ist es möglich – in vielen Fällen sogar sicher –, daß Menschen in verschiedenen Verhaltenssituationen, bei aggressiven Zusammenstößen beispielsweise, Veränderungen der Konzentrationen von Sexualhormonen oder Adrenalin in ihrem Blut oder auch bei der Freisetzung von Neurotransmittern in ihrem Gehirn zeigen, denen man jeweils mit medikamentöser Behandlung entgegenwirken kann. Menschen, die in ihrem Leben viele solcher Zusammenstöße erlebt haben, weisen vermutlich bleibende Veränderungen bei einer ganzen Reihe von gehirn- und organspezifischen Substanzen auf. Doch solche Veränderungen als *Ursache* bestimmter Verhaltensweisen zu betrachten heißt, Korrelationen oder gar Ursache und Wirkung zu verwechseln. Wenn Sie erkältet sind, läuft Ihnen die Nase. Doch trotz der unbedingten Korrelation dieser beiden Umstände wäre es ein Fehler anzunehmen, die Erkältung sei durch die Schleimabsonderung der Nase verursacht, die Ursache-Wirkungs-Kette verläuft genau andersherum. Ganz ähnlich bedeutet die Tatsache, daß Prozac die Serotoninwiederaufnahme selektiv verhindert und damit möglicherweise die Gefahr dafür verringert, daß Sie einen Mord oder Selbstmord begehen, noch lange nicht, daß die Serotoninfreisetzung in Ihrem Gehirn die Ursache für Ihren Wunsch ist, sich oder jemand anderen umzubringen. Schließlich kann man Zahnschmerzen auch mit Aspirin lindern, ohne daß daraus folgt, daß die Ursache Ihrer Zahnschmerzen eine zu geringe Dosis Aspirin in Ihrem Gehirn ist.

Diese Fehleinschätzung (die der Logik des Biochemikers folgt, der auf dem Standpunkt steht, die Ursache für den Sprung unseres Frosches läge einzig und allein in der Chemie von Aktin und Myosin begründet) ist seit Jahrzehnten unauflöslich mit der Interpretation biochemischer und neurophysiologischer Symptome psychischer Erkrankungen verknüpft, und ein Ende ist nicht abzusehen.[38] Neueste Vermutungen, eine Anomalie der Rezeptormoleküle für wieder einen anderen Neurotransmitter, dieses Mal ist es Dopamin, läge möglicherweise der Anfälligkeit für den Mißbrauch von Drogen zugrunde, ist daher mit dem Argument begegnet worden, daß diese Anomalie Wirkung, nicht Ursache des Drogenkonsums sein wird.[39] Solche Ansichten sind die beinahe unausweichliche Folge von Reifikation und willkürlicher Zusammenführung, denn durch sie wird mehr oder weniger suggeriert, daß es, da es eine Einzelerscheinung namens Alkoholismus gibt, angemessen ist, auch nach einer Einzelursache zu suchen.

Dichotome Zuordnungen

Wenn Aggression, asoziales Verhalten oder Homosexualität durch irgendeine „Anomalie" in Gehirnstruktur, Biochemie oder Hormonhaushalt „verursacht" werden, was „verursacht" dann letztere? Natürlich könnten sie die Folge irgendeines Umweltfaktors sein (und diejenigen, die dies für wahrscheinlich halten, argumentieren in der Regel, daß es durch irgendeinen Aspekt der frühkindlichen Erziehung oder eine falsche Ernährung dahingekommen ist – ähnlich, wie man glaubt, das „Temperament" eines wenige Monate alten Kleinkinds lasse Rückschlüsse auf dessen spätere schulische Leistungen oder seine Veranlagung zu Gewalttätigkeit im späteren Leben zu[40]). Häufiger jedoch gilt die Aufmerksamkeit jenen wohlbekannten Primärursachen, den Genen, und man dreht das Phänomen durch die Mühle der Heritabilitätsstudien (Heritabilität = Erblichkeitsgrad: der genetisch bedingte Anteil am Ausmaß des äußerlichen Erscheinungsbildes eines Merkmals). Denn wenn es auch problematisch ist, solche sozial definierten Attribute als Merkmale im Mendelschen Sinne sehen zu wollen, sobald sie sich mit einem „echten" Maßstab wie der Konzentration eines Enzyms oder Neurotransmitters korrelieren lassen, läßt sich ihre Heritabilität mit Sicherheit definieren. Ein gutes Beispiel für diese Art zu denken ist die Behauptung, daß IQ-Werte mit einem stärker neurophysiologisch orientierten Maß – der sogenannten *inspection time* – korrelieren, deren Erblichkeit sich messen läßt. In Kapitel 7 habe ich einen kleinen Abstecher in Geschichte und Mathematik von Heritabilitätsberechnungen unternommen und erklärt, warum diese – außer in dem sehr eng umrissenen Zusammenhang, für den sie ursprünglich entworfen wurden (für landwirtschaftliche Zuchtexperimente nämlich) – nur selten anwendbar, so häufig mißverstanden und in den meisten Fällen bedeutungslos sind. Traurigerweise hat dies die Verhaltensgenetiker und Psychometriker nicht von dem Bestreben abhalten können, sie dennoch anzuwenden; auch hat sich dessen ideologischer Widerhall hartnäckig gehalten, wenn beispielsweise behauptet wird, die Heritabilität von Intelligenz – oder eher von IQ-Werten – betrage 80 Prozent.

Politische Orientierung, der Hang zu Neurosen und die Haltung zu militärischem Drill, Monarchie, Zensur und Scheidung, um nur einige zu nennen, sie alle zeigen, wie ich in Kapitel 7 berichtet habe, nach Ansicht vieler Leute eine relativ hohe Heritabilität. Ja, es ist schwierig, ein menschliches Attribut oder eine Überzeugung zu finden, und sei sie auch noch so trivial, bei dem oder der die Heritabilitätsstatistik keinen signifikanten genetischen Beitrag hat nachweisen können. Neue und ausgereifte statistische Techniken wie die sogenannte quantitative Merkmalsanalyse werden erdacht. Sie erwecken den Anschein, als ließe sich mit ihnen nachweisen, daß auch Zustände, bei denen sich keine deutliche genetische Ursachenermittlung betreiben läßt, in Wirklichkeit Ergebnis des Zusammenwirkens vieler kleiner additiver Effekte vieler Gene ist. Und obwohl niemand behauptet, daß Heritabilität gleich Schicksal sei oder daß eine solche Schätzung Informationen über eine spezielle Person vermittle, statt nur die Varianz innerhalb einer Population zu bestimmen, besteht der Gesamttenor dieses Ansatzes nichtsdestoweniger darin, die Last der Erklärung und wenn möglich der Intervention von der sozialen oder gar persönlichen Ebene auf die der Pharmakologie und der genetischen Kontrolle zu verlagern.

Die Verwechslung von Metapher und Homologie

Wenn die Primärursachen genetischer Natur sind, dann muß der adaptionistische Ansatz innerhalb des Ultra-Darwinismus bestrebt sein zu erklären, wie sich diese im Verlauf der Evolution haben entwickeln können. Damit wird es erforderlich, Äquivalente des jeweils interessierenden menschlichen Verhaltens in der nichtmenschlichen tierischen Welt zu suchen, das heißt, ein Tiermodell zu finden, in dem sich Verhalten leichter kontrollieren, manipulieren und quantifizieren läßt. Setzen Sie eine Maus in einen ihr fremden Käfig, der von einer Ratte bewohnt wird, so wird die Ratte mit großer Wahrscheinlichkeit die Maus irgendwann töten. Die Zeit, die verstreicht, bis die Ratte diesen Akt zum Abschluß gebracht hat, gelte als Synonym für die Aggressivität der Ratte. Manche Ratten werden rasch töten, andere langsam, manche vielleicht überhaupt nicht. Die Ratte, die der Maus binnen dreißig Sekunden den Garaus macht, wäre dieser Bewertungsskala nach doppelt so aggressiv wie die Ratte, die dazu eine Minute benötigt. Ein solches Maß, zum Verhaltensmuster des Mäusemords erhoben, diente nunmehr als quantitative Referenz für die

Untersuchung aggressiven Verhaltens, obwohl es jeden der vielen anderen Aspekte der Maus-Ratte-Interaktion ignoriert, die die beiden Teilnehmer jener fatalen Interaktion erfahren. Beispielsweise Dimensionen, Form und Vertrautheitsgrad der Käfigumgebung, ob es Rückzugs- oder Fluchtmöglichkeiten gibt oder ob die Interaktionen zwischen den beiden eine Vorgeschichte haben. Nicht, daß dies rein spekulative Variable seien – viele von ihnen sind von Verhaltensforschern im Detail untersucht worden und üben nachweislich großen Einfluß auf das Wesen der Beziehungen zwischen Tieren aus.

Doch die reduktionistische Prozedur macht hier nicht halt, denn nun wird angenommen, daß – so, wie die Zeit, die bis zum Tod der Maus vergeht, sich als brauchbares Maß für die Aggressivität der Ratte betrachten läßt – sich in genau derselben Weise ein Analogon für die Aggressivität von Großstadtbanden finden lasse, die einen Bezirk von Los Angeles zusammenschießen, so berichten es zumindest die Schlußsätze des oben zitierten Artikels von Cases. Das heißt, wenn man physiologische oder biochemische Mechanismen – Hirnregionen, Neurotransmitter oder Gene – finden kann, die mit der sogenannten „Aggressivität" Mäuse tötender Ratten assoziiert sind, dann sollten äquivalente oder identische Hirnregionen, Neurotransmitter oder Gene auch im Hinblick auf menschliche Aggressivität eine Rolle spielen.[42] Ähnliche Argumente gelten für die Suche nach einem Tiermodell für Alkohol- und Drogenabhängigkeit.[43]

Diese Art von evolutionären Phantasien verwechselt, wie ich in Kapitel 2 zu erklären versucht habe, im besten Falle eine Metapher oder eine analoge Entwicklung mit einer homologen Entwicklung, und aus eben diesem Grunde bin ich so überaus vorsichtig mit meinen eigenen Aussagen betreffs der Frage, inwieweit Gedächtnis bei Hühnchen als homolog zum menschlichen Gedächtnis gelten kann. Schlimmstenfalls aber vollziehen sie eine falsche Gleichsetzung zwischen zwei unterschiedlichen Bedeutungen des Begriffs „Aggressivität", und dennoch sind sie zum entscheidenden letzten Glied im Kettenhemd reduktionistischer Ideologie geworden.

Die Folgen reduktionistischer Fehlschlüsse

Von der Geburtsstunde moderner Wissenschaft an bildete die reduktionistische Methodologie einen machtvollen und wirksamen Hebel, die Welt zu bewegen. Ihm verdanken wir auf beinahe allen Wissenschaftsgebieten einschließlich der Biologie einige unserer tiefgreifendsten Einsichten in Mechanismen. Doch gerade in der Biologie sind Komplexität und Dynamik, offene statt geschlossene Systeme eher die Norm denn die Ausnahme, und die Methodologie des Reduktionismus hat, so mächtig sie auch sein mag, große Schwierigkeiten im Umgang mit Komplexität – sie kann sich sogar als eindeutig irreführend erweisen.

Außerdem kippt die reduktionistische Methodologie, wie ich in Kapitel 4 zu zeigen versucht habe, sehr leicht um in eine reduktionistische Philosophie. Diese Philosophie des „nur nichts Butterweiches" ist unhaltbar in ihrem Bestreben, sämtliche Wissenschaft in der Physik aufgehen zu lassen. Es ist aber auch nicht möglich, einen partiellen Reduktionismus zu betreiben, bei dem man auf dem Abstieg vom Sozialverhalten zur Quantenphysik an einem bequemen Punkt beliebig anhalten kann. Der Reduktionismus ist seinem ganzen Wesen nach ein „alles oder nichts", wobei eine eliminative reduktive Philosophie den sich auf jeder neuen Organisationsstufe von Materie ergebenden neuen Bedeutungen eines Phänomens nicht Rechnung tragen kann. Die besonderen chemischen Eigenschaften des Hämoglobins sind für dessen Funktion als sauerstofftransportierendes Molekül innerhalb der Physiologie eines Organismus von ausschlaggebender Bedeutung, aber seine funktionale Rolle läßt sich ebensowenig auf einfache Chemie reduzieren, wie die Eigenschaften von Aktin und Myosin, die einen Froschmuskel zur Kontraktion befähigen, allein erklären können, weshalb der Frosch davonhüpft, wenn er eine Schlange erspäht. Jede Ebene der Organisation des Universums hat ihre eigenen Bedeutungen, die auf den darunterliegenden Ebenen verlorengehen. Kurz: Um die ontologische Einheit unserer Welt zu erfassen, bedarf es erkenntnistheoretischer Vielfalt.

Und damit zum Reduktionismus als Ideologie, die darauf beharrt, Phänomene einer übergeordneten Ebene mit den Mitteln der darunterliegenden Ebenen zu erklären. Er tut dies vermittels einer fehlerbehafteten Kaskade aus Reifikation (Verdinglichung), willkürlicher Agglomeration, deplacierter Quantifizierung, dem Glauben an die Macht der Statistik, fehlerhafter Lokalisation (falschen Ursache-Wirkungs-Bezügen) und der ständigen Verwechslung von Homologien und Metaphern. Die Motivation für derartige reduktive Erklärungen entlehnen sich zum Teil der großen Macht, die der Reduktionismus als Methodologie und Philosophie hat. Mehr aber noch der dringlichen Notwendigkeit, Erklärungen für das Ausmaß an sozialen und persönlichen Belastungen zu finden, denen sich hochtechnisierte Industrienationen am Ende des zwanzigsten Jahrhunderts gegenübersehen, Erklärungen, die die „Schuld" an der ganzen Problematik aus dem Reich der Politik in das der persönlichen Verantwortung verlagern. Dieser Verlagerung der sozialen Verantwortung hat Margaret Thatcher während ihrer Zeit als britische Premierministerin in denkwürdiger Weise Ausdruck verliehen, als sie feststellte, daß es so etwas wie eine Gesellschaft nicht gäbe, sondern lediglich Individuen und deren Familien – eine faszinierende Umdeutung von Watsons Floskel, es gäbe „nur Atome".

Eine reduktionistische Ideologie mündet in eine Reihe von ernsthaften Konsequenzen. Unter anderem hindert sie uns Biologen daran, in angemessener Weise über die Phänomene nachzudenken, die wir zu verstehen bemüht sind. Zumindest zwei ihrer Konsequenzen aber liegen nicht im wissenschaftlichen, sondern im sozialen und politischen Bereich und sollen hier nur kurz angesprochen werden. Erstens dient eine reduktionistische Ideologie dazu, soziale Probleme in den Verantwortungsbereich des einzelnen zu verlagern und so „das Opfer schuldig zu sprechen", statt den gesellschaftlichen Wurzeln und Determinanten der uns betreffenden Phänomene nachzuspüren. Gewalt in der modernen Gesellschaft wird nicht länger erklärt mit dem Elend der Innenstädte, mit Arbeitslosigkeit, der extremen Verteilung von Reichtum und Armut und dem Ersterben der Hoffnung, daß es uns gemeinsam gelingen könne, eine bessere Gesellschaft zu schaffen. Vielmehr wird sie zu einem Problem, das durch die Existenz einzelner gewalttätiger Personen zustande kommt, deren Gewalttätigkeit wiederum als Ergebnis bestimmter Störungen ihrer biochemischen oder genetischen Konstitution zu betrachten ist.

Auf eine seltsame Weise aber wird die Schuld hierfür den Betreffenden gleichzeitig zugeschoben und abgenommen. Wo einst ein Mörder als moralisch verwerflich erachtet oder die Ursache seiner (denn es ist beinahe immer ein „er") Gewaltbereitschaft in einer unglücklichen oder von Mißhandlung überschatteten Kindheit gesucht wurde, ist nun die Rede von einer verringerten „frontalen Aktivität" oder einem chemischen Ungleichgewicht in seinem Gehirn, die beide ihrerseits wiederum als Folge fehlerhafter Gene oder möglicherweise gegebenen Schwierigkeiten bei der Geburt gelten. So ersuchte in einem amerikanischen Gerichtsverfahren unlängst der Verteidiger eines Mörders namens Stephen Mobley, der für den bestialischen Mord an dem Geschäftsführer einer Pizzeria zum Tode verurteilt worden war, um die Erlaubnis, einen genetisch begründeten Einspruch gegen das Strafmaß einlegen zu dürfen, und zwar mit der Begründung, sein Klient sei möglicherweise mit derselben Mutation im Monoaminoxidase-Gen geschlagen, die Brunner in dem von ihm untersuchten Stammbaum jener niederländischen Familie beschrieben hatte. Damit wäre Mobley nicht „verantwortlich" für den von ihm begangenen Mord: „Nicht ich war es, sondern meine Gene."[44] Ebenso dürfte, wenn Homosexualität „in den Genen" begründet ist, ein Schwuler in einer homophoben Gesellschaft nicht länger als moralisch verwerflich gelten und erst recht nicht als jemand, der eine kriminelle Handlung begeht, nur weil er dem Diktat seiner Gene gehorcht. Es überrascht daher nicht, daß gewisse Teile der homosexuellen Gemeinschaft die deterministischen Behauptungen von LeVay und Hamer durchaus begrüßt haben oder daß sich sowohl die christliche Rechte als auch das Rechtswesen besorgt fragen, wie weit das deterministische Argument sich wohl noch ausdehnen läßt.

Die zweite unmittelbare soziale Konsequenz reduktionistischer Ideologie ist der Umstand, daß Aufmerksamkeit und finanzielle Förderung vom Sozialen auf das Molekulare umgelenkt werden. Wenn Moskaus Straßen von volltrunkenen Wodkakonsumenten wimmeln oder die Alkoholismusrate unter nordamerikanischen Indianern und australischen Aborigines katastrophal hoch ist, verlangt diese Ideologie die Förderung von Forschungen zu Genetik und Biochemie des Alkoholismus. Und es wird lohnender, bei Babys und Kleinkindern nach den Wurzeln gewaltbereiten Verhaltens zu suchen, statt in einer Gesellschaft Schußwaffen zu verbieten. Worum es geht, ist, wie ich in dieser ganzen Debatte betont habe, daß sich für jedes Phänomen der lebendigen Welt im allgemeinen und des menschlichen Sozialverhaltens im besonderen verschiedene Erklärungen finden lassen, und eine davon ist die reduktionistische, die, richtig formuliert, völlig legitim ist. Doch für jedes dieser Phänomene gibt es *determinierende Ebenen* der Gültigkeit – solche, die dem Phänomen in seinen Einzelheiten am ehesten Rechnung tragen und auch potentielle Zugangsmöglichkeiten für Interventionen aufzeigen.

Lassen Sie mich auf das Thema Gewalt zurückkommen – zum letzten Mal. Gewaltverbrechen werden häufiger von Männern als von Frauen begangen (wenngleich sich das Bild sowohl in Amerika als auch in England zu verändern beginnt). Man könnte argumentieren, dies sage etwas über das Y-Chromosom, das bekanntlich nur Männern eigen ist. Die überwiegende Mehrzahl aller Männer aber gehört nicht zu den Gewaltverbrechern: Damit sind die politischen Auswirkungen einer Forschung, die das Y-Chromosom im Zusammenhang mit Verbrechen untersucht, vernachlässigbar. Es sei denn, es käme zur

Abtreibung sämtlicher männlicher Feten. In Amerika sind Gewaltverbrechen weit häufiger als in Europa, um einiges häufiger als in Großbritannien zum Beispiel, und sehr viel häufiger als in Schweden. Ließe sich dies mit irgendeinem einzigartigen Merkmal des amerikanischen Genotyps erklären? Nun, vielleicht, aber es ist ziemlich unwahrscheinlich, da sich ein Großteil der amerikanischen Bevölkerung der Zuwanderung aus Europa verdankt. Außerdem schwanken die Häufigkeiten über relativ kurze Zeitspannen hinweg recht dramatisch. So stieg die Mordrate unter jungen amerikanischen Männern zwischen 1985 und 1994 um 54 Prozent an. Dieser Anstieg läßt sich durch keinerlei genetisch begründete Argumentation erklären, also ist es hilfreicher, statt dessen zu fragen, was sich in diesem Zeitraum in Amerika geändert hat und für einen solchen Anstieg verantwortlich sein könnte. Worin unterscheidet sich die Organisation der amerikanischen Gesellschaft von der europäischen? Könnte womöglich ein wichtiger Unterschied in den schätzungsweise 280 Millionen Schußwaffen in amerikanischem Privatbesitz bestehen? Im Gegensatz zu einer reduktionistischen Erklärung böte eine solche Hypothese einen Ansatzpunkt für eine wirksame Intervention.

Während es also *natürlich* keinen Zweifel daran geben kann, daß sich der biochemische und physiologische Zustand von jemandem, der im Begriff ist, einen Mord zu begehen, von dem Zustand unterscheidet, den dieselbe Person im Gefängnis empfindet, oder daß der Zustand des Mordenden Unterschiede aufweisen muß zu dem einer Person, die in derselben Situation nicht mordet, kann dieser Unterschied für die Beantwortung von Fragen zu Ursache und Wirkung sozialer Gewalt nicht von Bedeutung sein. Genausowenig kann er daher die geeignete Ebene repräsentieren, auf der eine Intervention möglich wäre, wenn man das Ausmaß an Gewalt auf den Straßen verringern wollte. Ein Programm, das darauf ausgerichtet ist zu bestimmen, welche Serotoninkonzentrationen eine Person für eine erhöhte statistische Wahrscheinlichkeit dafür prädisponiert, daß sie irgendeine Handlung zwischen Selbstmord, Depression und Mord begeht, gefolgt womöglich von einer flächendeckenden Massenanalyse auf Risikopersonen, deren lebenslange medikamentöse Behandlung und/oder deren Aufenthalt in einer Umgebung, die dazu angetan ist, den Serotoninspiegel zu senken (was schließlich das Aktionsprogramm wäre, welches sich aus dem Versuch ergäbe, das Genetisch/Biochemische als korrekte Ebene der Intervention anzusehen), muß man sich nur einmal genau vor Augen halten, um seine Torheit einzusehen.

Gute, effiziente Wissenschaft erfordert ein besseres Erkennen determinierender Erklärungen und damit der determinierenden Ebene, auf der es zu intervenieren gilt. Ohne dies wird sie zu einer Vergeudung menschlicher Phantasie und Ressourcen, einer machtvollen ideologischen Strategie der Schuldzuweisung an die Opfer und einer Abkehr von den realen Aufgaben, mit denen sich Wissenschaft und Gesellschaft konfrontiert sehen.

Nachwort: Biologie als Ganzes

Es wird Zeit, daß ich die Argumentationsfäden, die die vergangenen zehn Kapitel entwickelt haben, zu einem Ganzen verwebe. Die ganze Zeit über hat mein Bestreben darin bestanden, lebende Systeme, ihre Lebensprozesse – ja, das Leben selbst – aus der Perspektive moderner Biologie sichtbar werden zu lassen. Diese Perspektive war eine durch und durch materialistische, die sich der zwangsläufig historischen Natur sowohl unseres Studienobjektes selbst als auch unserer Sicht desselben bewußt ist und dennoch eine Alternative zu der derzeit modernen, zutiefst reduktionistischen und deterministischen Betrachtungsweise bietet, die die populärwissenschaftlichen Veröffentlichungen dominieren und sogar die Seiten einiger großer Wissenschaftszeitschriften füllen.

Es ist hieran nichts übermäßig Originelles. Ich habe nicht versucht – und glaube auch nicht, daß es nötig ist –, eine neue Wissenschaft vom Leben zu etablieren, sondern ich wiederhole nur, was vielen praktizierenden Biologen im Grunde nur zu offensichtlich scheint, aber leider durch die gegenwärtige Welle grobschlächtigen Ultra-Darwinismus und übereifriger Biotechnologie- und Genetikverkaufsgespräche, die uns zu verschlingen droht, ignoriert oder unterdrückt wird. Ich habe mich dabei nicht nur auf gegenwärtiges biologisches Wissen gestützt, sondern auch auf zwei alte Traditionen. Die eine wird, trotz allen kaum wiedergutzumachenden Schadens, der diesem Begriff durch die autoritäre Seelenlosigkeit und die ungeheuerlichen sozialen Konsequenzen des Marxismus sowjetischer Prägung angetan worden ist, noch immer am besten als dialektisch bezeichnet.

Die zweite ist strukturalistischer Natur, wenn sie auch nicht mit derselben Abkehr von aller historischen Perspektive betrieben wurde, wie sie die puristische Position einiger moderner Theoretiker kennzeichnet. Ich habe versucht, die persönliche und intellektuelle Schuld, in der ich bei beiden Schulen des Denkens stehe, im Vorwort und in den Anmerkungen zu früheren Kapiteln Rechnung zu tragen. Doch ich bin mir nach wie vor nur allzusehr dessen bewußt, daß es für mich als biochemisch gebildeten Neurowissenschaftler riesige Bereiche biologischen Wissens gibt, mit denen ich nur sehr mäßig vertraut bin, dies gilt insbesondere für das Studium von Ökosystemen und die intimeren Details der Lebensgeschichte jener mehr als 90 Prozent aller Arten, die sehr gut ohne Gehirn und Nervensystem zurechtkommen. So viel zur Klarstellung. Nun zum eigentlichen Argument, und zwar in Form von zehn Thesen – den Zehn Geboten der Biologie.

1. Unsere Geschichte formt unser Wissen

Unser Wissen um die lebende Welt ist, wie alle anderen menschlichen Kenntnisse auch, stets provisorisch und allen möglichen historischen Einschränkungen unterworfen. Es ist geformt durch die Notwendigkeit, die Welt erklären und verändern zu müssen. Angesichts der Vielfalt an Wechselwirkungen innerhalb der materiellen Welt, in die wir eingebunden sind, abstrahieren wir aus ihr Beobachtungen, Prozesse, Kategorien von Objekten (Proteine, Zellen, Organismen, Arten), denen wir mit Vorliebe den Status „natürlicher Arten" zuerkennen. Wir erkennen die Auswirkungen einer Veränderung der Welt durch die kontrollierte Intervention an diesen Gegenständen und Objekten – die Kunst des Experimentierens. Diese Methode der Aneignung von Wissen ist an Regeln gebunden. Das heißt, wir gehen nach Konventionen vor, die uns sagen, was als akzeptables Experiment, akzeptable Beobachtung oder Interpretation zu gelten hat. Konventionen, die durch die Geschichte unseres Forschungsgebiets, der Biologie, den gegenwärtigen sozialen Zusammenhang und unsere eigene ideologische und intellektuelle Voreingenommenheit auf fundamentale Weise mitgestaltet worden sind. Als Wissenschaftler müssen wir zum Beispiel fordern, daß die Abbilder, die wir uns von der wirklichen, materiellen Welt machen, bestimmten Prinzipien genügen müssen. Vor allem anderen müssen sie insofern „funktionieren", als sie zu Konsequenzen – seien dies nun Experimente oder technologische Artefakte – führen müssen, die erfüllen, was man von ihnen erwartet. Die Tatsache jedoch, daß unsere Experimente oder Technologien sich in diesem Sinne „bewähren", garantiert nicht aus sich heraus, daß sie auf wahren Darstellungen der Welt beruhen.

Bei unseren Versuchen, die Welt zu verstehen und zu interpretieren, arbeiten wir oftmals mit Analogien. Wir vergleichen den von uns untersuchten Prozeß oder Gegenstand mit einem anderen Mechanismus, den wir besser verstehen. Analogien sind jedoch gefährliche Instrumente. Oft sind sie nicht mehr als eine Metapher und das, was wir an Ähnlichkeit wähnen, eher dichterischer Natur denn zutreffend. Und oft werden sie so verstanden, als beinhalteten sie eine Homologie.

Das heißt, man nimmt an, der Prozeß oder der Gegenstand, den wir untersuchen, habe mit dem, dem wir ihn analog setzen, einen gemeinsamen evolutionären Ursprung. Das ist eine schwerwiegende Behauptung, die man nicht leichtfertig treffen sollte.

2. Eine Welt – viele Arten des Wissens

Für jedes lebende Phänomen, das wir beobachten und zu interpretieren bemüht sind, gibt es viele mögliche legitime Beschreibungen. In meiner Fabel von den fünf Biologen und dem hüpfenden Frosch gibt es Kausalerklärungen innerhalb einer Ebene. Beschreibungen, die den Frosch als Teil eines komplexeren Ökosystems sehen, sowie molekulare, entwicklungsphysiologische und evolutionäre Bewertungen. Diese unterschiedlichen Bewertungen lassen sich nicht in „eine einzig wahre" Erklärung zwängen, in der das Lebensphänomen „nichts weiter" ist als ein molekularer Zusammenschluß, ein genetisches Gebot oder was auch immer. Alles hängt von dem Zusammenhang ab, für den man die Erklärung benötigt. Um es formal auszudrücken, wir leben in einer materiellen Welt, die eine ontologische Einheit darstellt, der wir uns aber mit erkenntnistheoretischer Vielfalt nähern. Die Biologie und die von ihr untersuchten Lebensprozesse werden sich nicht dem stolzen Manifest der Physik fügen, dem zufolge die Aufgabe der Wissenschaft darin besteht, sämtliche Darstellungen der Welt auf einheitliche Theorien über alles und jedes zu reduzieren. Der Anspruch der Physik wird scheitern, und für unser Verständnis ist er definitiv schädlich.

3. Ebenen der Organisation

Die unterschiedlichen wissenschaftlichen Disziplinen, angefangen von den Sozialwissenschaften bis hin zum Studium subatomarer Partikel, befassen sich mit verschiedenen Ebenen der Organisation von Materie. Die Unterteilung zwischen den Ebenen aber ist verwischt. Teils sind sie ontologischer Natur und beziehen sich auf Größenordnungen und den Grad an Komplexität, über die aufeinanderfolgende Ebenen ineinander verflochten sind. So sind Atome weniger komplex als Moleküle, die ihrerseits weniger komplex sind als Zellen, diese sind weniger komplex als Organismen, letztere als Populationen und diese schließlich als Ökosysteme. Auf jeder Ebene erscheinen somit verschiedene organisatorische Beziehungen, die unterschiedliche Erklärungen erforderlich machen. Jede Ebene erscheint damit als Holon – sie integriert die unter ihr liegenden Ebenen, ist selbst jedoch nur Teil der ihr übergeordneten Ebene. In diesem Sinne sind Ebenen grundsätzlich nicht reduzierbar; Ökologie läßt sich weder auf die Genetik noch auf die Biochemie noch auf die Chemie reduzieren. Zu einem gewissen Grad aber – und dies ist der Punkt, an dem die Verwirrung einsetzt – sind diese Ebenen erkenntnistheoretischer Natur, verdanken sie sich unterschiedlichen Arten, die Welt zu erkennen, und diese wiederum sind ein reines Zufallsprodukt der Geschichte ihrer eigenen Disziplin. Die Beziehungen zwischen solchen erkenntnistheoretischen Ebenen (zwischen Biochemie und Physiologie etwa) läßt sich am besten mit der Metapher des Übersetzens beschreiben. Die physiologische Sprache der Kontraktion eines Froschmuskels läßt sich in die biochemische Sprache gleitender Aktin- und Myosinfilamente übersetzen.

Probleme entstehen, wenn man versucht, die auf einer bestimmten Ebene anwendbaren Konzepte und Begriffe auf Phänomene einer anderen Ebene zu übertragen. Menschen mögen schwul, gewalttätig, schizophren oder egoistisch sein, für ein Gehirn oder ein Gen aber kann dies allein im übertragenen Sinne gelten. Gene mögen in der Lage sein zu replizieren, Menschen nicht. Die Macht der Metapher besteht darin, daß wir stets Gefahr laufen, sie mit der Wirklichkeit zu verwechseln.

4. Es kommt immer darauf an

In lebenden Systemen sind Ursachen vielfältig und können auf vielen verschiedenen Ebenen und in vielen verschiedenen Sprachen beschrieben werden. Phänomene sind stets komplex und auf mannigfaltige Weise miteinander verflochten. Die Gründe dafür beispielsweise, daß jemand an Lungenkrebs oder einer Erkrankung der Herzkranzgefäße erkrankt, haben mit Sicherheit mit dem speziellen Genotyp des Betreffenden und seiner Entwicklungsgeschichte zu tun, aber auch mit solchen „Risikofaktoren" wie Rauchen, Ernährung, Arbeits- und Lebensumständen. Damit wird es notwendig, nach der *determinierenden* Ursache zu suchen. Das heißt nach derjenigen, die den größten Einfluß auf das System ausübt. Bei Lungenkrebs ist dies eindeutig das Rauchen, und die Erforschung der Molekularbiologie der Lunge oder von potentiell „prädisponierenden" Genen wird zu einer etwas exotischen akademischen Beschäftigung, die zum Teil genährt wird durch die Lobby der Tabakindustrie. Bei der Chorea Huntington (dem sog. Veitstanz) hingegen ist die determinierende Ursache eindeutig genetischer Natur, und ein Verständnis ihrer Genetik und Molekularbiologie ist womöglich die beste Strategie zur Linderung oder Beseitigung dieser Krankheit.

Ich habe den Standpunkt vertreten, daß es im Falle solcher sozialen Belange wie der Gewalt in unseren Städten, Armut und Obdachlosigkeit schlechter Wissenschaft gleichkommt, die determinierenden Ursachen in Genetik und Biochemie zu suchen, wie dies die reduktionistische Ideologie zu tun versucht, und daß dies nur in unzureichende soziale Rezepte münden kann. Andere Leiden, wie die psychischen Qualen der Schizophrenie oder der Depression, bleiben strittige Bereiche, bei denen die entscheidenden Faktoren möglicherweise auf mehreren Ebenen zu suchen sein können.

5. Sein und Werden

Lebende Organismen existieren in vier Dimensionen, drei Dimensionen des Raumes und einer Dimension der Zeit, und lassen sich daher nicht aus der „eindimensionalen" Struktur eines DNA-Stranges „herauslesen". Organismen sind keine leeren Phänotypen, deren Erscheinung in einer Eins-zu-eins-Beziehung zu bestimmten Genmustern steht. Unser Leben ist eine Entwicklungsreise, ein vom Wirken homöodynamischer Prinzipien stabilisierter Lebenslauf. Diese Reise wird nicht durch unsere Gene bestimmt, und sie läßt sich auch nicht sauber in dichotome Kategorien von Angeborenem und Erworbenem zerlegen. Es handelt sich dabei vielmehr um einen autopoietischen Prozeß, geformt durch das Wechselspiel von Spezifität und Plastizität. Sofern man einen Aspekt des Lebens als „in den Genen begründet" sehen kann, liefern unsere Gene die Kapazität für beides: *Spezifität* – einen vor entwicklungsphysiologischen und umweltbedingten Störungen relativ gefeiten Lebenslauf. Und *Plastizität* – die Fähigkeit, auf unvorhersehbare umweltbedingte Zufälle, das heißt auch auf Erfahrung, in angemessener Weise zu reagieren. Dieses autopoietische Wechselspiel wird in gewissem Sinne durch jenes alte Paradoxon Zenons ausgedrückt: Ein auf ein Ziel abgeschossener Pfeil ist in jedem beliebigen Augenblick gleichzeitig *an* einem Ort, aber auch auf dem Weg *von dort weg*, zu einem anderen Ort. Der Reduktionismus ignoriert dieses Paradoxon und friert Leben in einem bestimmten Augenblick ein. Bei dem Versuch, das *Sein* zu verstehen, geht das

Werden verloren, werden Prozesse zu abstrakten Objekten. Das ist der Grund dafür, daß Reduktionismus letzten Endes stets in der fiktiven Dichotomie von materialistischem Determinismus und nichtmateriellem freiem Willen endet. Autopoiese, die Fähigkeit zu Selbstorganisation und Regulation, löst diese Paradoxa.

6. Stabilität durch Dynamik

Organismen sind offene, von jedem thermodynamischen Gleichgewicht weit entfernte Systeme, deren Kontinuität ein konstanter Energiefluß sichert. Jedes Molekül, jedes Organell, jede Zelle befinden sich permanent in einem fließenden Zustand der Bildung, Umbildung und Erneuerung. Es besteht eine dynamische Stabilität der Form, obgleich jeder Bestandteil dieser Form ersetzt wird. Diese Stabilität wird in vielen Fällen durch oszillatorische Prozesse erhalten und hängt von der Kapazität komplex interagierender Systeme ab, sich selbst zu organisieren, kurz- und langfristige Ordnung aufrechtzuerhalten. Die Beispiele für solche Selbstorganisation reichen von der Faltung und Aggregation von Proteinen, die sich zu Ribosomen oder Mikrotubuli, oder von Lipiden, die sich zu Membranen zusammenfinden, bis hin zu dem sich selbst regulierenden Netz enzymatischer Interaktionen. Bei dieser Sicht lebender Systeme braucht es keine Mastermoleküle, keine nackten Replikatoren, die zelluläre Ereignisse aus der abgeschirmten Ruhe einer nuklearen Schaltzentrale heraus dirigieren. Gene – DNA-Abschnitte – sind an einem kontinuierlichen metabolischen Austausch mit anderen zellulären Komponenten beteiligt, Bestandteile einer molekularen Demokratie, einzig und allein beschränkt durch die zelluläre Organisation, einer zellulären Demokratie, einzig eingeschränkt durch die Bedürfnisse des Organismus.

7. Organismus und Umgebung durchdringen einander

Organismen befinden sich in steter Wechselwirkung mit ihrer Umgebung. Anders ausgedrückt: Organismus und Umgebung durchdringen einander. Das heißt, Organismen selektionieren ihre Umgebung aktiv, so, wie die Umgebung selektionierend auf Organismen wirkt. Organismen bewegen sich von ungünstigen zu günstigeren Bedingungen, sie nehmen Teile ihrer Umgebung – Sauerstoff, Nährstoffe, Metallionen – in sich auf und scheiden Abfallprodukte – Signalmoleküle oder sie selbst schützende Moleküle – aus. Damit verändern sie ihre Umgebung permanent. Die Vorstellung von einer stabilen, sich niemals ändernden Umwelt, die nur durch menschliche und technologische Eingriffe beeinträchtigt wird, ist ein romantischer Irrglaube. Umgebungen machen genau wie Organismen eine Evolution durch, auch sie sind nicht homöostatisch, sondern homöodynamisch.

8. Struktur engt die Evolution ein

Zu evolutionären Veränderungen kommt es infolge der kontinuierlichen Überschneidungen zwischen individuellen Lebensläufen und sich permanent ändernden Umgebungen. Solche Veränderungen finden vom Molekularen bis hinauf zur Art auf vielen Ebenen statt. Der Hauptmechanismus dieser Veränderungen – wenngleich nicht der einzige – ist die natürliche Selektion, auch sie operiert vom einzelnen Gen bis hinauf zur Population auf vielen Ebenen. Die replikativen Mechanismen des zellulären Apparats ermöglichen die Produktion von identischen Kopien von DNA-Molekülen und vermitteln natürlich jeden dieser selektiven Prozesse. Diesem selektiven Prozeß sind jedoch Beschränkungen auferlegt. Erstens ist nicht alle Veränderung im Hinblick auf die Selektion adaptiv: Manche ist reiner Zufall und zunächst einmal mehr oder minder neutral. Zweitens sind Organismen aufgrund dessen, daß sie ihre Umgebungen in hohem Maße selektionieren und modifizieren, nicht allein passive Opfer selektiver Prozesse, sondern sie spielen bei der Gestaltung ihres Geschicks eine aktive Rolle. Drittens ist Evolution nicht unendlich flexibel. Nicht alles, was möglich wäre, läßt sich auch umsetzen. Das hat zum Teil damit zu tun, daß Lebensprozesse sich ihrem Wesen nach nur im historischen Zusammenhang verstehen lassen und daß es im Leben keine solchen Dinge wie eine Patentlösung für Probleme gibt. Das evolutionären Veränderungen zugängliche Material beschränkt sich auf das, was gegenwärtig vorhanden ist. Die Eröffnung bestimmter evolutionärer Wege verschließt andere, und keine evolutionäre Reise kann von einem relativ hohen Gipfel der Fitneß durch ein Tal zu irgendeinem anderen, vermeintlich höheren Gipfel in weiter Ferne führen. Das heißt, selektive Prozesse sind nicht imstande, einem Nachwuchs seine gegenwärtigen Lebenschancen in der Hoffnung zu beschneiden, daß diese sich in ferner Zukunft bessern mögen.

Hinzu kommt, daß die strukturellen Möglichkeiten, die sich der Evolution eröffnen, angefangen von der Diffusionsrate gelöster Gase bis hin zu den mechanischen Eigenschaften des Calciumphosphats der Knochen oder der Zellulosewände von Pflanzen, physikalischen und chemischen Beschränkungen unterliegen. Diese begrenzen Zellgrößen, Körpervolumina, Bewegungsgeschwindigkeiten und Verhaltensmuster und können durch keinerlei genetische Tüftelei umgangen werden. Menschen werden sich nicht durch die Transplantation eines genetischen Programms für den Bau von Flügeln in Engel verwandeln, denn kein Flügelknochen und kein Muskel könnten die statische Leistung vollbringen, uns fliegen zu lassen. (Vielmehr besitzen wir dank der Großzügigkeit unser evolutionären Vergangenheit die zerebralen, sozialen und technischen Fertigkeiten, Gesellschaften und Maschinen zu konstruieren, die uns dazu befähigen, auch ohne die Notwendigkeit zu genetischer Veränderung zu fliegen.) Ob es neben der oben erwähnten selbstorganisierenden Stabilität tiefergehende „Gesetze der Form" gibt, ist und bleibt ungeklärt.

9. Die Vergangenheit ist der Schlüssel zur Gegenwart

Aus alledem folgt, daß Organismen das Muster evolutionärer Veränderungen nicht vorhersehen können: Sie können nur auf bestehende Unwägbarkeiten reagieren. Und da alle lebenden Organismen gleichzeitig und unablässig auf derartige Unwägbarkeiten reagieren und dabei ständig ihre Umgebung sowohl für sich als auch für andere verändern, kann die evolutionäre Veränderung nichts anderes tun, als einem sich ständig bewegenden und zutiefst unvorhersehbaren Ziel nachzuspüren. Auf allen Ebenen vom Molekularen über den einzelnen Organismus bis hin zu Populationen und Arten ändern sich die Gegebenheiten permanent. Und das ist der Grund, weshalb Evolution in der Tat ein „Gesetz des Drunter und Drüber" verkörpert und weshalb nichts in der Biologie einen Sinn ergibt, so man es nicht im Lichte der Evolution betrachtet.

10. Leben schafft seine eigene Zukunft

Damit ist die Zukunft für uns Menschen, genau wie für alle anderen lebenden Organismen, radikal unvorhersehbar. Das heißt, wir haben die Möglichkeit, uns unsere eigene Zukunft zu schaffen, wenn auch nicht unter Umständen, die wir selbst gewählt haben. Und deshalb macht unsere Biologie uns frei.

ANHANG

Anmerkungen

1 Biologie, Freiheit und Determinismus

1 Ich danke Mary Midgley für dieses Zitat, es stammt aus ihrem Buch *The Ethical Primate*. Das deutsche Zitat ist entnommen: Jean-Paul Sartre, *Ist der Existenzialismus ein Humanismus?* Europa Verlag Zürich, 1947, S. 14 und S. 25.
2 Wie so viele andere Gesichtspunkte der in diesem Buch vertretenen Argumentation ist auch dieser mir erst durch die Lektüre von Hilary Roses Buch *Love, Power and Knowledge* deutlich geworden. Soweit irgend möglich, werde ich in diesem Buch von Leben, Lebensprozessen und Lebenssystemen schreiben und mich bei der Verwendung des Begriffs ‚Biologie' auf den ihm angemessenen Rahmen beschränken: Er beschreibt die Erforschung dieser Prozesse und Systeme.
3 In jüngster Zeit neu verpackt als ‚Evolutionspsychologie'. Hierzu ebenfalls von Interesse das bevorstehende Novartis-Symposium zum Thema „Reduktionismus", herausgegeben von Jamie Goode.
4 Steven Weinberg, *Der Traum von der Einheit des Universums*.
5 Ernst Mayr, *Eine neue Philosophie der Biologie*.
6 Beiläufige Bemerkung von Watson in einem persönlichen Gespräch mit mir auf dem Cheltenham Book Festival, 1994.
7 Ein bemerkenswertes Beispiel zu diesem Thema liefert Lewis Wolpert, *The Triumph of the Embryo*.
8 Zielgerichtete Erklärungen hat man in der Vergangenheit als *teleologisch* bezeichnet, beinhalteten sie doch einen fast schon vorsätzlich anmutenden Beigeschmack von Ziel oder Zweck des betreffenden Phänomens. Der moderne Ausdruck *teleonomisch* wurde von dem Evolutionsbiologen Ernst Mayr in dem Bestreben eingeführt, Erklärungen dieser Art philosophisch respektabler zu machen, denn mit seiner Hilfe ließ sich eine gewisse Zielgerichtetheit im Rahmen der Evolution rechtfertigen, ohne daß man dazu eine vorsätzliche Orientierung an einem Ziel hätte fordern müssen.
9 Der Wissenschaftstheoretiker Thomas Nagel vertritt den Standpunkt, daß allein der Reduktionismus *erkläre*, alles andere *beschreibe* lediglich.
10 Walter Cannon, *The Wisdom of the Body*.
11 Susan Oyama, *The Ontogeny of Information*.
12 Dieser Begriff wurde in den siebziger Jahren erstmals eingeführt von Humberto Maturana und Francisco Varela, denen ich im Zusammenhang mit meiner Beweisführung hier besonderen Dank schulde. Eine ausführlichere Darstellung findet sich in Maturana und Varela, *Autopoiesis and Cognition* und in *Der Baum des Wissens*.
13 Steven Rose, *The Making of Memory*.

2 Beobachtung und Manipulation

1. Eine genauere Darstellung dessen, was es bedeutet, ein ‚Wissenschaftsmanager' zu sein, gibt Bruno Latour in *Science in Action*.
2. Jorge Luis Borges, *Funes the memorious*.
3. Eine ausführlichere Diskussion des Werks von Francis Bacon siehe Charles Webster, *The Great Instauration*.
4. Claire Russell und W. M. S. Russell, *Violence, Monkeys and Man*; die Zitate finden sich auf Seite 41, die Darstellung der weiteren Forschung ab Seite 43. Siehe auch Zuckermans eigene Darstellung in Solly Zuckerman, *The Social Life of Monkeys and Apes*.
5. Darüber, wie ich dieses Modell im einzelnen verwende, um Gedächtnis und Erinnerung zu analysieren, habe ich an anderer Stelle berichtet (in *The making of Memory*), ich will hier nicht nochmals ins Detail gehen, denn in diesem Zusammenhang erfüllt das Beispiel einen anderen Zweck.
6. Genau das ist es, was ein Teil der Tierschutzbewegung bestreitet. Von dieser Seite wird behauptet, daß das, was ich als Homologie sehe, bestenfalls eine Metapher sei.
7. Mein Freund und Kollege Brian Goodwin hat Einwände gegen diesen Teil meiner Argumentation. Er ist der Ansicht, daß „natürliche Arten" keinesfalls statische, unveränderliche Entitäten sein müssen. Sie lassen sich über ihre Entstehung definieren, und ihre unveränderlichen Eigenschaften sind demnach nur relativ unveränderlich – genauere Ausführungen hierzu in Gerry Webster und Brian Goodwin, *Form and Transformation*.
8. Carleton S. Coon, *The Origin of Races*.
9. Siehe beispielsweise Stephen Jay Gould, *Der falsch vermessene Mensch*.
10. Die Tatsache, daß nicht alle Biologen dies begreifen – darunter auch solche wie Steve Jones, die es besser wissen sollten –, ist für die Allgemeinheit eine stete Quelle der Verwirrung; man betrachte nur das Durcheinander, in das sich Jones in seinem Buch *In the Blood* verstrickt, und vergleiche es mit Richard Lewontins Darstellung in *Human Diversity*.
11. Zur Definition des Begriffs Rasse siehe Rose, Lewontin und Kamin, *Die Gene sind es nicht*.
12. Die Diskussion zur Wiederbelebung einer rassistischen Biologie siehe unter anderem Marek Kohn, *The Race Gallery*.
13. Oliver Sacks, *Der Mann, der seine Frau mit einem Hut verwechselte*.
14. Wieder handelt es sich um eine generalisierende Feststellung. Der Sinn für das eigene Selbst kann bei einer Krankheit wie der Schizophrenie verlorengehen oder auch durch psychotherapeutische Maßnahmen unterdrückt werden, wenn es zu Verhaltensmustern kommt, in denen man sie als Ausdruck einer multiplen Persönlichkeit werten muß (siehe Ian Hacking, *Rewriting the Soul*).

3 Wie wir wissen, was wir wissen

1. Karl Popper, *Logik der Forschung*.
2. Regierungsweißbuch: *Realizing our Potential*.
3. Stephen Jay Gould, *Zufall Mensch*.

4 Thomas S. Kuhn, *Die Struktur wissenschaftlicher Revolutionen*.
5 Daniel C. Dennett, *Darwins gefährliches Erbe*.
6 Robert Olby, *The Path to the Double Helix*.
7 Rupert Sheldrake, *A New Science of Life*.
8 Sheldrake, *An experimental test of the hypothesis of formative causation*; Rose, *So-called „formative causation"*; Sheldrake, *Rose refuted*.
9 Imre Lakatos und Alan Musgrave, *Criticism and the Growth of Knowledge*.
10 „Anything goes", so argumentierte Paul Feyerabend in *Irrwege der Vernunft*, wobei ‚anything' offenbar nicht die Kritik an Feyerabend selbst einschloß, diese provozierte nämlich eine höchst erregte Reaktion, siehe Feyerabend, *Zeitverschwendung*.
11 Nikolai Bukharin et al., *Science at the Crossroads*.
12 Hilary Rose und Steven Rose (Hrsg.), *The Radicalisation of Science*.
13 M. A. Hoskin im Jahre 1961 in seinem Vorwort zum Nachdruck von Stephen Hales *Vegetable Staticks*.
14 Hermann Haken, Anders Karlqvist und Uno Svedin (Hrsg.), *The Machine as Metaphor and Tool*.
15 J. Hirschleifer, *Economics from a biological viewpoint*.
16 Richard C. Lewontin, *Biology as Ideology*.
17 Stuart Kauffman, *Der Öltropfen im Wasser*; Peter Coveney und Roger Highfield, *Frontiers of Complexity*. Es ist in diesem Zusammenhang interessant, daß der im Jahre 1995 verpflichtete wissenschaftliche Chefberater der britischen Regierung, Robert May, ein weltweit anerkannter Experte auf dem Gebiet der Chaostheorie und deren Anwendung auf allen Gebieten – angefangen von Ökosystemen bis hin zu Wirtschaftssystemen – ist.
18 Rose, Lewontin und Kamin, *Die Gene sind es nicht*.
19 Donna Haraway, *Primate Visions*.
20 Andrew Ross (Hrsg.), *Science Wars*, hier insbesondere das Kapitel von Hilary Rose, ‚My enemy's enemy is – only perhaps – my friend', S. 80–101.
21 Stephen Hawking und Roger Penrose, *Raum und Zeit*, S. 3–4.
22 *Neurotransmitter* sind chemische Botenstoffe, die Signale von einer Zelle zur nächsten oder zwischen Nervenzelle und Muskel übermitteln. Aus obskuren Gründen bleiben diese Rezeptoren nach der Embryonalentwicklung bei einer speziellen Art von Blutzellen, den Blutplättchen, erhalten.
23 Arthur Janov, *The New Primal Scream*.
24 Sarah Willis, *The influence of psychotherapy and depression on platelet imipramine and paroxetine binding*.
25 Drug and Chemical Evaluation Section, *Methylphenidate: A background paper*.
26 Dieser technische Standardbegriff ist bereits an sich recht erhellend, bezeichnet er doch über das bloße Sehen oder Beobachten hinaus buchstäblich das Sichtbarmachen von etwas zuvor Unsichtbarem. Der Biochemiker Bill Pirie schlug in seinem Kommentar zu einer früheren Version dieses Kapitels vor, statt seiner lieber den Begriff *ikonisieren* zu verwenden, um den verborgenen Einfluß der Sprache augenfälliger zu machen.
27 Arthur Koestler, *The Act of Creation*.
28 Jerome R. Ravetz, *Scientific Knowledge and Its Social Problems*.
29 Bruno Latour und Steve Woolgar, *Laboratory Life*.

30 Siehe Robin Dunbar, *The Trouble with Science*; allerdings sind die Argumente in diesem Buch ein bißchen chaotisch.
31 Unlängst haben wir entdeckt, daß dies nicht ganz zutrifft. Amy Johnston und Tom Burne, zwei Postdocs in meinem Labor, haben festgestellt, daß ‚Beobachter-Küken', die ihre Käfiggenossen beim Picken beobachten, selbst aber daran gehindert werden, später ebenfalls den Hang zeigen, trockene Kügelchen zu meiden. A. N. Johnston, T. Burne und S. P. R. Rose, *Animal Behaviour* (im Druck).
32 M. Kawai, *Newly acquired precultural behaviour of the natural troop of Japanese monkeys on Koshima islet*.
33 Elisabetta Visalberghi und Dorothy M. Fragaszy, *Pedagogy and imitation in monkeys: Yes, no or maybe?*
34 R. W. Byrne, *The evolution of intelligence*.

4 Der Triumph des Reduktionismus?

1 Lynda Birke, *Feminism, Animals and Science*.
2 Siehe E. O. Wilson und S. Kellert (Hrsg.), *Biophilia*; eine gegensätzliche Betrachtung zur Widerstandsfähigkeit der Natur bietet das Kapitel ‚God, Gaia and Biophilia' von Dorion Sagan und Lynn Margulis im selben Buch sowie die Kritik von Stephen Budiansky, *Nature's Keepers*.
3 Hierzu gehören, um nur einige wenige zu nennen, Soziobiologen wie E. O. Wilson, Molekularbiologen wie Francis Crick und James Watson, Neurowissenschaftler wie Jean-Pierre Changeux und Theoretiker und Polemiker wie Richard Dawkins.
4 Aus Poppers erster Medawar Lecture vor der Royal Society im Jahre 1986. Bisher ist sie unveröffentlicht, aber es existiert ein Mitschnitt davon, der bei der Bibliothek der Gesellschaft erhältlich ist. Eine Veröffentlichung der Popperschen Ausführungen ist geplant.
5 Peter Medawar, *A view from the left*.
6 Max Perutz, *A new view of Darwinism*.
7 Ebenda.
8 Steven Weinberg, *Der Traum von der Einheit des Universums*.
9 Siehe meine Entgegnung an Perutz: Steven Rose, *Reflections on reductionism*, sowie die nachfolgende Korrespondenz in *Trends in Biochemical Science*: Perutz' Erwiderung trägt die Überschrift *Reply, from Perutz, on reductionism*, gefolgt von *Steven Rose replies*.
10 Donna Haraway, *Crystals, Fabrics and Fields*. Jüngste Versuche, diese Tradition wiederaufleben zu lassen, wurden von den beiden theoretischen Biologen Gerry Webster und Brian Goodwin unternommen: *Form and Transformation*.
11 Stuart Kauffman, *Der Öltropfen im Wasser*.
12 Aus Moleschotts Text *Der Kreislauf des Lebens* (1852), zitiert in Donald Flemings Vorwort zu Jacques Loebs *The Mechanistic Conception of Life*. [Der genaue Wortlaut findet sich in Dieter Wittich, *Schriften zum kleinbürgerlichen Materialismus in Deutschland*, Berlin 1971].
13 Edward O. Wilson, *Sociobiology: The New Synthesis*.
14 Trevor W. Goodwin, *A History of the Biochemical Society 1911–1986*.

15 Zu Chargaffs Skepsis gegenüber der neuen Molekularbiologie siehe Robert Olby, *The Path to the Double Helix*.
16 Richard Dawkins, *Sociobiology: The new storm in a teacup*.
17 Daniel C. Dennett, *Darwins gefährliches Erbe*.
18 James Watson, *Biology: A necessarily limitless vista*.
19 Arthur Koestler und J. R. Smythies, *Beyond Reductionism*.
20 Der Entwicklungsbiologe Antonio Garcia-Bellido bezeichnet in *How organisms are put together* Koestlers Holons als *nodules*.

5 Gene und Organismen

1 Manche würden sagen: zuviel Glück; die von ihm veröffentlichten Aufspaltungsverhältnisse wurden statistischen Neubewertungen unterworfen, denen zufolge sie zu schön sind, um wahr zu sein! Es sieht aus, als habe er gewußt, was er finden wollte, und die Daten so gehandhabt, daß sie ihm genau das zeigten. Die Wahrscheinlichkeit, daß Wiederholungen seiner Experimente derart eindeutige Ergebnisse liefern werden, ist minimal.
2 Peter J. Bowler, *The Mendelian Revolution*.
3 Beziehungsweise Carl Correns, Erich von Tschermak und Hugo de Vries.
4 Richard Dawkins, *The Extended Phenotype*.
5 William B. Provine, *The Origins of Theoretical Population Genetics*.
6 Donald MacKenzie, *Statistics in Britain, 1865–1930*.
7 Siehe unter anderem K. M. Ludmerer, *Genetics and American Society*.
8 Die Abfolge ist gut beschrieben in Lewis Wolperts *The Triumph of the Embryo*, wenngleich ich seine Auffassung, der zufolge der ganze Prozeß sich formal auf ein reines Ablaufen eines auf der DNA basierenden Programms reduzieren läßt, nicht teile, wie im folgenden Kapitel deutlich werden wird.
9 Donald Fleming in seinem Vorwort zu Loebs *The Mechanistic Conception of Life*.
10 Dawkins, *Der blinde Uhrmacher*, S. 54.
11 Lily E. Kay, *The Molecular Vision of Life: Caltech, the Rockefeller Foundation and the Rise of the New Biology*.
12 Garland E. Allen, *Thomas Hunt Morgan*.
13 Zur Geschichte dieser Auffassung siehe Stephen Jay Gould, *Ontogeny and Phylogeny*.
14 Dawkins' Computerspiele haben sich inzwischen (1996) als eigenes Produkt verselbständigt: *The Evolution of Life* ist als CD-ROM erhältlich.
15 Das ist nicht ganz korrekt: Garrods Arbeiten über angeborene Fehler verknüpften Genetik und Biochemie bereits um 1900, doch da seine Arbeiten eher der klinischen Forschung nahestanden denn der Grundlagenforschung, wurden seine Ergebnisse weitgehend ignoriert.
16 Ruth Hubbard und R. C. Lewontin, *Pitfalls of genetic testing*.
17 Robert Olby, *The Path to the Double Helix*.
18 James D. Watson und Francis H. C. Crick, *Genetical implications of the structure of deoxyribonucleic acid*.
19 Gunther Stent, *The Paradoxes of Progress*.
20 Olby, *The Path to the Double Helix*, S. 432.
21 Bonnie Spanier, *Im/partial Science*.

22 Dawkins, *Der blinde Uhrmacher*, S. 137.
23 Dawkins, *Und es entsprang ein Fluß in Eden*, S. 31.
24 Evelyn Fox Keller, *A Feeling for the Organism: The Life and Work of Barbara McClintock*.
25 Bill Pirie weist in diesem Zusammenhang darauf hin, daß bestimmte Viren imstande sind, sich in abgestorbenen Zellen vermehren zu lassen.
26 Edward O. Wilson, *On Human Nature*, S. 172.

6 Lebensläufe

1 Ein interessantes Beispiel dafür, was für eine Debatte eine solche Sicht der Dinge aufwirft, liefern Brian Goodwin und Richard Dawkins mit *What is an organism?*
2 C. B. Blakemore und R. C. van Sluyters, *Reversal of the physiological effects of monocular deprivation in kittens*.
3 Edelman hat eine Trilogie von Büchern verfaßt, in denen er seine Theorie entwickelt und zu einem allgemeingültigen Mechanismus ausweitet, mit dem sich biologische Phänomene von der Ontogenese bis hin zu Gedächtnis und Bewußtsein erklären lassen sollen. Die Hauptgedanken der drei Werke – *Neural Darwinism* (1987), *Topobiology* (1988) und *The Remembered Present* (1989) – sind überdies zu einem allgemeinverständlicheren Buch zusammengefaßt, das sich seines umständlichen Stils wegen allerdings dennoch recht schwer liest: *Göttliche Luft, vernichtendes Feuer* (1995).
4 Francis H. C. Crick, *Neural Edelmanism*.
5 Rita Levi Montalcini, *In Praise of Imperfection*.
6 Lewis Wolpert lieferte vor ein paar Jahren ein allgemeines Modell für diese Art von Musterbildung, das er ‚French flag model' nannte. Brian Goodwin verfeinerte dieses Modell später (vergleiche *Temporal Organisation in Cells*, 1963) und wies darauf hin, daß ein Gradient, der mit der Zeit pulsiert, eine bessere dreidimensionale Kontrolle ermögliche als ein kontinuierlicher Gradient. Speziell zum hier angesprochenen Thema axonales Wachstum und Musterbildung siehe Dale Purves, *Neural Activity and the Growth of the Brain*, sowie Josef P. Rauschecker und Peter Marler (Hrsg.), *Imprinting and Cortical Plasticity*.
7 Semir Zeki, *A Vision of the Brain*.
8 Purves, *Neural Activity and the Growth of the Brain*.
9 R. L. Smith (Hrsg.), *Sperm Competition and the Evolution of Animal Mating Systems*.
10 Bonnie Spanier, *Im/partial Science*.
11 Der Begriff ‚konstruktivistisch' hat mehrere Bedeutungen. Meiner Auffassung am nächsten kommt in diesem Zusammenhang die Deutung des Entwicklungspsychologen Jean Piaget mit seinem Konzept einer genetischen Epistemologie; siehe unter anderem *Behaviour and Evolution*.
12 Ich weiß nicht, ob der Begriff der ‚Homöodynamik' von mir stammt oder ob er bereits über eine Vergangenheit im biologischen Denken verfügt. Lynn Margulis diskutiert dasselbe Konzept, verwendet jedoch den Begriff ‚Homöorrhese', um die Oszillation um einen veränderlichen Sollwert zu beschreiben; siehe Margulis und Oona West, *Gaia and the Colonisation of*

Mars. Der Neuroendokrinologe Bruce McEwen verwendet in ähnlichem Zusammenhang den Begriff ‚Allostase'.
13 Steven Rose, *The Chemistry of Life*.
14 Henry Kacser und J. A. Burns, *Molecular democracy: Who shares the controls?*; der zitierte Abschnitt steht auf Seite 1151.
15 Stuart Kauffman, *Der Öltropfen im Wasser*.
16 Benno Hess und Alexander Mikhailov, *Self-organisation in living cells*; Albert Goldbeter, *Biochemical Oscillations and Cellular Rhythms*.
17 Daniel L. Minor Jr und Peter S. Kim, *Context-dependent secondary structure formation*.
18 Wie beispielsweise Videoaufzeichnungen bei der Phasenkontrastmikroskopie an Gewebekulturen zeigen.

7 Gibt es einen universalen Darwinismus?

1 Daniel C. Dennett, *Darwins gefährliches Erbe*.
2 Richard W. Burkhardt, *The Spirit of System*.
3 Einen systematisch ungehobelten Versuch, Darwins Beitrag zu schmälern, unternimmt Sven Løvtrup mit *Darwinism: The Refutation of a Myth*.
4 Wilma George, *Biologist Philosopher: A Study of the Life and Writings of Alfred Russel Wallace*.
5 Adrian Desmond und James Moore, *Darwin*, S. 264.
6 James Moore, *The Post-Darwinian Controversies*.
7 John Tyler Bonner, *The Evolution of Complexity by Means of Natural Selection*.
8 Peter T. Saunders und Mae-Wan Ho, *On the increase in complexity in evolution*.
9 John Herschel, zitiert in Ernst Mayr, *One Long Argument*, S. 49.
10 Pierre Teilhard de Chardin, *The Phenomenon of Man*.
11 William H. Thorpe, *Purpose in a World of Chance*.
12 Jacques Monod, *Zufall und Notwendigkeit*.
13 J. B. S. Haldane, *The interaction of nature and nurture*, zitiert in Jerry Hirsch, *A nemesis for heritability estimation*.
14 Trotz der mutigen Bestrebungen einiger – siehe unter anderem Jerry Hirsch, ebenda.
15 Population in diesem Sinne ist ein technischer Begriff aus der Genetik, mit dem eine Gruppe innerhalb einer Art beschrieben wird, in der es zu einer mehr oder minder zufälligen Partnerwahl kommen kann.
16 Nicholas J. Mackintosh (Hrsg.), *Cyril Burt: Fraud or Framed?*
17 Siehe unter anderem T. J. Bouchard, N. L. Segal und D. T. Lykken, *Genetic and environmental influences on special mental abilities in a sample of twins reared apart*, veröffentlicht in *Acta genetica gemellologica*. Viele Publikationen Bouchards sind in diesem etwas obskuren Journal – herausgegeben vom Römischen Mendel-Institut – oder in sogenannten Abstractsammlungen von Tagungen erschienen statt in begutachteten Zeitschriften, wodurch sie relativ schwer einzuschätzen sind. Das gilt insbesondere, weil in ihnen nie Primärdaten, sondern stets nur statistisch stark bearbeitetes Material präsentiert wird. Vor ein paar Jahren verbrachte ich drei Monate als Gastpro-

fessor in Minneapolis und besuchte Bouchard in der Hoffnung, einige seiner Primärdaten einsehen zu können – ein im allgemeinen normales Ansinnen im akademischen Leben –, wurde jedoch mit dem Hinweis abgewiesen, diese seien streng vertraulich und er habe keinerlei Befugnisse, sie weiterzugeben. Andere haben offenbar dieselbe Erfahrung gemacht, so daß die Bedeutung seiner Aussagen nur schwer einzuschätzen ist.

18 Diese Zahlen entstammen dem Buch eines überzeugten ‚Hereditaristen', erklärtermaßen radikal Obrigkeitshörigen und einstigen Schülers von Hans Eysenck, J. Philippe Rushton, *Race, Evolution and Behavior*, S. 83.

19 Neonazis, Faschisten und rassistische Gruppierungen behaupten mit schöner Regelmäßigkeit, daß Rassismus und Fremdenfeindlichkeit in unseren ‚egoistischen Genen' verankert seien und daß wissenschaftlich ‚erwiesen' sei, daß Schwarze Weißen hinsichtlich ihres Intelligenzquotienten und ähnlichem mehr genetisch unterlegen sind. Referenzen hierzu finden sich beispielsweise in dem Kapitel ‚Less than human nature: Biology and the New Right' in meiner Aufsatzsammlung *Molecules and Minds* aus dem Jahre 1987. Aufschlußreich sind in diesem Zusammenhang auch die Aussagen des bekennenden ‚wissenschaftlichen Rassisten' Christopher Brand in seinem Buch *The g Factor* aus dem Jahre 1996, das der Verlag John Wiley zunächst publizierte, später jedoch zurückzog.

20 Thomas Bouchard, *Experience producing drive theory*.

21 *The Bell Curve* von Richard J. Herrnstein und Charles Murray ist wohl das jüngste Beispiel hierfür.

22 Richard Dawkins, *Und es entsprang ein Fluß in Eden*, S. 90 ff.

23 Diese Aussage ist möglicherweise zu modifizieren im Licht der jüngsten Befunde zu genetischen Homologien bei verschiedenen Lichtwahrnehmungssystemen, die auf einen gemeinsamen Ursprung hindeuten. Eine Beobachtung, die Dawkins' Argument in mancher Hinsicht eigentlich besser kleidet.

24 H. B. D. Kettlewell, ‚*Selection experiments on industrial melanism in the lepidoptera*'.

25 Adam Kuper, *The Chosen Primate*.

26 D. L. Perrett, K. A. May und S. Yoshikawa, *Facial shape and judgements of female attractiveness*. Eine pointierte populärwissenschaftliche Überspitzung dieses Arguments findet sich bei Matt Ridley, *Eros und Evolution*.

27 David Concar, *Sex and the symmetrical body*.

28 Robin Baker, *Krieg der Spermien*.

29 V. C. Wynne-Edwards, *Animal Dispersion in Relation to Social Behaviour*.

30 William D. Hamilton, *The genetical evolution of social behaviour*.

31 Edward O. Wilson, *Sociobiology: The New Synthesis*.

32 Dawkins, *Das egoistische Gen*.

33 Robert Trivers, *The evolution of reciprocal altruism*.

34 Siehe, neben anderen soziobiologischen Popularisten, David Barash, *Sociobiology: The Whisperings Within*.

35 Diese Arbeit wurde auf einer Konferenz der Association for the Study of Animal Behaviour präsentiert, allerdings offenbar nie publiziert – was vielleicht nicht allzusehr überrscht!

36 Haldane war Marxist und über viele Jahre hinweg Mitglied der British Communist Party. Ende der vierziger Jahre, zur Zeit der Lysenko-Affäre in der damaligen Sowjetunion, kündigte er seine Mitgliedschaft.

37 Zur Geschichte der Finken und ihrer Bedeutung siehe Jonathan Weiner, *Der Schnabel des Finken*.

8 Jenseits des Ultra-Darwinismus

1 Robert Wright, *20th century blues*.
2 Edward O. Wilson, *Sociobiology: The New Synthesis*, S. 553.
3 Ferren MacIntyre und Kenneth W. Estep, *Sperm competition and the persistence of genes for male homosexuality*.
4 Richard Dawkins, *Das egoistische Gen*, S. 322.
5 Wilson, *On Human Nature*, S. 17.
6 Brian Goodwin, *Der Leopard, der seine Flecken verlor*.
7 Richard Lewontin und Richard Levins, *The problem of Lysenkoism*.
8 Ernst Mayr ist Dobzhanskys philosophischer und wissenschaftlicher Erbe, und sein Beharren auf dem Standpunkt, daß das Genom die geeignete Ebene der Selektion darstelle, charakterisiert einen Großteil seines Werks. Siehe unter anderem *Eine neue Philosophie der Biologie*.
9 James A. Shapiro, *Adaptive mutation: Who's really who in the garden?*
10 Conrad H. Waddington (Hrsg.), *Towards a Theoretical Biology*.
11 John Tyler Bonner, *On Development*.
12 I. Wilmut et al., *Viable offspring derived from fetal and adult mammalian cells*.
13 Lancelot Law Whyte, *Internal Factors in Evolution*.
14 Bonner, *The Evolution of Complexity by Means of Natural Selection*, S. 93.
15 Untersucht mit einer statistischen Technik namens quantitative Merkmalsanalyse – siehe S. D. Tanksley, *Mapping polygenes*.
16 J. L. Hubby und R. C. Lewontin, *A molecular approach to the study of genic heterozygosity*.
17 Stephen Jay Gould und Niles Eldredge, *Punctuated equilibria*.
18 Es gibt neuere Berichte über Fälle von durchbrochenem Gleichgewicht in Reagenzglasmodellen zur Bakterienevolution, siehe Santiago F. Elena, Vaughn S. Cooper und Richard E. Lenski, *Punctuated evolution caused by selection of rare beneficial mutations*.
19 Die Gründe hierfür sind gut verständlich, allerdings unter einem extrem soziobiologischen Blickwinkel zusammengefaßt von Matt Ridley in *Eros und Evolution*.
20 John Maynard Smith, *Did Darwin Get it Right?*, Kapitel 22.
21 Ernst Mayr, *Die Entwicklung der biologischen Gedankenwelt*.
22 Virginia Morell, *Genes v. teams: Weighing group tactics in evolution*.
23 James H. Tumlinson, W. Joe Lewis und Louise E. M. Vet, *How parasitic wasps find their hosts*.
24 N. Moore, *The Bird of Time*, S. 124–125.
25 Ein Begriff, den sie aus der russischen Literatur hat wiederauferstehen lassen: L. N. Khakina, *Concepts of Symbiogenesis*.
26 Der Genetiker Gabriel Dover plädiert seit nunmehr vielen Jahren für einen Prozeß, den er als ‚molecular drive', ‚molekulare Triebkraft', bezeichnet. Ausgehend von den molekularen Eigenschaften von DNA, fordert diese Überlegung, daß es mit der Zeit und vielen Replikationen zu Veränderungen der DNA-Sequenz kommen wird, die unabhängig von den selektiven Kräften

sind, welche von außen auf das Molekül einwirken. Demzufolge kommt es nicht allein auf phänotypischer Ebene zu einer Drift, sondern auch auf genomischem Niveau. Die Erklärung für diesen Effekt ist zu kompliziert, als daß sie sich in meiner Beschreibung hier leicht darstellen ließe, und es ist wohl nicht übertrieben zu sagen, daß sie bislang keine verbreitete Unterstützung unter den Molekularbiologen genießt. Ich erwähne sie hier nur der Vollständigkeit halber.

27 Gould, *Zufall Mensch*, S. 12.
28 Die Debatte zwischen diesen beiden Standpunkten analysiert Richard C. Lewontin in *The Genetic Basis of Evolutionary Change*.
29 Stephen Jay Gould und Richard C. Lewontin, *The spandrels of San Marco and the Panglossian paradigm*; die Erwiderungen, auf die ich mich hier beziehe, sind nicht Teil der publizierten Ausführungen.
30 Daniel C. Dennett, *Darwins gefährliches Erbe*, Kapitel 10.
31 Dennetts Argument hat mich immerhin so nachdenklich gemacht, daß ich eine Reihe von Architekten um Rat gefragt habe. Die Antworten fielen fast einmütig zugunsten der ursprünglichen Gould-Lewontin-Interpretation aus. Besonders dankbar bin ich Renate Prince, die dieser Frage gründlicher nachgegangen ist, als ich an dieser Stelle würdigen kann, und mir eine überaus informative Nachhilfestunde erteilt sowie die relevante Quelle genannt hat: Rowland Mainstone, *Developments in Structural Form*.
32 Goodwin, *Der Leopard, der seine Flecken verlor*.
33 Geoffrey B. West et al., *A general model for the origin of allometric scaling laws in biology*.
34 Philip Ball, *Spheres of influence*.
35 D'Arcy W. Thompson, *On Growth and Form*.
36 Das Zitat ist, wie es hier steht, entnommen François Jacob, *Die Logik des Lebenden*.
37 Comte de Buffon, *De la manière d'etudier et de traiter l'histoire naturelle*, zitiert in dieser Übersetzung in Jacob, *Die Logik des Lebenden*. Ein anonymer Gutachter hat mich darauf hingewiesen, daß Buffon hier unzulässig vereinfacht. Bienen und Wespen bedienen sich unterschiedlicher Methoden, um zu hexagonalen Formen zu gelangen, und keine von beiden setzt ihren Körper in der von Buffon angenommenen Weise ein. Der Hauptgesichtspunkt bei Buffon – und D'Arcy Thompson – aber ist und bleibt, daß sich ein raumfüllendes Modell der Art, wie es durch die hexagonale Form entsteht, allein durch die bestehenden physikalischen Einschränkungen erklären lassen kann. Dabei besteht keinerlei Notwendigkeit, sich auf einen adaptiven Mechanismus etwa dergestalt zu berufen, daß vorangegangene Bienengenerationen ein ganzes Spektrum an schlechteren, weniger effizienten Formen hervorgebracht haben müssen, bis dann durch die natürliche Selektion der gegenwärtige Stand der ‚Perfektion' erreicht wurde.
38 Goodwin, *Der Leopard, der seine Flecken verlor*, Kapitel 5.
39 Dieser Satz ist von etlichen Gutachtern kritisiert worden – zu Recht, wie ich finde –, da er die Homologie der Vorgänge betont. Natürlich hatte ich damit nicht die reiche Vielfalt der persönlichen und sozialen Abläufe bei einem menschlichen Entscheidungsprozeß mit der Bewegung von Einzellern gleichsetzen wollen!

9 Schöpfungsmythen

1. Johannes 1, 1–4.
2. Manche Forscher setzen die Entstehung von Leben sogar noch früher an, doch die Debatte über die Genauigkeit dieses Datums liegt außerhalb dessen, was mich hier interessiert.
3. David S. McKay et al., Search for past life on Mars.
4. Alexander Oparin, *The Origin of Life on the Earth*. Ich war ungeheuer fasziniert, als ich als junger Postdoc zum ersten Mal etwas über die Oparin-Hypothese las, und beschrieb sie in meinem ersten Buch *The Chemistry of Life* aus den sechziger Jahren in den wärmsten Tönen. Später wurde das Buch – als Raubkopie – ins Russische übersetzt (es war vor der Unterzeichnung des Copyright-Abkommens durch die UdSSR), wovon ich erst erfuhr, als man mir ein von Oparin unterzeichnetes Exemplar zukommen ließ. Mein Stolz hierüber wurde erst sehr viel später erschüttert, als ich von russischen Freunden mehr über die negative Rolle erfuhr, die Oparin bei der Unterdrückung und Verfolgung russischer Wissenschaftler während der Lysenko-Ära gespielt hatte.
5. J. B. S. Haldane, *The origin of life*.
6. Fred Hoyle und Chandra Wickramasinghe, *Lifecloud*.
7. Francis H. C. Crick, *Life Itself*.
8. Michael Behe, *Darwin's Black Box*.
9. R. J. P. Williams und J. J. R. Frausto da Silva, *The Natural Selection of the Chemical Elements*.
10. Stephen Mann und Geoffrey A. Ozin, *Synthesis of inorganic materials with complex form*.
11. In *The Pasteurization of France* kritisiert Latour diese berühmten Experimente, die seinerzeit als endgültige Widerlegung einer spontanen Entstehung organischen Lebens gewertet wurden. Doch seine Kritik richtet sich mehr gegen die Argumentationsweise, gegen die Rhetorik, die Pasteur verwendete, und weniger gegen den Inhalt der Schlußfolgerungen.
12. James E. Lovelock, *Das Gaiaprinzip*.
13. Lynn Margulis und Oona West, *Gaia and the Colonisation of Mars*.
14. Stanley L. Miller, *A production of amino-acids under possible primitive Earth conditions*.
15. A. G. Cairns-Smith, *Seven Clues to the Origin of Life*.
16. Stuart Kauffman, *Der Öltropfen im Wasser*.
17. Stuart Kauffman, *Even peptides do it*.

10 Über die Unzulänglichkeit des Reduktionismus

1. Lily E. Kay, *The Molecular Vision of Life*.
2. Mason in einer Rede aus dem Jahre 1934, zitiert in Kay, *The Molecular Vision of Life*, S. 46.
3. Donna Haraway, *Crystals, Fabrics and Fields*.
4. J. M. R. Delgado, *Physical Control of the Mind*.

5 Linus Pauling, *Reflections on the new biology*, S. 269, zitiert in Kay, *The Molecular Vision of Life*, S. 276.
6 Daniel Koshland, Editorial.
7 Später veröffentlicht als: Gregory Bock und Jamie Goode (Hrsg.), *Genetics of Criminal and Antisocial Behaviour*.
8 Edward O. Wilson, *Sociobiology: The New Synthesis*; Philip Kitcher, *Vaulting Ambition*.
9 Steven Rose, Richard C. Lewontin und Leon Kamin, *Die Gene sind es nicht*.
10 Simon LeVay, *A difference in hypothalamic structure between heterosexual and homosexual men*.
11 Dean Hamer und P. Copeland, *The Science of Desire*.
12 David B. Cohen, *Out of the Blue*.
13 A. Reiss und J. Roth, *Understanding and Preventing Violence*.
14 M. Galanter (Hrsg.), *Recent Developments in Alcoholism*.
15 Simon LeVay, *Keimzellen der Lust*.
16 D. H. Hamer, S. Hu, V. L. Magnuson, N. N. Hu und A. M. L. Pattatucci, *A linkage between DNA markers on the X chromosome and male sexual orientation*.
17 Wilson, *Sociobiology*, S. 575.
18 Siehe unter anderem Mary Midgley, *The Ethical Primate*.
19 Hinzu kommt, daß die beiden objektiven Wissenschaften Biologie und Soziologie einen entscheidenden Bereich menschlicher Existenz außer acht lassen: die subjektiven Erfahrungen, die jeder von uns im Laufe seiner persönlichen Lebensgeschichte macht. Trotz jüngster Versuche, Bewußtsein durch spezifische Vorgänge im Gehirn zu umschreiben (unter anderem von Francis Crick in *The Astonishing Hypothesis*), liegt solche Subjektivität zumindest außerhalb der Domäne der Naturwissenschaften, und vermutlich läßt sich ihr am ehesten mit den Mitteln der Schreib- und Dichtkunst nahekommen. Die Vereinigung subjektiven und objektiven Verständnisses des Wesens und der Bedeutung von Lebensvorgängen – die menschliche Existenz eingeschlossen – bleibt, falls sie denn je möglich sein sollte, ein weit entferntes Ziel.
20 H. G. Brunner, M. Nelen, X. O. Breakfield, H. H. Ropers und B. A. van Oost, *Abnormal behavior associated with a point mutation in the structural gene for monoamine oxidase A*.
21 Brunner, in Bock und Goode (Hrsg.), *Genetics of Criminal and Antisocial Behaviour*, S. 164–167.
22 Olivier Cases et al., *Aggressive behavior and altered amounts of brain serotonin and norepinephrine in mice lacking MAOA*.
23 Wade Roush, *Conflict marks crime conference*.
24 Peter R. Breggin und Ginger Ross Breggin, *A biomedical program for urban violence control in the USA; the changers of psychiatric social control*, sowie Aussagen der Breggins gegenüber dem Ausschuß für Gewaltforschung der National Institutes of Health.
25 Michael Rutter in seinem Vorwort zu Bock und Goode (Hrsg.), *Genetics of Criminal and Antisocial Behaviour*, S. 1–15.
26 Siehe unter anderem Leon Kamin, *The Science and Politics of IQ*.
27 Donald MacKenzie, *Statistics in Britain, 1865–1930*.
28 Richard J. Herrnstein und Charles Murray, *The Bell Curve*.

29 L. S. Allen und R. A. Gorski, *Sexual orientation and the size of the anterior commisure in the human brain.*
30 Berichtet von Chandler Burr in *Homosexuality and biology*, und von Richard C. Friedman und Jennifer Downey in *Neurobiology and sexual orientation.*
31 LeVay, *A difference in hypothalamic structure between heterosexual and homosexual men.*
32 Hamer et al., *A linkage between DNA markers on the X chromosome and male sexual orientation.*
33 Anne Fausto-Sterling, *Myths of Gender.*
34 David Fernbach, *The Spiral Path.*
35 V. H. Mark und F. R. Ervin, *Violence and the Brain.*
36 Zitiert von Anne Moir und David Jessel in *A Mind to Crime.*
37 Peter D. Kramer, *Listening to Prozac.*
38 Steven Rose, *Molecules and Minds.*
39 Constance Holden, *A cautionary genetic tale*; Richard E. Chipkin, D_2 *receptor genes – the cause or consequence of substance abuse?*
40 Zitiert in den Pressemitteilungen der University of Wisconsin auf Seite 275; siehe auch Jerome Kagan, *The Nature of the Child.*
41 Robert Plomin, Michael J. Owen und Peter McGuffin, *The genetic basis of complex human behaviors.*
42 Harriette C. Johnson, *Violence and biology*; Stephen C. Maxon, *Issues in the search for candidate genes in mice as potential animal models of human aggression.*
43 John C. Crabbe, John K. Belknap und Kari J. Buck, *Genetic animal models of alcohol and drug abuse.*
44 Zitiert in Moir and Jessel, *A Mind to Crime.*

Bibliographie

Allen, Garland E. (1979): *Thomas Hunt Morgan: The Man and His Science*, Princeton University Press.
Allen, L. S. und Gorski, R. A. (1992): Sexual orientation and the size of the anterior commisure in the human brain, *Proceedings of the National Academy of Sciences of the USA*, 85, 7199–7202.
Baker, Robin (1996): *Sperm Wars: Infidelity, Sexual Conflict and Other Bedroom Battles*, Fourth Estate (deutsche Ausgabe: *Krieg der Spermien*, Limes 1997).
Ball, Philip (1995): Spheres of influence, *New Scientist* vom 2. Dezember, S. 42–44.
Barash, David (1981): *Sociobiology: The Whisperings Within*, Souvenir Press (deutsche Ausgabe: *Soziobiologie und Verhalten*, Blackwell, Berlin, 1980).
Behe, Michael (1996): *Darwin's Black Box*, Simon & Schuster.
Birke, Lynda (1994): *Feminism, Animals and Science: The Naming of the Shrew*, Open University Press.
Blakemore, C. B. und van Sluyters, R. C. (1974): Reversal of the physiological effects of monocular deprivation in kittens: Further evidence for a sensitive period, *Journal of Physiology*, 237, 195–216.
Bock, Gregory und Goode, Jamie (Hrsg.) (1996): *Genetics of Criminal and Antisocial Behaviour*, Wiley.
Bonner, John Tyler (1974): *On Development: The Biology of Form*, Harvard University Press.
Bonner, John Tyler (1988): *The Evolution of Complexity by Means of Natural Selection*, Princeton University Press.
Borges, Jorge Luis (1965): Funes the memorious, in *Fictions*, Calder, S. 97–105.
Bouchard, Thomas (1997): Experience producing drive theory: Low genes drive experience and shape personality, *Acta Paediatrica*, Zusatzband 422, 60–64. *Acta Paediatrica*.
Bouchard, T. J., Segal, N. L. und Lykken, D. T. (1990): Genetic and environmental influences on special mental abilities in a sample of twins reared apart, *Acta genetica gemellologica*, 39, 193–206.
Bowler, Peter J. (1989): *The Mendelian Revolution*, Athlone Press.
Breggin, Peter R. und Breggin, Ginger Ross (1994): A biomedical program for urban violence control in the US; the dangers of psychiatric social control, Center for the Study of Psychiatry (Konzeptkopie).
Brunner, H. G., Nelen, M., Breakfield, X. O., Ropers, H. H. und van Oost, B. A. (1993): Abnormal behaviour associated with a point mutation in the structural gene for monoamine oxidase A, *Science*, 262, 578–580.
Budiansky, Stephen (1995): *Nature's Keepers*, Weidenfeld & Nicolson.
Buffon, Comte de (1774–1779): *De la manière d'etudier et de traiter l'histoire naturelle*, Paris.
Bukharin, Nikolai et al. (1971): *Science at the Crossroads*, Cass [1. Auflage 1932].

Burkhardt, Richard W. (1977): *The Spirit of System: Lamarck and Evolutionary Biology*, Harvard University Press.
Burr, Chandler (1993): Homosexuality and biology, *Atlantic Monthly*, 271 (3), 47–65.
Byrne, R. W. (1994): The evolution of intelligence, in *Behaviour and Evolution*, hrsg. von Peter J. B. Slater und Timothy R. Halliday, Cambridge University Press, S. 223–265.
Cairns-Smith, A. Graham (1985): *Seven Clues to the Origin of Life: A Scientific Detective Story*, Cambridge University Press.
Cannon, Walter (1932): *The Wisdom of the Body*, Kegan Paul [Nachdruck 1947].
Cases, Olivier et al. (1995): Aggressive behavior and altered amounts of brain serotonin and norepinephrine in mice lacking *MAOA*, *Science*, 268, 1763–1768.
Chipkin, Richard E. (1994): D_2 receptor genes – the cause or consequence of substance abuse?, *Trends in Neuroscience*, 17, S. 50.
Cohen, David B. (1994): *Out of the Blue: Depression and Human Nature*, Simon & Schuster.
Concar, David (1995): Sex and the symmetrical body, *New Scientist* vom 22. April, S. 40–44.
Coon, Carleton S. (1963): *The Origin of Races*, Jonathan Cape.
Coveney, Peter und Highfield, Roger (1995): *Frontiers of Complexity: The Search for Order in a Chaotic World*, Faber & Faber.
Crabbe, John C., Belknap, John K. und Buck, Kari J. (1994): Genetic animal models of alcohol and drug abuse, *Science*, 264, 1715–1723.
Crick, Francis H. C. (1958): On protein synthesis, *Symposia of the Society for Experimental Biology*, 12, 138–163.
Crick, Francis H. C. (1981): *Life Itself*, Simon & Schuster (*Was die Seele wirklich ist*, Artemis, 1994).
Crick, Francis H. C. (1989): Neural Edelmanism, *Trends in Neuroscience*, 12, 240–244.
Crick, Francis (1994): *The Astonishing Hypothesis*, Simon & Schuster.
Dawkins, Richard (1976): *The Selfish Gene*, Oxford University Press (deutsche Ausgabe: *Das egoistische Gen*, Spektrum Akademischer Verlag, Heidelberg, 1994, Zitate aus der Taschenbuchausgabe, Rowohlt, Reinbek 1998).
Dawkins, Richard (1982): *The Extended Phenotype*, Freeman.
Dawkins, Richard (1986): *The Blind Watchmaker*, Longman (deutsche Ausgabe: *Der blinde Uhrmacher*, Kindler, München, 1987).
Dawkins, Richard (1986): Sociobiology: The new storm in a teacup, in *Science and Beyond*, hrsg. von Steven Rose und Lisa Appignanesi, Basil Blackwell, S. 73–74.
Dawkins, Richard (1995): *River out of Eden*, Weidenfeld & Nicolson (deutsche Ausgabe: *Und es entsprang ein Fluß in Eden*, Bertelsmann, München, 1996. Zitate aus der Taschenbuchausgabe, Goldmann, München, 1998).
Delgado, Jose (1971): *Physical Control of the Mind: Towards a Psychocivilized Society*, Harper & Row.
Dennett, Daniel C. (1995): *Darwin's Dangerous Idea: Evolution and the Meanings of Life*, Allen Lane (deutsche Ausgabe: *Darwins gefährliches Erbe*, Hoffmann und Campe, Hamburg, 1997).

Desmond, Adrian und Moore, James (1991): *Darwin*, Michael Joseph (deutsche Ausgabe: *Darwin*, List, München, 1995).

Dickens, Charles (1969): *Hard Times*, Penguin, S. 48, 126 [Erstausgabe 1854] (deutsche Zitate aus *Harte Zeiten*, Insel Verlag, Frankfurt/M., 1986, S. 10–11, S. 141).

Dobzhansky, Theodosius (1973): Nothing in biology makes sense except in the light of evolution, *American Biology Teacher*, 35, 125–129.

Drug and Chemical Evaluation Section (1995): Methylphenidate: A background paper, US Department of Justice Drug Enforcement Administration, Washington DC.

Dunbar, Robin (1995): *The Trouble with Science*, Faber & Faber.

Edelman, Gerald (1987): *Neural Darwinism: The Theory of Neuronal Group Selection*, Basic Books.

Edelman, Gerald (1988): *Topobiology: An Introduction to Molecular Embryology*, Basic Books.

Edelman, Gerald (1989): *The Remembered Present: A Biological Theory of Consciousness*, Basic Books.

Edelman, Gerald (1992): *Bright Air, Brilliant Fire: On the Matter of the Mind*, Basic Books (deutsche Ausgabe: *Göttliche Luft, vernichtendes Feuer. Wie der Geist im Gehirn entsteht*, Piper, München, 1995).

Elena, Santiago F., Cooper, Vaughn S. und Lenski, Richard E. (1996): Punctuated evolution caused by selection of rare beneficial mutations, *Science*, 272, 1802–1804.

Fausto-Sterling, Anne (1992): *Myths of Gender: Biological Theories about Women and Men*, Basic Books.

Fernbach, David (1981): *The Spiral Path*, Gay Men's Press.

Feyerabend, Paul (1987): *Farewell to Reason*, Verso (deutsche Ausgabe: *Irrwege der Vernunft*, Suhrkamp, Frankfurt/M., 1989).

Feyerabend, Paul (1995): *Killing Time*, Chicago University Press (deutsche Ausgabe: *Zeitverschwendung*, Suhrkamp, Frankfurt/M., 1995).

Friedman, Richard C. und Downey, Jennifer (1993): Neurobiology and sexual orientation: Current relationships, *Journal of Neuropsychiatry and Clinical Neurosciences*, 5, 131–153.

Galanter, M. (Hrsg.) (1993): *Recent Developments in Alcoholism*, Plenum.

Garcia-Bellido, Antonio (1994): How organisms are put together, *European Review*, 2, 15–21.

George, Wilma (1964): *Biologist Philosopher: A Study of the Life and Writings of Alfred Russel Wallace*, Abelard-Schuman.

Goldbeter, Albert (1996): *Biochemical Oscillations and Cellular Rhythms: The Molecular Bases of Periodic and Chaotic Behaviour*, Cambridge University Press.

Goodwin, Brian (1963): *Temporal Organization in Cells*, Academic Press.

Goodwin, Brian (1994): *How the Leopard Changed Its Spots*, Weidenfeld & Nicolson (deutsche Ausgabe: *Der Leopard, der seine Flecken verlor*, Piper, München, 1997).

Goodwin, Brian und Dawkins, Richard (1995): What is an organism? A discussion, in *Behavioral Design*, Perspectives in Ethology, Bd. II, hrsg. von N. S. Thompson, Plenum, S. 47–60.

Goodwin, Trevor W. (1987): *A History of the Biochemical Society 1911–1986*, The Biochemical Society (London).

Gould, Stephen Jay (1977): *Ontogeny and Phylogeny*, Belknap Press (Harvard).

Gould, Stephen Jay (1981): *The Mismeasure of Man*, Norton (deutsche Ausgabe: *Der falsch vermessene Mensch*, Birkhäuser, Basel, 1983, Taschenbuch: Suhrkamp, Frankfurt/M., 1988).

Gould, Stephen Jay (1989): *Wonderful Life: The Burgess Shale and the Nature of History*, Penguin (deutsche Ausgabe: *Zufall Mensch. Das Wunder des Lebens als Spiel der Natur*, Carl Hanser, München, 1991).

Gould, Stephen J. und Eldredge, Niles (1977): Punctuated equilibria: The tempo and mode of evolution reconsidered, *Paleobiology*, 3, 110-127.

Gould, Stephen J. und Lewontin, Richard C. (1979): The spandrels of San Marco and the Panglossian paradigm: A critique of the adaptationist programme, *Proceedings of the Royal Society B*, 205, 581–598.

Government White Paper (1993): *Realizing Our Potential: Strategy for Science, Engineering and Technology*, HMSO.

Hacking, Ian (1995): *Rewriting the Soul: Multiple Personality and the Science of Memory*, Princeton University Press.

Haken, Hermann, Karlqvist, Anders und Svedin, Uno (Hrsg.) (1993): *The Machine as Metaphor and Tool*, Springer-Verlag.

Haldane, J.B.S. (1946): The interaction of nature and nurture, *Annals of Eugenics*, 13, 197–205.

Haldane, J.B.S. (1968): The origin of life, in *Science and Life*, Pemberton Publishing, S. 1–11 [erstmals publiziert im Jahre 1929].

Haldane, J.B.S. (1985): *On Being the Right Size and Other Essays*, Oxford University Press, S. 2.

Hales, Stephen (1961): *Vegetable Staticks*, Macdonald [Erstausgabe 1727].

Hamer, Dean und Copeland, P. (1994): *The Science of Desire: The Search for the Gay Gene and the Biology of Behaviour*, Simon & Schuster.

Hamer, Dean H., Hu, S., Magnuson, V.L., Hu, N.N. und Pattatucci, A.M.L. (1993): A linkage between DNA markers on the X chromosome and male sexual orientation, *Science*, 261, 321–327.

Hamilton, William D. (1964): The genetical evolution of social behaviour, I and II, *Journal of Theoretical Biology*, 7, 1–32.

Haraway, Donna (1976): *Crystals, Fabrics and Fields*, Yale University Press.

Haraway, Donna (1989): *Primate Visions: Gender, Race and Nature in the World of Modern Science*, Routledge.

Hawking, Stephen und Penrose, Roger (1996): *The Nature of Space and Time*, Princeton University Press (deutsche Ausgabe: *Raum und Zeit*, Rowohlt, Reinbek, 1998).

Herrnstein, Richard J. und Murray, Charles (1994): *The Bell Curve*, The Free Press.

Hess, Benno und Mikhailov, Alexander (1994): Self-organisation in living cells, *Science*, 264, 223–224.

Hirsch, Jerry (1990): A nemesis for heritability estimation, *Behavioral and Brain Sciences*, 13, 137–138.

Hirschleifer, J. (1977): Economics from a biological viewpoint, *Journal of Law and Economics*, 20, 1–52.

Holden, Constance (1994): A cautionary genetic tale: The sobering story of D_2, *Science*, 264, 1696–1697.

Hopkins, Frederick Gowland (1913): The dynamic side of biochemistry, *Nature*, 92, 213–223 [das Eingangszitat zu Kapitel 6 stammt von S. 220].

Hoyle, Fred und Wickramasinghe, Chandra (1978): *Lifecloud: The Origin of Life in the Universe,* Dent.
Hubbard, Ruth und Lewontin, Richard C. (1996): Pitfalls of genetic testing, *New England Journal of Medicine,* 334, 1192-1194.
Hubby, J. L. und Lewontin, Richard C. (1966): A molecular approach to the study of genic heterozygosity in natural populations. I The number of alleles at different loci in *Drosophila pseudoobscura, Genetics,* 45, 97-104.
Jacob, François (1974): *The Logic of Living Systems,* Allen Lane.
Janov, Arthur (1990): *The New Primal Scream,* Sphere.
Johnson, Harriette C. (1996): Violence and biology: A review of the literature, *Families in Societies: The Journal of Contemporary Human Services,* 77, 3-17.
Jones, Steve (1996): *In the Blood: God, Genes and Destiny,* Harper Collins (deutsche Ausgabe: *Gott und die Gene,* Hoffmann und Campe, Hamburg, 1998).
Kacser, Henry und Burns, J. A. (1979): Molecular democracy: Who shares the controls?, *Biochemical Society Transactions,* 7, 1149-1160.
Kagan, Jerome (1994): *The Nature of the Child,* Basic Books.
Kamin, Leon (1974): *The Science and Politics of IQ,* Laurence Erlbaum.
Kauffman, Stuart (1995): *At Home in the Universe: The Search for Laws of Complexity,* Viking (deutsche Ausgabe: *Der Öltropfen im Wasser. Chaos, Komplexität, Selbstorganisation in Natur und Gesellschaft,* Piper, München, 1996).
Kauffman, Stuart (1996): Even peptides do it, *Nature,* 382, 496-497.
Kawai, M. (1965): Newly acquired precultural behaviour of the natural troop of Japanese monkeys on Koshma islet, *Primates,* 6, 1-30.
Kay, Lily E. (1993): *The Molecular Vision of Life: Caltech, the Rockefeller Foundation and the Rise of the New Biology,* Oxford University Press.
Keller, Evelyn Fox (1983): *A Feeling for the Organism: The Life and Work of Barbara McClintock,* Freeman.
Kettlewell, H. B. D. (1955): Selection experiments on industrial melanism in the lepidoptera, *Heredity,* 9, 323-342.
Khakina, L. N. (1992): *Concepts of Symbiogenesis: A Historical and Critical Study of the Research of Russian Botanists,* Yale University Press.
Kitcher, Philip (1985): *Vaulting Ambition,* MIT Press.
Koestler, Arthur (1964): *The Act of Creation,* Hutchinson (Anm. zur deutschen Ausgabe: Der Begriff „Holon" wird auch in *Die Nachtwandler* erklärt).
Koestler, Arthur und Smythies, J. R. (1969): *Beyond Reductionism: New Perspectives in the Life Sciences,* Hutchinson.
Kohn, Marek (1995): *The Race Gallery,* Jonathan Cape.
Koshland, Daniel (1989): Editorial, *Science,* 246, 189.
Kramer, Peter D. (1994): *Listening to Prozac,* Fourth Estate.
Kuhn, Thomas S. (1962): *The Structure of Scientific Revolutions,* Chicago University Press (deutsche Ausgabe: *Die Struktur wissenschaftlicher Revolutionen,* Suhrkamp, Frankfurt/M., 1973).
Kuper, Adam (1994): *The Chosen Primate: Human Nature and Cultural Diversity,* Harvard University Press.
Lakatos, Imre und Musgrave, Alan (1970): *Criticism and the Growth of Knowledge,* Cambridge University Press.
Latour, Bruno (1987): *Science in Action,* Open University Press.
Latour, Bruno (1993): *The Pasteurization of France,* Harvard University Press.

Latour, Bruno und Woolgar, Steve (1979): *Laboratory Life: The Social Construction of Scientific Facts*, Sage.
LeVay, Simon (1991): A difference in hypothalamic structure between heterosexual and homosexual men, *Science*, 253, 1034–1037.
LeVay, Simon (1993): *The Sexual Brain*, MIT Press (deutsche Ausgabe: *Keimzellen der Lust*, Spektrum Akademischer Verlag, Heidelberg, 1994).
Levi Montalcini, Rita (1988): *In Praise of Imperfection: My Life and Work*, Basic Books.
Lewontin, Richard C. (1974): *The Genetic Basis of Evolutionary Change*, Columbia University Press.
Lewontin, Richard C. (1991): *Biology as Ideology*, Harper.
Lewontin, Richard C. (1996): *Human Diversity*, Freeman.
Lewontin, Richard C. und Levins, Richard (1976): The problem of Lysenkoism, in *The Radicalisation of Science*, hrsg. von Hilary Rose und Steven Rose, Macmillan, S. 32–64.
Loeb, Jacques (1964): *The Mechanistic Conception of Life*, Belknap Press [Erstauflage 1912].
Lovelock, James E. (1979): *Gaia: A New Look at Life on Earth*, Oxford University Press (und [1988]: *The Ages of Gaia. A Biography of our Living Earth*, W. W. Norton&Co, London, deutsche Ausgabe: *Das Gaia-Prinzip. Die Biographie unseres Planeten*, Artemis und Winkler, Zürich, 1991).
Ludmerer, K. M. (1972): *Genetics and American Society*, Johns Hopkins University Press.
Løvtrup, Sven (1987): *Darwinism: The Refutation of a Myth*, Croom Helm.
MacIntyre, Ferren und Estep, Kenneth W. (1993): Sperm competition and the persistence of genes for male homosexuality, *Biosystems*, 31, 223–233.
McKay, David S. et al. (1996): Search for past life on Mars: Possible relic biogenic activity in Martian meteorite ALH84001, *Science*, 273, 924–930.
MacKenzie, Donald (1981): *Statistics in Britain, 1865–1930: The Social Construction of Scientific Knowledge*, Edinburgh University Press.
Mackintosh, Nicholas J. (Hrsg.) (1995): *Cyril Burt: Fraud or Framed?*, Oxford University Press.
Mainstone, Rowland (1975): *Developments in Structural Form*, MIT Press.
Margulis, Lynn und West, Oona (1993): *Gaia and the Colonisation of Mars*, Manuskript für GSA Today.
Mark, V. H. und Ervin, F. R. (1970): *Violence and the Brain*, Harper & Row.
Maturana, H. R. und Varela, F. J (1980): *Autopoiesis and Cognition: the Realisation of the Living*, Boston, Reidel.
Maturana, H. R. und Varela, F. J. (1998): *The Tree of Knowledge: the Biological Roots of Human Understanding*, Boston, Shambala.
Maxon, Stephen C. (1996): Issues in the search for candidate genes in mice as potential animal models of human aggression, in *Genetics of Criminal and Antisocial Behaviour*, hrsg. von Gregory Bock und Jamie Goode, Wiley, S. 21–30.
Mayr, Ernst (1982): *The Growth of Biological Thought*, Belknap Press (deutsche Ausgabe: *Die Entwicklung der biologischen Gedankenwelt*, Piper, München 1984).
Mayr, Ernst (1988): *Towards a New Philosophy of Biology*, Belknap Press (deutsche Ausgabe: *Eine neue Philosophie der Biologie*, Piper, München, 1991).
Mayr, Ernst (1991): *One Long Argument*, Allen Lane.

Medawar, Peter (1967): *The Art of the Soluble*, Methuen.
Medawar, Peter (1984): A view from the left, *Nature*, 310, 255–256.
Midgley, Mary (1994): *The Ethical Primate*, Routledge.
Miller, Stanley L. (1953): A production of amino-acids under possible primitive Earth conditions, *Science*, 117, 528–529.
Moir, Anne und Jessel, David (1995): *A Mind to Crime*, Michael Joseph.
Monod, Jacques (1971): *Chance and Necessity*, Collins (deutsche Ausgabe: *Zufall und Notwendigkeit*, Piper, München, 1996).
Moore, James (1979): *The Post-Darwinian Controversies*, Cambridge University Press.
Moore, N. (1987): *The Bird of Time*, S. 124–125, zitiert im Ökologiekurs der Open University , S. 328, Buch 1, Open University Press, 1994.
Morell, Virginia (1996): Genes v. teams: Weighing group tactics in evolution, *Science*, 273, 739–740.
Olby, Robert (1974): *The Path to the Double Helix*, Macmillan.
Oparin, Alexander (1938): *The Origin of Life on the Earth*, Macmillan.
Oyama, Susan (1986): *The Ontogeny of Information*, Cambridge University Press.
Pauling, Linus (1968): Reflections on the new biology, *UCLA Law Review*, 15, 267–272.
Perrett, D. L., May, K. A. und Yoshikawa, S. (1994): Facial shape and judgements of female attractiveness, *Nature*, 368, 239–242.
Perutz, Max (1986) A new view of Darwinism, *New Scientist* vom 2. Oktober, S. 36–38.
Perutz, Max (1988): Reply, from Perutz, on reductionism, *Trends in Biochemical Science*, 13, 206.
Piaget, Jean (1979): *Behaviour and Evolution*, Routledge & Kegan Paul.
Plomin, Robert, Owen, Michael J. und McGuffin, Peter (1994): The genetic basis of complex human behaviors, *Science*, 264, 1733–1737.
Pope, Alexander (1731–1735): Epistle I (to Viscount Cobham), in *Moral Essays*, London.
Popper, Karl (1959): *The Logic of Scientific Discovery*, Hutchinson (deutsche Ausgabe: *Logik der Forschung*, Mohr und Siebeck, Tübingen, 1997).
Popper, Karl (1986): 1st Medawar Lecture, The Royal Society (unveröffentlicht).
Provine, William B. (1973): *The Origins of Theoretical Population Genetics*, University of Chicago Press.
Purves, Dale (1994): *Neural Activity and the Growth of the Brain*, Cambridge University Press.
Rauschecker, Josef P. und Marler, Peter (Hrsg.) (1989): *Imprinting and Cortical Plasticity*, Wiley.
Ravetz, Jerome R. (1971): *Scientific Knowledge and Its Social Problems*, Oxford University Press.
Reiss, A. und Roth, J. (1993): *Understanding and Preventing Violence*, National Academy Press.
Ridley, Matt (1993): *The Red Queen: Sex and the Evolution of Human Nature*, Penguin (deutsche Ausgabe: *Eros und Evolution*, Droemer, München, 1995).
Rose, Hilary (1994): *Love, Power and Knowledge*, Polity.
Rose, Hilary und Rose, Steven (Hrsg.) (1976): *The Radicalisation of Science*, Macmillan.

Rose, Steven (1986): *Molecules and Minds*, Open University Press.
Rose, Steven (1988): Reflections on reductionism, *Trends in Biochemical Science*, 13, 160–162.
Rose, Steven (1988): Steven Rose replies, *Trends in Biochemical Science*, 13, 379–380.
Rose, Steven (1991): *The Chemistry of Life*, Penguin [1. Auflage 1966].
Rose, Steven (1992): *The Making of Memory*, Bantam.
Rose, Steven (1992): So-called ‚formative causation': A hypothesis disconfirmed, *Biology Forum*, 85, 445–453.
Rose, Steven, Lewontin, Richard C. und Kamin, Leon (1984): *Not in Our Genes*, Penguin (deutsche Ausgabe: *Die Gene sind es nicht*, Psychologie Verlags Union, München/Weinheim, 1988).
Ross, Andrew (Hrsg.) (1996): *Science Wars*, Duke University Press.
Roush, Wade (1995): Conflict marks crime conference, *Science*, 269, 1808–1809.
Rushton, J. Philippe (1995): *Race, Evolution and Behavior: A Life History Perspective*, Transaction Publishers.
Russell, Claire und Russell, W. M. S. (1968): *Violence, Monkeys and Man*, Macmillan.
Rutter, Michael (1996): Introduction, in *Genetics of Criminal and Antisocial Behaviour*, hrsg. von Gregory Bock und Jamie Goode, Wiley, S. 1–15.
Sacks, Oliver (1985): *The Man who Mistook His Wife for a Hat*, Duckworth (deutsche Ausgabe: *Der Mann, der seine Frau mit einem Hut verwechselte*, Rowohlt, Reinbek, 1990).
Sagan, Dorion und Margulis, Lynn (1993): God, Gaia and Biophilia, in *Biophilia*, hrsg. von E. O. Wilson und S. Kellert, Island Press, S. 345–364.
Sartre, Jean-Paul (1948): *Existentialism and Humanism*, Methuen, S. 28, 34, 45, 54 [französische Erstauflage 1946] (Zitate der deutschen Ausgabe aus: *Ist der Existentialismus ein Humanismus?*, Europa Verlag, Zürich, 1947).
Saunders, Peter T. und Ho, Mae-Wan (1976, 1981): On the increase in complexity in evolution, I and II, *Journal of Theoretical Biology* 63, 375–384, und 80, 515–530.
Shapiro, James A. (1995): Adaptive mutation: Who's really who in the garden?, *Science*, 268, 373–374.
Sheldrake, Rupert (1981): *A New Science of Life*, Blond & Briggs.
Sheldrake, Rupert (1992): An experimental test of the hypothesis of formative causation, *Biology Forum*, 85, 431–443.
Sheldrake, Rupert (1992): Rose refuted, *Biology Forum*, 85, 455–460.
Smith, John Maynard (1993): *Did Darwin Get it Right?*, Penguin.
Smith, R. L. (Hrsg.) (1984): *Sperm Competition and the Evolution of Animal Mating Systems*, Academic Press.
Spanier, Bonnie B. (1995): *Im/partial Science: Gender Ideology in Molecular Biology*, Indiana University Press.
Stent, Gunther (1978): *The Paradoxes of Progress*, Freeman.
Stepan, Nancy (1982): *The Idea of Race in Science*, Macmillan.
Tanksley, S. D. (1993): Mapping polygenes, *Annual Review of Genetics*, 27, 205–233.
Teilhard de Chardin, Pierre (1969): *The Phenomenon of Man*, Harper & Row [französische Erstauflage 1955] (deutsche Ausgabe: *Die Entstehung des Menschen*, C. H. Beck, München, 1969).

Thompson, D'Arcy W. (1961): *On Growth and Form,* Cambridge University Press [1. Auflage 1917].
Thorpe, William H. (1978): *Purpose in a World of Chance,* Oxford University Press.
Trivers, Robert (1971): The evolution of reciprocal altruism, *Quarterly Review of Biology,* 4, 35–57.
Tumlinson, James H., Lewis, W. Joe und Vet, Louise E. M. (1993): How parasitic wasps find their hosts, *Scientific American,* 266, 100–106.
Visalberghi, Elisabetta und Fragaszy, Dorothy M. (1996): Pedagogy and imitation in monkeys: Yes, no or maybe?, in *The Handbook of Education and Human Development,* hrsg. von D. R. Olson und N. Torrance, Blackwell Scientific, S. 277–301.
Waddington, Conrad H. (Hrsg.) (1968, 1969, 1970, 1972): *Towards a Theoretical Biology,* Bde. 1–4, Edinburgh University Press.
Watson, James (1986): Biology: A necessarily limitless vista, in *Science and Beyond,* hrsg. von Steven Rose und Lisa Appignanesi, Basil Blackwell, S. 19–25.
Watson, James D. und Crick, Francis H. C. (1953): Genetical implications of the structure of deoxyribonucleic acid, *Nature,* 171, 964–967.
Webster, Charles (1975): *The Great Instauration,* Duckworth.
Webster, Gerry und Goodwin, Brian (1996): *Form and Transformation: Generative and Relational Principles in Biology,* Cambridge University Press.
Weinberg, Steven (1993): *Dreams of a Final Theory,* Hutchinson Radius (deutsche Ausgabe: *Der Traum von der Einheit des Universums,* Bertelsmann, München, 1993).
Weiner, Jonathan (1994): *The Beak of the Finch,* Vintage (deutsche Ausgabe: *Der Schnabel des Finken,* Droemer-Knaur, München, 1996).
West, Geoffrey B., Brown, James H. und Enquist, Brian J. (1997): A general model for the origin of allometric scaling laws in biology, *Science,* 276, 122–126.
Whyte, Lancelot Law (1965): *Internal Factors in Evolution,* George Braziller.
Williams, R. J. P. und Frausto da Silva, J. J. R. (1996): *The Natural Selection of the Chemical Elements,* Oxford University Press.
Willis, Sarah (1992): The influence of psychotherapy and depression on platelet imipramine and paroxetine binding, Dissertation, Open University.
Wilmut, I., Schnieke, A. E., McWhir, J., Kind, A. J. und Campbell, K. H. S. (1997): Viable offspring derived from fetal and adult mammalian cells, *Nature,* 385, 810–813.
Wilson, Edward O. (1975): *Sociobiology: The New Synthesis,* Harvard University Press.
Wilson, Edward O. (1978): *On Human Nature,* Harvard University Press.
Wilson, Edward O. und Kellert, S. (Hrsg.) (1993): *Biophilia,* Island Press.
Wolpert, Lewis (1991): *The Triumph of the Embryo,* Oxford University Press.
Wright, Robert (1995): 20th century blues, *Time* vom 28. August, S. 35.
Wynne Edwards, V. C. (1961): *Animal Dispersion in Relation to Social Behaviour,* Oliver & Boyd.
Zeki, Semir (1994): *A Vision of the Brain,* Blackwell Scientific.
Zuckerman, Solly (1932): *The Social Life of Monkeys and Apes,* Kegan Paul.

Abbildungsnachweis

Abbildung 2.1 (a) Ausschnitt aus einer Photographie von R. C. James.
Abbildung 2.1 (b) aus *The Brain*, Christine Temple, Penguin, 1993.
Abbildung 2.2 (b) aus *The Chemistry of Life*, Steven Rose, Penguin, 1966.
Abbildung 3.1 aus *Anatomia et Contemplatio*, A. de Leewenhoek, 1685.
Abbildung 3.2 aus *Mikroskopische Untersuchungen über die Übereinstimmung in der Struktur und dem Wachstum der Tiere und der Pflanzen*, Theodor Schwann, 1839.
Abbildung 3.3 freundlicherweise zur Verfügung gestellt von Heather Davies, Open University.
Abbildung 3.4 aus Rosalind Franklin und Ray Gosling, *Nature*, 171, 740, 1953. Wiedergegeben mit freundlicher Genehmigung von Macmillan Magazines Ltd.
Abbildung 3.5 freundlicherweise zur Verfügung gestellt von Dr. Radmila Mileusnic, Open University.
Abbildung 4.1 neu gezeichnet von Nigel Andrews nach einer Abbildung aus *The Chemistry of Life*, Steven Rose.
Abbildung 4.2 (a) freundlicherweise zur Verfügung gestellt von Dr. Michael Stewart, Open University.
Abbildung 4.4 neu gezeichnet von Nigel Andrews nach Arthur Koestler, in *Beyond Reductionism*, hrsg. von A. Koestler und J. R. Smythies, Hutchinson, 1969.
Abbildung 5.2 gezeichnet von Nigel Andrews nach Lewis Wolpert, *The Triumph of the Embryo*, Oxford University Press, 1991.
Abbildung 5.6 aus *The Chemistry of Life*, Steven Rose.
Abbildung 6.3 verändert und gezeichnet nach Irwin B. Levitan und Leonard K. Kaczmarek, *The Neuron: Cell and Molecular Biology*, Oxford University Press, 1991.
Abbildung 6.4 freundlicherweise zur Verfügung gestellt von Dr. Luigi Aloe, Institute of Neurobiology, CNR, Rome.
Abbildung 6.8 aus *At Home in the Universe*, Stuart Kauffman, Viking, 1995.
Abbildung 6.9 nachgedruckt mit freundlicher Genehmigung aus James Lechleiter, Steven Girard, Ernest Peralta und David Clapham, *Science*, 252, 124, 1991, Copyright bei der American Association for the Advancement of Science.
Abbildung 6.10 (a) nachgedruckt mit freundlicher Genehmigung aus *The Molecular Biology of the Cell*, Alberts et al., Copyright bei der Garland Publishing Inc.
Abbildung 7.1 (a) aus *Anthropogenie oder Entwicklungsgeschichte des Menschen*, Ernst Haeckel 1874. Mit freundlicher Genehmigung des Ernst-Haeckel-Hauses, Jena.
Abbildung 7.1 (b) aus *Introduction to the Study of Man*, J. Z. Young, 1971, mit freundlicher Genehmigung von Oxford University Press.
Abbildung 7.2 aus *Journal of Researches into the Geology and Natural History of the Countries Visited during the Voyage of HMS Beagle*, Charles Darwin, nachgedruckt, London 1891 (wiedergegeben mit freundlicher Genehmigung der Mary Evans Picture Library).

Abbildung 8.2 (a) und 8.2 (b) aus *Wonderful Life,* Stephen Jay Gould, Viking, 1989.
Abbildung 8.3 aus *Kunstformen der Natur,* Ernst Haeckel, Leipzig 1904.
Abbildung 8.5 aus *On Growth and* Form, D'Arcy Thompson, Kurzausgabe, 1961, mit freundlicher Genehmigung von Cambridge University Press.
Abbildung 8.6 (a) freundlicherweise zur Verfügung gestellt von Mike Levers, Open University.
Abbildung 8.6 (b) wiedergegeben mit freundlicher Genehmigung der Science Photo Library.
Abbildung 9.1 aus *At Home in the Universe,* Stuart Kauffman, Viking, 1995.
Abbildung 9.2 freundlicherweise zur Verfügung gestellt von Dr. David S. McKay, NASA/JSC, Houston, Texas.
Abbildungen 9.3 (a), 9.3 (b) und 9.3 (c) nachgedruckt mit freundlicher Genehmigung aus Stephen Mann und Geoffrey A. Ozin, *Nature,* 382, S. 313–317, 1996, Copyright bei Macmillan Magazines Ltd.
Abbildung 9.5 aus *At Home in the Universe,* Stuart Kauffman, Viking, 1995.
Abbildungen 1.1, 1.2, 1.3, 2.2 (a), 2.2 (c), 4.2 (b), 4.3, 5.1, 5.3, 5.4, 5.5, 6.1 (b), 6.2, 6.3, 6.5, 6.6, 6.7, 8.1, 9.4, 10.1 und 10.2 sämtlich gezeichnet von Nigel Andrews.

Register

kursive Seitenzahlen verweisen auf Abbildungen

abiotische Synthesen 275–287
  Coacervate 279 ff.
  Energiequellen 284 f.
  katalytische Netzwerke 281 ff., *283*
  optische Isomere 271, 273, 282
  oxiderende/reduzierende Umgebung 277 f.
  Replikatoren 286 f.
  Ursprünge organischer Verbindungen 277 ff.
Adaptation s. Anpassung
ADHH (attention deficit hyperactivity disorder) 73 f.
Adoptionsstudien 208 f.
ADP (Adenosindiphosphat) 170, 172, 178 f., *179*
Agglomeration 297 f., 312 f.
Aggression 24, 44, 297 f., 308, 310, 312 f., 315 ff.
  durch Gesetz sanktioniert 300 f.
Aggressionsregionen im Gehirn 308 f.
Aggressivitätsgene 292 ff., 311
  tierisches Modell für menschliche Aggression 312 f.
Aktionspotentiale 108
allometrische Beziehungen 256, 261
alternatives Spleißen 141 f., *142*
Altruismus 218–222, 297
  reziproker – 221
Aluminiumphosphat-Vesikel 276
Alzheimer-Erkrankung 20, 48, 144, 239
Aminosäuren 56 ff., 136 f., 271, 286 f.
  Basentriplets, Kontingenz und Konvergenz 286
  genetischer Code 136 f.
  mögliche Kombinationen und Beschränkungen 271–275
  optische Isomerisation 271 ff.
  Veränderungen 58

Amygdalectomie 308
Anabolismus 178 f., *179*
Analogie/Homologie 49 f., 68, 86, 98, 320
  und Metaphern 47–51, 68 ff., 86, 98
animalcula 75, 76
anorganische Chemikalien 274 f.
Anpassung
  adaptionistische Argumentation für Selektivität 251–255
  adaptive Koexistenz, Populationen in Gemeinschaften 243 ff.
  und Design 211 ff.
  Grundannahme im Ultra-Darwinismus 227 f., 249, 312 f.
Antigene und Antikörper 160
Aristoteles 28, 51, 107
  objektzentrierte Betrachtungsweise 51
Artbildung s. Speziation
Artenkonzept 52
Artenzahl 16
asoziales Verhalten 300 f., 311
assortative Paarung s. selektive Partnerwahl
Atmosphäre, oxidierende/reduzierende Umgebung 277 f.
ATP (Adenosintriphosphat) 49, 68 f., 103, 110, 145, 170, 172, 178 ff., *179*, 186 f., 271, 278, 284
Aufmerksamkeitsstörung (Hyperaktivität) s. ADHH
Auge
  Entwicklung im Gehirn 159
  Evolution 132, 159, 199, 211 f.
Augenfarbe 131 f., 297
autokatalytisches System 282 f., *283*
Autopoiese 33, 38, 176, 184, 264, 278, 287 f., 324
autotroph/heterotroph 284 f.

Axone, Migration 165–169, *166* ff., 237 f.

Bacon, Francis 43, 60 ff.
Bakterien
    fossile Protobakterien 270, *270*
    Photosynthese und Chloroplasten 247, 285
Bateson, William 118
Beadle, George 131
Beadle-Tatum-Formel „ein Gen – ein Enzym" 131, 134, 136, 149
Beanbag-Genetik 144, 151, 234
Befruchtung 147, 169 f.
Beobachtung 37–41, 45, 60
Bergson, Henri 95
Bernard, Claude 32, 171
Bienen, Honigwabenkonstruktion 259 f., *259*
biochemische Sparsamkeit 271–275
Biologie als historischer Prozeß 34 f.
Biomorphe 130, 213
Birkenspanner, natürliche Selektion 214 f.
Blastula 122, *122*
Bois-Reymond, Emil du 98
Bonner, John Tyler 201, 236 ff.
Borges, Jorge Luis 39
Bouchard, Thomas 209 f.
Brown, Robert 76
Brücke, Ernst 98
Brunner, Han 294, 298 f., 316
Bucharin, Nikolai 67
Buffon, Comte de 260
Burgess-Schiefer 250 f., *250*
Burt, Cyril 209

Cain, Arthur 254
Cairns-Smith, A. Graham 279
Calciumionen, Calciumwellen 184 f., *185*, 281
Cannon, Walter 33
Cases, Oliver 299, 313
cerebraler Cortex, Entwicklung 161–164, *162*, *165*
Chaostheorie 70, 96, 171
Chargaff, Erwin 101
Chloroplasten
    Chlorophyll 132, 185 f., 247
    Evolution aus freilebenden Bakterien 247, 285
Cholesterinumsetzung 133
Christentum
    und Evolution 192
    Fundamentalisten 192, 316
    ultra-darwinistischer Dualismus 232
Chromosomen 123 f., 131
    und DNA 134–141
    Gene und – 127 f.
Cilia 154, 247
Coacervate 279 ff.
Crick, Francis 80, 114, 135–138, 140, 145, 161, 197, 235, 267, 272
    On protein synthesis 114
    „Panspermie"-Hypothese 272
    zentrales Dogma 137, 140, 143, 197, 235
Cuvier, Georges 95
Cytogenetik 128, 142

Darwin, Charles 61, 63, 117, 191 ff., 196–199, 204 f., 211, 213, 215 f., 222 ff., 234 f., 248, 251, 263, 277, 293
    und abiotische Synthesen 277
    Die Entstehung der Arten 192, 204, 213
    Entthronung des Menschen als Gotteskind 251
    Induktion 61
    und Malthus 198
    Mechanismus der natürlichen Selektion 197 ff.
    über Natur 263
    Syllogismus 198 f., 213
    Vorläufer 194 ff.
Darwin, Erasmus 196
Darwinismus s.a. Ultra-Darwinismus
    „aktiver" 91 f., 204, 263 f.
    Einfluß der Theorie 199–204
    Galapagos-Finken 223 f., *223*, 243, 248
    gegenwärtige Akzeptanz/Nicht-akzeptanz 192 f.
    Neodarwinismus 193, 205
    „neutraler" – 161, 169, 192
    „passiver" – 157, 204, 263

Seminare 192
Synthese von Darwinismus und Mendelismus 205, 220, 234
Dawkins, Richard 11, 20, 89, 104 f., 113, 119, 125, 133, 138 f., 140, 192 f., 211 ff., 220, 231, 239, 256, 264, 272
  Der blinde Uhrmacher 130, 138, 211
  Das egoistische Gen 15, 220
  Und es entsprang ein Fluß in Eden 138 f., 239
  The Extended Phenotype 119, 133
Decade of the Brain 8 f., 290
Dennett, Daniel 11, 13, 105, 192, 199, 254
  Darwins gefährliches Erbe 11, 105, 192
Depression 72 f., 291, 293, 317
Descartes, René 231
Determinanten
  Gene 115 f.
  Ursachen 322
Determinierende Ebenen (Erklärung) 316
Determinismus
  biologischer – 21
  Determinismus und Freiheit 15, 19–22, 33
  und Zufall 170 f.
  neurogenetischer – 288–296
Diatomee 276
dichotome Kategorisierung 296, 311 f.
Dichtung und Wahrheit 71–74
Dickens, Charles 288
digitale Theorie 140
DNA/RNA 20, 56, 65, 69, 79 f., 134–148, 286 f.
  Ablösung des proteinorientierten Paradigmas 59, 65
  Analysen 133
  Doppelhelix 80, 135, 136
  Editieren und Spleißen 141, 148
  Einbahnstraße der Information 137
  Geschichte 134 ff.
  Introns 141 f., 142
  Liposomen 280
  und Metaphern 49

„Müll"- 140
nichtäquivalent mit Genen 99
Replikation 145–148
Röntgendiffraktion 79, 80
Stabilität 143
Transkription und Translation 138
virale 146 f.
Dobzhansky, Theodosius 31, 151, 158, 175, 191, 234, 252, 263
Dopamin 310
Driesch, Hans 95, 124 f.
Drosophila melanogaster 127, 142, 171, 241, 249, 252
durchbrochenes Gleichgewicht 242

Edelman, Gerald 161, 164, 168 f., 192, 238
egoistische Gene 8, 140, 221, 224, 239, 242, s.a. Ultra-Darwinismus
  Mangel an eigener genetischer Fitneß 230 f.
  Mangel an physischer Kontinuität über Generationen 230
  Verwandtenselektion 220
élan vital 124
Eldredge, Niles 242
elektromagnetische Strahlung 97
Elektronenmikroskopie 77–82, 78
Elzinger, Aant 13
Embryo
  Gehirnentwicklung 164 f., 165
  Induktion 126
  und Mutationen 150
  Rechte 52
Embryogenese 238
Embryologie 124–129
Energie, endergonische/exergonische Reaktionen 284
Energiequellen, abiotische Synthese 284 f.
Energieumlauf 49
Engels, Friedrich 67
Entwicklung 121–130, 140, 157–171
  menschliches Gehirn 161–168, 165 f.
  Ontogenese 27, 129
  Plastizität und funktionelle Redundanz 150 f.
  Spezifität und Plastizität 33, 158 f.

355

Entwicklungsbiologie s. Embryologie
Enzyme
  Charakteristik 177 ff.
  ein Gen – ein Enzym-Hypothese
    131, 134, 136, 149
  enzymkatalysierte Reaktionen
    177–183
  erste – 286
  Gene und – 131 ff.
  Isoenzyme 241
  Lysosomen 186
Erblichkeit s. Heritabilität
Erde
  als lebende Gaia 90, 265, 277
  als Mittelpunkt des Universums 64
Erkenntnistheorie 101, 103, 109, 314
Escherichia coli 18, 55, 131
Ethogramm 40, 42, 45, 297
Ethologie 40 f.
Eugenik 121, 289 ff.
Eukaryonten 76, 122 f., 140, 146
Evolution 16, 31, 195 ff., 248–263
  Anti-Evolutionisten 232, 272
  Beschränkungen 324 ff.
  durchbrochenes Gleichgewicht 242
  Koevolution-Fallstudien 245 f.
  Poppers Medawar-Vorlesung
    90–93
  Morphogenese 256–263
  natürliche Selektion 197 ff.
  Sprünge 235
  Stammbaum 200–203, *202 f.*
  Veränderung der Umgebung 324 f.
  und Zufall 325
evolutionsstabile Strategie 251 f.
Evolutionstheorie s. Darwinismus
exergonische Reaktionen 284
experimentelle Methodik
  Baconsche Strategie 43, 60 f.
  kontrollierte Experimente 43 ff.,
    320

Falsifizierung von Hypothesen 61 ff.
Fausto-Sterling, Anne 307
Feminismus 70 f., 89 f.
Fibonacci-Reihe 261, 262
Fisher, Ronald 205, 208, 234, 244
FitzRoy, Robert 197
fossile Protobakterien 270, 270

Fox, Sydney 278
Fragen, Meta-Fragen 21, 41
Franklin, Rosalind 79 f., 135
Freiheit und Determinismus 19–22
funktionelle Redundanz, Plastizität
  und 150 f.

Galapagos-Finken 223 f., 223, 243,
  248
Galilei, Galileo 68, 75
Galton, Francis 115, 117, 119, 121,
  193, 204, 235
Gamow, George 136
Ganzheit und Individualität, Prozeß-
  und Objektidentität 55 f.
Garrod, Archibald 121
Gastrula 122, *122*
Gastrulation 122
Gedächtnis 24, 50
Intervention und Experiment 44 f.,
  47 f.
Gehirn
  als Sitz von Aggressivität 310 f.
  als Sitz von Homosexualität 228,
    291 f., 307
  Struktur und Entwicklung
    161–168, *162*, *165 f.*
Gehirnschäden 54
Gelelektrophorese 79 ff., *80*, 241
Gene
  Aggressivitätsgene 133, 220, 292,
    298 f.
  egoistische Gene 220, 231 f., s.a.
    Ultra-Darwinismus
  Erhalt und Weitergabe, Mangel an
    physischer Kontinuität 230 f.
  „Gene für etwas" 9, 130–133, 292
  Introns 141 f., *142*, 239
  Kartierung 8, 128, 141
  Mutationen 127, 150
    Knockout-Mutanten 150
    kosmische Strahlen und phäno-
      typische Expression 240
  Plastizität und Umwelt 150
  Reaktionsnormen 148–151, 158 f.,
    207
  Schwulengene 133, 220, 228,
    291 f., 307
  Sequenzierung 8, 141

springende Gene 143
der Theoretiker und Biologen
143 f.
und Umwelt 130–133, 148–151,
156 f., 208 ff., 239–243
Genetik 118 ff., s.a. *Drosophila*
Beanbag- 144, 151, 234
Geschlechtsmerkmale 119 f.
Mendelsche – 115–120, 127
genetischer Code 136 f.
Genom
als fließende Strukturen 149
menschliches – 139
Genotyp 118, 144
geschlechtsgebundene Merkmale
119 f.
geschwindigkeitsbestimmende
Reaktionen 180 ff.
Gesellschaft und Individuum 315 f.
Gewalt siehe Aggression
Gliazellen, Proliferation und Migration 164 ff., 166
Glockenkurve 303 f., *304*, 306
Goldschmidt, R. 235
Präadaptation, hoffnungsträchtige Monster 235
Goodwin, Brian 12 f., 232, 256, 262
Der Leopard, der seine Flecken verlor 12
Goodwin, Frederick 299 f.
Gould, Stephen Jay 63, 65, 200, 242, 250 f., 253 f.
über Architektur 253
Der Daumen des Panda 254
Zufall Mensch 63, 200, 250
Gründereffekte der Speziation 224 f., 248
Gruppenselektion 219

Haeckel, Ernst 129, 202 f., 258
Haila, Yrjo, *Nature and Humanity*, 12
Haldane, J.B.S. 83, 205, 207, 219, 222, 226, 234, 257, 271, 275
On Being the Right Size and Other Essays 226
Hales, Stephen, *Vegetable Staticks*, 89, 98
Hamer, Dean 294, 307, 316

Hamilton, William 219 f.
Hämoglobin-Struktur-Adaptation 92 f.
Harvey, William 275
Hawking, Stephen 72
Helmholtz, Hermann von 98
Heritabilitätsschätzungen 206–211, 311
Herrnstein, Richard J., *The Bell Curve*, 303, 305
Herschel, John 201
Hess, Benno 184
Hessen, Boris 67
„Die sozialen und ökonomischen Wurzeln der Newtonschen *Principiae* 67 f.
Ho, Mae-Wan, *Das Geschäft mit den Genen*, 12
Hobbes, Thomas 229
holistische Erklärungen 26
Holon(nester) 111 f., *112*, 322
Homologie 49 f., 68, 86, 98
und Metaphern 216, 221, 312 f., 320
Homöodynamik, homöodynamische Lebensläufe 10, 32 f., 171–176, 265, 282, 325
Homöostase 33, 171–176, 265, 282
eine irreführende Metapher 265
und der Sollwert 172 f.
Homosexualität 291, 307 f., 311
Schwulengene 228, 291–294, 307, 316
Hooke, Robert 76
Hopkins, Frederick Gowland 152, 176
The dynamic side of biochemistry 152
Der Leopard, der seine Flecken verlor (Goodwin) 12
Hoyle, Fred 272, 274
Hubbard, Ruth 133
Hühnchengedächtnis 44–48, 50, 66, 84
Hull, David 192
Human Genome Project 8, 140, 290
Huxley, Andrew 105
Huxley, Thomas H. 192, 199
Hyperaktivität s. ADHH

Hypothesen-Aufstellung 61–64, 83 ff.,
87 ff.
Immunsystem, Instruktion und
Selektion 160–170
Individualität, Grenzen 54 f.
Induktion durch Organisator 126
Induktion und Deduktion 60–63
Instruktion 160–170
Intelligenz, kristallisierte 302 f.
Intelligenz, unzulässige Quantifizierung 301 ff.
Intelligenztests 88, 304 f.
Intervention und Experiment 42–47
Introns 141 f., 142, 242
IQ und Klassen 304

Jacob, François 140, 155
Janov, Art 72 f.

Kacser, Henry 183
Kamin, Leon 8, 89, 228
 Die Gene sind es nicht (Lewontin, Rose) 8, 89, 228
Kaninchen, Myxomatose, Einfluß auf Ökologie 246
Karadzic, Radovan 292
Katabolismus 178–182
 geschwindigkeitsbestimmender Schritt 180 ff.
 Intermediärstoffwechsel 182
katalytische Netzwerke 281 ff., 283
Kauffman, Stuart 12, 96, 184, 281
 Der Öltropfen im Wasser 12, 96
Kausalerklärungen 321 ff.
Kausalkette 25–29
Keimplasma-Barriere 236 f.
Kettlewell, H.B.D. 214, 248 f.
Kipling, Rudyard 252
Klone 117, 125, 236
Koestler, Arthur 81, 111 f.
 Beyond Reductionism 111
Koevolution 245 f., 248
Kontingenz
 Basentriplets 286
 Burgess-Schiefer-Beispiel 249 f.
Koshland, Daniel 292
Kreationismus 11, 232, 272
Kryochirurgie 87

Kuhn, Thomas 63–66, 68, 88
 Paradigmen 65 f., 81
 Die Struktur wissenschaftlicher Revolutionen 66
 kulturelle Weitergabe 84 f.
kulturfaire Tests 305

Lamarck, Jean-Baptiste 196 f., 204, 235
Lamarckismus, Scheitern des 197, 235
Latour, Bruno 82
Lavoisier, Antoine de 98, 178
Leben
 als Analoggeräte 138 f.
 als dynamisches Gleichgewicht 153, 180
 frühestes – 269 f.
 Lebensrhythmik 173 f., *173*
 Ursprünge 266 f.
Lebensläufe 152–190
 homöodynamische – 32 f., 171–176, 190, 323 ff.
Leeuwenhoek, Anton van 75 f., 153
Lehninger, Albert 49
LeVay, Simon 294, 307, 316
 Keimzellen der Lust 294, 307
Levi Montalcini, Rita 166
Levins, Dick 12 f.
 Nature and Humanity 12
 The Dialectical Biologist 12
Lewis, Brian 304
Lewontin, Richard 8, 12 f., 133, 228, 241, 252 ff.
 Die Gene sind es nicht (Kamin, Rose) 89, 228
Linné, Carl von (Linnaeus) 194
Liposomen 280
Loeb, Jacques 125 f.
 The Mechanistic Conception of Life 125
Lombroso, Cesare 308
Lovelock, James 265, 277
Ludwig, Karl 98
Lysenko, Trofim 234
Lysosomen 186

Makromoleküle 56–59, 69, 284
Malaria, Sichelzellengene 227 f.

Malthus, Thomas 198
Mangold, Hilde 126
Margulis, Lynn 247 f. 278, 285
Mars, fossile Protobakterien 270, 270
Marx, Karl 67
Marxismus 34, 68, 319
Maynard Smith, John 242, 244 f., 283
Mayr, Ernst 24, 245
McClintock, Barbara 142 f.
Medawar, Peter 60 f., 88, 90 f.
 The Art of the Soluble 60
mehrdeutige Bilder 38–41, *39*
Membrane 153 f., 186 ff.
 Calciumcarbonat- 276
Mendel, Gregor 114 f., 117 ff., 126, 132, 139, 142, 149, 205, 234
Mendelismus, Synthese mit Darwinismus 205, 220, 234
Mendelsche Gesetze 115–119, 207, 297
Menschenrechte 52
Metabolismus 176–185, 282, 286
 Anabolismus 178, *179*
 Katabolismus 178, *179*
Metaphern 47–50, 68 ff.
 und Analogie/Homologie 216, 221, 312 f., 320
 DNA 49
 Homöostase 265
 von der natürlichen Selektion 263
Midgley, Mary 295
Miescher, Friedrich 134, 144
Mikroskopie 75–82
Mikrotubuli, self assembly 188 f., *189*, 247, 324
Miller, Stanley 278
Mitochondrien 17, 69, 78 f., 170, 185 ff., 247
Mobley, Stephen 315 f.
Moleschott, Jacob 98
Monoaminoxidase, Genmutation 298 f., 316
Monod, Jacques 140, 155, 204
 Zufall und Notwendigkeit 204
Morgan, Thomas Hunt 127 f., 130, 142
morphische Resonanz 65 f., 89
Morphogenese 256
 Tetrapodengliedmaßen 262

Mukoviszidose 280
Muller, Hermann 127
Murray, Charles, *The Bell Curve*, 303, 305
Muskelkontraktions-Studien (hüpfender Frosch) *102*, 103, 107 f., *108*, 110, 112, 314
Mutualismus
 Koevolution 245 ff.
 Mitochondrien 247
 Symbiogenese 247, 285
Myxomatose, Einfluß auf Ökologie 246

Nägeli, Karl Wilhelm von 117
natürliche Arten 51–59
natürliche Selektion 117, 161, 197–205, 214 f., 227, 232
 Anpassung und Design 214 f.
 darwinischer Syllogismus 198 f., 213
 Ebenen 233–243
  Gene, Zellen und Entwicklung 234–238
  Gene oder Genome 233 f.
  Gene und Phänotypen 238–243
  Gene, Populationen und Arten 243
 evolutionäre Veränderung 248–255, 325 f.
 Fallstudien
  Auge 255 f.
  Birkenspanner 214 f., 246
 Grenzen 213 ff.
 Gruppenselektions-Mechanismus 245 f.
 nicht *à la carte* 232, 255–263, 265
 Organismen – aktive Gestalter ihres eigenen Geschicks 263 ff.
 via Phänotyp 240 ff.
 Selektionseinheit, Definition 248
 selektives Vorteilskonzept 245
Speziation 213 ff.
Variation
 evolutionäre Aspekte 212–215
 Ursprung und Bewahrung 204 f.
 Rolle des Zufalls 201
Needham, Joseph 95, 290
Nervenfortsätze s. Axone

Nervenwachstumsfaktor, trophische (Signal-)Molekül 167, *167*
neuraler Darwinismus 161, 169, 192
neurogenetischer Determinismus 288–296
  dichotome Kategorisierung 296, 311 f.
  falsch verstandene Kausalität 296, 310 f.
  unzulässige Quantifizierung 296, 301, 314
  Reifikation 296, 302, 310, 314
  willkürliche Zusammenführung 296–301 f., 310, 314
Neuronen, Proliferation und Migration 166, *166*
Neurotransmitter 73 f., 292, 309 f.
Newton, Isaac 64, 68, 98
  Principiae 67, s.a. Hessen, Boris
  physikalische Paradigmen 64
Nilsson, Dan 212
Nischen, ökologische, Darwin-Finken 223 f., 223, 243, 248
Normalverteilung (Statistik) 303–306
Nukleinsäurereplikatoren 267–270
Nukleotide
  Basentriplets 287 f.
  historische Betrachtung von DNA/RNA 134–138

ökologische Gemeinschaften, Populationen, adaptive Koexistenzen 243 ff.
Ökopoeise 278
Olby, Robert 65
Omega-Punkt 201
Ontogenese 27, 101, 129 f., 156 f.
ontogenetische Einheit 85, 90
Ontologie 101, 103
Oparin, Alexander 271, 275, 279 f.
Operon 140, 155
optische Isomere 271, 273, 282
organische Moleküle, abiotische Synthesen 277–287
Orgel, Leslie 267
oxidierende Umgebung 277 f.

Paley, William 211, 272
  Natural Theology 211

Panspermie-Hypothese 272
Paradigmen 63
  Durchbrechen und Verändern 64 f.
  Panglosche – 251, 253 f., 265
  Thomas Kuhn 64
Pasteur, Louis 275, 277
Pauling, Linus 99, 291
Pearson, Karl 119
Pelger, Susanne 212
Penrose, Roger 72
Perutz, Sir Max 90, 92 f., 98 f., 103, 110
Pfauenschwanz, geschlechtliche Selektion 215 ff.
Phänotyp 118 ff., 144
  durchbrochenes Gleichgewicht 242
  Selektion via – 240 ff.
Photosynthese 154, 178, 185 f.
  freilebende Bakterien und Chloroplasten 247
  Veränderung der Erdatmosphäre 277 f.
Phylogenese 101, 129
Pirie, N. W. (Bill) 13
Plastizität 33, 323
  und funktionelle Redundanz 150 f.
Platon 51, 100, 252
Plomin, Robert 291
Pope, Alexander 36
Popper, Sir Karl 61 ff., 90 ff., 98, 110, 157, 204, 263 f.
  Deduktionshypothese 61 ff., 81, 96
  Medawar-Vorlesung 90–93
Populationen in Gemeinschaften, adaptative Koexistenz 243 ff.
Porter, Sir George 92
Präadaptation, hoffnungsträchtige Monster 235
Prädestination 229
Prokaryonten 76, 123, 140
  fossile 270, 270
Proteine 69, 80 f.
  bevorzugte Sequenzen von Aminosäuren 273
  biochemische Sparsamkeit 271–275
  mögliche Kombinationen von Aminosäuren 271 f.
  Recycling 178
  zentrales Dogma (Crick) 137

Protobakterien, fossile 270, 270
Protozellen 281, 282, 284
Prozac, Serotonin-Wiederaufnahmehemmer 72, 292, 310
Psychometrie, Gebrauch von Heritabilitätsschätzungen 207 ff.

Quantifizierung, unzulässige, neurogenetischer Determinismus 296, 310, 314

Raine, Adrian 308 f.
Rasse, Definition 53, 59
Rassismus 53 f., 86, 120
und Standardtypen 252
Rauchen 322
Raum 31 f.
Reaktionsnormen 144, 148–151
Réaumur, René 260
Bienen und Honigwaben 259 f., 259
Reduktionismus 89–113, 288–318
Folgen reduktionistischer Fehlschlüsse 313–318
Gebrauch von Heritabilitätsschätzungen 206–211
als Ideologie 289, 295 f., 315, 318
Kritik des – 89 f., 288
als Methodologie 93–96, 314
neurogenetischer Determinismus 288–296
ontologischer – 111
als Philosophie 99–109
reduktionistische Elimination 105, 107
reduktionistische Sicht der Gesellschaft, Monetarismus 70
Steilhang-Modell 104 f.
Unzulänglichkeit des – 288–318
reduktionistische Methodologie 69, 93–96, 314
Beschränkungen 44
objektive Messung 46
Theoriereduktion 97 ff.
Vereinfachung 94 ff.
Reifikation 296, 302, 310, 314
Lokalisation reifizierter Eigenschaften 309
Replikatoren

„nackte" – 146, 287, 324
Nukleinsäure- 267–270, 286 f.
Ribosomen 188, 324
Ribozyme 58, 268, 286
Ritalin 73 f.
RNA s. DNA
RNA-Polymerase 268 f.
Röntgendiffraktionsanalyse 79, 80, 135
Rose, Hilary 8, 12 f.
Rose, Steven
The Chemistry of Life 181
Die Gene sind es nicht (Kamin, Lewontin), 8, 12, 89, 228
The Making of Memory 9, 11 f.
Roux, Wilhelm 124

Sacks, Oliver 54
Saint-Hilaire, Geoffroy 95
San Marco, Venedig, Pangloßsches Paradigma 253 ff.
Sartre, Jean-Paul 15, 20 f.
Ist der Existentialismus ein Humanismus? 15
Schafe, Klone 236
Schaltergene s. Operon
Schizophrenie, Genetik der 120, 133, 144, 306
Schleiden, Matthias Jakob 76
Schneckenhaus, Variationen im Streifenmuster 249, 252
Schöpfungsmythen 17 f., 194, 265–287
Schutz vor Malaria 227 f.
Schwann, Theodor 76
Zellen 77
Selbst, Bewußtsein von 54
Selbsterhaltung s. Autopoiese
Selbstorganisation und Selbstreparatur 184, 275, 324
Selektion s. natürliche Selektion
selektive Partnerwahl 120, 221
Serotonin-Wiederaufnahmehemmer (SSRI) 72, 309
sexuelle Selektion 215–218, 248
Shakespeare, William 175
Sheldrake, Rupert 65 f., 89, 95, 125
Shelley, Mary 87
Sichelzellengene 58, 121, 130, 291

Aminosäurenaustausch 274
Schutz vor Malaria 227 f.
Signalmoleküle 156, 166 f., 167, 186, 324 f.
Calciumwellen *185*
Smith, Adam 229, 265
Sollwert in der Homöostase 172 f.
Sowjetunion, orthodoxe 68
soziales Verhalten
asoziales Verhalten 300
Heritabilitätsschätzungen 208 f.
neurogenetischer Determinismus 293 ff.
Spearman, Charles 302
Spemann, Hans 126
Speziation 213
Gründereffekte der – 224 f.
Spezifität 33, 323
Spieltheorie 244
Spleißen 141
spontane Entstehung von Leben 275 ff.
Stalin 68, 234
Statistiken 303–306
Glockenkurve 303 ff., *304*, *306*
Stent, Gunther 136
Stoffwechsel s. Metabolismus
Stoffwechselfehler, angeborene 121
Substratadhäsionsmoleküle (SAM) 165
Swaab, Dick 307
Swift, Jonathan 279
Symbiogenese 247 f.
kooperative – 285
und Ultra-Darwinismus 285
Synapsen 106, 108, 163, 168 f.
Zurückbilden von – 169

Tagesrhythmik 173 f., *173*
Tatum, Edward 131
Technologie und Wissenschaft 74–82
Technoscience 75
Teilhard de Chardin, Pierre 201, 264
Omega-Punkt 201
teleonomische Erklärungen 26
Testfragen 305
Thatcher, Margaret 315
Theoretical Biology Club, Cambridge, 95, 235, 290

Theoriereduktion 97–99
Thermodynamik 178–181
Thompson, D'Arcy 259 ff.
On Growth and Form 259
Thorpe, William 201, 203
Tierisches Verhalten 39 ff., 44–48, 84, 86
Aggressionsgene 292 ff., 311
Altruismus 218–222
als Homologie zu menschlichem Verhalten 86, 312 f.
soziale Konfliktmodelle 243 f.
Tinbergen, Niko 41
Tod
Definition 52 f.
und Induktion 61
Totipotenz 127, 140, 155, 157, 236 f.
genetische Variation jenseits des Keimplasmas 236, 237
Schafe geklont aus Euter 236
Verlust von – 155, 157
Treibhausgase 278
Trivers, Robert 220 f.
trophische Moleküle s. Signalmoleküle

Ultra-Darwinismus 192 f., 222, 226–265, 295
Definition 193, 209 f., 226 ff.
Dualismus (Christentum) 232
Ebenen der Selektion 233–243
Gene, Zellen und Entwicklung 234–238
Gene oder Genome 233 f.
Gene und Phänotypen 238–243
Gene, Populationen und Arten 243
nicht *à la carte* 255–263, 273 ff.
gegen den – 232–265, 285 ff.
gegen kooperative Symbiogenese 285
metaphysische Voraussetzungen 265
„nackter" Replikator 267, 270, 280, 285 ff.
„egoistische Gene" 220, 230 f.
neurogenetischer Determinismus 288–295

selektive Kräfte
  Organismen als aktive Gestalter ihres eigenen Geschicks 263 ff.
  andere Triebkräfte der Selektion 248–255
Universaldarwinismus 191–225
Zusammenfassung 226, 265
Umwelt
  Gene und – 27, 33, 130–133, 148–151, 239–243
  kontrollierte 45 ff.
  und Organismen, Durchdringung 324 f.
  Oxidierung/Reduzierung 277 f.
Universum, Masse 271 f.

Varianz und Erblichkeit 206–211
Variation 198 f., 204–211
  Signifikanz von erblichen Variationen 251–255
  Statistiken und Norm 303–306
  Umwelt und Genetik 207–211
  Ursprung und Bewahrung 204 f.
Venus, Beispiel eines identischen Phänomens 97, 99
Verdinglichung s. neurogenetischer Determinismus, Reifikation
Verhaltensepisoden 40
Verwandtenselektion 219–222, 248, 252, s.a. Altruismus
Viktoria, Königin, und Hämophilie 120
Viren 146, 147
  Replikatoren 146 f., 267–270
  Struktur 147
Vitalismus, Theorie des 32, 124
Voltaire 251
Vorhersage und Test 42 ff.

Waddington, Conrad (Hal) 235 f., 256
Wallace, Alfred Russell 197
Watson, James 24, 80, 105, 135, 141, 145, 284, 315
Weaver, Warren 289 f.
Webster, Gerry 12, 256, 262
Weinberg, Steven 24, 93
  Der Traum von der Einheit des Universums 24, 93
Weismann, Keimplasma-Barriere 236 f.

Weismannsche Prinzipien 234, 236, 237
Whyte, Lancelot Law 237
Williams, R. J. P. 274 f.
  The Natural Selection of the Chemical Elements 274
willkürliche Agglomeration 296–302, 310, 314
Wilmut, Ian 236
  Klonschaf aus totipotenten Zellen 236 f.
Wilson, E. O. 70, 100, 151, 219 f., 228, 231, 252, 295
  Sociobiology: The New Synthesis 220, 294
Wissenschaften, Hierarchie der Ebenen 22 f., 23, 99 ff., 103 f., 109 f.
Wöhler, Friedrich 98
Woodger, Joseph 95
Wright, Sewall 205, 234
Wynne-Edwards, V. C. 218 f.

Young, John Zacharay 203

Zeit 30 f., 153
Zelladhäsionsmoleküle (CAM) 165
Zellen
  einzellige und mehrzellige Organismen 154 f.
  Plastizität und Umwelt 150 f., 156 f.
  Selbstorganisation und Selbstreparatur 184 ff.
Zellstruktur 185–189
Zellteilung 121–127, 122 f.
Zelltheorie, Ursprung 75 ff.
Zelltod 186
Zellwanderung 165–169, 166 ff., 237 f.
  innerzellulärer kompetitiv-selektiver Mechanismus 238
zentrales Dogma s. Crick, Francis
Zentrifugation 77, 186
Zuckerman, Sir Solly 44
Zuckerman-Falle 44 f., 95
Zufall und Determinismus 170 f.
Zwillingsstudien 40, 42, 208 f., 292
  Entwicklung, Rolle des Zufalls 171

BUCHANZEIGEN

Natur und Naturwissenschaften bei C.H. Beck

Holk Cruse/Jeffrey Dean/Helge Ritter
Die Entdeckung der Intelligenz
oder Können Ameisen denken?
Intelligenz bei Tieren und Maschinen
1998. 278 Seiten mit 71 Abbildungen. Gebunden

Tijs Goldschmidt
Darwins Traumsee
Nachrichten von meiner Forschungsreise nach Afrika
Aus dem Niederländischen von Janneke Panders
Nachdruck der 1. Auflage. 1998.
349 Seiten mit 27 Abbildungen. Gebunden

Joachim Radkau
Natur und Macht
Eine Weltgeschichte der Umwelt
2000. 437 Seiten. Gebunden

Peter Sitte (Hrsg.)
Jahrhundertwissenschaft Biologie
Die großen Themen
1999. 453 Seiten mit 58 Abbildungen, davon 31 in Farbe, und 11 Tabellen.
Gebunden

Lee Smolin
Warum gibt es die Welt?
Die Evolution des Kosmos
Aus dem Englischen von Thomas Filk
1999. 428 Seiten mit 4 Abbildungen. Gebunden

Dezsö Varju
Mit den Ohren sehen und den Beinen hören
Die spektakulären Sinne der Tiere
1998. 285 Seiten mit 34 Abbildungen, davon 9 in Farbe. Gebunden

Verlag C.H. Beck München

Natur und Naturwissenschaften bei C.H. Beck

Richard Fortey
Leben. Eine Biographie
Die ersten vier Milliarden Jahre
Aus dem Englischen von Friedrich Griese und Susanne Kuhlmann-Krieg
1999. 443 Seiten mit 28 Abbildungen. Gebunden

Heinz Häfner
Das Rätsel Schizophrenie
Eine Krankheit wird entschlüsselt
2000. Etwa 400 Seiten. Broschiert

Randolph M. Nesse/Georg C. Williams
Warum wir krank werden
Die Antworten der Evolutionsmedizin
Aus dem Amerikanischen von Susanne Kuhlmann-Krieg
2. Auflage. 1998. 320 Seiten mit 11 Abbildungen und 2 Tabellen. Gebunden

Reimara Rössler/Peter E. Kloeden
Das Thanatosprinzip
Biologische Grundlagen des Alterns
Unter Mitwirkung von Otto E. Rössler und einem Vorwort von Peter Weibel
1997. 215 Seiten mit 13 Abbildungen. Gebunden

Volker Sommer
Wider die Natur?
Homosexualität und Evolution
1990. 224 Seiten mit 17 Abbildungen und 9 Tabellen. Gebunden

Reinhard Werth
Hirnwelten
Berichte vom Rande des Bewußtseins
1998. 231 Seiten mit 11 Abbildungen. Gebunden

Verlag C.H. Beck München